基于稀疏特征的 SAR 图像处理与应用

季秀霞　张　弓　著

合肥工業大學出版社

前　言

合成孔径雷达(SAR),是一种工作在微波波段的高分辨率、主动发射和接收微波、利用信号处理方式成像的雷达系统。合成孔径雷达的首次使用是在20世纪50年代后期,装载在RB-47A和RB-57D战略侦察飞机上。经过60多年的发展,合成孔径雷达经历了从单波段向多波段、从单极化向多极化、从单工作模式向多工作模式变化。合成孔径雷达技术已经比较成熟,各国都建立了自己的合成孔径雷达发展计划,各种新型体制合成孔径雷达应运而生,在民用与军用领域发挥着重要的作用。

随着机载和星载遥感系统技术的不断发展,SAR图像的空间分辨率和时间分辨率不断提高,相应的数据量也急剧增加,给SAR图像大容量的存储器件和实时高速的传输设备带来极大的挑战。同时,SAR图像在成像机理、辐射特性和几何特性上与光学图像有很大的差异,所成的图像像素间相关性较小、数据动态范围较高、纹理边缘处含有重要的高频成分,且成像散射体散射回波的相干作用导致SAR图像不可避免地存在相干斑噪声,噪声的存在导致SAR图像的信噪比下降,给后续的特征提取、图像分割和目标分类等处理带来困难。因此,提高SAR图像的压缩比和抑制相干斑噪声,对于提高SAR图像的质量和后续应用具有重要的意义。

SAR图像应用在军事侦察方面的首要任务就是发现和识别目标,SAR图像分类是实现SAR图像目标识别的一个关键步骤。在对SAR图像目标进行分类时,特征提取和特征选择至关重要,如何获取不同的地表结构和内在属性的特征是SAR图像目标分类的一个重要研究方向。

遥感技术的发展为人们提供了丰富的异源图像。可见光传感器所成的像符合人眼的视觉特性,图像易于人工判读,但是容易受成像时间、云层遮挡及天气的影响而无法全天时和全天候工作。红外传感器能够克服昼夜条件影响,并能适应一定程度的天气变化。SAR系统不受云、雨、雾、光照等自然因素的影响,可以较好地弥补光学传感器的不足。SAR系统通过选择合适的雷达波长,能穿透一定的覆盖物(如云层、植被)成像,因而可以发现重要的目标。可见,具有不同特征或不同视点的多源传感器获取的图像间既存在冗余性又存在互补性,通过对其进行匹配与融合,能够扩大传感范围,提高系统的可靠性,提高图像的空间分辨率和清晰度,提高平面测图精度、分类的精度与可靠性,增强解译和动态检测能力,有效提高遥感图像信息的利用效率。

近年来,信号的稀疏表示引起了国内外研究学者的密切关注。冗余字典下的稀疏分解是信号稀疏表示的研究热点之一。用超完备的冗余函数取代稀疏基,称为冗余字典,字典中的元素被称为原子,稀疏表示就是从冗余字典中找到最佳线性组合的原子来表示信号。

2006 年,压缩感知(CS)理论的提出推动了稀疏表示理论在各个应用领域的研究,如谱估计、音频信号处理、SAR 成像、遥感成像及信源编码等。从 SAR 图像的稀疏特性来看,稀疏表示理论在 SAR 图像处理与应用领域具有广阔的前景。基于稀疏表示理论的图像表示已经成为图像处理与解译研究的热点,特别是基于图像结构的字典构造和学习方法、快速和有效的图像稀疏系数求解算法,为 SAR 图像的处理和应用研究提供了新的理论和方法。

本书从 SAR 图像的稀疏特征出发,对稀疏表示理论中的两个关键问题(字典的设计和学习方法、稀疏表示系数的快速求解算法)展开研究,并将其应用于 SAR 图像处理和应用领域,能够为 SAR 图像的目标分类和目标识别、探测和监视提供技术基础,提高 SAR 图像处理和解译的水平,对于推广 SAR 图像处理及其在军事和民用领域的应用研究具有非常深远的意义。

本书的研究成果得到"国家职业教育教师教学创新团队""江苏省职业教育教师教学创新团队(BZ150706)""国家级职业教育教师教学创新团队课题(YB2020080102)""物联网领域创新团队建设协作共同体"以及江苏省高校自然科学基金"无人机载图像融合技术在交通管理领域的应用研究(19KJB510043)"、南京信息职业技术学院高层次人才科研启动基金"基于单演信号理论的异源图像特征提取技术研究(YB20200101)"等项目的资助,在此对上述支持表示衷心的感谢。

本书由南京信息职业技术学院季秀霞教授和南京航空航天大学张弓教授共同撰写。本书在撰写的过程中得到了南京航空航天大学实验室多位同人的帮助,同时本书还参考了诸多 SAR 图像处理及稀疏表示的相关文章和专著,在此对各位同人及那些文献被参考的作者一并表示感谢。

SAR 图像的处理技术一直处在不断发展和进步之中,鉴于笔者的专业水平和视野有限,书中错误之处在所难免,恳请读者不吝指正。

作 者

2021 年 12 月

目　录

第1章　绪　论

1.1　研究背景、目的及意义

合成孔径雷达(Synthetic Aperture Radar,SAR)是一种工作在微波波段的高分辨率、主动发射和接收微波、利用信号处理方式成像的雷达系统。与对地观测相比,SAR 成像突破了外界恶劣环境条件的限制,具有全天时、全天候、远距离等独特优势,获取 SAR 图像具有范围广、速度快、周期短、手段多样等优点,相干成像的特性又使 SAR 图像含有丰富的幅度、相位和极化等多种信息,因此 SAR 图像在军事和民用领域的地位举足轻重。目前,SAR 图像已被广泛应用于侦察军事工程和武器设备、测绘和修绘军用地形图、精确定位目标,亦可用于普查地质结构、研究城市变迁、测绘海洋图、估测降水量、鉴别农作物、评估森林灾情等。

SAR 自 20 世纪 50 年代问世以来,经历了从单波段向多波段、单极化向多极化、单工作模式向多工作模式变化的发展过程。随着机载和星载遥感系统技术的不断发展,SAR 图像的空间分辨率和时间分辨率不断提高,相应的数据量也急剧增加(一幅 SAR 图像数据大小为亿像素级),给 SAR 图像大容量的存储元器件和实时高速的传输设备带来极大的挑战,研究 SAR 图像的压缩技术势在必行。

与光学图像和红外图像相比,SAR 图像在成像机理、辐射特性和几何特性上都有很大的差异,所成图像的像素间相关性较小、数据动态范围较高、纹理边缘处含有重要的高频成分,且成像散射体散射回波的相干作用导致 SAR 图像不可避免地存在相干斑噪声,噪声的存在导致 SAR 图像的信噪比下降,给后续的图像特征提取、图像分割和目标分类等实际应用带来很大的困难。因此,抑制相干斑噪声,保持图像的纹理细节信息对提高 SAR 图像质量和后续应用具有重要的意义。

SAR 图像应用在军事侦察方面的首要任务就是发现和识别目标,SAR 图像分类是实现目标识别的一个关键步骤,将直接影响能否准确地在战场中获取目标信息。在对 SAR 图像目标进行分类时,特征提取和特征选择至关重要,如何获取不同地表结构和内在属性的特征是目标分类的一个重要研究方向。

遥感技术的发展为人们提供了丰富的异源图像,这些具有不同特征或不同视点的多源传感器获取的图像间,既存在冗余信息,又存在互补信息。光学图像符合人眼的视觉特性,易于人工判读,能直观地反映地面目标、场景的物理化学信息和光谱轮廓;红外图像由于传感器的灵敏度较高,成像波段偏向于红外,在光线较暗的条件下,所成图像纹理、边缘等特征比较明显,可以揭露高温伪装的目标;SAR 成像具有高分辨率、全天时、全天候、强透射等特点,能够详细、准确地描绘地形地貌,反映地物目标的几何属性和材料的自然属性。通过对异源图像进行融合,能够获得对地物目标更为客观和更为本质的认识,为后续的目标分类、目标检测等应用提供更为有效的信息。

近年来,信号的稀疏表示引起了国内外研究者的密切关注。冗余字典下的稀疏分解是信号稀疏表示的研究热点之一。用超完备的冗余函数取代稀疏基,称为冗余字典,字典中的元素被称为原子,稀疏表示就是从冗余字典中找到最佳线性组合的原子来表示信号。2006年,压缩感知(Compressive Sensing,CS)理论的提出推动了稀疏表示理论在各个应用领域的研究,如谱估计、音频信号处理、SAR 成像、遥感成像及信源编码等。

目前,基于稀疏表示理论的图像表示已经成为图像处理与解译研究的热点,特别是基于图像结构的字典构造及学习方法和快速、有效的图像稀疏系数求解算法,为 SAR 图像的处理及应用研究提供了新的理论和方法。本书主要对稀疏表示理论中的两个关键问题(字典的设计和学习方法、稀疏表示系数的快速求解算法)展开研究,并将其应用于 SAR 图像压缩、SAR 图像相干斑抑制、SAR 图像目标分类和图像配准与融合等应用领域,能够为目标的分类、识别、探测和监视提供技术基础,对于推广 SAR 图像处理及其在军事和民用领域的应用研究具有非常深远的意义。

1.2 国内外研究现状

1.2.1 稀疏表示理论

信号是若干不同频率性质、时域性质或时频性质的混合表示。在稀疏表示理论未提出前,传统思路是用同一种波形来做信号分解,其中正交字典和双正交字典因为数学模型简单而得到广泛的应用,但由于自适应能力差,并不能灵活全面地表示信号。1993 年,在小波分析的基础上,Mallat 提出信号可以用一个超完备字典进行表示。用给定字典中的原子表示信号,可以获取信号更简洁的表示形式和信号中蕴含的丰富信息,方便对信号进行更深入的加工处理,如信号压缩、信号编码等。

稀疏表示理论可以实现信号在一部由多种波形构成的冗余字典上的分解。组成字典的波形称为原子,原信号可以找到一组最佳原子的线性组合来表示。稀疏表示理论要求信号具有稀疏性,即信号可以用少数不为零的系数表示。现实中的信号通常不是稀疏的,但是将信号经数学变换投影到变换域(如小波域、曲波域等),如果信号的表示系数中大多数为零或绝对值很小,那么可以认为该信号具有稀疏性。稀疏表示理论中常采用的稀疏变换包括小波变换、离散余弦变换、轮廓波变换等。

从理论上讲,只要找到相应的稀疏变换,任何信号就都具有稀疏性。尽管 SAR 图像地物信息按分辨率散乱地分布在整幅图像上,并不具有稀疏性,但是若将图像变换到小波域、轮廓波域、曲波域等变换域,图像的大部分系数很小或为零,那么可以认为 SAR 图像具有稀疏性。本书的主要研究内容正是围绕信号的稀疏表示展开的,对过完备字典的设计和稀疏表示系数的求解进行深入的探讨。

在讨论这两个问题之前，首先给出稀疏性的概念：

一个 N 维信号矢量为 $\boldsymbol{X} \in \mathbf{R}^{N\times 1}$，给定一个集合 $\boldsymbol{\psi}=[\boldsymbol{\psi}_1,\boldsymbol{\psi}_2,\cdots,\boldsymbol{\psi}_M] \in \mathbf{R}^{N\times M}$，信号 $\boldsymbol{X}$ 可以表示为 $\boldsymbol{\psi}$ 的线性组合：

$$\boldsymbol{X}=\sum_{i=1}^{M}\boldsymbol{\psi}_i\alpha_i \tag{1-1}$$

若采用 l_0 范数作为正则化项，则可以通过如下模型优化重建原信号 $\boldsymbol{X}$：

$$\hat{\alpha}(\boldsymbol{X},\boldsymbol{\psi})=\underset{\alpha}{\arg\min}\ \|\alpha\|_0 \text{ 满足 } \boldsymbol{X}=\boldsymbol{\psi}\alpha \tag{1-2}$$

式中，$\|\alpha\|_0$ 为稀疏系数 α 的 l_0 范数，即稀疏系数 α 中非零元素的个数。如果稀疏系数 α 的零元素较多，则说明信号 $\boldsymbol{X}$ 在集合 $\boldsymbol{\psi}$ 上的分解是稀疏的。

式(1-2)也可以写作：

$$\hat{\alpha}(\boldsymbol{X},\boldsymbol{\psi})=\underset{\alpha}{\arg\min}\ \|\alpha\|_0 \text{ 满足 } \|\boldsymbol{X}-\boldsymbol{\psi}\alpha\|_2^2<\varepsilon \tag{1-3}$$

过完备稀疏表示问题的示意图如图1-1所示。若 $\boldsymbol{X}$ 在集合 $\boldsymbol{\psi}$ 上仅有 $K(K\ll N)$ 个非零系数，则信号 $\boldsymbol{X}$ 为稀疏的。$\boldsymbol{\psi}$ 为信号 $\boldsymbol{X}$ 的稀疏变换矩阵，也称为字典，它的每一列向量 $\boldsymbol{\psi}_i(i=1,2,\cdots,M)$ 称为字典 $\boldsymbol{\psi}$ 的原子，K 值称为信号 $\boldsymbol{X}$ 的稀疏度，$\alpha=\{\alpha_i\,|\,i=1,2,\cdots,M\}$ 是信号 $\boldsymbol{X}$ 在变换字典 $\boldsymbol{\psi}$ 下的稀疏系数。若 $N\ll M$，则 $\boldsymbol{\psi}$ 为过完备字典。

鉴于字典 $\boldsymbol{\psi}$ 的冗余性，信号 $\boldsymbol{X}$ 的线性组合表示有多个，过完备字典的稀疏表示就是从若干个线性组合中找出非零系数最少的一个。

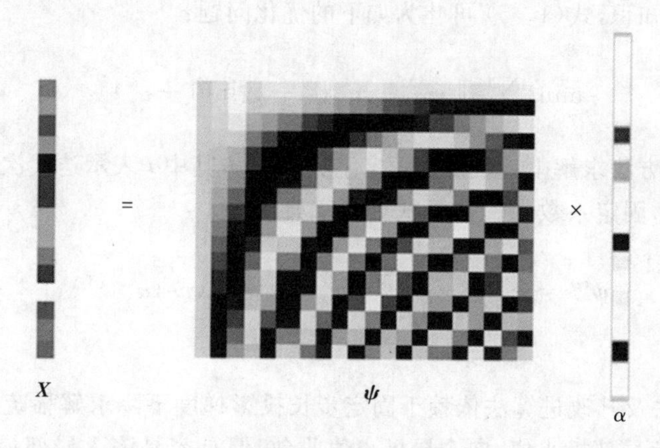

图1-1 过完备稀疏表示问题的示意图

1. 过完备字典设计

信号在字典下的稀疏表示系数和信号的重构质量密切相关，稀疏表示时系数越稀疏，重构信号的时候质量就越高。因此，基于已有的稀疏求解算法，如何构造过完备字典使信号分解的时候更稀疏、更快速、更准确，对信号的稀疏表示至关重要。

传统的字典构造方法主要采用预定义的一组基函数来产生字典，字典中的每个原子都可以用数学函数来描述，如离散余弦变换、小波变换、剪切波变换和曲线波变换等。该方法构造的字典结构简单，计算复杂度低，通常具有较快的变换速度，但是由于字典中原子的基本形状固定,受限制于特定类型的图像和信号,不能根据信号的特点进行自适应调整,无法应用于任意类型的信号,对信号的表示也并不一定能达到最优。因此我们需要寻找克服这些限制的新方法,即通过学习的方法来构造字典。

近年来,人们开始寻求能与信号自身结构相适应、通过某种算法学习得到的过完备字典。与传统方法构造的固定基字典相比较,通过学习方法构造的字典与信号本身的结构更加匹配,能获得更好的重构效果。基于学习的方法首先需要构建一个训练信号集,然后构建一个经验学习字典,即通过经验数据生成潜在的原子,而不是通过理论模型。这样的字典,作为固定冗余字典,可以得到实际的应用。与预定义字典不同,学习字典能够适用于符合稀疏定义的任何类型的信号。

Sparsenet 算法是最早提出的字典学习算法,也是字典学习理论的基础。该算法利用最大似然估计学习字典,从自然图像库中提取大量的小图像块作为训练集 $\boldsymbol{X}$,每一个小图像块 $\boldsymbol{x}$ 满足模型:

$$\boldsymbol{x}=\boldsymbol{\psi}\alpha+\boldsymbol{v} \tag{1-4}$$

式中,$\boldsymbol{v}$ 为残差向量,每一个分量均服从方差为 σ^2 的高斯分布。假设每一个小图像块 $\boldsymbol{x}$ 是统计独立的,即 $P(\boldsymbol{X}|\boldsymbol{\psi})=\prod_{i=1}^{N}P(\boldsymbol{x}_i|\boldsymbol{\psi})$,则字典学习可表示为如下优化问题:

$$\max_{\boldsymbol{\psi}}P(\boldsymbol{X}|\boldsymbol{\psi})=\max_{\boldsymbol{\psi}}\prod_{i=1}^{N}P(\boldsymbol{x}_i|\boldsymbol{\psi}) \tag{1-5}$$

利用统计学的知识,式(1-5)可化为如下的优化问题:

$$\min_{\boldsymbol{\psi},\alpha_i}\left\{\sum_{i=1}^{N}\|\boldsymbol{\psi}\alpha_i-\boldsymbol{x}_i\|_2^2+\lambda_A\ln(1+\alpha_i^2)\right\} \tag{1-6}$$

利用交替优化方法求解上述问题,固定字典 $\boldsymbol{\psi}^{(t-1)}$,其中 t 表示迭代次数,用梯度下降法求解稀疏表示系数,固定系数 $\alpha_i^{(t)}$,按下式更新字典:

$$\boldsymbol{\psi}^{(t)}=\boldsymbol{\psi}^{(t-1)}-\eta\sum_{i=1}^{N}\{(\boldsymbol{\psi}^{(t-1)}\alpha_i^{(t)}-\boldsymbol{x}_i)(\alpha_i^{(t)})^{\mathrm{T}}\} \tag{1-7}$$

式中,η 为步长。

Sparsenet 算法及其改进算法依赖于固定步长投影梯度下降求解稀疏表示系数,通过正确的步骤,可以避免局部极小值,向全局极小值收敛,但是容易陷入局部最优。受广义 K 均值(K-means)聚类方法的启发,Engan 等人提出了一种基于最优方向(Method of Optimal Directions,MOD)算法,它是一种期望最大值的字典学习算法,通过迭代在训练过程中不断更新字典原子,使稀疏表示的残差不断减小来满足收敛条件,最终得到良好判别性能的字典,并应用在语音数据和心电图数据重构上,取得了良好的效果;Aharon 等人提出了一种 K 奇异值分解(K-Singular Value Decomposition,K-SVD)算法,利用奇异值分解和范数稀疏约束追踪算法的交替应用,同步更新稀疏表示系数和字典,并成功地将其应用于图像去噪、图像压缩和超分辨率重构中。MOD 算法与 K-SVD 算法的不同之处在于前者是对整个字典一次更新,计算复杂度较高,后者对系数矩阵与字典原子进行联合更新,提高了算法的收敛速度。

Sparsenet 算法、MOD 算法和 K-SVD 算法在每次更新字典的时候，所有的训练样本都要参与计算，因此所需的存储空间较大、对算法的计算能力要求较高，并不适合大规模样本的字典学习。为此，Marial 等人提出了适合在线学习的在线字典学习（Online Dictionary Learning，ODL）算法。ODL 算法每次迭代更新时只处理一个样本，算法的收敛速度更快。比较经典的 ODL 算法有基于最小方差的迭代字典学习算法（Iterative Least Squares-Dictionary Learning Algorithms，ILS-DLA）、最小二乘字典学习算法（Recursive Least Squares Dictionary Learning Algorithm，RLS-DLA）和追踪包（Bag of Pursuits，BoP）稀疏编码算法等。

大部分字典学习算法需要预先设定字典规模、稀疏度等信息。非参数贝叶斯（Beta process factor analysis，BPFA）字典学习算法结合贝叶斯学习自动推断正则化参数、字典规模和重构残差，解决了字典学习中的参数选择问题，并被成功地应用于图像修复、雷达与通信侦察目标识别等领域。

结构字典学习算法因为能充分捕获图像的内在结构信息而成为目前字典学习研究的热点。比较典型的结构字典主要包括：多个正交基联合组成的正交基联合字典、具有块结构的块稀疏字典、原子按树状结构排列的树结构字典、具有块稀疏和树结构稀疏的组结构字典、多级子字典构成的多级字典、基于小波域的多尺度字典、用于单幅图像超分辨率的多尺度字典、能分离成两个小字典的可分离字典、通过平移操作训练的平移不变字典等。

2. 稀疏表示系数求解

对于任意的输入信号和给定的过完备字典，如何设计一个快速的优化算法准确计算信号的稀疏表示系数非常重要。目前国内外发表的具有代表性的稀疏表示系数求解算法有基追踪（Basis Pursuit，BP）算法、匹配追踪（Matching Pursuit，MP）算法、梯度追踪（Gradient Pursuit，GP）算法等。

上述这些算法各有优缺点。其中 Mallat 提出的 MP 算法应用最广，但由于 MP 算法每次迭代时只选取与信号最匹配的一个原子，并且信号在已选择原子集合上的投影并非正交，导致 MP 算法需要经过很多次迭代才能收敛，影响了 MP 算法的速度。同时，如果信号在已选原子组成的子空间上的展开不是最好的，就会造成过匹配现象，因此出现了很多基于 MP 算法的改进贪婪算法。Tropp 等人提出了按照正交化原则选取原子的正交匹配追踪（Orthogonal Matching Pursuit，OMP）算法，证明了 OMP 算法是性能接近 BP 算法的有效方法。随着 OMP 算法的提出，为了进一步发挥 OMP 算法在算法复杂度与精度上的优势，学者们提出了一系列针对 OMP 算法改进的算法。例如，阶梯正交匹配追踪（Stagewise Orthogonal Matching Pursuit，StOMP）算法，通过对算法相变图进行分析完成残差匹配滤波，算法的性能非常接近于最小 l_1 范数优化算法，并且比 MP 算法处理速度快。正则化正交匹配追踪（Regularized Orthogonal Matching Pursuit，ROMP）算法正则化筛选原子的过程保证了每次入选的原子都是最优的，对于所有满足约束等距性条件的矩阵和所有稀疏信号都可以准确求解稀疏系数，但 ROMP 算法必须对稀疏度进行适当的估计，否则会影响信号的重构质量。引入回溯思想的压缩采样匹配追踪（Compressive Samping Matching Pursuit，CoSaMP）算法和子空间追踪（Subspace Pursuit，SP）算法都提供了比 OMP、ROMP 等算法更全面的理论保证，具有较好的鲁棒性。上述这些算法都是建立在稀疏度 K 已知的基础上，然而实际应用中，K 往往是未知的，因此出现了对稀疏度 K 自适应的匹配追踪(Sparsity Adaptive Matching Pursuit，SAMP)算法，通过固定步长逐步逼近进行稀疏表示系数的筛选，可以在 K 未知的情况下获得较好的信号重构效果，速度也远快于 OMP 算法。SAMP 算法的优点是对稀疏度自适应，但较大的稀疏度导致运算量较大。正则化自适应匹配追踪(Regularized Adaptive Matching Pursuit，RAMP)算法结合 SAMP 算法和 ROMP 算法的优势，稀疏系数求解速度更快。基于后向追踪的匹配追踪(Backtracking-based Orthogonal Matching Pursuit，BAOMP)算法，对稀疏度自适应，通过前后向阈值的设置筛选和剔除原子，其缺点是阈值固定，不能自适应修改。由此可见，对于迭代过程中原子的选择：MP 算法、OMP 算法和 ROMP 算法在迭代过程中不断增加原子；SP 算法、SAMP 算法和 BAOMP 算法在迭代过程中为保证支撑集的大小不变，在增加原子的同时必须剔除一部分原子；MP 算法、OMP 算法、SP 算法和 ROMP 算法是建立在稀疏度已知的情况下或者需要预先合理估计信号稀疏度才能获得较好的效果；SAMP 算法和 BAOMP 算法对稀疏度能够自适应，实现盲稀疏度信号的稀疏表示。

除了匹配追踪类算法，基于其他思想的优化求解算法也得到了多方面的研究。Gorodnitsky 等人提出了一种非参数优化重构算法(Focal Underdetermined System Solver，FocUSS)。该算法包含两部分，一部分为低精度的初始估计，另一部分为将初始估计值修正至局部能量解的迭代过程。实验证明该算法应用于 DOA 估计与图像处理时，能够通过少量数据得到较精确的重构。Kim 等人提出了针对求解理想最小 l_1 范数优化问题的重构算法(Least Absolute Shrinkage and Selection Operator，LASSO)，并且讨论了该算法的多种应用。在此基础上，Wang 等人将 LASSO 算法扩展到具有自回归系数的回归模型中，该 LASSO 检测系统对每一个参数都使用不同的调优系数，提高了 LASSO 检测系统的有效性。Tipping 首次提出了稀疏贝叶斯学习(Sparse Bayesian Learning，SBL)算法，Faul 对算法进行了详细的分析。SBL 算法的提出引起了学者们的广泛关注，一系列 SBL 算法的扩展算法也随之被提出。Wipf 与 Rao 提出了针对一维观测向量(Single Measurement Vector，SMV)模型下稀疏优化重构的 SBL 算法和针对多维观测向量(Multiple Measurement Vectors，MMV)下稀疏优化重构的 MSBL 算法。Zhang 等人提出了针对具有相同结构观测向量的 MMV 模型下的分块稀疏贝叶斯学习算法，有效利用了 MMV 模型的结构特性，提高了重构性能。同时，SBL 算法在很多领域也得到了广泛的应用，如视觉跟踪、变道分析、边缘检测、结构损伤诊断、大规模 MIMO-OFDM 系统优化导频设计等。

综上所述，字典学习综合图像处理、统计学、机器学习等诸多领域的理论和方法，充分利用训练样本数据的先验信息，根据训练样本数据自适应进行特征提取，对信号具有更强的稀疏表示能力。稀疏系数求解算法是在保证图像重构质量的前提下，尽可能降低算法的复杂度。本书也旨在通过过完备字典的设计和稀疏表示系数的求解来完成 SAR 图像处理与应用的研究。

1.2.2 SAR 图像压缩

随着 SAR 技术向多极化、多波段、高分辨率发展，SAR 图像的目标总数越来越多，数据量呈现指数增长的趋势,给图像的存储、传输和后续处理带来了巨大的挑战。由于SAR图像是三维目标在二维平面(距离-横向距离)的投影,它的产生需要发射机、目标和接收机三个主要部分。发射机通过天线向目标发射一串脉冲,接收机接收从目标反射回来的脉冲,对数据进行处理来重建目标图像。相干成像的原理导致SAR图像像素间的相关性较低,直接对原始数据压缩很难获得大的压缩比。由于成像以后的SAR图像像素间的相关性明显增强,若对SAR图像压缩则很容易获得较大的压缩比。

在SAR图像压缩过程中,必须考虑以下几个问题:

(1)尽可能地降低数据量以获得较大的压缩比,这是图像压缩的首要任务。

(2)压缩算法必须具有一定的保密性,即使SAR图像信息被截获也无法被准确破译。

(3)压缩算法应该在压缩SAR图像时尽量保留小目标的特征。

(4)当数据传输过程中信号有延迟或遭到破坏时,应该保证收到的信息尽可能恢复出最大的全局信息。

(5)压缩算法必须能够实时实现。

国内外专家对SAR图像压缩算法的研究主要集中在空域和变换域两个方面。比较具有代表性的SAR图像空域压缩算法是矢量量化。作为一种非线性压缩算法,矢量量化利用像素之间的相关性把输入的数据划分为组,并且以组为单位对数据进行量化,压缩效率和标量量化相比有明显的提高。但是,由于矢量量化算法训练码书时需要多次迭代,导致算法的计算量大、运行时间长、存储空间大,所以只能对质量要求不高的SAR图像进行压缩。Dony等人提出了一种改进的矢量量化SAR图像压缩算法,将SAR图像的边缘、纹理等重要信息与整体的图像空间分离,利用码书训练和量化求解,将边缘纹理精细量化、杂波区域粗略量化,获得了较大的压缩比。Guan等人提出了块自适应矢量量化的SAR图像压缩算法,通过去除像素的概率密度函数的相关性达到提高压缩比的目的。喻言等人提出了基于块自适应的残差矢量量化SAR图像压缩算法,该方法利用SAR图像近似瑞利分布的特点对图像进行块自适应矢量量化,利用残差图像数据近似高斯分布的特点进行第二次块自适应矢量量化,并且在残差矢量量化中按照均方误差排序进行选择性压缩,在压缩比不变的前提下提高了压缩性能。

与空域压缩算法不同,SAR图像的变换域压缩算法可以很好地解决由信号空间相关性带来的问题。变换域压缩算法主要是通过变换,将原图像绝大部分的信息集中于少量的有效变换系数中,最大限度地去除空间信息冗余和谱间信息冗余,采用有效系数编码算法组织变换系数,对系数进行熵编码实现码流输出。离散余弦变换(Discrete Cosine Transform, DCT)的性能由于最接近理想的$K-L$变换,被最先应用于图像信号的压缩,如JPEG压缩标准。但DCT的时频特性不佳,只适用于压缩比不高的场合。小波变换(Wavelet Transform,WT)是空间(时间)和频率的局部变换,可以有效地从信号中提取信息,并通过伸缩和平移等处理对信号进行多尺度的细化分析。离散小波变换(Discrete Wavelet Transform,DWT)可以有效地提取信号中的信息,通过伸缩和平移处理实现对信号多尺度多方向的细化分析,由于具有良好的时频局部特性和子代间结构相似性而成为静止图像压缩国际标准JPEG2000采用的压缩编码算法。目前,基于离散小波变换的编码方法也被应用于SAR图像压缩中。胡晓新等人提出了基于提升小波的SAR原始数据压缩算法,Wei等人将小波包变换设计的编码比特估值函数作为进一步小波分解的代价函数,利用整体最优的量化技术进一步提高压缩效率。Mvogo 等人利用 SAR 图像多小波变换下的纹理测度，对变换后不同频率子带的小波系数进行加权，对于信息熵较大的系数分配较多的比特数，在压缩比为 20 时依旧能保证足够质量的视觉效果，可用于土地的分割和监测。王璐等人针对 SPIHT 编码速度慢、内存消耗大的特点，提出了一种改进的无列表 SPIHT 编码算法，以提高编码速度。实验结果表明，该方法能够达到与 SPIHT 相同的压缩效果，但压缩速度却比原方法快得多，适合于实时应用。Aili 等人结合 SAR 图像的斑点噪声，利用小波变换后系数的树状结构设计量化策略，应用改进的 SPIHT 算法编码，获得了较好的压缩效果。针对 SAR 图像的散斑噪声，Mittal 等人提出了一种基于小波变换零树编码的图像压缩系统，对 SAR 图像的小波系数进行归一化和收缩，去除图像中的斑点，然后采用基于小波的分层树集分割算法进行图像压缩，进一步提高了图像质量。

由于离散小波变换无法最优地表示线奇异，方向选择性差，所以对于图像边缘或纹理丰富的区域，应用离散小波变换压缩图像时容易产生振铃现象。为了更好地处理信号的高维奇异性，带有更多方向性的稀疏表示方法——多尺度几何分析随之出现，比较有代表性的多尺度几何分析方法有曲波变换(Curvelet Transform)、脊波变换(Ridgelet Transform)、轮廓波变换(Contourlet Transform)、条状波变换(Bandelet Transform)等。基于多尺度分析的 SAR 图像压缩方法也相继被提出。白静等人对 SAR 图像分块，利用 Directionlet 变换分解，选择局部最优的变换方向进行组合，对变换系数构造多级的空间方向树结构，不但获得了较高的压缩比，而且有效保留了 SAR 图像中边缘和轮廓等方向性信息。

近年来，稀疏表示被广泛应用于图像数据的存储和传输过程，一系列基于图像稀疏表示的压缩算法被提出。DLMRI 算法、具有盲字典学习的高光谱成像和动态磁共振成像算法验证了稀疏表示理论在图像压缩应用中的有效性。同样，稀疏表示理论也被有效地应用于 SAR 图像压缩中。陈原等人提出基于 Tetrolet Packet 变换的 SAR 图像压缩算法，对高频子带系数重排并进行 Tetrolet 分解，从而使高频子带系数能量更加集中，减少方向信息，便于后续的 SAR 图像压缩。许学杰等人将阿达马矩阵和高斯随机矩阵结合，从信息熵的角度，提出一种改进的迭代加权的最小二乘重构算法，通过迭代阈值的设定，在保证压缩比的同时提高迭代运算的收敛速度，改善 SAR 图像的压缩性能。Zhan 等人提出了一种基于多尺度字典的 SAR 图像压缩方案，在幅值 SAR 图像上进行的实验结果表明，与 JPEG、JPEG2000 和单尺度字典压缩方案相比，该方案在保持 SAR 图像重要特征的同时具有较好的压缩性能。Xu 等人利用存储稀疏分解的系数和相应的索引获取图像的信息，采用 K-SVD 学习方法来构造字典，基于过完备字典的稀疏表示实现了 SAR 图像压缩，能够有效地捕捉图像的结构特征。

SAR 图像在变换域具有稀疏性，可以用少量的非零系数来表示，采用稀疏表示研究 SAR 图像压缩可以获得较大的压缩比。此外，鉴于 SAR 图像在军事侦察和目标监测中的应用，选择的压缩方法本身必须具有一定的保密性。基于字典学习和稀疏表示模型的图像压缩框架本身具有一定的安全保密性能，占据着天然的优势，也是本书选用字典学习和稀疏模型来研究 SAR 图像压缩的重要出发点。

1.2.3 SAR 图像相干斑抑制

SAR 图像是由卫星或飞机上的 SAR 发射微波，接收物体表面的电磁反射形成的。由于 SAR 图像的分辨率有限，一个分辨单元内通常会分布许多小于既定尺寸物体的雷达反射点，这些反射点之间存在着相位差并相互干扰，形成明暗相间的斑点，即相干斑。相干斑噪声的存在严重影响了 SAR 图像的质量，隐藏了图像的精细结构，导致 SAR 图像不能有效地反映目标场景的散射特性，SAR 图像的处理与解译面临极大的困难。如何在保持图像边缘、纹理等细节信息的前提下有效地抑制相干斑噪声一直是 SAR 图像处理的重要任务之一，也是后续 SAR 图像目标分割、检测和识别的基础。

SAR 图像的相干斑抑制方法，可以分为成像前的多视平滑预处理方法和成像后的相干斑抑制方法。多视平滑预处理方法计算同一场景的几幅相互独立的图像，并进行逐个像素点的平均和平滑处理，即多视平滑预处理方法在成像过程中以牺牲 SAR 图像的空间分辨率来达到相干斑抑制的目的。随着 SAR 图像应用范围的不断扩大，对分辨率的要求也越来越高，成像前的多视平滑处理方法已经不能满足现有的要求，因此成像后的相干斑抑制方法成为研究的主流方向。针对 SAR 图像相干斑的特性，国内外研究人员做了大量的研究工作，提出了许多成像后的相干斑抑制方法。这些方法主要可以归纳为三大类：空域相干斑抑制算法、变换域相干斑抑制算法和偏微分扩散类相干斑抑制算法。

首先给出 SAR 图像的两种相干斑噪声模型。

(1)乘性噪声模型：SAR 图像的幅度测量值 I、目标场景分辨单元的平均散射面积 $\bar{I}$、斑点噪声 N 之间有着非线性关系，三者之间的关系可以表示为

$$I=N\bar{I} \tag{1-8}$$

(2)加性噪声模型：将式(1-8)改写为

$$I=\bar{I}+\bar{I}(N-1) \tag{1-9}$$

SAR 图像乘性噪声模型可以转化为加性噪声模型，均值由 1 变为 0，方差也随着观测强度和场景的后向散射的变换而变化。

1. 空域相干斑抑制算法

空域相干斑抑制算法是一种基于局部统计特性的滑动窗口抑斑技术，是最早采用并且应用最为广泛的一种相干斑抑制方法。由于其理论分析比较完善，计算过程比较简单，所以备受研究人员的青睐。

SAR 图像空域相干斑抑制算法多以 SAR 图像乘性噪声模型为基础，对图像的像素点进行处理，在场景模型分布和斑点模型分布已知的情况下，运用最小均方误差(Minimum Mean Squared Error，MMSE)估计和最大后验(Maximum A Posteriori，MAP)估计的方法来抑制相干斑。比较经典的空域相干斑抑制算法包括 Kuan 滤波器、Lee 滤波器、Sigma 滤波器、Frost 滤波器、MAP 滤波器及其改进算法。其中，Lee 滤波器和 Kuan 滤波器都以最小均方差估计准则为基础，更适合单视 SAR 图像数据处理，Lee 滤波器比 Kuan 滤波器滤波效果好；Frost 滤波器与它们的不同之处在于它通过观测图像与 SAR 系统冲击响应的卷积来估计场景的真实回波，考虑了场景的相关性；对于多视 SAR 图像，假设图像的概率密度函数为 Gamma 分布，应用最大后验估计滤除相干斑噪声，就是 Gamma MAP 滤波器。此外，还出现了许多改进的滤波模型，如 Gomez 等人将改进的 Sigma 滤波器应用于多极化 SAR 图像，很好地保留了极化性质和目标特征；Alvarez 等人结合非抽取小波和 MAP 方法，张军等

人利用各向异性扩散的 Frost 核滤波器，分别完成了 SAR 图像的相干斑抑制。

空域滤波器主要采用滑动窗口，根据像素周围的统计特性获取中心像素的滤波值，利用图像局部统计参数，算法简单且实时性好，能够自适应 SAR 图像局部区域的特征。但是由于滤波效果受窗口尺度设置的影响较大，因此在滤波的同时容易造成图像的边缘模糊和细节丢失。近年来，Buades 等人提出的非局部均值（Non Local Mean，NLM）利用图像块之间的相似度作为均值滤波的权重，保留了图像的纹理信息，受到了广泛的关注。尽管 NLM 算法能获得较高的信噪比和较好的视觉效果，但随之而来的问题是算法复杂度高、计算量大，由此出现了针对 NLM 的一些快速实现方法。Mahmoudi 等人采用梯度和均值来减少不必要的搜索点，Wang 等人采用积分图与快速傅里叶变换来计算相似度，Karnati 等人将多分辨引入积分图来完成加速计算，陈建宏等人结合贝叶斯非局部均值模型和积分图，都较好地完成了 SAR 图像的相干斑抑制。

空域相干斑抑制算法借助成熟的概率论和统计学知识，对 SAR 图像不同场景的统计模型和噪声统计模型进行分析实现相干斑抑制，是一种行之有效的方法。但是由于这些方法都是通过固定窗口来对图像进行操作的，并没有考虑像元周围的局部结构信息，所以在实际应用中，对区域一致性较好的 SAR 图像有较好的去斑效果，而对边缘和细节特征的保持则不够理想。

2. 变换域相干斑抑制算法

变换域相干斑抑制算法多以 SAR 图像的加性噪声模型为基础，首先将图像从空域变换到变换域，然后利用信号的稀疏性，采用阈值函数对变换系数进行处理，最后对变换系数进行逆变换来重构图像，从而完成 SAR 图像的相干斑抑制。

20 世纪 90 年代后，随着小波理论的完善，SAR 图像的去斑绝大部分以变换域小波滤波技术为主。Fukuda 等人首先对含噪 SAR 图像进行对数变换，把乘性噪声转换为加性噪声，然后利用 Donoho 等提出的小波域软阈值或硬阈值去噪方法进行去斑，最后进行指数变换实现噪声抑制。Simoncelli 等人利用贝叶斯估计，从理想信号和小波系数的统计模型出发，由观测值的小波变换系数后验概率，进而计算理想信号的小波系数，实现斑点噪声抑制。国内学者在这方面也做了大量的工作，张微等人利用自适应收缩因子对稳定小波变换（Stationary Wavelet Transform，SWT）后的系数进行处理。庄镇泉等人通过对 SAR 图像进行多层 SWT 后的细节图像进行阈值处理，达到相干斑抑制的目的。Hua 等人将马尔可夫随机场（Markov Random Field，MRF）模型与小波变换相结合，建立了小波马尔可夫模型，并用于 SAR 图像去噪。小波马尔可夫模型改进了小波域其他方法对于均匀区域滤波效果差的缺陷，同时提高了对图像边缘和纹理等细节信息的保护能力。近年来，小波域新的多尺度马尔可夫模型（Multiscale Markov Model）非常活跃。Crouse 等人提出了小波域马尔可夫树模型（Hidden Markov Tree Model，HMT），并被广泛应用于 SAR 斑点噪声抑制。但在实际应用中，小波域马尔可夫树模型主要存在块效应、训练算法收敛速度慢、大图像的计算量大等问题。块效应是树状结构的先天缺陷，因为相邻子节点的相关性依赖它们到共同的父节点的距离，虽然有些针对块效应的解决方法，如后验平滑、N 交叠树、N 上下文模型等，但这些方法会使树状结构计算高效的优点丧失。闫河等人根据复小波变换的近似移不变性和良好的方向选择性，提出了复小波域层内层间相关性 SAR 图像去噪方法，结合小波域马尔可夫树模型的层间复系数相关性建模的能力和局部微分邻域窗层内相关性建模的能力，在实际应用中取得了较好的去噪效果。

基于小波变换的SAR图像相干斑抑制算法主要通过对变换后的系数进行处理达到抑斑目的。由于小波变换并不能很好地刻画二维图像中具有线奇异性的几何信息，一系列多尺度几何分析方法，如Ridgelet变换、Contourlet变换、Curvelet变换和剪切波变换(Shearlet Transform)的出现为SAR图像数据特征的稀疏表示和奇异性检测提供了有效的工具，并被成功应用于SAR图像的相干斑抑制。其中，Do和Vetterli提出的Contourlet变换因为对二维图像表示性能优异、实现快速，而被广泛应用于SAR图像的相干班抑制及SAR图像分割，实验结果均展示了Contourlet变换无限的潜力。

变换域相干斑抑制算法的关键在于阈值函数的选择。关于阈值函数的确定，以Donoho提出的硬阈值和软阈值方法最为经典。硬阈值虽然能较好地保留图像的边缘和纹理等细节信息，但是由于阈值函数不连续，重构图像在视觉上会出现失真现象，软阈值则恰好相反。根据阈值选择方法的不同，有以图像直方图为研究对象确定阈值的模态方法、迭代方法，还有类间方差阈值法、二维最大熵法、模糊阈值法、共生矩阵法、区域生长法等。这些方法在整幅图像内采用固定的阈值处理，是一种全局阈值。为了充分利用变换后的SAR图像各个子带不同的特征，研究者们做出了很多努力，在软、硬阈值的基础上，提出了许多自适应阈值方法。Kaur等人对小波变换域不同尺度上的方向子带系数采用不同的阈值函数实现子带的自适应估计。Chang等人提出的BayesShrink阈值方法通过最小化贝叶斯风险函数，得到可以根据图像的统计特征自适应调整的最优阈值。通常，自适应阈值方法优于固定阈值方法，但是同时计算的复杂度也较高。

变换域相干斑抑制算法根据不同频率的子带变换系数特征设计相干斑抑制策略，可以有效抑制图像的高频噪声，并能较好地保护图像的纹理和边缘等细节信息。但是变换域相干斑抑制算法也有局限性，由于在抑斑时需要进行空域和变换域的图像分解及重构，算法的复杂度与计算量较大，容易出现伪吉布斯现象。

3. *偏微分扩散类相干斑抑制算法*

偏微分扩散类相干斑抑制算法多以SAR图像的加性噪声模型为基础，利用偏微分方程(Partial Differential Equations，PDE)各向异性的特点，将相干斑抑制问题转化为泛函极值问题，通过变分法和数值计算得到噪声抑制后的SAR图像。由于偏微分扩散类相干斑抑制算法在抑制噪声的同时，可以很好地保持图像的边缘和纹理等细节特征，所以被成功地应用于SAR图像的相干斑抑制。

偏微分扩散类算法有自蛇扩散、P－M扩散、张量扩散，其中以SRAD算法和DPAD算法最为经典。SRAD算法和DPAD算法将局部统计特性引入扩散系数中，利用图像的局部结构信息控制扩散的方向与强度，能获得较好的噪声抑制和边缘保护效果。但这类算法在迭代次数较多的情况下，容易引起图像动态范围减小、图像细节模糊或抑斑不充分等现象。为此，一系列相应的改进算法被提出。陈少波等人在传统DPAD算法的基础上，利用A/G代替CV在DPAD中的作用，提出了一种基于A/G的改进型各向异性扩散的相干斑抑制算法。

尽管偏微分扩散类相干斑抑制算法能获得较好的图像质量，但对于复杂、纹理细节丰富的 SAR 图像，现有数值方法在一般条件下具有存在性、稳定性、收敛性等问题，需要从理论和数值分析的角度做进一步的研究。此外，PDE 的扩散性质很容易受到相干斑噪声的影响，需要从降低斑点噪声对数值求解过程影响的角度做进一步的研究。同时，现有 PDE 类相干斑抑制方法有着计算量较大、耗时较长的问题。

近年来，基于稀疏表示的 SAR 图像相干斑抑制方法成为新的研究热点。SAR 图像经多尺度几何分析方法分解后满足稀疏特性，为稀疏表示理论在 SAR 图像相干斑抑制中的应用提供了前提。近年来，基于多尺度几何分析的稀疏表示被广泛应用于 SAR 图像的相干斑抑制，如 Yang 等人提出的基于 K-SVD 的 SAR 图像相干斑抑制算法，Fatih 等人提出的自适应字典学习方法的 SAR 图像相干斑抑制算法，杨萌等人提出的基于 K 均值正交最小二乘(K-OLS)的 SAR 图像相干斑抑制算法，将稀疏表示与 Curvelet 变换结合，用于 SAR 图像相干斑抑制的算法；将稀疏表示与 Contourlet 变换结合，用于 SAR 图像相干斑抑制的算法；将稀疏表示与小波变换结合的 SAR 图像相干斑抑制算法；将稀疏表示与 Bandelet 变换相结合的 SAR 图像相干斑抑制算法；将 SAR 图像变换到 Shearlet 域，结合稀疏表示求解最优化问题，重建 SAR 图像的相干斑抑制算法；利用非下采样小波包分解下自蛇扩散与改进的 L1-L2 联合优化相结合的 SAR 图像相干斑噪声抑制算法；通过贪婪算法重构 SAR 图像的低频分量，利用小波和剪切波对 SAR 图像的高频分量进行稀疏表示，融合低频分量和高频分量实现的 SAR 图像相干斑抑制算法。从 SAR 图像目标的特点和表现形式，以及信号稀疏性分析的发展来看，稀疏表示理论在 SAR 图像的相干斑抑制领域具有广阔的应用前景。

1.2.4 SAR 图像目标分类

在军事战场监视与民用实时监测场合，经常需要对目标进行分类。SAR 图像目标分类是指雷达对目标进行探测，处理目标反射的回波信息，判定目标的属性、类别或类型。SAR 图像的目标分类是实现 SAR 图像自动处理的关键步骤，也是对 SAR 图像进行进一步解译的前提。

根据目标识别系统分类器的不同，SAR 图像目标分类方法主要有基于模板的 SAR 图像目标分类和基于模型的 SAR 图像目标分类两大类。前者是用模板图像或特征向量描述每一类目标，选择待测样本的目标图像或特征向量与模板匹配完成目标分类，后者则是利用隐马尔可夫模型(Hidden Markov Model，HMM)和神经网络等模型描述每一类的特征完成目标分类。目标特征的高维易变性、成像时复杂的背景及 SAR 传感器自身的易变因素，导致 SAR 图像的分类识别成为一个难题。在获取 SAR 图像的过程中，即使属于同一类别的两个相同目标，配置和结构方面的差异也会导致所成的 SAR 图像差别很大。SAR 图像目标分类的难点在于训练样本无法表示真实世界中的所有情况，事实上也不可能得到同一目标在所有状态或配置下的训练样本，因此传统的模板匹配方法在 SAR 图像的分类识别方面效果并不理想。

特征提取在 SAR 图像目标分类算法设计中至关重要，直接决定分类的正确率。在众多的 SAR 图像特征中，以纹理特征应用最多，国内外研究者提出了许多基于纹理特征的 SAR 图像目标分类方法。该类方法首先提取 SAR 图像的某种特定纹理特征，如灰度直方图、自相关函数、能量谱及基于多频道或多分辨分析的纹理特征，然后将 SAR 图像的分类问题转化为对所获取的纹理特征的分类问题。由于不同的纹理特征对于不同目标结构内在属性的刻画能力并不一致,如何将多种纹理特征融合进行 SAR 图像分类已经成为 SAR 图像分类新的研究方向。Solberg 等人提出了将提取的多个纹理特征融合组成一个维数较高的特征向量,Benediktsson 等人则对特征向量进行进一步的选择,基于所选的特征子集进行分类,获取了比采用单个纹理特征更好的分类结果。

用于 SAR 图像目标识别的分类器包括 K 近邻分类器、支持向量机(Support Vector Machine,SVM)、神经网络等。Wang 等人采用 K 近邻分类器对提取的 SAR 图像目标的最大内间距离特征进行分析,实现 SAR 图像目标的分类识别;Principe 等人通过对目标姿态角进行估计,降低分类器的输入空间复杂度实现 SAR 图像目标的分类识别;He 和 Sun 等人通过自适应提升算法,利用自组织神经网络实现 SAR 图像目标的分类识别;吕金锐利用 SVM 算法和无环图实现两类识别到多类识别的转化,实现了 SAR 图像目标的分类识别;Porgès 等人提出一种多线性主分量的分析方法,将测试目标映射到一个多重基上,将训练图像特征化,实现 SAR 图像目标的分类识别。

在上述算法中,K 近邻分类器为了保证识别性能,理论上要求样本数目无穷大,显然这样的条件在实际的应用中很难得到满足;SVM 分类器利用空间投影,将线性不可分问题转化为线性可分问题,训练带来的庞大计算量严重影响 SAR 图像目标的分类时间;神经网络分类器利用样本学习训练网络参数和权值,当训练样本的类别和数量较多时,相应的计算量也非常大,可能导致训练的过程无法收敛。因此,SAR 图像目标分类算法的研究急需注入新的元素。

稀疏表示理论从 20 世纪 90 年代出现以来就被广泛应用于图像去噪和压缩、视频处理、信号盲源分离等领域,并取得了优于传统方法的效果,但一直到 2007 年才逐渐被应用于目标识别领域。早期的基于稀疏表示的目标识别是莱斯大学的 Davenport、Duarte、Wakin 等人对三个目标的仿真模型实现分类测试完成的。将结果降维的匹配滤波器称为 smashed filter,将传统的最大广义似然比检验(Generalized-likelihood Ratio Test,GLRT)分类准则对应到压缩感知理论,对于给定的分类性能等级所需要的测量数目取决于噪声等级而不是图像的稀疏度,并利用广义最大似然方法实现变换、尺度或目标视角的不变性。仿真结果表明,当采样数不小于 6 时识别率可以达到 100%。Wright 等人最早提出基于稀疏表示的分类器模型(Sparse Representation - based Classifier,SRC),利用带有标签信息的多类训练样本构造字典,利用测试样本在字典上的稀疏表示系数进行分类。基于稀疏表示的人脸识别取得了很好的识别效果,识别准确率优于传统的 K 近邻算法、线性 SVM 算法等。Kang 等人也对基于稀疏表示理论的光学图像识别进行了研究,提出了一种基于变换域的 SIFT 特征稀疏表示,提取的特征可以同时满足冗余性、安全性和紧致性,对八类光学图像的仿真实验结果表明识别率最高可以达到 73.91%,算法结果优于 K 近邻支撑矢量机法(SVM-KNN)、朴素贝叶斯最近邻法(Naive-Bayes Nearest-Neighbor,NBNN)和 ScSPM 法。2010 年美国马里兰大学的 Vishal 和美国军队研究实验室的 Nasser 等人基于科曼奇族前视红外(Forward Looking Infra Red,FLIR)数据库,将稀疏表示用于军事目标的识别。FLIR 数据库包含十种不同的军事目标在各个方位向上的图像,选择图像的中心区域提取目标片,对该区域做二维 Harr 小波特征提取,稀疏求解的结果表明基于 BPDN(Basis Pursuit De-noising)

和 BS(Block Sparsity)算法的恢复都取得了较好的识别效果。Estabridis 将稀疏表示用于由 NVESD 采集的可见光图像和红外图像的目标识别,利用不同方位角的训练数据的随机测量值直接构造过完备字典,对于给定的测试样本只需要字典中的一个或几个原子即可近似表示,实验结果表明:在距离 3km 处、检测虚警率为 4%的前提下,目标的识别率都能达到 95%以上,自动目标识别系统达到了较高的识别性能,同时减小了系统的复杂度,提高了数据的处理速度。

另外,基于高光谱图像的识别研究也加入了稀疏表示理论,算法实现的基本假设同上述方法,通过求解一个受限的优化问题得到稀疏解,该稀疏解可以同时描述稀疏度、重构精度、重构图像的平滑度和目标类别,实验结果表明:该算法比现有的光谱匹配滤波器(SMF)、匹配子空间检测子(MSD)和自适应子空间检测子(ASD)等算法性能更优。由此可见,稀疏表示用于目标分类识别提高了系统的识别性能,减小了系统的复杂度,提高了数据的处理速度。

基于稀疏表示的 SAR 图像目标分类算法主要从两方面进行设计。

(1)利用字典学习完成分类:主要有两种方法,其一是直接训练字典使其具有判别性。Yang 等人提出一种字典学习方法 Metaface,利用不同类别的样本学习多个不同类别的子字典,将各类子字典级联构造一个大字典,即判别字典;Ramirez 等人在字典学习的代价函数中加入子字典的非相干约束,有效地降低了子字典间的相干性,分类效果较好。其二是对字典进行学习和优化,以提高其分类能力。齐会娇等人提出了一种基于多信息字典学习和稀疏表示的 SAR 图像目标分类方法,利用字典学习算法对图像的目标幅度信息进行字典学习,采用联合动态稀疏模型求解稀疏表示系数,根据重构误差实现对 SAR 图像变体目标的分类。Zhang 等人利用判别性的 KSVD 字典学习方法完成人脸识别;Yang 等人结合 Fisher 判别准则,学习构造结构化字典完成 SAR 图像的目标分类;Nguyen 等人利用 Mercer 核函数,在高维特征空间学习了具有更好分类效果的字典,为稀疏表示理论在 SAR 图像目标分类领域的应用提供了一个新的思路。

(2)利用稀疏系数完成分类:这种方式与训练多类别字典不同,只需要训练一个整体字典,而不必关注每个字典的类别。基于此方式的分类算法,通常需要考虑在字典学习时将分类误差加入代价函数中,从而使训练好的字典具有良好的分类能力。

本书也是从字典设计和稀疏系数求解两个角度出发,研究 SAR 图像目标的分类。

1.2.5 异源图像配准与融合

图像配准是图像处理领域中最基础的技术之一,同时是应用最广泛的技术之一,最早是在飞行器辅助系统中发展起来的,并在随后的武器系统的末制导中得到广泛应用。经过几十年的研究,图像配准技术已经被成功地运用在中程导弹和巡航导弹中,极大地提高了制导的准确率和武器的破坏力。图像配准技术不仅在航天遥感和武器自动导航中得到了发展,在人工智能、生物医学、模式识别等领域也得到了重视和运用。

图像融合是对同一场景下的两幅或两幅以上的图像进行融合,使之成为一幅包含更多信息的新图像。由于融合后的图像能充分利用源图像间的互补信息,可以解决单一图像所含信息不足和多元数据冗余的问题,对图像中场景或目标的描述更加准确和全面,具有更高的可读性和可信度，为进一步图像分割、目标检测、目标识别提供有效的支持，目前已被广泛应用于医学图像分析、交通监测、军事安全等领域。

1. SAR 图像和光学图像配准

在多源图像数据中，光学探测器和 SAR 探测器所获取的图像数据最为典型，它们各具优势：光学图像目标信息丰富，且符合人眼的视觉特征，容易辨识，而 SAR 图像则具有高分辨率的特点，将两类图像对于同一地物的互补信息有效地融合起来，有助于更全面、更客观地分析目标特性。

目前国内外对于图像配准技术的研究主要侧重在图像融合、复杂场景下运动目标的检测与跟踪、导弹武器的目标定位与导航，以及基于图像配准的目标识别等。配准处理所需要解决的关键难题主要是同一物体在不同探测平台下存在的位移、旋转、缩放及非线性变化。配准处理主要分人工配准和计算机自动配准两种，人工配准就是通过人工视觉解译来寻找待配准图像与参考图像之间的同名表征，建立同名特征点之间的联系并进行判断其变换关系，进而实现两者的配准。计算机自动配准从处理的层次不同分为基于灰度信息的配准方法和基于特征提取的配准方法两类。

(1)基于灰度信息的配准方法

通过对待配准图像中像素点的灰度强度和参考图像中像素点的灰度强度进行相关处理，建立某种相似性度量准则，在该准则的度量下分析判断两幅图像中像素点的相应联系，通过求解这种对应联系，进而完成图像间的配准处理。由于这种方法需要遍历图像中所有的像素点，所以需要消耗相当长的运算时间。另外，这种方法对图像的旋转和缩放因子比较敏感，所以研究者们往往将这种方法和其他的配准方法结合来完成图像配准。近年来，更多的学者将信息论的分析思想融入研究中，Chen 等人通过图与图之间的互信息（Mutual Information，MI）构造出对应联系的度量规则；Cole 等人在基于灰度信息的配准方法中加入了随机梯度的概念，提高了多源图像配准的精度；Studholme 等人提出了熵相关系数（Entropy Correlation Coefficient，ECC），解决了重叠部分面积过小而造成的误配准问题；Maes 等人采用了归一化互信息方法（Normalization Mutual Information，NMI），该方法在图像重叠面积较小的情况下表现出了优于互信息配准算法的配准精度。目前，在遥感图像配准和生物医学影像校准的技术领域，互信息类的配准方法已经得到了广泛应用。

(2)基于特征提取的配准方法

基于特征提取的配准方法主要通过在图像的某种特征空间中寻找相应的特征结构，将不同图像中同名的特征结构建立一一对应的关系，进而实现图像配准。一般意义上的图像表征（如点特征、直线特征、边缘特征及面特征），在一定的条件下，如图像产生缩放、位移、旋转等基本变化时，两幅图像中对应的特征其几何变换关系是保持仿射不变的，即使对于来自不同探测器的异质图像，提取的这些表征依然具有较高的可行性，通过一定的相似性配准准则能够建立起同名点之间的关系。在 SAR 图像中，提取边缘特征的配准方法取得了较好的配准效果。例如，Fan 等人采用非线性扩散与相位一致性结构算子作为度量规则，设计了一种基于均匀非线性扩散的 Harris 特征提取方法以减小相干斑噪声的影响，根据结构特征对模态变化不敏感的特点，构造一种新的相位一致结构描述子（Phase Congruency Structural Descriptor，PCSD），对提取的点的属性进行鲁棒描述，可以很好地实现 SAR 图像和光学图像的配准;Sui 等人提出了一种结合线段提取和线段交点匹配的迭代方法,迭代提取直线边缘表征,将 Voronoi 图引入光谱点匹配中,构造出对应联系的度量准则,从粗到精逐级配准,实验结果表明了该方法的有效性;Fan 和 Goshtasby 等人利用分割的思想,将图像分割为小的图像子块,以子块为配准单元,采用聚类的方法构建对应的子块联系,完成图像之间的配准;Wang 等人在基于特征提取的配准方法中融入了水平集思想,通过构建封闭区域的相关关系实现图像间的配准,并且利用该方法取得了很好的抗噪能力。

基于特征提取的配准方法优势在于:一是对噪声污染或轻微失真的图像能够进行较高精度的配准;二是特征之间的配准运算速度快,配准算法简单。但同时基于特征提取的配准方法也有其弊端,对于拥有较高鲁棒性的特征,往往需要更为复杂的算法进行提取,同时该类算法对图像有很强的针对性,所以图像配准需要结合具体情况选择适合的算法。

由于 SAR 系统和光学探测器成像原理的不同,对于同一个场景中的同一个目标,两类图像反映出的灰度信息往往呈现相反的特性,所以根据灰度信息进行分析的方法显然得不到理想的配准效果,有时候还会出现完全相反的情况。但是在异质图像中,部分特征信息不会随着灰度信息的改变而改变,现有的研究也证明了这一点。基于此,Yosi 等人提出了隐含相似性的分析思想,通过提取隐含在像素梯度值较大的点集中的特征信息,构建梯度平方和的相似性度量准则,采用牛顿迭代的变换系数优化搜索,实现异源图像匹配。国内学者在隐含相似性的基础上提出了一系列改进算法,李孟君等人采用遗传算法迭代求解图像的配准参数,关泽群等人采用马尔可夫的 SAR 图像相干斑噪声抑制技术,增强了隐含表征的提取准确度,都取得了不错的效果。但这类方法同样存在不足,基于隐含相似性的特征,需要大量的像素点构成这个统计意义上的隐含特征,在配准参数的搜索过程将花费大量时间进行运算,并且算法的配准效果还与噪声抑制的效果有很大的关系,在已有的研究中,遗传算法和量子粒子群算法为配准变换参数的获取提供了新的思路。

2. SAR 图像和红外图像融合

SAR 图像与红外图像同属遥感图像,是由不同类型传感器从不同视角在不同时间内拍摄所获得的图像。SAR 成像具有高分辨率、全天时、全天候、强透射等特点,SAR 图像能够详细、准确地描绘地形地貌,反映地表信息,但容易受其自身相干斑噪声的影响,可读性比较差,信息处理非常困难,受环境影响大,成像参数的轻微波动或周围环境的少许变化都会引起图像特征的很大改变。红外图像由于传感器的灵敏度较高,成像波段偏向于红外,在光线较暗的条件下,所成图像纹理、边缘等特征比较明显,可以揭露高温伪装的目标。但红外探测器受大气热辐射、作用距离和噪声等因素的影响,所成图像具有均匀性差、动态范围小、对比度低、分辨率低、背景噪声干扰大等缺点。通过对 SAR 图像和红外图像进行融合,可以提高系统的可靠性和图像信息的利用效率。

针对 SAR 图像和红外图像的融合,国内外学者主要从像素级融合、特征级融合和决策级融合三个方面进行研究,其中像素级融合是特征级融合和决策级融合的基础。在图像严格配准的条件下,像素级融合方法直接针对源图像的像素进行融合处理,保真度较高,融合结果提高了图像的灵敏度和信噪比。在图像融合的过程中,融合规则和融合算子的选择对融合质量的好坏至关重要,而如何选择融合规则和融合算子并保证融合质量也是目前图像融合中的难点问题。对于像素级融合规则,主要从空域和变换域两个角度展开研究。

基于空域的图像融合方法直接利用源图像的像素灰度值或直接对色彩等信息进行融合操作,使之成为一幅新的图像。常用的图像融合方法有加权平均法、像素灰度值选大和像素灰度值选小等方法。基于空域的图像融合算法简单、融合速度快,虽然在特定的应用场合,这些方法也能获得较好的融合效果,但是在大多数应用场合中,无法获得令人满意的融合效果。

基于变换域的图像融合对源图像进行某种数学变换,对变换后的系数按照一定的融合规则进行融合处理,对融合系数进行数学逆变换得到融合图像。图像像素之间的相关性体现在变换域的系数中,为了获得最佳的视觉效果,基于变换域的SAR图像融合主要采用基于区域特性量测的融合规则,常用的有基于模极大值的融合规则、区域方差融合规则、区域能量融合规则和区域内积融合规则。

在SAR图像与红外图像的融合中,特征提取占据着重要的地位。图像特征提取的原则是提取图像中目标稳定、易于提取、便于计算、具有较好区分度的特征量。特征提取的定义有狭义和广义之分。狭义的特征提取是指基于物理性质的特征提取,提取的特征可以反映图像目标的本质属性,可以对应到成像场景中的目标,具有较明显的物理含义。广义的特征提取是指基于数学变换的特征提取,将高维空间的样本通过数学映射转换到低维空间,达到降低维数、减少信息量的目的。变换域特征一般不具备明显的物理意义,但可能会比原有的数据提供更优的鉴别能力,更有利于SAR图像与红外图像的融合。

在基于变换域的图像融合方法中,因为具有良好的时频特性,小波变换一度成为SAR图像融合研究的热点,但小波基对具有线奇异的图像表示并非最优,很难逼近二维图像的轮廓光滑性。随着小波理论的日益成熟,致力于构建最优逼近意义下的高维函数表示方法。

多分辨分析的思想在图像处理领域得到了广泛应用。近年来,多尺度几何分析成为变换域图像融合热门的研究方法之一。常用的多尺度几何分析方法有拉普拉斯金字塔变换、梯度金字塔变换、Shearlet变换、Contourlet变换、Curvelet变换等,为图像中光滑轮廓奇异性的稀疏表示提供了方法。

图像经多尺度几何分析方法分解后满足稀疏特性,为稀疏表示理论在图像融合中的应用提供了前提。由于能以尽可能少的数据完成图像的融合,因此可以提高融合算法的效率。文宋斌等人提出将DCT稀疏表示与双通脉冲耦合神经网络相结合的压缩感知域图像融合算法,融合图像能从源图像中获取更多的信息,更加适合人眼的观察。周渝人等人提出将Contourlet变换和小波变换相结合,对变换后系数进行独立采样,并对采样后的低频系数和高频系数采用不同的融合规则进行处理,实现了红外图像与可见光图像的融合,效果较好。首照宇等人提出基于多尺度稀疏表示的图像融合方法,将小波变换与过完备字典有效结合,对小波分解后每个尺度的特征系数运用K-SVD多尺度字典进行稀疏编码,完成图像融合,与直接采用小波融合方法比较,该融合方法更好地保留了图像的边缘信息和梯度信息。王志社等人提出一种基于NSST和稀疏表示的SAR图像、红外图像和可见光图像融合方法,利用滑动窗口将低频系数分解,形成图像块序列并稀疏表示,构建局部方向信息熵显著性因子并应用于高频系数的融合,在主观视觉效果、客观指标评价及运算效率等方面都具有优越性。

综上所述,SAR图像压缩、SAR图像相干斑抑制、SAR图像目标分类、异源图像配准与融合算法中一个很关键的问题是SAR图像中目标特征的表示。根据SAR图像中目标散射中心理论和目标的后向散射特性,SAR 图像数据具有一定的稀疏性。基于稀疏性假设的稀疏表示为 SAR 图像的压缩、SAR 图像的相干斑抑制、SAR 图像的目标分类、异源图像配准与融合的研究提供了一个崭新的思路。

1.3 本书的主要研究工作和结构

1.3.1 本书主要研究工作

压缩感知理论作为一种新的信号捕捉和表示工具,以远低于奈奎斯特采样定律的采样频率进行采样,使高分辨率 SAR 图像信号的快速采集成为可能,显著降低了数据存储空间和计算复杂度。尽管 SAR 图像的地物目标信息按照分辨率杂乱地分布在整张图像上,并不满足稀疏的特性,但若是将 SAR 图像投影到某个变换域则满足稀疏性。在 SAR 图像压缩、SAR 图像相干斑抑制、SAR 图像目标分类、SAR 图像与光学图像配准和 SAR 图像与红外图像融合中,提取 SAR 图像的稀疏特征可以有效降低特征空间的维数。本书以 SAR 图像的稀疏特征为出发点,围绕过完备字典的构建和稀疏表示系数的求解两个核心问题展开,主要研究基于稀疏特征的 SAR 图像压缩、SAR 图像相干斑抑制、SAR 图像目标分类、异源图像的配准与融合。本书的研究内容示意图如图 1-2 所示。

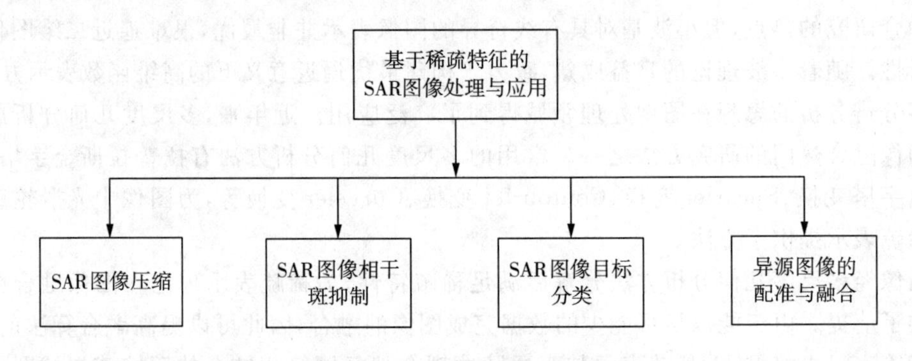

图 1-2 本书的研究内容示意图

1)研究 SAR 图像压缩方法

鉴于在 SAR 图像信号盲稀疏度条件下,现有的稀疏求解算法中固定阈值的选择限制了 SAR 图像压缩后重构精度和重构速度的提高,本书提出一种改进的正交匹配追踪算法。该算法通过非线性下降的阈值快速选择原子,自动调节候选集原子个数,以便每一次迭代时更加精确地估计真正的支撑集,同时利用正则化过程对支撑集原子进行第二次筛选,最终实现盲稀疏度信号的精确重构。将该算法应用于 SAR 图像压缩,可以在提高 SAR 图像压缩比的同时实现图像的相干斑抑制。同时,和已有的 SAR 图像压缩算法相比,本书提出的算法更具保密性。

2)研究 SAR 图像相干斑抑制方法

其一,提出了一种基于自蛇扩散和稀疏表示的 Contourlet 域 SAR 图像相干斑抑制方法。该方法首先对SAR图像Contourlet变换分解后的低频子带采用自蛇扩散处理,并将滤波处理后的系数作为SAR图像低频子带在Contourlet域的局部均值估计,然后利用稀疏优化模型,通过改进的正交匹配追踪算法求解高频子带的稀疏系数,最后通过重构滤波后的所有子带系数实现SAR图像的相干斑噪声抑制。实验结果表明:该方法既抑制了SAR图像的相干斑噪声,又很好地保留了SAR图像的边缘信息。

其二,提出了一种结合曲波分析的非局部相干斑噪声抑制方法。该方法在细尺度分量上采用基于核的非局部滤波,通过邻域间的欧氏距离衡量非局部信息与目标点之间的相对关系,并采用权值函数计算出非局部区域对目标像素的贡献值,在粗尺度上采用阈值分析的噪声抑制方法,通过在不同尺度上采用不同的噪声抑制算法,既可以提高相干斑抑制的效果,又可以较好地保存其边缘信息。实验结果表明:该方法相比传统的小波变换滤波和统计类Lee滤波有更好的噪声抑制效果。

其三,提出了一种基于K-OLS算法的SAR图像相干斑抑制方法。该方法利用SAR图像所固有的稀疏结构信息,通过迭代优化的方式得到超完备字典,利用超完备字典对SAR图像数据进行稀疏表示,运用乘性噪声模型进行参数估计和阈值设定,通过正则化方法实现SAR图像的相干斑噪声抑制。实验结果表明:该方法在SAR图像的相干斑抑制和纹理保持方面均有一定的优势。

其四,提出了一种基于稀疏优化模型的SAR图像相干斑抑制方法。该方法针对SAR图像内在的结构信息,通过构建稀疏优化模型实现SAR图像各个细节特征在多个超完备字典下的表示,运用正则化方法重建SAR图像的低频分量,利用小波、Shearlet波所具有的点奇异性、线奇异性捕捉SAR图像的细节特征,通过融合方式获得SAR图像场景分辨单元,实现了SAR图像的相干斑抑制。实验结果表明:该方法具有更好的边缘锐化效果,在高频点奇异和线奇异特征等多个方面优于Lee滤波算法、IACDF算法等。

3)研究SAR图像目标分类方法

其一,提出了一种基于多子分类器AdaBoost算法的SAR图像目标分类方法。该方法首先对SAR图像进行预处理,包括图像去噪、分割感兴趣的图像目标区域,然后提取SAR图像的特征,包括2D-LDA特征和G2DPCA特征,依据不同的特征信息,利用AdaBoost算法设计SVM弱分类器,采用AdaBoost. M2算法将多个弱分类器提升为强分类器,最后利用贝叶斯预测模型进行投票选择最终的分类结果。实验结果表明:当迭代次数相同时,相比其他单一子分类器提升的强分类器,本书提出的多子分类器的SAR图像目标分类方法能够获得更高的识别率。

其二,提出了一种基于扩展最大平均相关高度(Extended Maximum Average Correlation Height,EMACH)滤波器与稀疏表示的SAR图像目标分类方法。该方法针对训练样本,采用EMACH算法训练模板图像,提取模板图像的G2DPCA特征构造过完备字典,利用正交匹配追踪算法求解测试样本的G2DPCA特征在该冗余字典下的稀疏表示系数,根据稀疏表示系数测试样本的真实类别。实验结果表明:相对于其他类别之间的系数分布特点设计分类算法,该方法实现了对SAR图像的目标分类,获得了较高的识别率。

其三,提出了一种基于稀疏表示和级联字典的SAR图像目标分类方法。该方法采用级联字典,即按训练样本的类别生成子字典,顺序相连形成级联字典,求解测试样本的

G2DPCA 特征在每一级字典下的稀疏表示系数，通过图像的重构误差和投票机制判定待测样本的类别。由于每个分类器只能分类对应类别的样本，可以被视作弱分类器，但是多个弱分类器级联，就组成一个分类能力强的强分类器。实验结果表明：这种层次结构设计的级联分类器，可以让前面几种类别的大部分样本在前面的分类器中直接被识别，只有后面类别或漏检的少部分样本通过全部的分类器，能明显降低分类时间。

其四，提出了一种基于稀疏表示和单演信号的 SAR 图像目标分类方法。该方法首先采用 EMACH 滤波器对样本图像进行训练得到模板，然后提取模板图像的单演特征，即表征信号能量的单演幅度、表征信号结构信息的单演相位和表征信号几何信息的单演方位三部分特征信息，由这三种具有互补性质的特征构造子字典，每个子字典即一个分类器，将多个子字典级联，最后基于稀疏表示系数能量最大和重构误差最小的分类机制实现 SAR 图像目标分类。实验结果表明：该方法能实现良好的分类识别效果。

4)研究异源图像配准与融合方法

其一，提出了一种基于个体最优选取约束的 SAR 图像与光学图像配准方法。该方法首先通过小波分解，获得光学图像的低频近似分量系数，在保证图像的结构信息的同时减少微小目标对特征点检测的影响，然后利用 Harris 角点检测算法在光学图像中提取特征角点，最后引入个体最优选取约束的量子粒子群算法，对特征角点在 SAR 图像中寻求最优控制参数，从而实现高精度的光学图像与 SAR 图像配准。实验结果表明：该方法获得了较好的配准效果，可以达到亚像素级的配准。

其二，提出了一种基于自适应权值的 Curvelet 域 SAR 图像与红外图像融合方法。该方法引入模糊理论的分析思想，分别对 SAR 图像和红外图像进行 Curvelet 变换得到低频分量和高频分量。对于低频分量，采用自适应权值融合策略确定低频融合系数；对于高频分量，采用梯度绝大值取大融合策略确定高频分量融合系数，对融合系数进行 Curvelet 逆变换，得到融合以后的图像。实验结果表明：该方法可以获得较好的融合效果。

其三，提出了一种基于稀疏表示的非下采样轮廓波变换（Nonsubsampled Contourlet Transform，NSCT）域 SAR 图像与红外图像融合方法。该方法对 SAR 图像和红外图像分别进行 NSCT 得到低频子带和若干高频子带。对于低频子带，采用区域能量融合方法获取融合的低频子带系数；对于高频子带，采用改进的正交匹配追踪算法求解其在 NSCT 基函数作为原子的过完备字典下的稀疏表示系数，选取对应原子位置的较大系数作为融合后的高频子带系数，对融合系数进行 NSCT 逆变换，得到融合以后的图像。实验结果表明：该方法能更好地平滑同质区域，更好地保护图像的边缘特征和点目标。

其四，提出了一种基于单演特征的自适应图像融合方法。利用 Contourlet 变换对源图像进行分解，得到不同频率的子带。对低频子带采用自蛇扩散进行滤波，对高频子带采用稀疏模型进行滤波。利用单演信号理论提取源图像的单演幅度特征、单演相位特征和单演方位特征。采用能量匹配相似性度量将单演幅度系数划分为不同类型的区域，包含冗余信息的区域采用加权平均策略进行融合，包含互补信息的区域采用模值取大策略进行融合；采用复系数结构相似性度量将单演相位系数和单演方位系数划分为不同类型的区域，相关性较差的区域采用窗口能量模值取大的融合策略进行融合，相位信息差异很大的区域采用幅相结合的显著性度量的模值取大策略进行融合，幅值与相位同时具有较高相似性的区域采用幅相结合的显著性度量的加权平均策略进行融合。对融合系数进行逆变换，得到融合以后的图像。实验结果表明：融合图像能够提供更详细的信息、更高的图像清晰度和更强的边缘保留能力。

上述四点研究内容具体的逻辑关系示意图如图 1－3 所示。可以看出，四点研究内容彼此之间联系密切，解决的核心问题是 SAR 图像的处理及应用。由于原始获取的 SAR 图像信息量巨大，且微波相干成像的特性导致 SAR 图像不可避免地存在大量的相干斑噪声，给后续 SAR 图像的应用带来困难，因此 SAR 图像压缩和 SAR 图像相干斑抑制一直是 SAR 图像处理的重要研究内容。前者可以提高压缩比，保障 SAR 图像的保密性；后者可以抑制相干斑，为后续应用提供高信噪比的 SAR 图像。SAR 图像目标分类和异源图像配准与融合属于 SAR 图像应用的范畴，前者是对 SAR 图像目标属性、类别或类型进行判定，在军事、民用等领域具有十分重要的作用；后者则融合了不同图像的互补信息，提高了不同特征或不同视点的异源图像信息的利用效率。

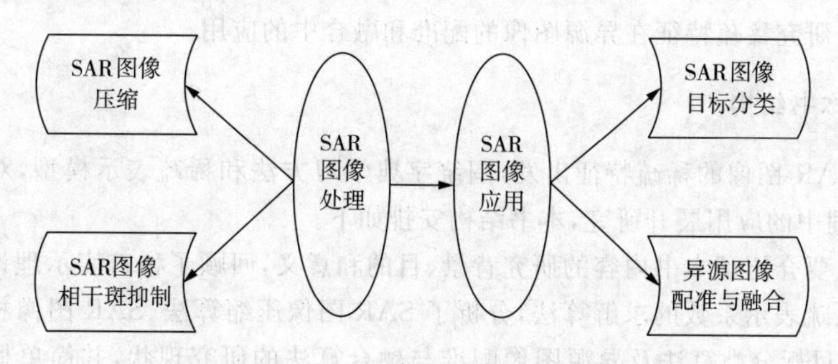

图 1－3　研究内容具体的逻辑关系示意图

本书的四点研究内容，都是基于稀疏特征进行的。在 SAR 图像的处理及应用中，充分考虑了 SAR 图像不同稀疏特征的特点，具体表现在不同的处理应用场合采用不同的稀疏特征。

针对 SAR 图像压缩、SAR 图像相干斑抑制、SAR 图像目标分类、异源图像配准与融合方法的研究，本书都是基于变换域进行的，即将图像在变换域分解为不同的低频子带和高频子带，然后针对不同频率的子带系数特点，采用不同的方法进行研究。SAR 图像在变换域内的高频子带具有明显的稀疏性，且不同频率的子带表现出 SAR 图像不同的特征，因此也可以视稀疏变换为 SAR 图像的稀疏特征。

在图像压缩方法中，由于 Wavelet 变换具有良好的时频特性、通过伸缩和平移可以对 SAR 图像进行多尺度分析，被认为是当前效率最高、应用最广的图像压缩算法之一，因此本书采用 Wavelet 变换和稀疏表示完成 SAR 图像的压缩。

针对 SAR 图像的相干斑噪声对低频子带大尺度目标边缘信息和高频子带边缘与纹理信息的影响，本书采用对噪声敏感，具有多尺度、多方向的 Contourlet 变换，对曲线有很好逼近性能的 Curvelet 变换，以及对 SAR 图像的线奇异和面奇异具有最优逼近特性的 Shearlet 变换来抑制相干斑噪声。

针对 SAR 图像目标分类，本书将训练样本的特征作为过完备字典的原子，利用测试样本特征在过完备字典下的稀疏表示系数完成目标分类。本书采用 G2DPCA 特征和 2D-

LDA特征的原因是:G2DPCA特征在寻求最优投影方向时,直接基于二维图像矩阵而不是一维向量,并且同时去除了图像行和列像素间的相关性,被广泛应用在目标分类领域;2D-LDA特征也是直接基于二维图像矩阵进行运算的,通过计算图像的类内散度矩阵和类间散度矩阵,在一定最优准则下确定最优的投影坐标系,运算量小,能够有效利用SAR图像的空间结构信息。同时,本书采用单演信号完成SAR图像的目标分类,源于SAR图像的单演幅度特征、单演相位特征和单演方位特征完美再现了图像的能量、结构和几何信息,对方位角具有较好的鲁棒性。

SAR图像的特征表现在边缘不连续、含有较多的高频信息并且纹理复杂。作为图像的二维表示方法,Wavelet变换具有良好的时频特性,通过伸缩和平移可以对SAR图像进行多尺度分析;Curvelet变换的各向异性特征对曲线有很好的逼近性能,可以较好地描述二维图像的边缘和细节信息;NSCT则能实现任意尺度、任意方向的分解,能较好地描述二维图像的轮廓和方向性纹理信息,因此本书基于Wavelet变换、Curvelet变换和NSCT三种多尺度几何分析方法研究稀疏特征在异源图像的配准和融合中的应用。

1.3.2 本书结构

本书从SAR图像的稀疏特征出发,围绕字典学习方法和稀疏表示模型,对稀疏特征在SAR图像处理中的应用展开研究,本书结构安排如下。

第1章主要介绍了本书内容的研究背景、目的和意义,回顾了稀疏表示理论中过完备字典的设计和稀疏表示系数的求解算法,分析了SAR图像压缩算法、SAR图像相干斑抑制算法、SAR图像目标分类算法及异源图像配准与融合算法的研究现状,并简单概括了全书的研究工作和结构。

第2章主要介绍了SAR的工作原理、SAR的成像原理、相干斑形成的原因及相干斑模型和SAR图像的特性,并以星载SAR为例,对国内外SAR系统的发展现状做了简单的介绍。

第3章主要介绍了稀疏表示求解算法和SAR图像压缩方法。首先简单介绍了匹配追踪类算法,并基于ROMP算法和BAOMP算法,提出了一种盲稀疏度信号重构的改进正交匹配追踪算法。基于小波变换,提出了一种基于稀疏表示的SAR图像压缩方法,并将改进的正交匹配追踪算法应用于SAR图像的压缩与重构中。

第4章主要介绍了SAR图像相干斑抑制方法。利用SAR图像固有的稀疏结构信息,结合多尺度几何分析和稀疏表示模型,提出了一系列SAR图像相干斑抑制方法:基于自蛇扩散和稀疏表示的SAR图像相干斑抑制方法、基于曲波变换的SAR图像相干斑噪声抑制方法、基于K-OLS算法的SAR图像相干斑抑制方法和基于稀疏优化模型的SAR图像相干斑抑制方法等。

第5章主要介绍了SAR图像目标分类方法。从SAR图像的目标分类设计模型出发,基于AdaBoost提升算法和稀疏表示理论,提取图像的广义二维主分量、单演特征等特征信息设计级联分类器,对SAR图像的目标分类展开研究,提出了一系列基于稀疏表示的SAR图像目标分类方法:基于多子分类器AdaBoost算法的SAR图像目标分类方法、基于EMACH滤波器与稀疏表示的SAR图像目标分类方法、基于稀疏表示和级联字典的SAR

图像目标分类方法和基于稀疏表示和单演信号的SAR图像目标分类方法等。

第6章主要介绍了异源图像配准与融合。首先研究了SAR图像与光学图像配准方法，对SAR图像和光学图像的配准算法进行阐述和分析，介绍了图像配准的基本理论，提出了一种基于个体最优选取约束的SAR图像与光学图像配准方法；然后研究了SAR图像与红外图像的融合方法，对SAR图像和红外图像的融合算法进行阐述和分析，详细介绍了基于变换域的SAR图像与红外图像融合策略，提出了基于自适应权值的Curvelet域SAR图像与红外图像融合方法、基于稀疏表示的NSCT域SAR图像与红外图像融合方法和基于单演特征的自适应图像融合方法。

第7章对全书的研究成果进行总结概括，并对进一步有待研究的问题进行展望。

参考文献

[1] GUMMING I G, WONG F H. 合成孔径雷达成像：算法与实现[M]. 洪文，胡东辉，译. 北京：电子工业出版社，2007.

[2] 袁孝康. 星载合成孔径雷达导论[M]. 北京：国防工业出版社，2003.

[3] CANDES E J, ROMBERG J, TAO T. Robust uncertainty principles: Exact signal reconstruction from highly incomplete frequency information[J]. IEEE transactions on information theory, 2006, 52(2): 489－509.

[4] LESAGE S, GRIBONVAL R, BIMBOT F, BENAROYA L. Learning unions of orthonormal bases with thresholded singular value decomposition[C]. Proceedings of the 2005 international conference on acoustics, speech and signal processing. Philadelphia, PA: IEEE, 2005, 293－296.

[5] SZABO Z, POCZOS B, LORINCZ A. Online group-structured dictionary learning [C]. Proceedings of the 2011 IEEE conference on computer vision and pattern recognition. Providence, RI: IEEE, 2011, 2865－2872.

[6] THIAGARAJAN J J, RAMAMURTHY K N, SPANIAS A. Multilevel dictionary learning for sparse representation of images[C]. Proceedings of the 2011 IEEE digital signal processing workshop and signal processing education workshop. Sedona, AZ: IEEE, 2011, 271－276.

[7] HAWE S, SEIBERT M, KLEINSTEUBER M. Separable dictionary learning [C]. Proceedings of the 2013 IEEE conference on computer vision and pattern recognition. Washington D. C., USA: IEEE, 2013, 438－445.

[8] POPE G, AUBEL C, STUDER C. Learning phase-invariant dictionaries[C]. Proceedings of the 2013 international conference on acoustics, speech and signal processing. Vancouver, Canada: IEEE, 2013, 5979－5983.

[9] DONOHO D L, TSAIG Y, DRORI I, et al. Sparse solution of under determined systems of linear equations by stage wise orthogonal matching pursuit [J]. IEEE transactions on information theory, 2012, 58(2): 1094－1121.

[10] THONG T D, GAN L, NGUYEN N, et al. Sparsity adaptive matching pursuit al-

gorithm for practical compressed sensing[C]. Asilomar conference on signals, systems, and computers. Pacific Grove, California, 2008, 10: 581-587.

[11] ZHANG Z, RAO B D. Sparse signal recovery with temporally correlated source vectors using sparse Bayesian learning[J]. IEEE journal of selected topics in signal processing, 2011, 5(5): 912-926.

[12] MCCALL J C, WIPF D P, TRIVEDI M M, et al. Lane change intent analysis using robust operators and sparse bayesian learning[J]. IEEE transactions on intelligent transportation systems, 2007, 8(3): 431-440.

[13] CHURCHILL V, GELB A. Detecting edges from non-uniform fourier data via sparse bayesian learning[J]. Journal of scientific computing, 2019, 80(2): 762-783.

[14] MVOGO J, MERCIER G, ONANA V P, et al. A combined speckle noise reduction and compression of SAR images using a multiwavelet based method to improve codec performance[J]. Geoscience and remote sensing symposium, 2001, 1: 103-105.

[15] RAVISHANKAR S, BRESLER Y. MR image reconstruction from highly undersampled k-space data by dictionary learning[J]. IEEE transactions on medical imaging, 2011, 30(5): 1028-1041.

[16] LINGALA S G, JACOB M. A blind compressive sensing frame work for accelerated dynamic MRI[C]. Proceedings of the 9th IEEE international symposium on biomedical imaging(ISBI). Barcelona, Spain: IEEE, 2012, 1060-106.

[17] ZHAN X, ZHANG R, YIN D, et al. SAR image compression using multiscale dictionary learning and sparse representation[J]. IEEE geoscience and remote sensing letters, 2013, 10(5): 1090-1094.

[18] MIN D, CHENG P, CHAN A K, LOGUINOV D. Bayesian wavelet shrinkage with edge detection for SAR image despeckling[J]. IEEE transactions on geoscience and remote sensing, 2004, 42(8): 1642-1648.

[19] ACHIM A, TSAKALIDES P, BEZERIANOS A. SAR image denoising via Bayesian wavelet shrinkage based on heavy-tailed modeling[J]. IEEE transactions on geoscience and remote sensing, 2003, 41(8): 1773-1784.

[20] ZHANG D X, WU X P, GAO Q W, et al. SAR image despeckling via bivariate shrinkage based on contourlet transform[J]. International symposium on computational intelligence and design, 2008, 2: 12-15.

[21] LI Y, GONG H, FENG D, et al. An adaptive method of speckle reduction and feature enhancement for SAR images based on curvelet transform and particle swarm optimization[J]. IEEE transactions on geoscience and remote sensing, 2011, 49(8): 3105-3116.

[22] HOU B, ZHANG X H, BU X M, et al. SAR image despeckling based on nonsubsampled shearlet Transform[J]. IEEE journal of selected topics in applied earth observations and remote sensing, 2012, 5(3): 809-823.

[23] SUN Z, SHI R, WEI W. Synthetic-aperture radar image despeckling based on improved non-local means and non-subsampled shearlet transform [J]. Information technology and control, 2020, 49(3): 299-307.

[24] ROUTRAY S, MALLA P P, SHARMA S K, et al. A new image denoising framework using bilateral filtering based non-subsampled shearlet transform[J]. Optik -international journal for light and electron optics, 2020, 216: 164903.

[25] SUN L Y, SUN L X, PENG P, et al. Button cell characterization testing technology research based on computer vision[J]. Advanced materials research, 2013, 706-708(2): 1856-1861.

[26] MARCEAU D J, HOWARTH P J, DUBOIS J M, et al. Evaluation of the grey-level co-occurrence matrix method for land-cover classification using spot imagery[J]. IEEE transactions on geoscience and remote sensing, 1990, 28(4): 513-519.

[27] BARBER D G, DREW E F. SAR sea ice discrimination using texture of statics: A multivariate approach[J]. Photogrammetric engineering and remote sensing, 1991, 57(4): 385-395.

[28] WANG B, HUANG Y L, YANG J Y, et al. A feature extraction method for synthetic aperture radar (SAR) automatic target recognition based on maximum interclass distance[J]. Science China technological sciences, 2011(09): 2520-2524.

[29] DAVENPORT M A, DUARTE M F, WAKIN M B, et al. The smashed filter for compressive classification and target recognition[J]. Proceedings of SPIE-The international society for optical engineering. San Jose, California, January 2007.

[30] YANG M, ZHANG L, YANG J, et al. Metaface learning for sparse representation based face recognition[C]. Proceedings of the 17th IEEE international conference on image processing. Hong Kong, China: IEEE, 2010, 1601-1604.

[31] RAMIREZ I, SPRECHMANN P, SAPIRO G. Classification and clustering via dictionary learning with structured incoherence and shared features[C]. Proceedings of the 2010 IEEE conference on computer vision and pattern recognition. San Francisco, USA: IEEE, 2010, 3501-3508.

[32] ZHANG Q, LI B Q. Discriminative K-SVD for dictionary learning in face recognition[C]. Proceedings of the 2010 IEEE conference on computer vision and pattern recognition. San Francisco, USA: IEEE, 2010, 2691-2698.

[33] YANG M, ZHAN D, FENG X C, et al. Fisher discrimination dictionary learning for sparse representation[C]. Proceedings of the 2011 IEEE international conference on computer vision. Barcelona, Spain: IEEE, 2011, 543-550.

[34] NGUYEN H V, PATEL V M, NASRABADI N M, et al. Kernel Dictionary Learning[C]. Proceedings of the 2012 IEEE international conference on acoustics, speech and signal processing. Kyoto, Japan: IEEE, 2012, 2021-2024.

[35] CHEN H M, VARSHNEY P K, ARORA M K. Performance of mutual

information similarity measure for registration of multitemporal remote sensing images [J]. IEEE transactions on geoscience and remote sensing, 2003, 41(11): 2445－2454.

[36] COLE-RHODES A A, JOHNSON K L, LEMOIGNE J, et al. Multiresolution registration of remote sensing imagery by optimization of mutual information using a stochastic gradient[J]. IEEE transactions on image processing, 2003, 12(12): 1495－1511.

[37] DAI X, KHORRAM S, A feature-based image registration algorithm using improved chain-code representation combined with invariant moments [J]. IEEE transactions on geoscience and remote sensing, 1999, 37(5): 2351－2362.

[38] FAN J, WU Y, LI M, et al. SAR and optical image registration using nonlinear diffusion and phase congruency structural descriptor[J]. IEEE transactions on geoscience and remote sensing, 2018, (99): 1－12.

[39] SUI H, XU C, LIU J, et al. Automatic optical-to-SAR image registration by iterative line extraction and voronoi integrated spectral point matching [J]. IEEE transactions on geoscience and remote sensing, 2015, 53(11): 6058－6072.

[40] FAN J, WU Y, LI M, et al. SAR image registration using multiscale image patch features with sparse representation[J]. IEEE journal of selected topics in applied earth observations and remote sensing, 2016, (99): 1－11.

[41] PARDHAN P S, KING R L, YOUNAN N H, et al. Estimation of the number of decomposition levels for a wavelet-based multiresolution multisensor image fusion[J]. IEEE transactions on geoscience and remote sensing, 2006, 44(12): 3674－3686.

[42] AIAZZI B, ALPARONE L, BARDUCCI A, et al. Multispectral fusion of multisensor image data by the generalized laplacian pyramid [C]. IEEE international conference on geoscience and remote sensing symposium. Hamburg: BRD, 1999, 1183－1185.

第2章　SAR的基本原理和特点

2.1　SAR的工作原理

雷达，是英文Radar的音译，源于radio detection and ranging的缩写，意思为“无线电探测和测距”，即用无线电的方法发现目标并测定目标所在的空间位置。因此，雷达也常常被称为“无线电定位”。雷达是利用电磁波探测目标的电子设备，通过发射电磁波对目标进行照射并接收其回波，并由此获得目标至电磁波发射点之间的距离、距离变化率（径向速度）、方位和高度等信息。

雷达系统的基本功能是探测目标并测量相关参数，包括目标的距离、速度和角度等。图2-1所示为雷达系统的组成示意图，包括发射机、收发转换开关、天线、接收机和显示器等部分。雷达发射机产生高功率的微波脉冲信号，经收发转换开关送至天线，再经天线定向辐射波束对空域进行扫描，目标接收到发射信号并向天线反射回波信号，经收发转换开关进入接收机。对接收到的信号进行存储、放大并进行处理，获得目标信息后由显示器显示出目标的距离、速度和方向等多维度的信息。

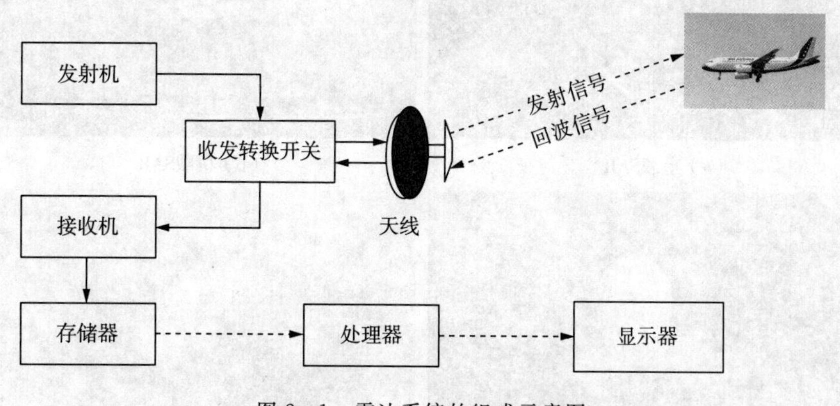

图2-1　雷达系统的组成示意图

雷达的优点是白天和黑夜均能探测远距离的目标，并且不受雾、云和雨的阻挡，具有全天时、全天候的特点，具有一定的穿透能力。因此，雷达不仅成为军事上必不可少的电子装备，还被广泛应用于社会经济发展（如气象预报、资源探测、环境监测等）和科学研究（天体研究、大气物理、电离层结构研究等）。此外，雷达在洪水监测、海冰监测、土壤湿度调查、森林资源清查、地质调查等方面也显示出了很好的应用潜力。

SAR 是一种工作在微波波段的高分辨率、主动发射和接收微波、利用信号处理方式成像的雷达系统。SAR 利用雷达与目标的相对运动把尺寸较小的真实天线孔径用数据处理的方法合成一较大的等效天线孔径的雷达，也称综合孔径雷达。20 世纪 50 年代后期，SAR 装载在 RB-47A 和 RB-57D 战略侦察飞机上首次使用。经过 60 多年的发展，SAR 从单波段向多波段、从单极化向多极化、从单工作模式向多工作模式变化。目前，SAR 技术已经非常成熟，各国都建立了自己的 SAR 发展计划，各种新型体制 SAR 应运而生，在民用与军用领域发挥着重要的作用。

SAR 系统是一种主动式对地雷达观测系统，最初主要应用在机载和星载平台，随着技术的发展，出现了弹载、地基 SAR、无人机 SAR、临近空间平台 SAR、手持式设备等多种形式平台搭载的 SAR，可以全天时、全天候地对地实施观测，并且具有一定的地表穿透能力。SAR 系统在灾害监测、环境监测、海洋监测、资源勘查、农作物估产、测绘和军事等方面的应用上具有独特的优势，可以发挥其他遥感手段难以发挥的作用，因此越来越受到世界各国的重视。

图 2-2(a)所示为搭载 SAR 的卫星从空间发射雷达波束，从地面返回的示意图。图 2-2(b)所示为用于定位、定向、姿态测定的机载 SAR。图 2-2(c)所示为美国海基 X 波段反导雷达，可以对目标进行搜寻和追踪。图 2-2(d)所示为韩国三荣 SAR-9 的轻便灵敏的船用搜救雷达应答器，是海上遇险和安全系统(GMDSS)中的寻位装置。

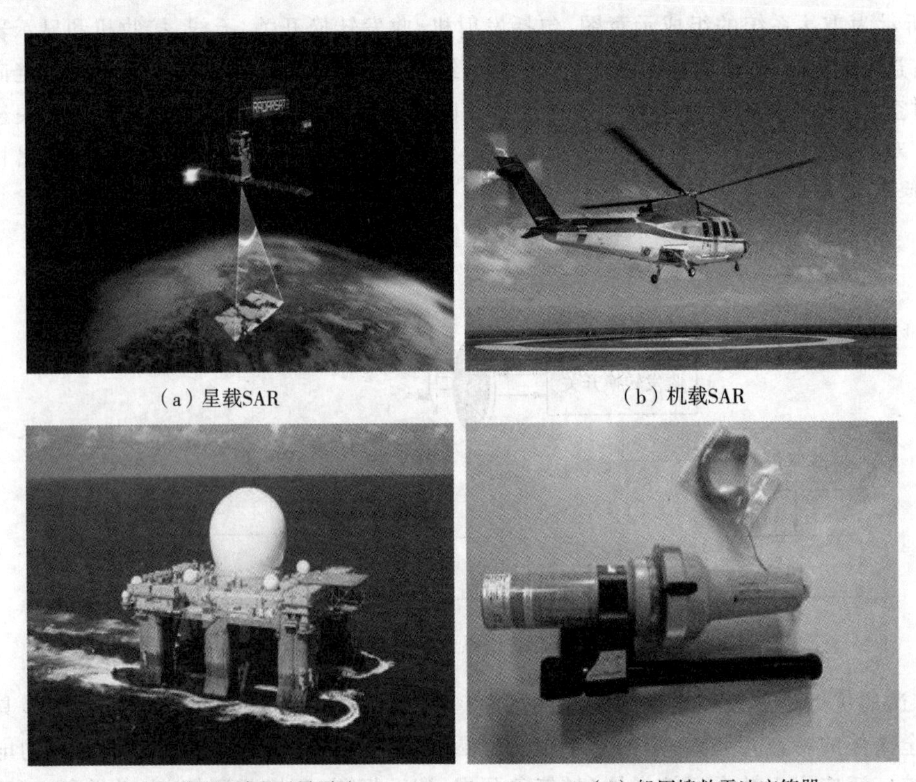

(a) 星载SAR　(b) 机载SAR　(c) 美国海基X波段反导雷达　(d) 船用搜救雷达应答器

图 2-2　SAR 系统

图 2-3(a)所示为搭载了 SAR 的小型飞行器，图 2-3(b)所示为搭载了 SAR、激光制导导弹和 GPS 制导炸弹等多种先进设备的“翼龙”Ⅱ无人机。“翼龙”Ⅱ无人机的最大飞行高度可以达到 9000m，最大飞行速度达到 370km/h，最大起飞质量达到 4.2t，外挂能力达到 480kg，可以实现 20h 持续任务续航。“翼龙”Ⅱ无人机可以携带各种侦察、激光照射/测距、电子对抗设备和小型空地打击武器，因此可以执行监视、侦察及对地攻击等任务，也可以用于维稳、反恐和边界巡逻等。

(a) 小型飞行器

(b) “翼龙” Ⅱ无人机

图 2-3　无人机载 SAR

2020 年 10 月份，我国完成首次大型无人机应急通信实战演练，以“翼龙”Ⅱ为平台搭建区域空间通信网，可以在无信号的区域提供有效的通信覆盖。近 20h 的连续飞行，验证了“翼龙”Ⅱ的高度可靠性和优异的复杂环境适应能力。这次实战演练，也首次实现了跨空域、跨昼夜、实战场景下的应急通信，创建了我国应急救援通信体系建设的全新方案。图 2-4(a)的央视军事截图说明：“翼龙”Ⅱ无人机应急通信实战演练中回传的画面清晰，精准度高。图 2-4(b)所示为“翼龙”Ⅱ无人机在实弹打靶试验中，针对固定的或移动的目标，一架次连续发射五枚不同类型的导弹，“五发五中”，实现作战样式多样化，创造了国内无人机打靶试验的新纪录。因为装载 SAR、激光制导导弹和 GPS 制导炸弹等先进技术设备，“翼龙”Ⅱ和美国 MQ-9 死神无人机水平相当，跻身于世界一流水平，中国成为全世界继美国之后具备新一代察打一体无人机研制能力的国家。

(a) 通信实战演练

(b) 实弹打靶试验

图 2-4　“翼龙”Ⅱ无人机(央视截图)

利用光学技术的 SAR 信号处理起始于 20 世纪 50 年代中期。常规的 SAR 成像方法是在地面的光学工作台上，通过特殊透镜和相干光源的使用，将记录在 SAR 飞机胶卷上的雷达数据处理成为地图。目前 SAR 成像已经逐渐朝数字处理的方向发展。虽然 SAR 成像的数字处理比较复杂，但它具有精确性和灵活性的特点。将数字处理设备装在载机(或其他运动平台)上，只要数字部件的运算速度足够快，就可以在载机上进行实时处理，而不必像光学处理那样一定要等载机着陆后在地面室内才能进行。

SAR 数字信号处理时需要首先做运动补偿，以便去除因为运动平台非恒速、非直线运动或者由于气流影响而产生的高低波动或左右摇摆等各种不规则分量，使输送至大容量存储器中待处理的数据具有载机时等速、等高直线飞行的性质。

正侧视 SAR 常采用线性调频信号(LFM)来获得距离上的高分辨力。信号处理可以采用两种方式：一种是在距离向采用模拟处理(如用表面、声波器件作脉冲压缩)，在方位向(横向)用数字处理；另一种是在距离向和方位向均采用数字处理，运动补偿和聚焦等均可以在数字处理中进行。横向处理时，聚焦相位校正应该针对不同的距离做不同的校正，因为近距离目标回波线性调频斜率大，二次方相位变化快；远距离目标回波线性调频斜率小，二次方相位变化慢。

SAR 图像的产生是一种二维处理的结果。数字化的 SAR 处理器常常采用一系列的两个一维处理来实现，二维的相关(或匹配滤波)实现了斜距上的脉压和横向距离上的方位压缩。图 2-5 所示为一个距离、方位二维压缩均采用频域匹配滤波处理的框图。输入数据块为各重复周期依次排列的时域回波数据信号 $S_i(t_1)$ 在时间上扩展到 t_2，接着将每个周期的时间信号做 FFT 处理，得到依次排列的频域信号 $S_i(f)$，频域回波和匹配滤波频谱函数 $S_i^*(f)$ 相乘后再做 FFT^{-1} 处理，得到压缩后的时间信号，仍按重复周期依次排列存入。方位处理的模式与距离上的压缩相同，对不同周期的同一距离单元的数据进行组处理，经拐角存储器输出获得所需组处理数据，最后输出的数据是经过二维压缩后的图像。

2.2 SAR 的成像原理

2.2.1 真实孔径雷达的成像原理

真实孔径成像雷达利用与航迹线垂直发射的窄波束短脉冲照射地面的一个窄条带，当短脉冲击中目标后，一部分能量返回雷达天线，形成回波，不同距离的目标反射回波进入雷达接收机中，按照时间的先后次序分开记录。回波的强度大小变化形成目标图像。当一条回波线记录好后，即完成一幅窄条带图像。紧接着再发射下一个脉冲，此时，飞行器已经向前运动了一段很小的距离，于是又形成稍微不同的另一幅窄条带图像。如此继续，继而形成一幅完整的地面条带图像。图像上目标地物的距离与斜距或地距的比例为距离向比例尺，与飞行器同步移动的比例为方位向比例尺，如图 2-6 所示。

如图 2-7 所示，地面条带内的几个目标，假定成像的距离范围从 A 至 B，回波信号显示

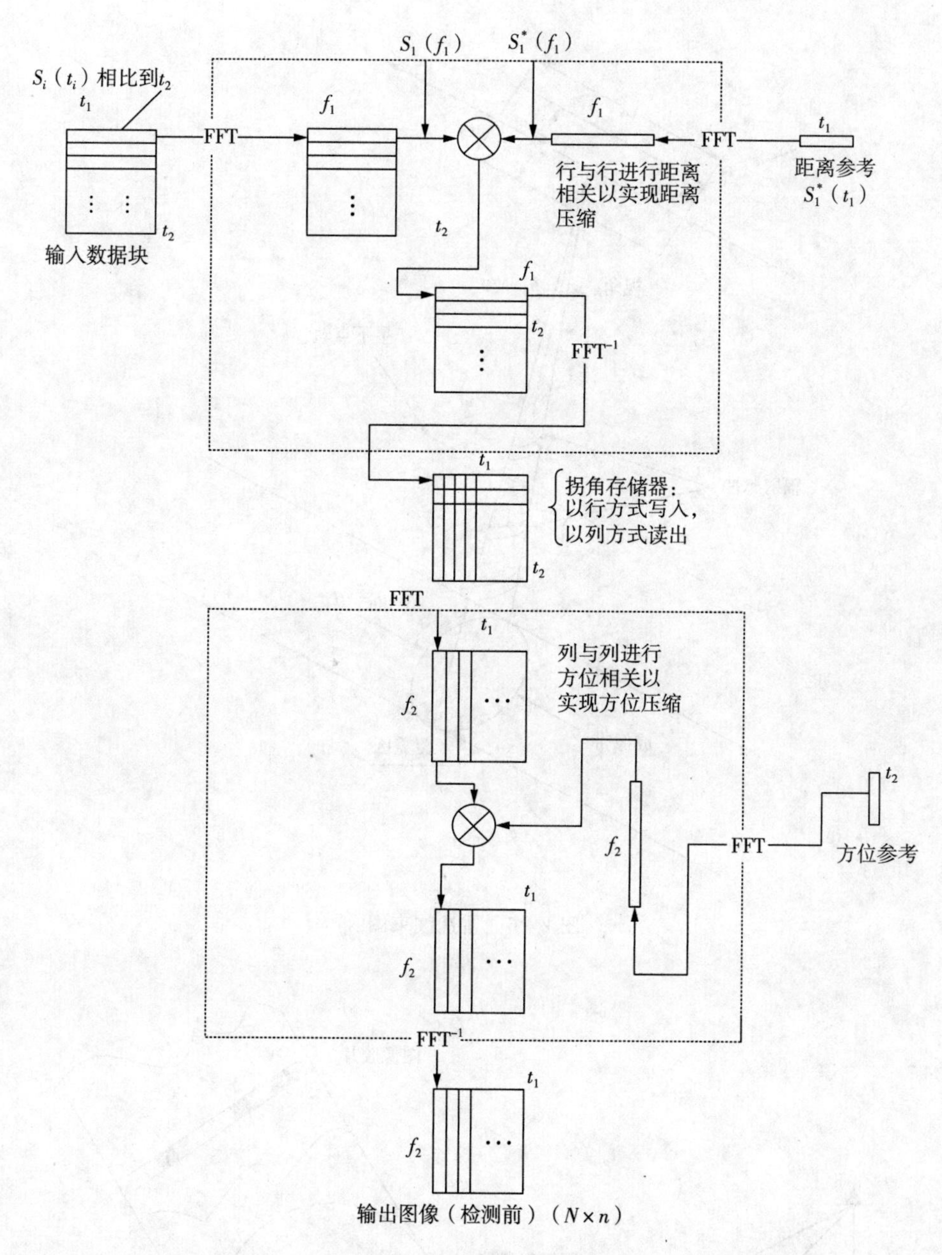

图 2-5　雷达数字处理框图

于阴极射线管。从 A 点的回波信号到达天线的时刻起,阴极射线管上的光点开始以不变的速度在管面扫射。雷达相对于 A 点的距离即雷达图像的近距离。光点的亮度随着回波信号的强弱而变化。如果从 1 点的回波为强信号,那么它会在阴极射线管上的 X 处显示一个亮点。从 2 点的回波显示于 Y 处,在很短的时间内,从 3 点的回波显示于 Z 处。B 点的回波显示完以后,阴极射线管即被关闭,直到传输下一个脉冲时再启动。

雷达发射窄脉冲微波信号,不同距离上的目标回波延迟时间有所不同,形成不同距离向的分辨能力。脉冲宽度越窄,分辨率越高,仰角(雷达天线水平线与雷达到入射点的发

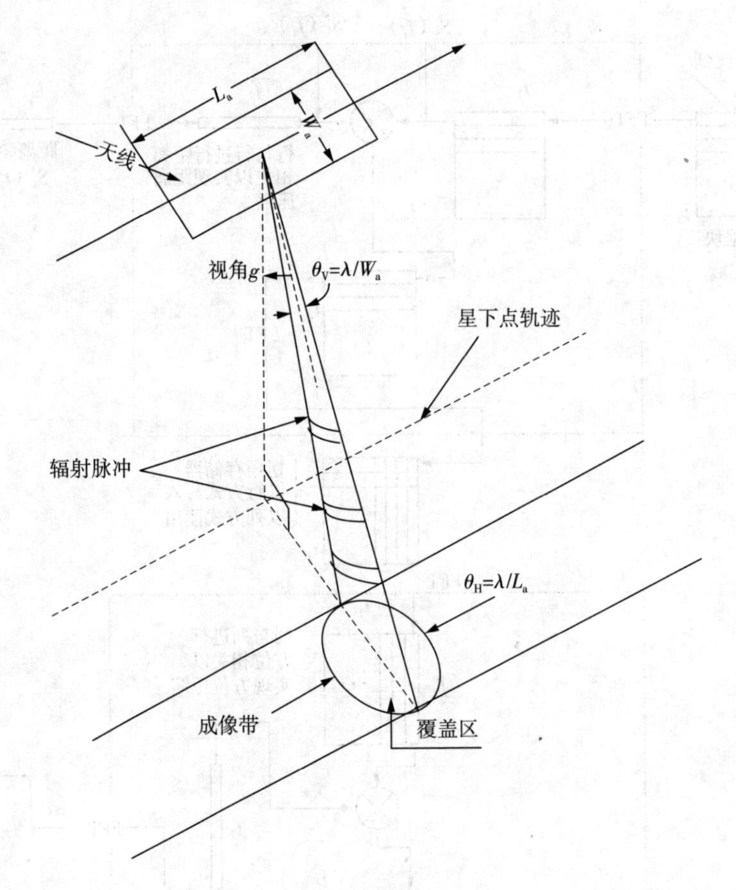

图 2－6　雷达波束图

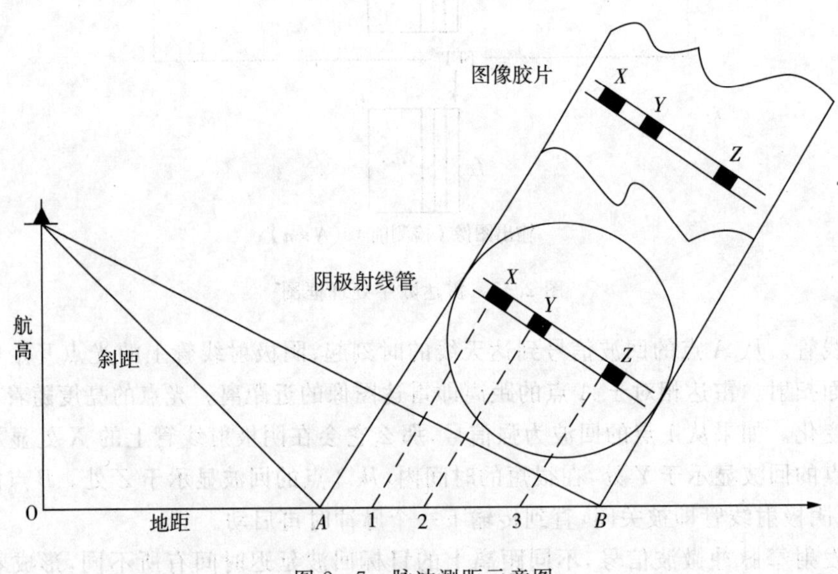

图 2－7　脉冲测距示意图

射波束之间的夹角)越小,距离向分辨率越高。因此,如果要达到较高的分辨率,脉冲信号的宽带必须非常窄,同时为了探测远距离的目标,脉冲信号的功率又不能太低,这意味着硬件系统必须在非常短的时间内达到很大的发射功率,这给系统的实现带来了很大的难度。因此,高分辨率雷达大多采用可以通过后期处理得到窄脉冲性质的宽带信号,如线性调频信号等。

真实孔径雷达的方位向分辨率由天线方向波束宽度和天线到目标的距离决定。在波束宽度一定的情况下,天线到目标的距离越远,分辨率越差,这就给远距目标高分辨率成像,尤其是航天航空遥感分辨率成像带来了很大的困难。

2.2.2　SAR 的成像原理

为了解决远距离高分辨率成像问题,SAR 应运而生。SAR 等效于有很大天线的真实孔径侧视雷达,方位向分辨率明显提高,而且与距离无关。SAR 中采用"合成天线"技术,即雷达接收到的回波并不像真实孔径侧视雷达那样立即显示成像,而是把目标回波的多普勒相位历史储存起来,然后进行合成,形成图像,等效于形成一个比实际天线大得多的合成天线,从而提高系统的分辨能力,如图 2-8 所示。

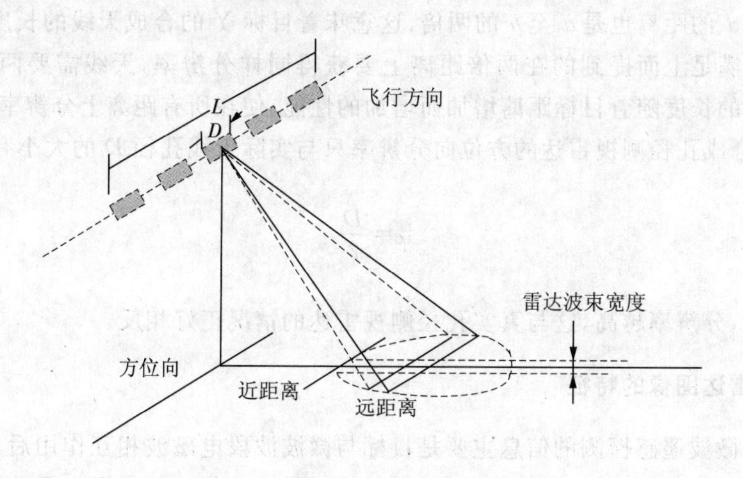

图 2-8　合成天线与实际天线示意图

雷达波束宽度 θ 与天线长度 D 的关系为

$$\theta=\frac{\lambda}{D} \tag{2-1}$$

式中,λ 为波长。该波束照射到地面所得到的范围为

$$w=R\theta=R\frac{\lambda}{D} \tag{2-2}$$

因此,长度为 D 的天线在 R 处的照射范围为 w,为了在 $2R$ 处的照射范围为 w,则天线长度必须为 $2D$。为了在所有的距离上得到相同的波束照射范围(真实孔径雷达的方位

向分辨率），必须随着距离的增加而增加天线的有效长度，SAR 正是做到了这一点。一般的雷达系统总是瞬时地把接收到的目标回波记录成像，但 SAR 不同，当飞行器沿着航线飞行时，首先储存从目标返回的雷达回波能量，然后利用储存起来的信息生成图像，其结果如同形成一个空间的长天线。合成天线的长度是由飞行器储存回波数据时飞行器与物体的距离所决定的，如图 2-9 所示。

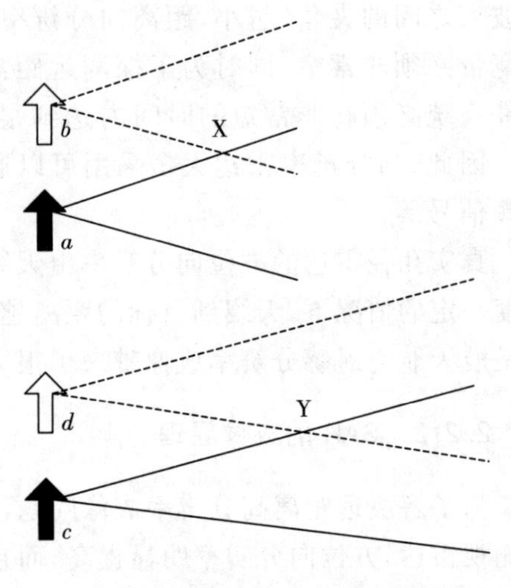

图 2-9 合成天线长度示意图

只有当目标 X 在波束范围内时，天线才能接收到来自目标的回波，这段时间也是波束扫过该目标的时间。在这段时间内飞行器将从 a 飞至 b，因此，合成天线的长度就是 a 至 b 的距离。

图 2-9 中目标 Y 的距离是目标 X 的两倍，它在波束内停留的时间也是 X 的两倍，因此飞行器从 c 至 d 的距离也是 a 至 b 的两倍，这意味着目标 Y 的合成天线的长度是目标 X 的两倍。这正好满足上面提到的在两倍距离上要获得同样分辨率，天线需要两倍长的要求。这种合成天线的长度随着目标距离增加而增加的性能，使在所有距离上分辨率恒定。

理论上，合成孔径侧视雷达的方位向分辨率只与实际天线孔径 D 的大小有关：

$$\rho=\frac{D}{2} \tag{2-3}$$

天线越短，分辨率越高，这与真实孔径侧视雷达的情况正好相反。

2.2.3 雷达图像的特征

成像雷达微波遥感探测的信息主要是目标与微波波段电磁波相互作用后反射的微波信息，根据不同目标与电磁波的不同相互作用特征，对雷达图像进行解译。雷达图像的特征主要与雷达成像的工作参数和图像质量参数有关。

1. 雷达成像的工作参数

1）波长

雷达使用的波长对电磁波与目标相互作用特征的影响主要呈现目标的等效表面粗糙度和电磁波穿透目标的能力。

2）极化

雷达发射和接收的信号可以是水平极化或垂直极化的。极化方向相同时形成的图像称为同极化图像。方向相反时形成的图像则称为交叉极化图像。极化方向的不同导致目标对电磁波的响应不同，所成图像的特点和用途也不同。

3）视向、俯角和照射带宽度

视向是雷达波束相对于目标的照射方向。同一地区不同视向的雷达图像可能很不相同,因此多视向是丰富雷达遥感资料的重要手段。俯角是雷达波束与飞行水平面之间的夹角,它与雷达波束投射于水平地面目标上的入射角互为余角。同一目标处于雷达波束的不同俯角区时,其贡献的回波大小可能不同。雷达波束有一定的宽度,在照射距离方向的这一宽度对应一定的俯角范围,如图2-10所示。在这一范围内,雷达波束照射的地面宽度称为照射带宽度。图像的近距离点对应波束的大俯角 φ_2,远距离点则对应小俯角 φ_1。

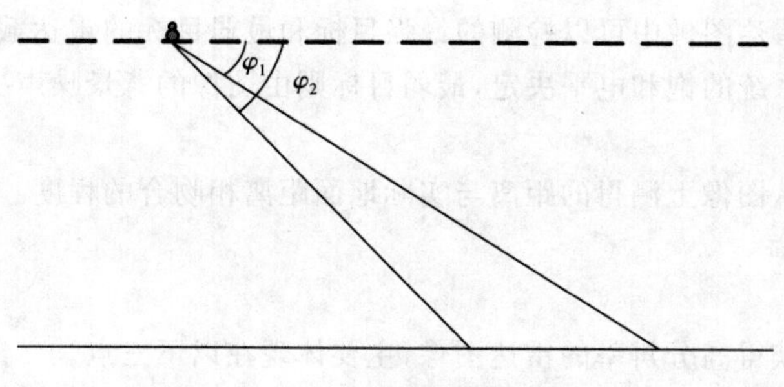

图2-10 俯角与照射带

4)距离显示形式

雷达图像对距离的显示形式有地距显示和斜距显示。前者表示图像中各目标之间的相对距离,与对应的地面实际距离成正比,后者则与目标到雷达的距离成正比。不同的距离显示形式,会有不同的图像几何特点。

5)比例尺

雷达图像的比例尺是图像上目标的距离与实际地面目标的距离之比。在以斜距显示的图像中,距离向的比例尺表现为对近距离图像的压缩。

6)运载雷达的飞行器的飞行参数

运载雷达的飞行器的飞行参数主要是指成像时飞行器所在的经纬度、高度和成像时间等。

2. 雷达图像质量参数

雷达图像是雷达微波遥感的最终产品。雷达图像质量的好坏是由雷达系统本身的工作情况所决定的。雷达图像质量参数主要包括图像分辨率、动态范围和几何精度。

1)图像分辨率

雷达图像的质量主要由空间分辨率、灰度分辨率和体分辨率来衡量。

(1)空间分辨率是指在图像某方向上能区分开地面两个不同目标的最小距离,有方位向分辨率和距离向分辨率之分。距离向分辨率与方位向分辨率的乘积代表地面分辨单元的大小,称为面分辨率。只要分辨单元的面积相同,不论组成分辨单元的两个方向的分辨率相同与否,对雷达图像的解译效果总体来说是相同的。

(2)灰度分辨率是指可以分辨的两目标间最小对比度,与雷达图像光斑特征有密切关系。正是由于这种光斑特征,许多情况下两目标的对比度是指它们之间的平均回波功率之比,即图像强度之比。因此灰度分辨率就是可以区分目标的最小图像强度之比。

(3)体分辨率将空间分辨率与灰度分辨率结合起来。只有体分辨率才能确切地表示雷达图像的可解译能力。

体分辨率 V 可表示为

$$V=R_a R_g R_s \tag{2-4}$$

式中，R_a、R_g、R_s 分别为方位向分辨率、距离向分辨率和灰度分辨率。

2)动态范围

动态范围是指雷达图像中可以检测的最强目标和最弱目标的雷达截面积范围。最强目标通常由雷达成像系统的饱和电平决定，最弱目标则由图像的背景噪声决定。

3)几何精度

几何精度是指从图像上测得的距离与实际地面距离相吻合的程度。

3. 雷达图像特征

1)高分辨率

雷达遥感可以获得高分辨率的雷达图像，主要体现在以下三点。

第一，雷达以时间序列记录数据，与相机、光机扫描仪根据多波长透视镜的角距离记录数据不同。成像雷达由于反射和接收信号的时延正比于到目标的距离，因此只要精确地分辨回波信号的时间关系，即使长距离也能够获得高分辨率的雷达图像。

第二，地物目标对微波的散射好，地球表面自身的微波辐射小。这种微弱的微波辐射对雷达系统发射出的雷达波束及回波散射干扰小。

第三，除了个别特定的频率对水汽和氧分子的吸收，大气对微波的吸收和散射均较小，微波通过大气的衰减量小。雷达图像的分辨率一般表示为距离向分辨率乘以方位向分辨率，可称为面分辨率。它代表地面分辨单元的大小、距离和方位。

2)穿透能力强

雷达利用微波成像，微波不仅可以反映地球表面的信息，还可以在一定程度上反映地表以下的物质信息。

3)立体效应

雷达散射及雷达波束对地面倾斜照射时会产生雷达阴影，即图像暗区，可以增强图像的立体感。这种明显的立体效应，对地形、地貌及地质构造等信息有较强的表现力和较好的探测效果。

4)明暗效应

雷达视向对目标的表达色调与形状影响很大，尤其是雷达图像上的线性行迹。若两者垂直，则明暗效应最明显，信息被突出；反之，若两者平行，信息被减弱。因而对同一地区通常采用多视向观测，以提高图像对目标的检测能力。

5)色调差异

雷达影像的色调差异主要取决于回波的强弱。一般来说，距离较近的物体回波强，距离较远的物体回波弱；金属物体往往都有较强的回波；平行于航向的物体回波都较强；受天线角度影响，地面镜面目标无回波；受地势起伏的影响，雷达波不能到达之处会形成雷达阴影。

6)斜距图像比例失真

雷达侧视带状成像，发射脉冲与接收回波之间有个时间滞后，雷达回波信号的间隔与相邻地面特征的斜距成正比。越靠近近端，等长度的目标被压缩得越多。在斜距图像上各目标点间的相对距离与目标间的地面实际距离并不能保持恒定的比例关系，图像产生不均匀畸变。

7)透视收缩

透视收缩即雷达图像上所有前坡(面向雷达波束的斜面)长度缩短，而后坡长度伸长。在像平面上前坡比它自身表现得更短、更陡、更亮；后坡比它自身表现得更长、更缓、更暗。收缩意味着回波能量相对集中，回波信号更强。由于雷达按时间序列记录回波信号，因此入射角与地面坡度的不同组合使其出现程度不同的前视收缩现象。透视收缩的原理如图 2-11 所示。

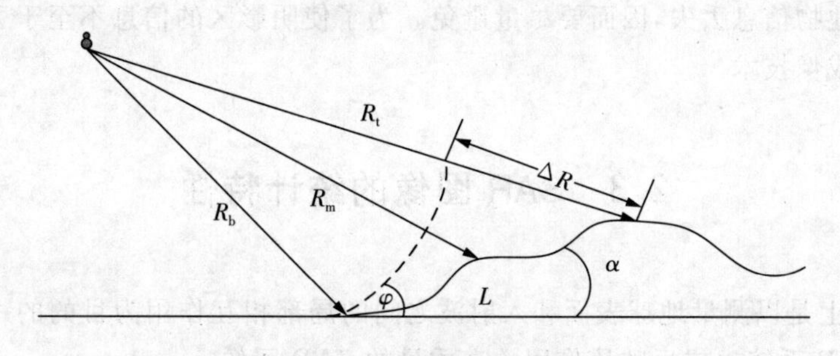

图 2-11　透视收缩的原理

若令斜坡实际长度为 L，图像显示坡长为 ΔR，则

$$\Delta R = L\sin\varphi \tag{2-5}$$

式中，φ 为雷达波束的入射角，大小取决于波束俯角 β 和斜坡坡度角 α 的相对大小。入射角、俯角和坡度角的关系如图 2-12 所示。

特殊情形下，当 β 和 α 互为余角时，$\varphi=0°$，同时 $R_t=R_m=R_b$，坡顶、坡腰和坡底会成像于同一点上，即 $\Delta R=0$。因此，雷达图像的透视收缩百分比 F_p 为

$$F_p = (1-\sin\varphi)\times 100\% \tag{2-6}$$

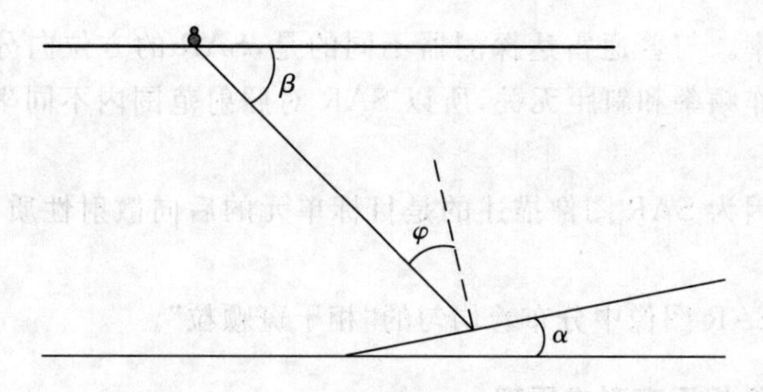

图 2-12　入射角、俯角和坡度角的关系

8)叠掩现象

因地势起伏，地理位置远但地势较高的地物产生的回波可能会早于地理位置近但是地

势低洼的地物产生的回波。因此，当雷达接收到物体上部回波先于下部回波时，在成像处理时物体的上部得以显示，产生目标倒置的视觉效果，其位移方向与航空摄影图像正相反。这种雷达回波的超前现象，被称为“叠掩”。一般情况下，叠掩现象出现在小入射角、近距离点的时候，在星载雷达图像上较为普遍。

9)雷达阴影

雷达波为直线传播，当雷达波束受山峰等高大目标阻挡时，这些目标背面一定范围内因为无法接收到雷达波，而在雷达图像的相应位置上出现暗区，这些暗区称为雷达阴影。雷达阴影出现在距离向上背离雷达的方向，其宽度与目标在雷达波束中所处的位置及背坡的坡度角大小有关。适当的阴影能增强图像的立体感，丰富地形信息，但在地形起伏大的地区，阴影会使许多地物信息丢失，因而要尽量避免。为了使阴影区的信息不至于丢失，也可以采取多视向雷达成像技术。

2.3 SAR 图像的统计特性

SAR 本质上是以测量地球表面和入射波之间的局部相互作用为目的的一种复杂装置，通过现代的 SAR 系统生成反映该作用的高质量的 SAR 图像。

单频单极化 SAR 在每个像素点得到的基本量是同相通道和正交通道的一对电压，代表的是场景对发射波作用的结果。SAR 成像算法是对接收的回波信号进行数学分析和处理来呈现目标单元的散射性质，因此 SAR 图像的像素强度与目标单元的后向散射波强度有着很大的关系。在距离向上，通常发射线性调频电磁波，因为线性调频电磁波时间带宽积较大，经过脉冲压缩技术处理来获得高的距离分辨率；而在方位向上，通常使用相同的雷达探测器在相等的时间间隔位置来收发脉冲信号，根据不同位置上回波信号的相位关系进行数据处理，利用雷达平台和目标单元的相对运动来产生一个巨大的有效孔径，即合成孔径，提高方位向分辨率。

SAR 成像具有以下几个方面的特征。

(1)距离向分辨率。发射脉冲的带宽对其影响起关键性作用，一般而言，带宽越宽，获取的分辨率越高。

(2)方位向分辨率。与普通雷达探测器不同的是，SAR 的方位向分辨率只取决于探测器的天线大小，与工作频率和斜距无关，所以 SAR 对照射范围内不同坐标的目标单元能够达到相同的分辨率。

(3)强度特性。因为 SAR 图像描述的是目标单元的后向散射性质，所以像素强度取决于回波信号的强度。

(4)噪声特性。SAR 图像中分布着均匀的“相干斑颗粒”。

2.3.1 SAR 图像相干斑形成原理

SAR 在成像过程中，将回波信号进行相干叠加，因此总是无法规避“相干斑颗粒”的产生。图 2-13(a)所示为一幅夹杂相干斑噪声的 SAR 图像，图 2-13(b)所示为抑斑后的

SAR 图像。需要指出的是，这些颗粒状的斑点虽然像噪声，但不是噪声，它是真实的电磁测量。相干斑的存在会使图像中目标单元的散射性质受到严重干扰，无法很好地描述目标单元的本质特征，在增加人工解读 SAR 图像难度的同时，也给计算机解译 SAR 图像中的真实内容设置了巨大障碍。因此，相干斑抑制技术的发展给计算机自动解译 SAR 图像内容带来了方便，但同时不得不以降低分辨率、破坏图像中场景的原始结构等作为代价。

（a）夹杂相干斑噪声的SAR图像

（b）抑斑后的SAR图像

图 2－13　夹杂相干斑噪声的 SAR 图像与抑斑后的 SAR 图像

在 SAR 系统的照射范围内，存在着成百上千个与 SAR 发射的脉冲信号波长相当的散射体，其回波在理想情况为具有一定幅度的球面波，如图 2－14 所示。在同一个球面上，各点的幅度值相等，因此可以把目标单元看作许多理想点散射中心的集合体。假如这些理想点散射中心在相同的分辨单元内，那么 SAR 系统无法将它们正确地区别分类。因而这一分辨单元的信号就是这些点散射中心回波信号的相干叠加，该单元的成像信息反映的就是这些点散射中心回波信号的矢量和。

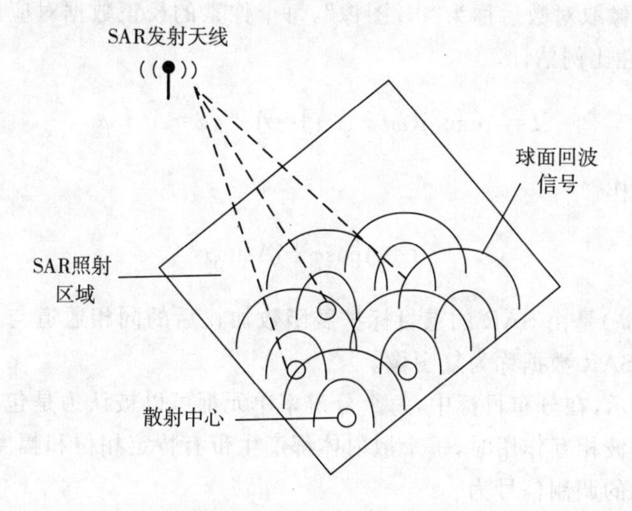

图 2－14　相干斑形成示意图

由于 SAR 系统的发射电磁波是相干波，因此接收到的信号同样应该是相干的。相干波实际照射目标时，天线接收的总信号不是全由其散射系数决定的，而是以该散射系数为变化中心上下波动，使散射系数原本均匀分布的分辨范围内并不能获得同样均匀的灰度强度分布，因而出现斑点，这通常为相干斑。相干斑与其他的雷达系统噪声存在本质的差异，它是 SAR 基于相干成像原理所带来的固有缺陷，它的存在使 SAR 图像中的目标模糊，目标特性减弱甚至消失，图像的信噪比下降，需要建立相应的噪声数学模型加以分析和计算，来降低其对图像解译的负面影响。

2.3.2 SAR 图像的相干斑模型

通常研究的相干斑区域具备完全发育的属性，体现为灰度分布均匀或纹理特性较弱。一般而言，满足完全发育属性的区域主要有以下特性。

(1)分辨单元内分布着大量的散射中心，即散射点的数量足够大。

(2)分辨单元内的幅度及相位信息分别统计独立。

(3)分辨单元内各个散射中心之间是相互独立的，其中散射幅度服从相同的统计分布，散射相位服从均匀分布。

在满足完全发育区域条件下，我们就可以将 SAR 图像的相干斑噪声描述为一种乘性噪声模型，即

$$I = RN \tag{2-7}$$

式中，I 为观测后的 SAR 图像后向散射强度(含相干斑噪声)，R 为场景中对应的真实后向散射强度(不含相干斑噪声)，N 为相干斑噪声的信号强度，其中 R 和 N 满足相互独立的条件。

研究相干斑噪声的统计特性有利于更好地抑制相干斑噪声。SAR 回波信号如式(2-8)所示，回波信息中包含了幅度信息 A 和相位信息 φ，由幅度信息 A 能够得到强度信息 $S(S=A^2)$和强度对数 $D(D=\ln S)$。“强度”这个词的使用是从光学测量类推出来的，与功率或能量的意义相同。图像取对数后称为“dB 图像”，每个像素的校正数据对应于后向散射系数是以 dB 为单位的线性比例估计。

$$I = A\exp[\mathrm{j}(\omega t + \varphi_0)] = A\mathrm{e}^{\mathrm{j}\varphi}, \varphi = \omega t + \varphi_0 \tag{2-8}$$

式(2-8)也可以记作

$$I = A\cos\varphi + \mathrm{j}A\sin\varphi \tag{2-9}$$

式中，$(A\cos\varphi, A\sin\varphi)$是由 SAR 的点目标扩展函数加权后的同相通道与正交通道的接收信号对，这种形式的 SAR 数据称为复图像。

如图 2-14 所示，在分布目标中，每个分辨率单元都可以被认为是包含了大量的离散散射体。当目标和微波相互作用时，每个散射体都产生带有特定相位和幅度的后向散射波，因此入射波返回的总的调制信号为

$$A\mathrm{e}^{\mathrm{j}\varphi} = \sum_{k=1}^{N} A_k \mathrm{e}^{\mathrm{j}\varphi_k} \tag{2-10}$$

式(2-10)是对被波束照射的散射体求和，其中考虑了 SAR 的点目标扩展函数带来的加权

和散射传播过程中的衰减。由于单个散射体比 SAR 的分辨率小得多，每个分辨率单元都有大量的散射体存在，所以单个散射体的幅度 A_k 和相位 φ_k 是不可观测的。

根据 Goodman 的文献，均匀区域的 SAR 回波信号是一个复高斯随机变量，即实部和虚部的幅值服从均值为零的高斯分布，相位 φ_k 服从[π，$-\pi$]的均匀分布，并且与幅度 A_k 相互独立。因此，式(2-10)中的求和看上去就像是在复平面上的随机游走，长度为 A_k 的每一步其方向都是完全随机的。

对大量统计特性相同的散射体的分析表明以下几个内容。

(1)同相分量 $z_1=A\cos\varphi$ 和正交分量 $z_2=A\sin\varphi$ 是独立同分布的高斯随机变量，均值为零，方差 $\frac{\sigma}{2}$ 由散射幅度 A_k 决定，它们的联合概率密度函数为

$$P_{z_1z_2}(z_1,z_2)=\frac{1}{\pi\sigma}\exp\left(-\frac{z_1^2+z_2^2}{\sigma}\right) \tag{2-11}$$

(2)幅度 A 服从瑞利分布：

$$P_A(A)=\frac{2A}{\sigma}\exp\left(-\frac{A^2}{\sigma}\right),A\geqslant 0 \tag{2-12}$$

其均值为 $\frac{\sqrt{\pi\sigma}}{2}$，标准差为 $\sqrt{\left(1-\frac{\pi}{4}\right)\sigma}$。另一个常用的统计量是变差系数(Coefficient of Variation，CV)，它定义为标准差除以均值。对于幅度数据，变差系数 CV 为 $\sqrt{\frac{4}{\pi}-1}$。

(3)强度或功率($S=A^2$)服从负指数分布：

$$P_S(S)=\frac{1}{\sigma}\exp\left(-\frac{S}{\sigma}\right),S\geqslant 0 \tag{2-13}$$

其均值和标准差都为 σ，在这种情况下 CV=1。

(4)强度对数 $D=\ln S$ 服从 Fischer-Tippett 分布：

$$P_D(D)=\frac{\mathrm{e}^D}{\sigma}\exp\left(-\frac{\mathrm{e}^D}{\sigma}\right) \tag{2-14}$$

其均值和方差分别为 $\ln\sigma-\gamma_E$ 和 $\frac{\pi^2}{6}$。符号 γ_E 代表欧拉常数，近似值为 0.57722。如果令 $D_n=10\ln S=(10\lg \mathrm{e})D$，可以很容易将这种分布转换为标准化的 dB 图像的分布，因此 $P_{D_n}(D_n)=\frac{1}{K}P_D\left(\frac{D_n}{K}\right)$，其中 $K=10\lg \mathrm{e}$。对于强度对数数据来说，方差与均值独立，而不是像式(2-11)～式(2-13)一样。

上述分布适用于场景中每一个受相干斑影响的像素。需要许多场景的实现来将理论值和观测值进行比较，且每个实现均有自己独立的相干斑样式，这在实际中是不可能实现的。通常的情况是只有单幅图像，所以不得不通过考查那些假设具有恒定后向散射系数的分布

目标来检验上述理论。只有在极少数的情况下,才具备足够的先验知识来断定目标是匀质的。许多研究都表明了观测数据与相干斑模型的一致性。

上述相干斑模型具有重要的意义。如果只关心分布目标的单幅图像,即只用一段合成孔径长度的 SAR 图像,由于相位不能提供任何信息,因此可以忽略相位,只利用幅度、强度或强度对数数据。在分析极化和干涉数据时,相位才变得重要。对于这些数据,每一个相位图像均服从均匀分布,可以通过相位差携带信息。此外,在需要进行确定性目标的高性能成像时,相位信息也是很关键的。

SAR 多视图情况,将整个有效孔径分段,分别对同一目标单元成像,然后将多个图像叠加为一幅 SAR 图像。L 视的平均强度 S 为

$$S=\frac{1}{L}\sum_{k=1}^{L}S_k \tag{2-15}$$

式中,S_k 为相互独立的均值为 σ 的指数分布的随机变量,平均强度 S 服从阶参数为 L 的伽马分布。

$$P_S(S)=\frac{1}{\Gamma(L)}\left(\frac{L}{\sigma}\right)^L S^{L-1}\exp\left(-\frac{LS}{\sigma}\right),\ S\geqslant 0 \tag{2-16}$$

式中,$\Gamma(\cdot)$为伽马函数。

对于均值为 σ、方差为$\frac{\sigma^2}{L}$的特殊情况,平均强度的矩为

$$\langle S^m\rangle=\frac{\Gamma(m+L)}{\Gamma(L)}\left(\frac{\sigma}{L}\right)^m \tag{2-17}$$

通过上述关系可以得到等效视数(Equivalent Number of Looks,ENL),等效视数 ENL 定义为

$$\text{ENL}=\frac{(\text{均值})^2}{\text{方差}} \tag{2-18}$$

其中,求平均针对的是匀质的分布目标的强度。ENL 等价于平均每个像素相互独立的强度值的个数。它不仅用于描述原始数据,也可以用于描述图像滤波后的处理过程的平滑效果。即使对于原始数据,如果被平均的各视之间存在相关性,那么 ENL 也可能不是整数。

当分辨率不是考虑的关键因素时,通常以多视的形式提供数据,这样会降低数据量。出于显示的目的,采用多视强度的平方根 $A=\sqrt{S}$ 可能会更好,因为这样可以减小动态范围。通过变量代换关系,有

$$P_A(A)=2AP_S(A^2) \tag{2-19}$$

从式(2-16)可以推出多视幅度数据 A 服从 Nakagami 分布，又称平方根伽马分布，即

$$P_A(A)=\frac{2}{\Gamma(L)}\left(\frac{L}{\sigma}\right)^L A^{2L-1}\exp\left(-\frac{LA^2}{\sigma}\right),\ A\geqslant 0 \tag{2-20}$$

平方根伽马分布的矩为

$$\langle A^m\rangle=\frac{\Gamma\left(\frac{m}{2}+L\right)}{\Gamma(L)}\left(\frac{\sigma}{L}\right)^{\frac{m}{2}} \tag{2-21}$$

2.4　SAR 系统的发展概况

1951 年 6 月，美国 Goodyear 宇航公司的 Carl Wiley 首先提出用频率分析方法改善雷达角分辨率的方法。同时，美国伊利诺依大学控制系统实验室独立用非相参雷达进行实验，验证了频率分析方法确实能改善雷达角分辨率。

目前，星载和机载的 SAR 已经成为当今遥感应用中十分重要的传感器。下面以星载 SAR 为例，简单介绍一下目前 SAR 系统的发展概况。

2.4.1　美国国家航空航天局(NASA)星载 SAR 的发展

1978 年 6 月 27 日，美国国家航空航天局喷气推进实验室发射了世界上第 1 颗载有 SAR 的海洋卫星 Seasat-A。该卫星工作在 L 波段、HH 极化，天线波束指向固定。Seasat-A 的发射标志着合成孔径雷达已经成功进入从太空对地观测的新时代。

在 Seasat-A 取得巨大成功的基础上，美国国家航空航天局分别于 1981 年 11 月、1984 年 10 月和 1994 年 4 月利用航天飞机将 Sir-A、Sir-B 和 Sir-C/X-SAR3 部成像雷达送入太空。Sir-A 是采用 HH 极化 L 波段的工作方式，天线波束指向固定，以光学记录方式成像，对 1000km×104km 的地球表面进行了测绘，获得了大量信息。其中最著名的是发现了撒哈拉沙漠中的地下古河道，显示了 SAR 具有穿透地表的能力，引起了国际学术界的巨大震动。产生这种现象的原因，一方面取决于被观测地表的物质常数(导电率和介电常数)和表面粗糙度，另一方面取决于波长，波长越长，其穿透能力越强。Sir-B 是 Sir-A 的改进型，仍旧采用 HH 极化 L 波段的工作方式，但其天线波束指向可以机械改变，提高了对重点地区的观测实效性。Sir-C/X-SAR 是在 Sir-A 和 Sir-B 基础上发展起来的，并引入很多新技术，是当时最先进的航天雷达系统。Sir-C/X-SAR 具有 L、C 和 X3 个波段，采用 4 种极化工作方式(HH、HV、VH 和 VV)，其下视角和测绘带都可以在大范围内改变。

“长曲棍球”(Lacrosse)系列 SAR 卫星，是当今世界上最先进的军用雷达侦察卫星，已经成为美国卫星侦察情报的主要来源。自 1988 年 12 月 2 日，由美国“亚特兰蒂斯”号航天飞机将世界上第 1 颗高分辨率雷达成像卫星 Lacrosse-1 送入预定轨道之后，又分别在 1991 年 3 月、1997 年 10 月、2000 年 8 月和 2005 年 4 月将 Lacrosse-2、Lacrosse-3、Lacrosse-4、

Lacrosse-5送入太空。4颗卫星以双星组网，采用X、L2个波段和双极化的工作方式，其地面分辨率达到1m(标准模式)、3m(宽扫模式)和0.3m(精扫模式)，在宽扫模式下，其地面覆盖面积可达几百km^2。

"长曲棍球"卫星不仅适用于跟踪舰船和装甲车辆的活动，监视机动或弹道导弹的动向，还能发现伪装的武器和识别假目标，甚至能穿透干燥的地表，发现藏在地下数米深处的设施。在海湾战争和波黑战争中，"长曲棍球"卫星用于跟踪伊拉克装甲部队行踪和监视塞族坦克。此外，它还多次用来评估美国巡航导弹对伊拉克和南联盟的攻击效果。也发挥了很好的作用。

图2-15所示为美国国家航空航天局发射的载有SAR系统的Seasat-A卫星和"长曲棍球"卫星。

(a) Seasat-A卫星

(b) "长曲棍球"卫星

图2-15 美国国家航空航天局发射的卫星

2.4.2 欧洲太空总署(ESA)星载SAR的发展

欧洲太空总署分别于1991年7月和1995年4月，发射了欧洲遥感卫星(European Remote Sensing Satellite，ERS)系列民用雷达成像卫星ERS-1和ERS-2，主要用于对陆地、海洋、冰川、海岸线等成像。ERS采用法国Spot-Ⅰ和Spot-Ⅱ卫星使用的MK-1平台，装载了C波段SAR，天线波束指向固定，采用VV极化方式，可以获得30m空间分辨率和100km观测带宽的高质量图像。

Envisat是ERS计划的后续，是近极地太阳同步轨道雷达成像卫星，由欧洲太空总署于2002年3月送入太空。Envisat上所搭载的先进的合成孔径雷达(ASAR)基于ERS-1/2主动微波仪(AMI)建造，继承了ERS-1/2AMI的成像模式和波束模式，增强了在工作模式上的功能，具有多种极化、可变入射角、大幅宽等新的特性，可以生成海洋、海岸、极地冰冠和陆地的高质量图像，为科学家提供更高分辨率的图像来研究海洋的变化，用于监视环境，即对地球表面和大气层进行连续的观测，供制图、资源勘查、气象及灾害判断之用。

图2-16所示为欧洲太空总署发射的ERS-1卫星和ERS-1卫星影像图。图2-17所示为欧洲太空总署发射的Envisat卫星和Envisat卫星影像。

（a）ERS-1卫星

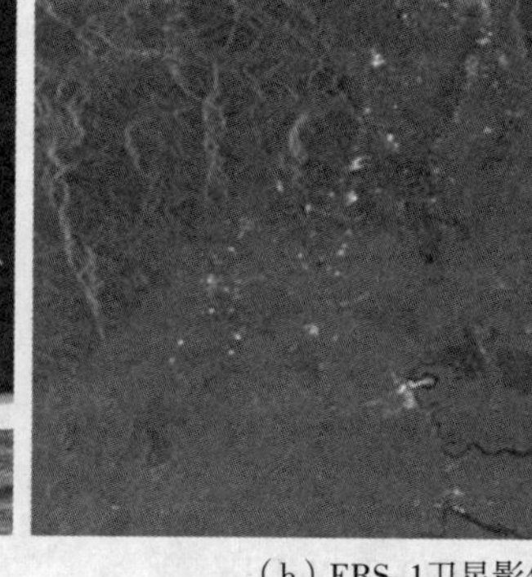

（b）ERS-1卫星影像

图 2－16　欧洲太空总署 ERS 卫星及卫星影像

（a）Envisat卫星

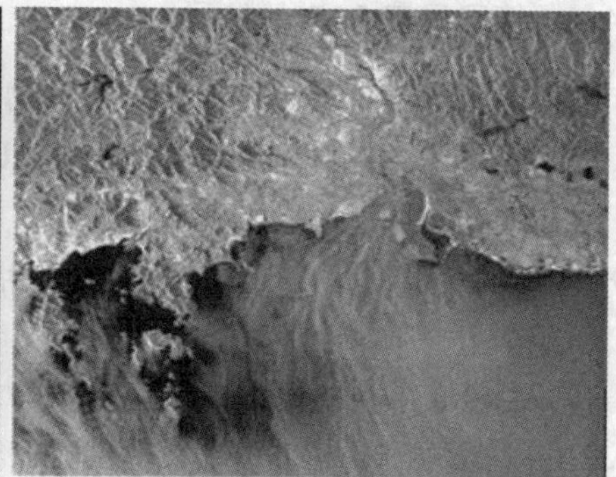

（b）Envisat卫星影像

图 2－17　欧洲太空总署 Envisat 卫星及卫星影像

2.4.3　意大利星载 SAR 的发展

2007 年 6 月，意大利国防部与意大利航天局成功研发首颗雷达成像卫星 COSMO-SkyMed，它的发射入轨标志着 COSMO-SkyMed 星座项目的启动。COSMO-SkyMed 卫星工作在 X 波段（9.6GHz），具有多极化、多入射角的特性，具备 3 种工作方式（5 种分辨率的成像模式）：Scan SAR（100m 和 30m）、Strip Map（3m 和 1.5m）、Spot Light（1m）。其中，COSMO-SkyMed 星座是意大利的 SAR 成像侦察卫星星座，共包括 4 颗 SAR 卫星，是全球第一个分辨率高达 1m 的雷达成像卫星星座。该星座与法国 Pleiade 光学卫星星座配套使用，两者均采用太阳同步轨道。COSMO-SkyMed 系统是一个军民两用的对地观测系统，以全天候、全天时对地观测的能力，卫星星座特有的高重访周期和 1m 高分辨率的成像为环境资源监测、灾害监测、海事管理及军事领域等应用开辟更为广阔的道路。

图 2－18 所示为意大利发射的载有 SAR 系统的 COSMO-SkyMed 卫星和 COSMO-SkyMed 卫星所成图像。

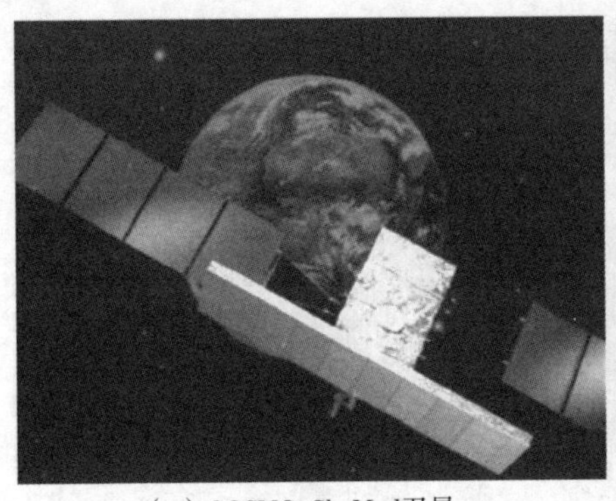

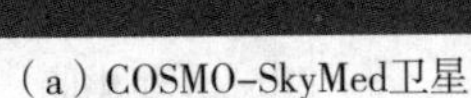

（a）COSMO-SkyMed卫星

（b）COSMO-SkyMed卫星所成图像

图 2-18　意大利 COSMO-SkyMed 卫星

2.4.4　德国星载 SAR 的发展

TerraSAR-X 雷达卫星是德国第一颗卫星，由德国政府和工业界共同研制。该卫星于 2007 年 6 月 15 日从拜科努尔人造卫星发射基地发射升空，运行在 515km 的近极地太阳同步轨道上，工作在 X 波段(9.65GHz)，具有多极化、多入射角的特性，具备 4 种工作方式(4 种不同分辨率的成像模式)：Strip Map(单视情况下，距离上 3m，方位上 3m)、Scan SAR(4 视情况下，距离上 15m，方位上 16m)、Spot Light(单视情况下，距离上 2m，方位上 1.2m)和高分辨 Spot Light(单视情况下，距离上 1m，方位上 1.2m)。

SAR-lupe 是德国第一个军用天基雷达侦察系统，服务于德国联邦部队。该卫星系统主要由 5 颗 X 波段雷达成像卫星组成星座，分布在 3 个高度 500km 的近极地太阳同步轨道面上，其中 2 个轨道面上有 2 颗卫星运行，另一个轨道面上有 1 颗卫星。每颗卫星都可以穿透黑暗和云层，提供分辨率 1m 以内的图像。整个卫星系统，每天可以提供全球从北纬 80°到南纬 80°地区的 30 多幅图像，具有 Spot Light 和 Strip Map2 种工作模式，并且具有星际链路能力，缩短了系统响应时间，具备对“热点”地区每天 30 次以上的成像能力。

图 2-19 所示为德国发射的载有 SAR 系统的 TerraSAR-X 卫星和 SAR-lupe 卫星系统。

（a）TerraSAR-X卫星

（b）SAR-lupe卫星系统

图 2-19　德国卫星及卫星系统

2.4.5　加拿大航天局(CAS)星载 SAR 的发展

加拿大航天局于 1989 年开始进行 SAR 卫星 RADARSAT-1 的研制，并于 1995 年 11 月 4 日在美国范登堡空军基地发射成功，1996 年 4 月正式工作，是加拿大的第 1 颗商业对地观测卫星，主要监测地球环境和自然资源变化。该卫星运行在 780km 的近极地太阳同步轨道上，工作在 C 波段(3～5GHz)，采用 HH 极化方式，具有 7 种波束模式、25 种成像方式。与其他 SAR 卫星不同，RADARSAT-1 首次采用了可变视角的 Scan SAR 工作模式，以 500km 的足迹每天可以覆盖北极区一次，几乎可以覆盖整个加拿大，时间每隔 3 天覆盖一次美国和其他北纬地区，全球覆盖一次不超过 5 天。RADARSAT-2 是加拿大继 RADARSAT-1 之后的新一代商用 SAR 卫星，它继承了 RADARSAT-1 所有的工作模式，并在原有的基础上增加了多极化成像、3m 分辨率成像、双边成像和动目标探测。RADARSAT-2 缩短了对同一地区的重复观测周期，提高了动态信息的获取能力。RADARSAT 系列卫星应用广泛，包括减灾防灾、雷达干涉、农业、制图、水资源、林业、海洋、海冰和海岸线监测。

图 2 - 20 所示为加拿大航天局发射的载有 SAR 系统的 RADARSAT 系列卫星。图 2 - 21 为 RADARSAT-2 卫星影像。

(a) RADARSAT-1卫星

(b) RADARSAT-2卫星

图 2 - 20　加拿大航天局 RADARSAT 系列卫星

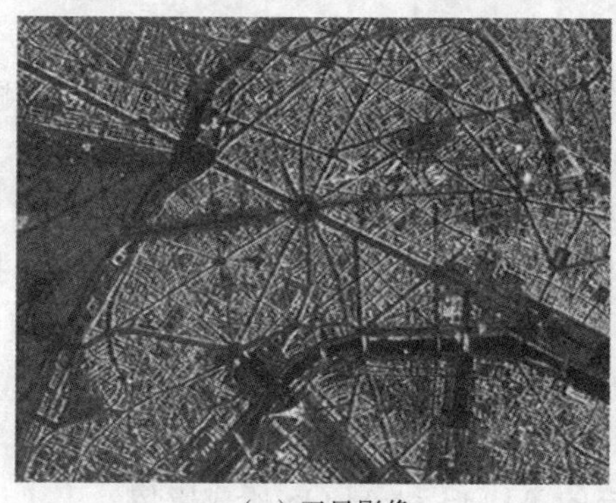

(a) 卫星影像

(b) 多极化伪彩色图像

图 2 - 21　RADARSAT-2 卫星影像

2.4.6 日本星载 SAR 的发展

日本地球资源卫星 JERS-1 由日本科技厅、日本宇宙开发事业团以及国际贸易和工业部共同开发和研制，于 1992 年 2 月 11 日在种子岛空间中心被发射升空。JERS-1 卫星载有 2 个完全匹配的对地观测载荷：有源 SAR 和无源多光谱成像仪，是第一颗将光学传感器和 SAR 系统设置于同一平台上的卫星，2 种传感器的地面分辨率均为 18m，可提供影像清晰、质量很高的图像，主要用于地质研究、农林业应用、海洋观测、地理测绘、环境灾害监测等方面。

JERS-1 卫星运行在 570km 的近极地太阳同步轨道上，入射角固定、单一极化(HH)，工作在 L 波段(中心频率 1.275GHz)，分辨率为 18m。

图 2-22 所示为日本发射的载有 SAR 系统的 JERS-1 卫星和 JERS-1 卫星所成影像。

(a) JERS-1卫星

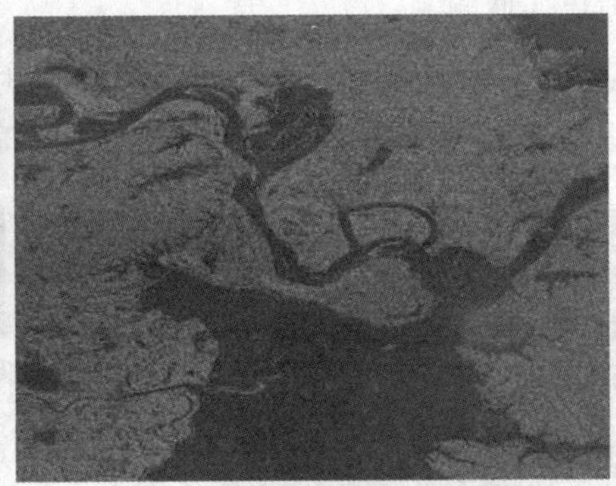

(b) JERS-1卫星所成影像

图 2-22 JERS-1 卫星及所成影像

先进陆地观测卫星(Advanced Land Observing Satellite, ALOS)由日本发射，于 2006 年 1 月 24 日被送入 690km 的准太阳同步回归轨道。ALOS 是 JERS-1 与 ADEOS 的后继星，ALOS 采用高分辨率和微波进行扫描，主要用于陆地测图、区域性观测、灾害监测、资源勘查等领域。

ALOS 携带了 3 种传感器：全色遥感立体测绘仪(PRISM)，具有独立的三个观测相机，分别用于星下点、前视和后视观测，沿轨道方向获取立体影像，星下点空间分辨率为 2.5m。其数据主要用于建立高精度数字高程模型；先进可见光与近红外辐射计-2(AVNIR-2)，主要用于陆地和沿海地区的观测，为区域环境监测提供土地覆盖图和土地利用分类图；相控阵型 L 波段合成孔径雷达(PALSAR)，具有高分辨率模式(幅度 10m)和广域模式(幅度 250～350km)，使之能获取比普通 SAR 更宽的地面幅宽，用于全天时、全天候陆地观测，尤其适合对特定区域的监测。

图 2-23 所示为日本发射的载有 SAR 系统的 ALOS 和 ALOS 所成影像。

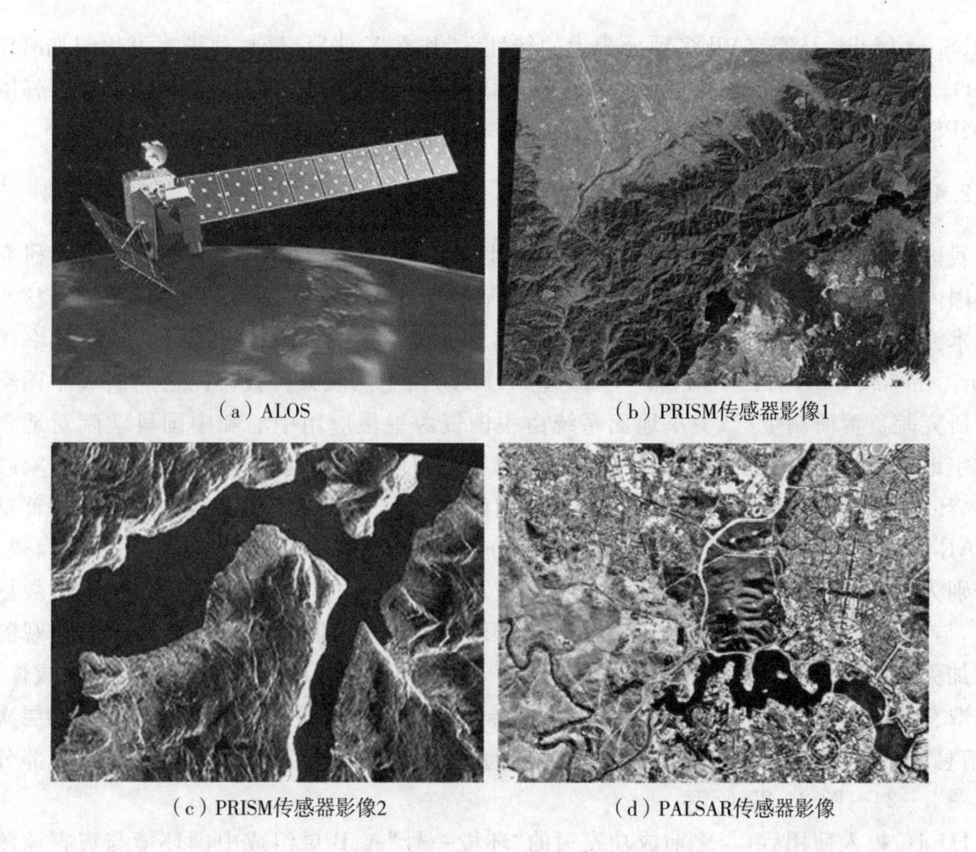

(a) ALOS　(b) PRISM传感器影像1

(c) PRISM传感器影像2　(d) PALSAR传感器影像

图 2-23　ALOS 和所成图像

2.4.7　俄罗斯星载 SAR 的发展

1987 年 7 月 25 日，苏联第一个雷达演示验证项目 Cosmos-1870 由“质子-K”火箭发射升空。卫星上配备了一部分辨率为 25m 的 S 波段 SAR 系统，主要对人类无法进入的地区进行雷达成像测绘，监测海洋表面污染，鉴别海冰和对厚冰区的舰船进行导航等。

在此基础上，俄罗斯分别于 1991 年 3 月 31 日和 1998 年将“钻石”(Almaz)系列雷达成像卫星 Almaz-1 和 Almaz-1B 送入倾角 73°的非太阳同步圆形近地轨道。其中，Almaz-1 是对地观测卫星雷达成像卫星，工作在 S 波段(中心频率 3.125GHZ)，采用单极化(HH 极化)、双侧视工作方式，入射角可变(30°～60°)，分辨率达到 10～15m。Almaz-1B 是用于海洋和陆地探测的雷达卫星，卫星上搭载 3 种 SAR 载荷：SAR-10(波长 9.6cm，分辨率 5～40m)、SAR-70(波长 7cm，分辨率 15～60m)和 SAR-10(波长 3.6cm、分辨率 5～7m)，这 3 种 SAR 载荷均采用 HH 极化方式。此外，俄罗斯还发射了 Arkon-2 多功能雷达卫星、Kondor-E 小型极地轨道雷达卫星。

2.4.8　其他国家星载 SAR 的发展

TecSAR 是以色列国防部的第一颗雷达成像卫星，运行在倾角为 143.3°、高度为 550km 的太阳同步圆形轨道上，具有多极化(HH、VV、VH、HV)、多种成像模式(Strip Map、Scan

SAR、Spot Light、马赛克)及多种分辨率的特性,工作在 X 波段,最高分辨率可达到 1m(Spot Light)。此外,其他很多国家也在大力开展星载雷达的研究,如印度的 RISAT 卫星、韩国的 KOMPSAT-5 卫星、阿根廷的 SAOCOM 卫星等。

2.4.9 我国星载 SAR 的发展

我国对星载 SAR 的研究工作开始于 20 世纪 70 年代。1979 年由中科院电子学研究所获得国内首幅 SAR 图像。此后中科院电子学研究所率先攻克了一系列 SAR 系统及核心关键技术涉及的问题,研制出第一部极化 SAR,第一部多维度 SAR、机载 SAR 分辨率优于 0.1m。在星载 SAR 方面,"环境一号"C 星(HJ-1C)由中国航天科技集团公司所属中国空间技术研究院负责研制生产,卫星地面系统由中国资源卫星应用中心和中国科学院对地观测与数字地球科学中心负责研制建设,减灾应用系统和环境应用系统分别由民政部国家减灾中心、环境保护部卫星环境应用中心负责研制建设,于 2012 年成功发射。HJ-1C 是首颗民用 SAR 卫星,配置的 S 波段 SAR,具备空间分辨率 5m 条带和 20m 扫描两种成像模式,幅宽分别为 40km 和 100km,可以获取地物 S 波段影像信息,有效补充国际 SAR 卫星数据的不足,与其他国家在轨运行的雷达卫星一起,形成更加丰富的观测谱段,使国际对地观测体系更加完善,地物信息识别能力更强。2012 年 12 月 9 日,HJ-1C 有效载荷首次开机成像,成功获取首幅 SAR 影像,开机成像后一天内回传影像 35 张,从回传数据看,影像清晰、层次分明、信息丰富。至此,HJ-1C 实现星地链路连通,星地系统工作正常。HJ-1C 获取的部分影像如图 2-24~图 2-27 所示。

HJ-1C 投入使用后,与之前成功发射的"环境一号"A、B 星组成中国环境与灾害监测预报小卫星星座,形成具备中高空间分辨率、高时间分辨率、高光谱分辨率和宽覆盖的对地观测遥感系统,迅速、准确地获取中国大部分地区的自然灾害、生态和环境污染发生、发展与演变过程的相关信息,大幅提升我国环境与灾害的及时、动态监测预报能力,为我国环境保护和防灾减灾事业发展提供强有力的保障。

2016 年 8 月 10 号,高分三号卫星在太原卫星发射中心发射升空,这是我国首颗分辨率达到 1m 的 C 波段多极化 SAR 成像卫星,具有 12 种成像模式,也是世界上成像模式最多的 SAR 卫星。高分三号卫星不仅涵盖了传统的条带、扫描成像模式,还可在聚束、条带、扫描、波浪、全球观测、高低入射角等多种成像模式下实现自由切换。卫星成像幅宽大,与高空间分辨率优势相结合,既能实现大范围普查,也能详查特定区域;既可以探地,又可以观海,可以满足不同用户对不同目标成像的需求,达到"一星多用"的效果。

高分三号卫星为满足多用户需求在系统设计上进行了全面优化,具有高分辨率、大成像幅宽、多成像模式、长寿命运行等特点,主要技术指标达到或超过国际同类卫星水平。高分三号卫星的成功发射是高分专项工程建设的又一重大成果。

高分三号卫星可以全天候、全天时监视监测全球海洋和陆地资源,通过左右姿态机动扩大观测范围,提升快速响应能力,为国家海洋局、民政部、水利部、中国气象局等部门提供高质量和高精度的稳定观测数据,有力支撑海洋权益维护、灾害风险预警预报、水资源评价与管理、灾害天气和气候变化预测预报等应用,有效改变我国高分辨率 SAR 图像依赖进口的现状,对海洋强国、"一带一路"倡议具有重大意义。

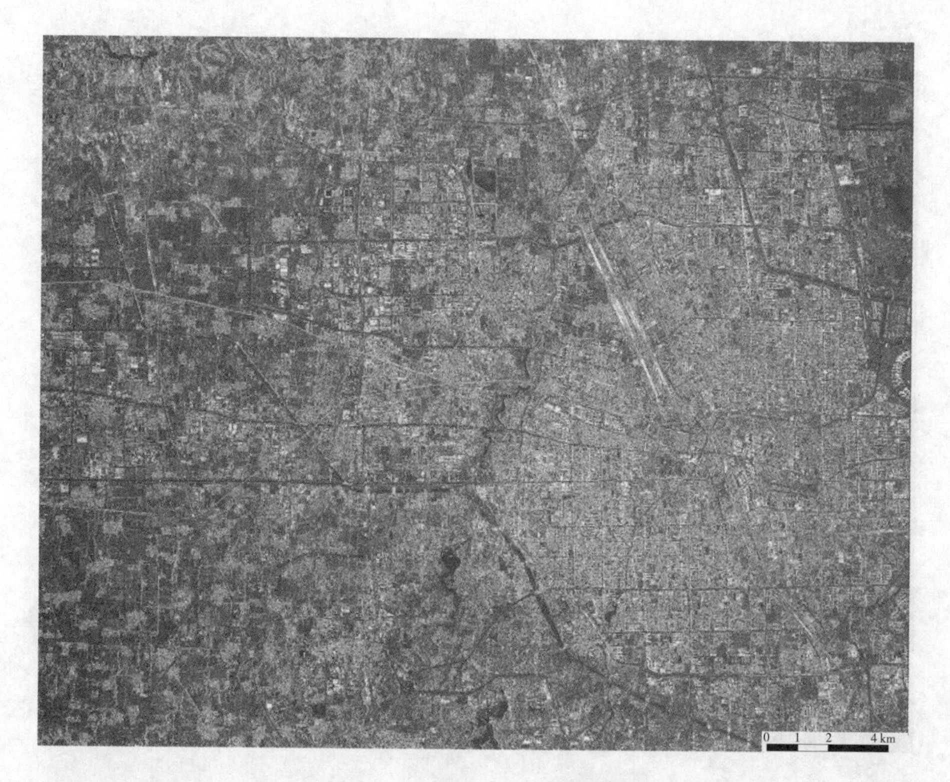

图 2 - 24　河南郑州地区影像

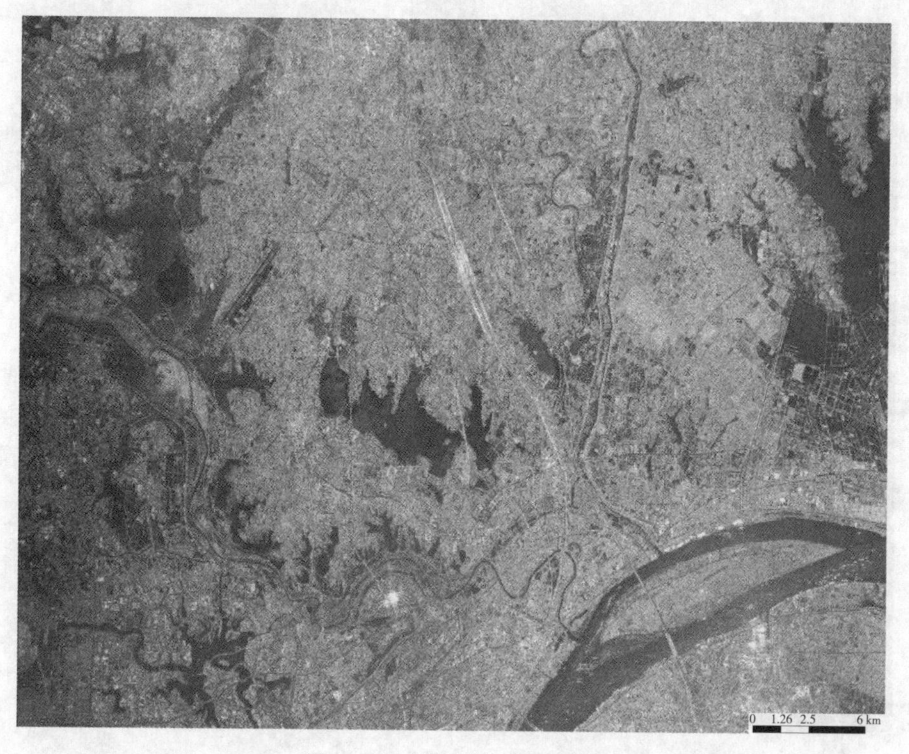

图 2 - 25　湖北武汉地区影像

图 2-26 河南舞阳地区影像

图 2-27 山西晋中地区影像

图 2-28～图 2-31 所示为高分三号卫星在聚束成像模式、1 米 HH 极化方式下所成首都机场影像、洪泽湖影像、天津影像和武汉影像。

图 2-28　高分三号卫星所成首都机场影像

图 2-29　高分三号卫星所成洪泽湖影像

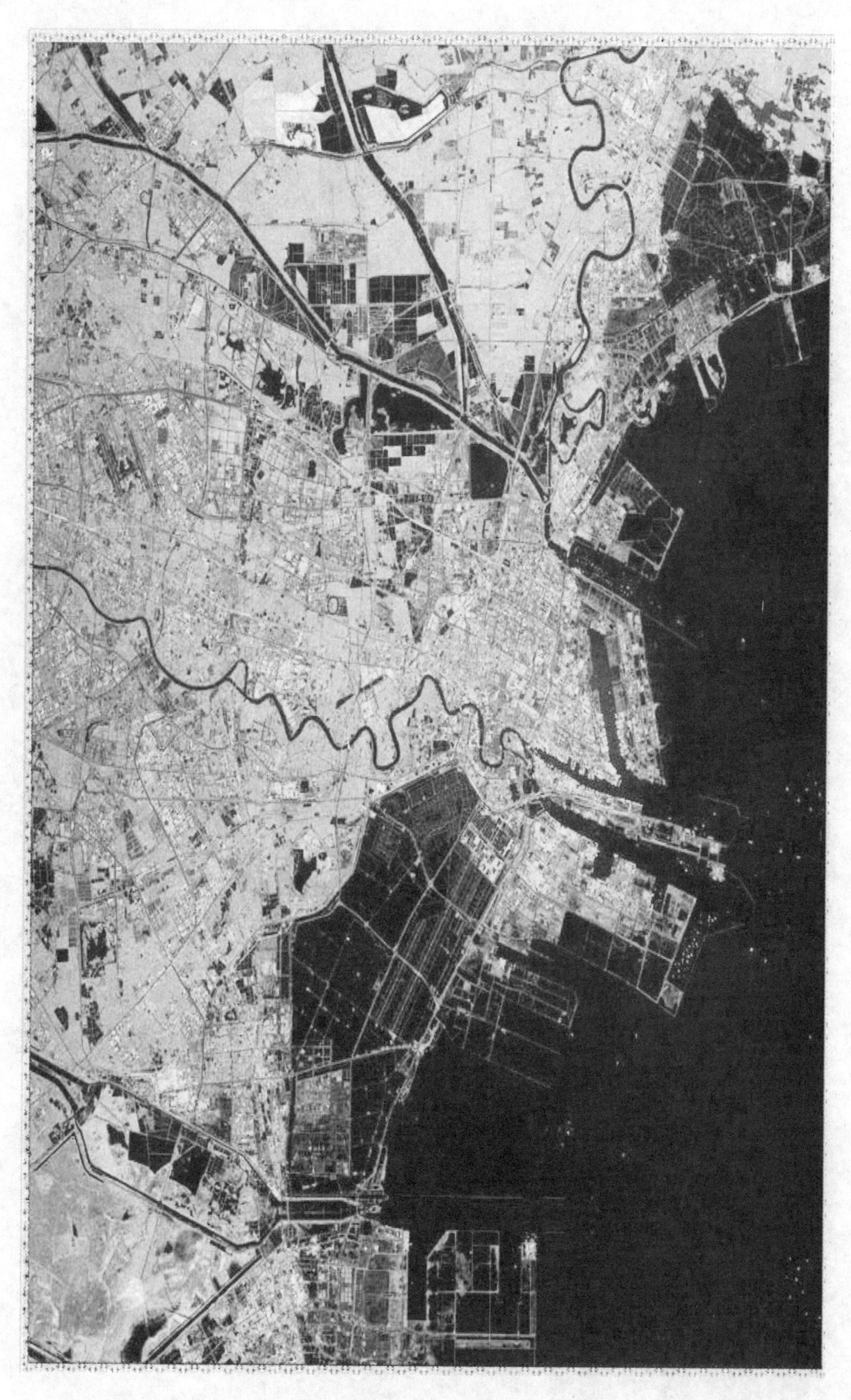

图 2-30　高分三号卫星所成天津影像

图 2-31　高分三号卫星所成武汉影像

2018 年 12 月,由中国航天科工集团二院 23 所研制的我国第一部太赫兹视频合成孔径雷达进行了飞行试验,并成功获取国内首组太赫兹视频合成孔径雷达影像成果。太赫兹视频合成孔径雷达是太赫兹雷达与 SAR 的综合体。太赫兹雷达成像系统能弥补光学、红外、传统雷达等对慢速动目标探测的不足,大大提高 SAR 图像可判读性,为复杂环境下运动目标探测应用奠定技术基础。

太赫兹波是指频率为 0.1～10THz 的电磁波,其波长范围为 0.03～3mm。太赫兹波在电磁波谱中的位置位于微波和红外辐射之间,如图 2-32 所示。

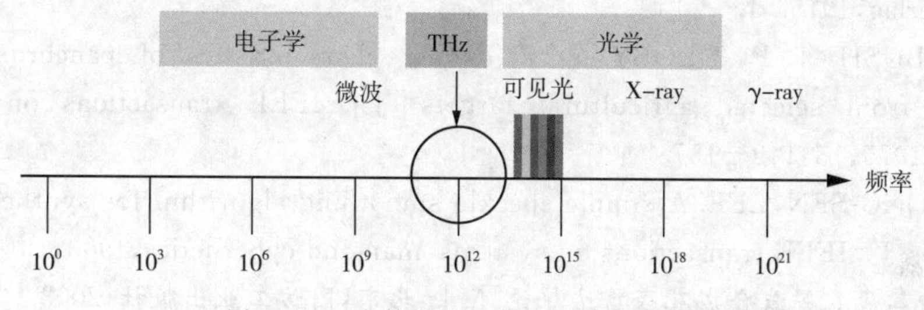

图 2-32　太赫兹波在电磁波谱中的位置

相对传统低波段的成像雷达,太赫兹雷达成像系统的分辨率更高,成像时间更短,可实现类似光学摄像的视频成像效果,尤其对地面慢速移动类目标的探测识别能力具有极大的提升。相对光学红外成像系统,太赫兹雷达成像系统具备更强的穿透能力,在烟尘、雾霾等环境下能够正常对地面目标成像,且不受日照条件的影响,可真正做到满足任何时间的应用需求,是一种极具发展潜力的新体制雷达技术。尤其在军事和安全领域,太赫兹技术更是有着广阔的应用前景。目前,太赫兹技术已经得到了各国政府和研究机构的高度重视,成为当前国防和反恐中的重点研究项目。

2.5　本章小结

本章主要介绍了雷达的基本工作原理和特点、SAR 的数字信号处理过程、SAR 的成像原理、相干斑形成的原理和相干斑模型、SAR 图像的统计特性,并以星载 SAR 为例,简要介绍了世界各国 SAR 系统的发展概况。

参考文献

[1] 丁鹭飞,耿富录,陈建春. 雷达原理[M]. 4 版. 北京:电子工业出版社,2009.

[2] 谷秀昌,付琨,仇晓兰. SAR 图像判读解译基础[M]. 北京:科学出版社,2017.

[3] GUMMING I G,WONG F H. 合成孔径雷达成像——算法与实现[M]. 洪文,胡东辉,译. 北京:电子工业出版社,2007.

[4] 张直中. 合成孔径雷达遥感技术及其应用[J]. 火控雷达技术,2000(1):1-7,39.

[5] 邵芸等. 雷达地质灾害遥感[M]. 北京:科学出版社,2021.

[6] 汤子跃,张守融. 双站合成孔径雷达系统原理[M]. 北京:科学出版社,2003.

[7] 赵立平．雷达图像的特点[J]. 国土资源遥感，1991(3)：61－64.

[8] OLIVER C，QUEGAN S. 合成孔径雷达图像理解[M]. 电子工业出版社，2009.

[9] CURLANDER J C，MCDONOUGH R N. 合成孔径雷达：系统与信号处理[M]. 韩传钊，译．北京：电子工业出版社，2006.

[10] GOODMAN J W. Some fundamental properties of speckle[J]. Journal of the optical society of America，1976，66(11)：1145－1150.

[11] GOODMAN J. Statistical properties of laser speckle patterns[M]. Berlin：Springer-Verlag，1975.

[12] BUSH T F，ULOBY，et al. Fading characteristics of panchromatic radar backscatter from selected agricultural targets[J]. IEEE transactions on geoscience electronics，1975，13：149－157.

[13] JONG-SEN，LEE. A simple speckle smoothing algorithm for synthetic aperture radar images[J]. IEEE transactions on systems，man and cybernetics，1983，13(1)：85－89.

[14] 袁孝康．星载合成孔径雷达导论[M]. 北京：国防工业出版社，2003.

第3章　SAR图像压缩

SAR技术在国民经济、地质勘探及军事中起着至关重要的作用。随着机载和星载遥感系统技术的不断发展，SAR图像的空间分辨率和时间分辨率不断提高，由于SAR图像具有海量数据，给数据的存储与传输造成了很大的压力，因此对SAR图像进行有效的压缩是SAR图像应用中一个迫切的需求。SAR利用地物表面对电磁波的后向散射进行成像，由于这个成像机理，图像会受到相干斑噪声的影响，图像的像素间相关性较低，图像熵值较大，这是影响SAR图像压缩的重要因素。

目前，国内外学者对SAR图像压缩进行的研究主要集中在变换域进行。在对SAR图像进行压缩时，首先利用正交变换将原始SAR图像投影到变换域，得到变换域对应的变换系数；然后对变换系数利用一定的量化策略进行处理得到量化系数；最后对量化系数进行编码得到二进制编码码流。由于二进制编码码流数目远远小于原始SAR图像数据本身，因此可以达到数据压缩的目的。将二进制编码码流通过信道传输传送到应用解码端，解码的过程与编码的过程基本相反，互为逆过程。

SAR图像压缩的编码和解码的基本框图如图3-1所示。

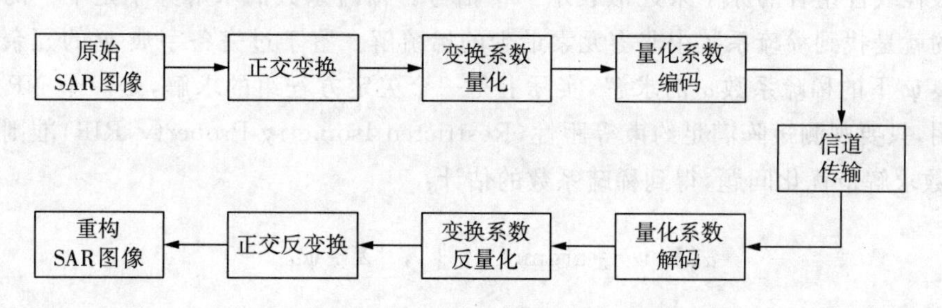

图3-1　SAR图像压缩的编码和解码的基本框图

信号的稀疏表示是一种新兴的信号分析和综合方法，是过去近20年信号处理界一个非常引人关注的研究领域，其目的是在给定的超完备字典中用尽可能少的原子来表示信号，可以获得更为简洁的信号表示方式，从而使我们更容易获取信号中所蕴含的信息，更方便对信号进行进一步加工处理，如信号压缩、信息编码等。利用稀疏表示理论处理信号的过程如图3-2所示。

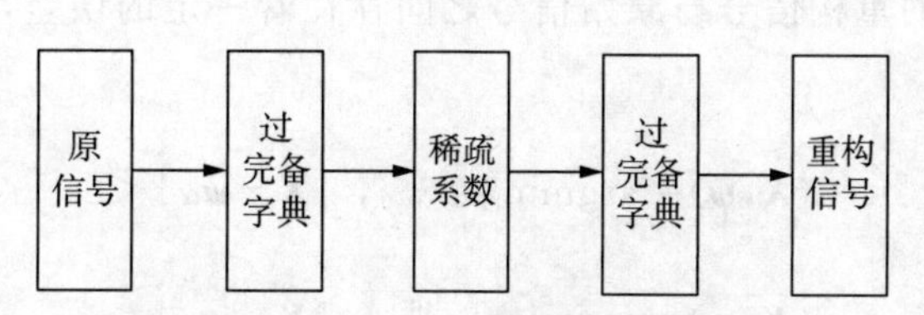

图3-2　利用稀疏表示理论处理信号的过程

从图3-1和图3-2中可以看出，利用稀疏表示理论处理信号的过程与SAR图像压缩的编码和解码过程基本相同，其中稀疏表示理论的稀疏系数求解过程与SAR图像的压缩编码过程类似，信号的重构过程与SAR图像的压缩解码过程类似。本章所讨论的基于稀疏特征的SAR图像压缩方法，其核心思想是基于小波变换字典进行分解，获得SAR图像特征信息的稀疏表示系数，用少量非零的稀疏表示系数取代原始的SAR图像数据，可以有效降低信号处理的代价，提高SAR图像的压缩比。

压缩感知理论表明，如果信号是稀疏的或在某个域是稀疏的，该信号就可以通过远小于传统理论所需数目的测量值重建，所以信号的稀疏性是压缩感知理论应用的前提。现有的研究证明，SAR图像在变换域具有稀疏性，可以用少量的非零系数来表示，采用稀疏表示理论研究SAR图像压缩可以获得较大的压缩比。此外，鉴于SAR图像在军事侦察和目标监测中的应用，选择的压缩方法本身必须具有一定的保密性。基于字典学习和稀疏表示理论的图像压缩框架本身具有一定的安全保密性能，占据着天然的优势，也是本书选用字典学习和稀疏表示理论来研究SAR图像压缩的重要出发点。

3.1 稀疏系数求解的匹配追踪类算法

稀疏表示的基本思想是用过完备的冗余函数构造字典 $\boldsymbol{\psi}$（也称为原子库），从字典中找到具有最佳线性组合的原子来近似表示一个信号。稀疏系数的求解并不是唯一的，稀疏表示的目的就是找到稀疏系数中非零元素最少的稀疏解。鉴于过完备字典 $\boldsymbol{\psi}$ 的冗余性，信号 $\boldsymbol{X}$ 在字典 $\boldsymbol{\psi}$ 下的稀疏系数 α 的求解，实际上是一个欠定方程组的求解，是一个NP难问题。理论证明，只要观测矩阵满足约束等距性（Restricted Isometry Property，RIP）准则，可以通过 l_0 范数求解最优化问题，得到稀疏系数的估计：

$$\hat{\alpha}(\boldsymbol{X},\boldsymbol{\psi})=\underset{\alpha}{\operatorname{argmin}}\|\alpha\|_0,\quad |\boldsymbol{X}-\boldsymbol{\psi}\alpha|=0 \tag{3-1}$$

式中，$\|\alpha\|_0$ 为稀疏系数 α 的 l_0 范数，即稀疏系数 α 中的非零元素个数。

由于最小 l_1 范数在一定条件下和 l_0 范数等价，因此式(3-1)可以被转化为 l_1 范数的最优化问题：

$$\hat{\alpha}(\boldsymbol{X},\boldsymbol{\psi})=\underset{\alpha}{\operatorname{argmin}}\|\alpha\|_1,\quad |\boldsymbol{X}-\boldsymbol{\psi}\alpha|=0 \tag{3-2}$$

通常信号分解后的重构信号与原始信号之间存在着一定的误差，式(3-1)和式(3-2)也可以写作

$$\hat{\alpha}(\boldsymbol{X},\boldsymbol{\psi})=\underset{\alpha}{\operatorname{argmin}}\|\alpha\|_0,\quad |\boldsymbol{X}-\boldsymbol{\psi}\alpha|<\varepsilon \tag{3-3}$$

$$\hat{\alpha}(\boldsymbol{X},\boldsymbol{\psi})=\underset{\alpha}{\operatorname{argmin}}\|\alpha\|_1,\quad |\boldsymbol{X}-\boldsymbol{\psi}\alpha|<\varepsilon \tag{3-4}$$

式中，ε 为重构信号与原始信号之间允许的最大误差。

通过线性规划求解式(3-2)和式(3-4)的基追踪(Basis Pursuit，BP)算法，使用 l_1 范数替代 l_0 范数来解决最优化问题，虽然可以获取全局最优解，能有效克服 NP 难问题所带来的计算压力，但是 BP 算法运行时间较长。

对于任意给定的信号和过完备字典，设计一个优化算法快速准确求解信号的稀疏表示系数非常重要。目前国内外发表的具有代表性的压缩感知信号重构算法主要有凸松弛算法、贪婪算法和组合算法三类。凸松弛算法通过求解凸优化问题重构信号，主要有内点法、梯度投影方法、迭代阈值法；贪婪算法通过迭代计算信号的残差来更新支撑集，主要有匹配追踪(MP)算法、正交匹配追踪(OMP)算法、正则化正交匹配追踪(ROMP)算法、压缩采样匹配追踪(CoSaMP)算法、子空间追踪(SP)算法、稀疏度自适应匹配追踪(SAMP)算法、基于后向追踪的匹配追踪(BAOMP)算法等一系列算法；组合算法对信号高度结构化进行采样快速重构原信号，主要有链追踪、HHS 追踪、傅里叶采样等算法。其中，贪婪算法在用于稀疏系数求解时，具有一定的稳定性，因为算法简单、易于实现而应用最为广泛。在贪婪算法中，MP 算法、OMP 算法和 ROMP 算法的支撑集都在迭代的过程中不断增加原子，SP 算法、CoSaMP 算法、SAMP 算法和 BAOMP 算法在迭代过程中为保证支撑集的大小不变必须剔除一部分原子；MP 算法、OMP 算法、SP 算法、CoSaMP 算法和 ROMP 算法建立在稀疏度已知的情况下，或者说，需要预先合理估计信号稀疏度才能获得较好的重构效果；SAMP 算法和 BAOMP 算法对稀疏度能够自适应，实现盲稀疏度信号的分解和重构。

3.1.1 MP 算法的原理

MP 算法首先从给定的字典中选择一个与原信号最匹配的原子，求出信号残差，根据信号残差继续选择与残差信号最匹配的原子，经过多次迭代以后，信号就可以被表示为部分原子的线性组合与信号残差的和。很显然，如果信号残差可以忽略不计，则原信号就是这部分原子的线性组合。

当字典的维数无穷大时，式(3-2)的优化求解并不一定完全精确，这时可以考虑使用弱选择规则，即找到最大限度满足式(3-5)的原子 $\boldsymbol{\psi}_{i_n}$，使每一次迭代以后的信号残差 $\boldsymbol{r}_n$ 最小：

$$|<\boldsymbol{r}_{n-1},\boldsymbol{\psi}_{i_n}>|=\mu\sup_{i\in[1,2,\cdots,N]}|<\boldsymbol{r}_{n-1},\boldsymbol{\psi}_i>| \tag{3-5}$$

式中，μ 为最优参数，满足 $0<\mu\leqslant1$，这种 MP 算法的变体称为弱 MP 算法。

MP 算法的主要步骤描述如下。

步骤 1：输入信号 $\boldsymbol{X}$，字典 $\boldsymbol{\psi}$，迭代次数上限 $n_{\max}$，最小误差 ε。

步骤 2：初始化信号残差 $\boldsymbol{r}_0=\boldsymbol{X}$，迭代次数 $n=1$，稀疏系数向量 $\boldsymbol{\alpha}_0=\boldsymbol{0}$。

步骤 3：重复以下过程，直至满足循环结束条件。

(1)计算信号残差 $\boldsymbol{r}_{n-1}$ 与原子 $\boldsymbol{\psi}_i(i=1,2,\cdots,N)$ 的内积，选择内积最大的一个原子，即满足式(3-6)：

$$|\langle \boldsymbol{r}_{n-1}, \boldsymbol{\psi}_{i_n} \rangle| = \underset{i \in [1,2,\cdots,N]}{\operatorname{argmax}} |\langle \boldsymbol{r}_{n-1}, \boldsymbol{\psi}_i \rangle| \tag{3-6}$$

式中，i_n 为原子对应的序号，$\langle \boldsymbol{r}_{n-1}, \boldsymbol{\psi}_{i_n} \rangle$ 表示信号在所选择原子上的映射系数。

(2)更新系数向量：$\boldsymbol{\alpha}_n = \boldsymbol{\alpha}_{n-1} + \langle \boldsymbol{r}_{n-1}, \boldsymbol{\psi}_{i_n} \rangle$。

(3)更新信号残差：$\boldsymbol{r}_n = \boldsymbol{r}_{n-1} - \langle \boldsymbol{r}_{n-1}, \boldsymbol{\psi}_{i_n} \rangle \boldsymbol{\psi}_{i_n}$。

(4)若迭代次数 $n = n_{\max}$ 或信号残差 $|\boldsymbol{r}_n| < \varepsilon$，则停止循环；否则 $n = n+1$，回到循环起点。

步骤 4：输出稀疏系数向量 $\boldsymbol{\alpha} = \boldsymbol{\alpha}^n$。

3.1.2 OMP 算法的原理

在 MP 算法中，由于信号在已选原子集合上的投影并不一定正交，导致每次迭代的结果也不一定是最优的，因此 MP 算法需要经过较多次的迭代才能收敛。OMP 算法在 MP 算法的基础上多了一步空间的正交投影，即在分解的每一步对所选择的全部原子进行正交化处理，在精度要求相同的情况下，OMP 算法的收敛速度更快。

OMP 算法的主要步骤描述如下。

步骤 1：输入信号 $\boldsymbol{X}$，字典 $\boldsymbol{\psi}$，迭代次数上限 $n_{\max}$，最小误差 ε。

步骤 2：初始化信号残差 $\boldsymbol{r}_0 = \boldsymbol{X}$，迭代次数 $n=1$，索引集 $\Lambda_0 = \varnothing$，支撑集 $\Phi_0 = \varnothing$。

步骤 3：重复以下过程，直至满足循环结束条件。

(1)计算信号残差 $\boldsymbol{r}_{n-1}$ 与原子 $\boldsymbol{\psi}_i (i=1,2,\cdots,N)$ 的内积，选择内积最大的一个原子，即满足式(3-7)：

$$|\langle \boldsymbol{r}_{n-1}, \boldsymbol{\psi}_{i_n} \rangle| = \underset{i \in [1,2,\cdots,N]}{\operatorname{argmax}} |\langle \boldsymbol{r}_{n-1}, \boldsymbol{\psi}_i \rangle| \tag{3-7}$$

式中，i_n 为原子对应的序号。

(2)更新索引集和支撑集：$\Lambda_n = \Lambda_{n-1} \cup i_n$，$\Phi_n = \Phi_{n-1} \cup \boldsymbol{\psi}_{i_n}$。

(3)更新系数向量：$\hat{\boldsymbol{\alpha}}_n = \operatorname{argmin} \| \boldsymbol{X} - \Phi_n \boldsymbol{\alpha}_n \|_2$。

(4)更新信号残差：$\boldsymbol{r}_n = \boldsymbol{X} - \Phi_n \hat{\boldsymbol{\alpha}}_n$。

(5)若迭代次数 $n = n_{\max}$ 或信号残差 $|\boldsymbol{r}_n| < \varepsilon$，停止循环；否则 $n = n+1$，回到循环起点。

步骤 4：输出稀疏系数向量 $\boldsymbol{\alpha} = \hat{\boldsymbol{\alpha}}_n$。

3.1.3 ROMP 算法的原理

OMP 算法每次迭代时由于只选择一个与信号残差最相近的原子，所以稀疏求解速度并不快。自然人们会想："是否可以在迭代时一次性选择多个原子呢？"ROMP 算法就是其中的一种改进方法。ROMP 算法每次通过条件筛选，一次性可以选择多个满足条件的原子，运算量减小，稀疏求解速度更快，重构精度更高。

ROMP 算法的主要步骤描述如下。

步骤 1：输入信号 $\boldsymbol{X}$，字典 $\boldsymbol{\psi}$，信号稀疏度 K，最小误差 ε。

步骤 2：初始化信号残差 $\boldsymbol{r}_0 = \boldsymbol{X}$，迭代次数 $n=1$，索引集 $\Lambda_0 = \varnothing$，支撑集 $\Phi_0 = \varnothing$。

步骤 3：重复以下过程，直至满足循环结束条件。

(1)确定候选集 J，计算式 $\mu = \langle \boldsymbol{r}_{n-1}, \boldsymbol{\psi}_j \rangle$，选择 K 个最大值或所有非零值(若非零坐标个

数小于 K)，将这些值所对应的索引值构成集合 J。

(2)在候选集合 J 中寻找能量最大的子集 J_0，即满足 $i,j\in J_0$ 时，$|\mu(i)|\leqslant 2|\mu(j)|$ 成立。

(3)更新索引集：$\Lambda_n=\Lambda_{n-1}\cup J_0$。

(4)更新支撑集：$\Phi_n=\Phi_{n-1}\cup\boldsymbol{\psi}_j$，其中 $j\in J_0$。

(4)根据最小二乘法更新系数向量：$\hat{\boldsymbol{\alpha}}_n=\operatorname{argmin}\|\boldsymbol{X}-\Phi_n\boldsymbol{\alpha}_n\|_2$。

(5)更新信号残差：$\boldsymbol{r}_n=\boldsymbol{X}-\Phi_n\hat{\boldsymbol{\alpha}}_n$。

(6)若 $n\geqslant K$ 或 $\|\Lambda_n\|_0\geqslant 2K$($\|\Lambda_n\|_0$ 代表集合中的元素个数)或信号残差 $\|\boldsymbol{r}_n\|_2<\varepsilon$，则停止循环；否则 $n=n+1$，回到循环起点。

步骤 4：输出稀疏系数向量 $\boldsymbol{\alpha}=\hat{\boldsymbol{\alpha}}_n$。

3.1.4　SP 算法的原理

贪婪类算法虽然复杂度低运行速度快，但其重构精度却不如 BP 类算法，为了寻求复杂度和精度更好地折中，SP 算法应运而生。SP 算法和 CoSaMP 算法都是引入了回溯筛选的思想，在每步迭代过程中重新估计所有候选者的可信赖性。不同之处在于：SP 算法每次迭代的时候只选择 K 个原子，而 CoSaMP 算法每次选择 $2K$ 个原子，这使 SP 算法的计算效率更高。

SP 算法主要有以下两个特点。

(1)SP 算法有较低的计算复杂度，特别是对比较稀疏的信号进行重构时，相比 OMP 算法，SP 算法具有更低的计算复杂度。

(2)SP 算法的重构质量与线性规划方法 LP 相近，在待重构信号具有比较小的稀疏度的情况下，SP 的计算复杂度明显比 LP 方法小。

SP 算法的主要步骤描述如下。

步骤 1：输入信号 $\boldsymbol{X}$，字典 $\boldsymbol{\psi}$，信号稀疏度 K，最小误差 ε。

步骤 2：初始化信号残差 $\boldsymbol{r}_0=\boldsymbol{X}$，迭代次数 $n=1$，索引集 $\Lambda_0=\varnothing$，支撑集 $\Phi_0=\varnothing$。

步骤 3：重复以下过程，直至满足循环结束条件。

(1)确定候选集 J，计算式 $\mu=\langle\boldsymbol{r}_{n-1},\boldsymbol{\psi}_j\rangle$，选择 K 个最大值或所有非零值(若非零坐标个数小于 K)，将这些值所对应的索引值构成集合 J。

(2)在集合 J 中寻找能量最大的子集 J_0，即满足 $i,j\in J_0$ 时，式(3-8)中前 K 个最大元素对应的原子。

$$\hat{\boldsymbol{\alpha}}_n=\operatorname{argmin}\|\boldsymbol{X}-\Phi_n\boldsymbol{\alpha}_n\|_2 \tag{3-8}$$

(3)更新索引集：$\Lambda_n=\Lambda_{n-1}\cup J_0$。

(4)更新支撑集：$\Phi_n=\Phi_{n-1}\cup\boldsymbol{\psi}_j$，其中 $j\in J_0$。

(5)根据最小二乘法更新系数向量：$\hat{\boldsymbol{\alpha}}_n=\operatorname{argmin}\|\boldsymbol{X}-\Phi_n\boldsymbol{\alpha}_n\|_2$。

(6)更新信号残差：$\boldsymbol{r}_n=\boldsymbol{X}-\Phi_n\hat{\boldsymbol{\alpha}}_n$。

(7)若 $n\geqslant K$ 或 $\|\Lambda_n\|_0\geqslant 2K$($\|\Lambda_n\|_0$ 代表集合中的元素个数)或信号残差 $\|\boldsymbol{r}_n\|_2<\varepsilon$，则停止循环；否则 $n=n+1$，回到循环起点。

步骤 4:输出稀疏系数向量 $\boldsymbol{\alpha}=\hat{\boldsymbol{\alpha}}_n$。

3.1.5 SAMP 算法的原理

因为现实中的信号一般稀疏度未知或不是严格稀疏的,所以需要对稀疏度能够自适应的算法,由此出现了 SAMP 算法。SAMP 算法将迭代过程分为多个阶段,在每个阶段中信号重构所需的支撑集的大小不改变,当信号残差收敛过小时,增加步长 size,以扩大支撑集的规模。SAMP 算法通过可变步长逐步对信号稀疏度进行估计,但较大的稀疏度导致运算量较大。

SAMP 算法的主要步骤描述如下。

步骤 1:输入信号 $\boldsymbol{X}$,字典 $\boldsymbol{\psi}$,误差 ε_1 和 ε_2。

步骤 2:初始化信号残差 $\boldsymbol{r}_0=\boldsymbol{X}$,步长 size$\neq 0$,阶段 $s=1$,迭代次数 $n=1$,索引集 $\Lambda_0=\varnothing$,支撑集 $\Phi_0=\varnothing$。

步骤 3:重复以下过程,直至满足循环结束条件。

(1)确定候选集 J,计算式 $\mu=\langle \boldsymbol{r}_{n-1},\boldsymbol{\psi}_j\rangle$,选择 size 个最大值或所有非零值(若非零坐标个数小于 K),将这些值所对应的索引值构成集合 J。

(2)在候选集合 J 中寻找能量最大的子集 J_0,即满足 $i,j\in J_0$ 时,式 $\hat{\alpha}_n=\text{argmin}\parallel \boldsymbol{X}-\Phi_n\boldsymbol{\alpha}_n\parallel_2$ 中前 size 个最大元素对应的原子。

(3)更新索引集:$\Lambda_n=\Lambda_{n-1}\cup J_0$。

(4)更新支撑集:$\Phi_n=\Phi_{n-1}\cup \boldsymbol{\psi}_j$,其中 $j\in J_0$。

(5)更新信号残差:$\boldsymbol{r}_n=\boldsymbol{X}-\Phi_n\hat{\boldsymbol{\alpha}}_n$。

(6)若 $\parallel \boldsymbol{r}_n\parallel_2\leqslant\varepsilon_1$,停止循环,若 $\parallel \boldsymbol{r}_n-\boldsymbol{r}_{n-1}\parallel\leqslant\varepsilon_2$,则 $s=s+1$,size$=$size$\times s$,回到循环起点;否则 $n=n+1$,回到循环起点。

步骤 4:输出稀疏系数向量 $\boldsymbol{\alpha}=\hat{\boldsymbol{\alpha}}_n$。

3.1.6 BAOMP 算法的原理

ROMP 算法需要预先估计信号的稀疏度。ROMP 算法重构信号的质量取决于对稀疏度的估计,稀疏度估计过大或过小都会影响信号稀疏表示和重构的质量与速度。现实中,信号的稀疏度一般是未知的。为了使算法对稀疏度具有自适应性,BAOMP 算法被提出。BAOMP 算法首先自适应地选取一些原子,然后使用回溯策略核查所选原子的可行性,并剔除掉一部分选择错误的原子,在信号盲稀疏度的情况下,有着更好的重构性能。在 BAOMP 算法选择了大多数正确的原子之后,后面选择的原子数目就会越来越少,从而加速收敛过程,因此在算法的复杂度和重构的精度之间可以达到很好的平衡。BAOMP 算法通过回溯追踪的方式两次核查候选原子的可靠性,第一次发生在考虑到观测向量与信号残差的相关性时,第二次发生在观察支撑集的近似系数时,因此会带来更好的信号稀疏表示及重构性能。

BAOMP 算法虽然也是通过回溯的方法更新支撑集,但是它与 SP 算法不同。SP 算法每次增添或删除的原子数目固定,BAOMP 算法则通过当前信号的特征和信号残差自适应选择增添或删除原子的数目。如果稀疏度 K 较大,则每次增添或删除的原子数目较多,反之则较少。

BAOMP 算法的主要步骤描述如下。

步骤 1:输入信号 $\boldsymbol{X}$,字典 $\boldsymbol{\psi}$,迭代次数上限 $n_{\max}$,最小误差 ε,阈值 $g_1(0<g_1<1)$,$g_2(0<g_2<1)$。

步骤 2:初始化信号残差 $\boldsymbol{r}_0=\boldsymbol{X}$,迭代次数 $n=1$,索引集 $\Lambda_0=\varnothing$,支撑集 $\Phi_0=\varnothing$。索引集 $\Lambda=\varnothing$,候选集 $E_0=\varnothing$,剔除集 $\Gamma_0=\varnothing$。

步骤 3:重复以下过程,直至满足循环结束条件。

(1)选择满足式(3-9)的原子加入候选集 E_n

$$|\langle \boldsymbol{r}_{n-1},\boldsymbol{\psi}E_n\rangle|\geqslant g_1\times \max_{j\in[1,2,\cdots,N]}|\langle \boldsymbol{r}_{n-1},\boldsymbol{\psi}_j\rangle|,|E_n|\leqslant M-|\Lambda| \tag{3-9}$$

(2)计算 $\boldsymbol{\alpha}^n_{\Lambda\cup E_n}=\boldsymbol{\psi}_{\Lambda\cup E^n}\cdot\boldsymbol{X}$,选择满足式(3-10)的原子,并将其移入剔除集 Γ_n

$$|\boldsymbol{\alpha}^n_{\Lambda\cup E_n}|<g_2\times\max|\boldsymbol{\alpha}^n E_n| \tag{3-10}$$

(3)更新索引集:$\Lambda=\{\Lambda\cap E_n\}\backslash\Gamma_n$。

(4)更新系数向量:$\boldsymbol{\alpha}^n_\Lambda=\boldsymbol{\psi}_\Lambda X$。

(5)更新信号残差:$\boldsymbol{r}_n=\boldsymbol{X}-\boldsymbol{\psi}_\Lambda\boldsymbol{\alpha}^n_\Lambda$。

(6)若迭代次数 $n=n_{\max}$ 或信号残差 $\|\boldsymbol{r}_n\|_2<\varepsilon$,停止循环,否则 $n=n+1$,回到循环起点。

步骤 4:输出稀疏系数向量 $\boldsymbol{\alpha}=\boldsymbol{\alpha}^n_\Lambda$。

纵观上述匹配追踪类算法,其目的都是在保证信号重构质量的前提下,尽可能降低算法的复杂度。目前没有任何一类算法达到最理想的状态,因此对这些算法进行改进或寻找全新的算法是信号稀疏表示的一个重要研究方向。

3.2　改进的盲稀疏度信号自适应正交匹配追踪算法

3.2.1　算法描述

BAOMP 算法通过固定的权重参数代替对稀疏度的估计来确定增减原子的阈值,实现了盲稀疏度信号的重构。但是 BAOMP 算法存在以下明显的缺陷。

(1)信号稀疏度与阈值之间没有明确的对应关系;

(2)经过多次迭代后,信号残差会从相对较小的值突然反弹到相对较大的值,并且准周期地反复,降低了算法的收敛速度。

(3)阈值的设置是不确定问题。

本节针对 BAOMP 算法阈值不能自适应修改的缺点,结合 ROMP 算法和 BAOMP 算法的优点,提出一种改进的盲稀疏度信号自适应正交匹配追踪算法(以下简称改进算法)。该算法利用阶段转换的思想,当一个阶段的信号残差收敛过小时可以自适应修改阈值,使阈值线性下降,以便增加下一阶段能够入选候选集的原子个数,并将候选原子集中系数小于零的所有原子全部剔除。仿真结果表明,改进算法在一定的条件下,重构速度和重构精度都高于其他同类匹配追踪算法,具有一定的优势。

改进算法具体描述如下。

第一，与 BAOMP 算法类似，改进算法在迭代过程中采用阶段转换的方式，在每个阶段，利用弱匹配策略，选取满足条件式(3-11)的原子扩充支撑集：

$$|<r_{n-1},\psi_{i_n}>|=g\max_{i\in[1,2,\cdots,N]}|<r_{n-1},\psi_i>| \tag{3-11}$$

式中，$g(0<g<1)$为弱匹配参数。改进算法中增加了一个后向的反馈过程对该阈值 g 进行自适应修改。当阶段转换的条件成立时，即信号残差收敛程度相对过小时，该算法通过设置一个下降的指数 $\mu(0<\mu<1)$进行阈值 g 的修改，使其非线性下降，这样就可以增加下一阶段挑选的原子个数。

第二，与 ROMP 算法类似，改进算法根据正则化准则对候选集中的原子进行第二次筛选，将能量较小的原子剔除，提高原子选择的准确率，从而进一步保证稀疏求解的精度。

第三，根据最小二乘法计算稀疏系数，更新余量，直到余量满足迭代停止条件时退出迭代。

改进算法的组成框图如图 3-3 所示。

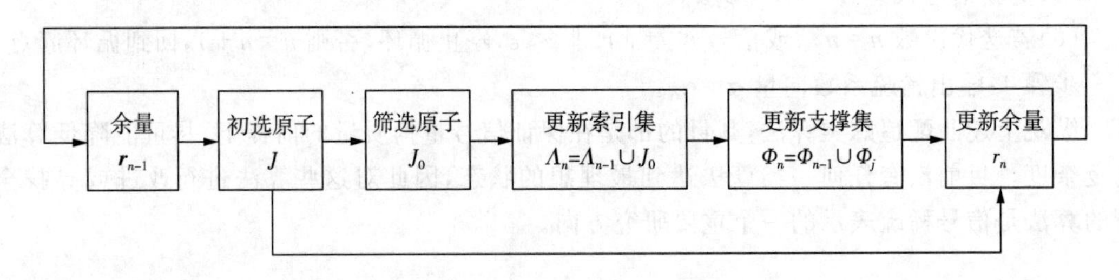

图 3-3　改进算法的组成框图

改进算法的具体实现步骤如下。

步骤 1：初始化余量 $\boldsymbol{r}_0=\boldsymbol{X}$，阶段初值 $s=1$，步长为 1，迭代次数初值 $n=1$，步长为 1，阈值 $g_0(0<g_0<1)$，$\mu(0<\mu<1)$，支撑集 $\Phi_0=\varnothing$，索引集 $\Lambda_0=\varnothing$。

步骤 2：初选原子：选择满足式(3-12)的原子加入候选集 J

$$|\langle\boldsymbol{r}_{n-1},\boldsymbol{\psi}_J\rangle|\geqslant g_{n-1}\times\max_{j\in[1,2,\cdots,N]}|\langle\boldsymbol{r}_{n-1},\boldsymbol{\psi}_j\rangle|,|E_n|\leqslant M-|\Lambda| \tag{3-12}$$

步骤 3：筛选原子，对候选集 J 进行正则化筛选，在集合 J 中寻找满足式(3-13)能量最大的子集 J_0

$$|\mu(i)|\leqslant 2|\mu(j)|,\quad i,j\in J_0 \tag{3-13}$$

步骤 4：更新索引集和支撑集

$$\Lambda_n=\Lambda_{n-1}\cup J_0,\Phi_n=\Phi_{n-1}\cup\boldsymbol{\psi}_j,\quad j\in J_0 \tag{3-14}$$

步骤 5：更新系数向量和信号残差

$$\hat{\boldsymbol{\alpha}}_n = \arg\min \|\boldsymbol{X} - \Phi_n \boldsymbol{\alpha}_n\|_2 \tag{3-15}$$

$$\boldsymbol{r}_n = \boldsymbol{X} - \Phi_n \hat{\boldsymbol{\alpha}}_n \tag{3-16}$$

步骤 6:按以下条件判别转向。

(1)若 $\|\boldsymbol{r}_n\|_2 \leqslant \varepsilon_1$,退出循环。

(2)若 $\mathrm{abs}(\|\boldsymbol{r}_n\|_2 - \|\boldsymbol{r}_{n-1}\|_2)/\|\boldsymbol{r}_{n-1}\|_2 < \varepsilon_2$,则 $s = s+1$,进入下一个阶段,阈值 $g_n = g_{n-1} \cdot \mu^{s-1}$,转步骤 2。

(3)否则 $n = n+1$,进入下一次迭代,转步骤 2。

3.2.2　算法分析

由式 $\mathrm{abs}(\|\boldsymbol{r}_n\|_2 - \|\boldsymbol{r}_{n-1}\|_2)/\|\boldsymbol{r}_{n-1}\|_2 < \varepsilon_2$ 可知,信号残差的能量单调递减,算法至少可以收敛到一个局部最小点。算法的运行时间一部分取决于步骤 3 正则化过程原子的筛选,运算量为 $O(KMN)$。另外,算法的计算复杂度与外层迭代的次数密切相关,外层迭代次数与每次选取的原子数和信号的稀疏度有关。整个算法的计算量中求解最小二乘问题占很大一部分,在外层迭代的每次重复过程都需要求解一次最小二乘问题,即步骤 5,其下限为 $O(KMN)$,上限为 $O(K^2MN)$。全局化最优的 BP 算法运算最为复杂,其运算量为 $O(M^2N^{3/2})$,ROMP 算法的运行时间也取决于正则化筛选和最小二乘法,运算量为 $O(KMN)$。BAOMP 算法的运算量和改进算法运算量类似,但改进算法没有后向追踪带来的二次重构计算,阈值非线性下降,收敛更快。

3.2.3　实验结果与性能分析

实验一　首先选取含有 4 个频率、长度 $N=300$ 的正弦一维信号 f 进行测试,原信号 $f = 0.3\cos(100\pi n) + 0.6\cos(200\pi n) + 0.1\cos(400\pi n) + 0.9\cos(800\pi n)$,对信号进行采样,采样频率 $f_s = 800\,\mathrm{Hz}$,采样的信号如图 3-4(a) 所示,信号 f 的离散傅里叶变换如图 3-4(b) 所示。从图 3-4(b) 可以看出,这个信号在离散傅里叶变换域是稀疏的,稀疏度 $K=7$。

实验中选取离散傅里叶变换构造过完备字典,利用改进算法求解稀疏系数,当信号测量个数 $M=75$(即压缩比 $M/N=0.25$)时,重构信号 $\hat{f}$ 如图 3-4(c) 所示,重构的相对误差如图 3-4(d) 所示,重复仿真实验 100 次,重构信号与原始信号的平均误差为 0.002848%,说明改进算法对一维信号重构的质量很高。

重构的相对误差的计算公式为

$$\varepsilon_i = [(\hat{f}_i - f_i)/f_i] \times 100\% \tag{3-17}$$

平均相对误差的计算公式为

$$\varepsilon = \sum_{i-1}^{n} \frac{\varepsilon_i}{n} \tag{3-18}$$

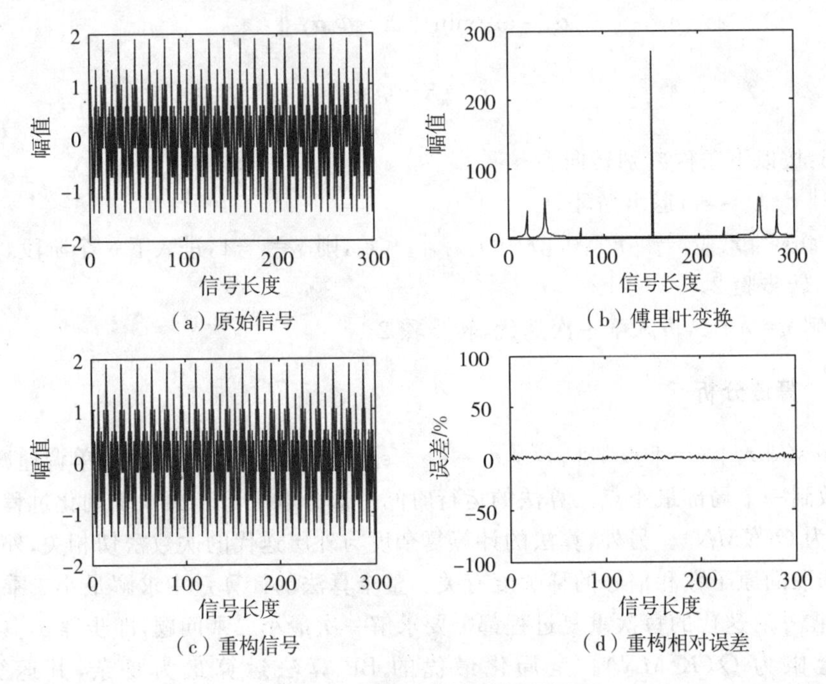

(a) 原始信号 (b) 傅里叶变换
(c) 重构信号 (d) 重构相对误差

图 3-4 一维信号重构效果图

实验二 为了进一步说明改进算法的优越性，实验选取维数 N 为 128 的已知信号 $\boldsymbol{C}\in\mathbf{R}^N$，稀疏度设为 K，把信号 $\boldsymbol{C}$ 中任意 K 个位置的值设为大于 25 小于 55 的随机整数，测量矩阵 $\boldsymbol{\Phi}\in\mathbf{R}^{M\times N}$ 为随机高斯矩阵，求解信号 $\boldsymbol{f}=\boldsymbol{\Phi C}\in\mathbf{R}^{M\times 1}$ 基于 $\boldsymbol{\Phi}$ 的稀疏表示系数并对系数进行重构，算法中初始阈值 g_0 取 0.6，阈值下降指数 μ 取 0.8，余量 ε_1 取10^{-6}，残差 ε_2 取 0.1，通过重复实验 1000 次来提高算法的稳定性能，并把改进算法与经典的 BP 算法、OMP 算法、ROMP 算法和 BAOMP 算法做比较。

1. 研究各算法随信号稀疏度改变重构性能的变化情况

如果信号测量个数 $\boldsymbol{M}=64$(即压缩比为 0.5)时，各算法随信号稀疏度改变时，信号的重构概率和重构时间的变化曲线分别如图 3-5(a)和图 3-5(b)所示。

由图 3-5 可以看出：当信号测量个数不变，稀疏度改变时，各算法的重构概率随信号稀疏度的增加明显降低，运行时间则随着信号稀疏度的增加而变长。其中，BP 算法的重构概率更高，但同时付出的是运行时间过长的代价。相比 OMP 算法、ROMP 算法和 BAOMP 算法，改进算法对信号的重构概率最高、运行时间最短。

2. 研究各算法随测量个数改变重构性能的变化情况

如果信号的稀疏度 $K=10$ 保持不变，信号的测量个数从 25 个增加到 70 个，每次递增 5 个，各算法随信号测量个数改变时，信号的重构概率和运行时间的变化曲线分别如图 3-6(a)和图 3-6(b)所示。

由图 3-6 可以看出：当信号测量个数为 25 个(即压缩比为 0.2)时，5 种算法的重构质量都较差；随着压缩比的不断增加，改进算法重构信号的质量和 OMP 算法、ROMP 算法、BAOMP 算法一样，都有明显的提高；但是当信号测量个数为 45 个(即压缩比为 0.35)时，改进算法的重构概率仍能保持在 90%，而此时 OMP 算法、ROMP 算法、BAOMP 算法的重构

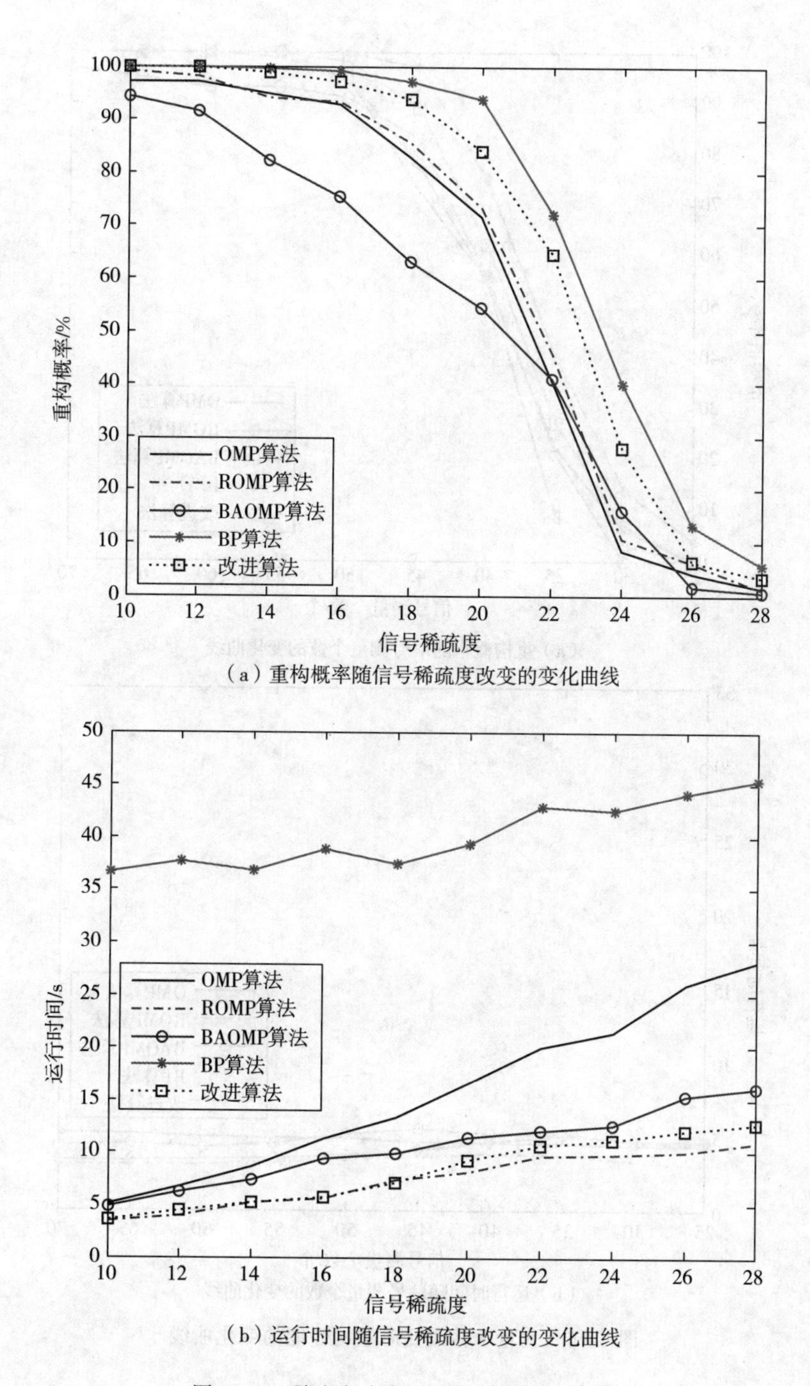

（a）重构概率随信号稀疏度改变的变化曲线

（b）运行时间随信号稀疏度改变的变化曲线

图 3-5　稀疏度改变时重构性能变化曲线

概率分别降到 75%、79%和 83%；当信号的测量个数小于 55 个时，改进算法对信号的重构概率高于 OMP 算法、ROMP 算法和 BAOMP 算法。尽管 BP 算法对信号重构概率较高，但改进算法的平均耗时约为 4s，而 BP 算法平均耗时约为 30s，因此，从实时性的角度考虑，本节提出的改进算法更胜一筹。

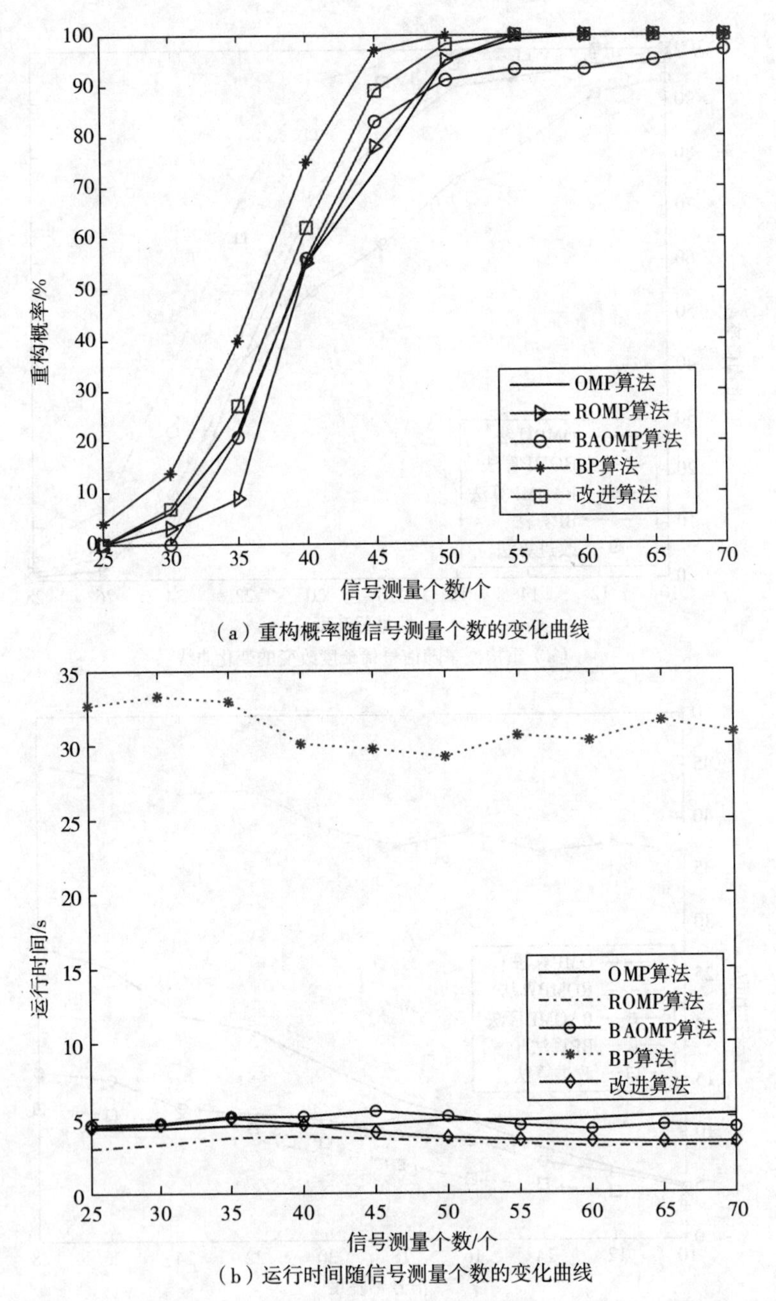

(a) 重构概率随信号测量个数的变化曲线

(b) 运行时间随信号测量个数的变化曲线

图 3-6 测量个数改变时重构性能的变化曲线

3.3 SAR 图像压缩与重构

3.3.1 小波变换

20 世纪 80 年代中期，小波分析(Wavelet Analysis)由法国科学家 Morlet 和 Grossman

在进行地震信号分析时提出。小波分析一经提出就得到了迅速的发展，法国数学家 Meyer 对 Morlet 的方法做了系统的理论研究，为小波分析学科的诞生和发展做出了重要贡献。基于多分辨的分析思想，Mallat 提出了对小波应用起重要作用的 Mallat 算法，从空间的概念上形象地说明了小波的多分辨率特性，随着尺度由大到小变化，在各尺度上可以由粗到细观察图像的不同特征。

与离散余弦变换、傅里叶变换不同，小波变换具有良好的时频特性，在低频部分具有较高的频率分辨率和较低的时间分辨率，在高频部分具有较高的时间分辨率和较低的频率分辨率，因而能有效地从信号中提取信息。小波变换通过对图像进行伸缩和平移处理，可以获取更多尺度、更多方向的信息，在图像处理领域得到了广泛的应用，如影像压缩、边缘检测、音乐信号分析和生医信号分析等。随着小波包技术、嵌入式零树小波(Embedded Zero tree Wavelet，EZW)图像编码技术、分层小波树集合分割技术的出现，小波变换被广泛应用于图像压缩领域。基于小波变换的图像压缩被公认为当前压缩效果最好的图像压缩算法之一。

小波变换主要分成连续小波变换和离散小波变换两大类。两者的主要区别在于，连续小波变换在所有可能的缩放和平移上操作，而离散小波变换采用所有缩放和平移值的特定子集。

设 $f(t)$、$\psi(t)$ 是平方可积的函数，且存在

$$\int_{-\infty}^{+\infty} \psi(t)\,\mathrm{d}t = 0 \tag{3-19}$$

$\psi(t)$ 称为母小波或基本小波。在实际应用中，通过对 $\psi(t)$ 进行伸缩和平移，可以得到一组函数

$$\psi_{a,b}(t) = |a|^{-\frac{1}{2}} \psi\left(\frac{t-b}{a}\right) \tag{3-20}$$

式中，$\psi_{a,b}(t)$ 为小波基函数；参数 a 反映一个特定基函数的尺度，称为尺度因子；b 则指定它沿时间轴的平移位置，称为时移因子。

连续小波变换定义如下：

$$(T^w f)(a,b) = \int_{-\infty}^{+\infty} f(t)\,\bar{\psi}_{a,b}(t)\,\mathrm{d}t = \langle f(t), \psi_{a,b}(t) \rangle \tag{3-21}$$

连续小波逆变换为

$$f(t) = \frac{1}{C_\psi} \int_{-\infty}^{+\infty} \int_{-\infty}^{+\infty} \frac{1}{a^2} (T^w f)(a,b) \cdot \psi_{a,b}(t)\,\mathrm{d}b\mathrm{d}a \tag{3-22}$$

式中：

$$C_\psi = \int_{-\infty}^{+\infty} \frac{|\psi(s)|^2}{|s|} \mathrm{d}s \tag{3-23}$$

从时频分析的角度看，小波变换也可以被理解成信号通过带通滤波器，尺度 a 决定了时间域和频率域的观察范围。信号 $f(t)$ 在某一尺度 a、平移点上 b 的小波变换系数，实质上表征的是 b 位置上、时间段 $a\Delta t$ 上经过中心频率为 ω_0/a、带宽为 $\Delta\omega/a$ 的带通滤波器的频率分

量大小。随着尺度 a 的变化,带通滤波器的中心频率和带宽都随之变化。当分析低频信号时,时间窗增大,滤波器的中心频率和带宽减小;当分析高频信号时,时间窗减小,滤波器的中心频率和带宽增大,这与实际问题中高频信号持续时间短、低频信号持续时间长的自然规律相吻合。

以上是内积型连续小波变换的形式,Mallat 还定义了卷积型的小波变换。

设 $\psi(t)$ 满足容许条件,令 $\psi_s(t)=\frac{1}{s}\psi\left(\frac{t}{s}\right)$,则有

$$(T^w f)(s,t)=\int_{-\infty}^{+\infty} f(u)\psi_s(t-u)\mathrm{d}u=\frac{1}{s}\int_{-\infty}^{+\infty} f(t)\psi\left(\frac{t-u}{s}\right)\mathrm{d}u \tag{3-24}$$

同样,二维连续小波变换与逆变换分别为

$$(T^w f)(a,b_x,b_y)=\int_{-\infty}^{+\infty}\int_{-\infty}^{+\infty} f(x,y)\varphi_{a,b_x,b_y}(x,y)\mathrm{d}x\mathrm{d}y \tag{3-25}$$

$$f(x,y)=\frac{1}{C_\varphi}\int_0^{+\infty}\int_{-\infty}^{+\infty}\int_{-\infty}^{+\infty}\frac{1}{a^3}(T^w f)(a,b_x,b_y)\cdot\varphi_{a,b_x,b_y}(x,y)\mathrm{d}b_x\mathrm{d}b_y\mathrm{d}a \tag{3-26}$$

式中:

$$\varphi_{a,b_x,b_y}(x,y)=\frac{1}{|a|}\varphi\left(\frac{x-b_x}{a},\frac{y-b_y}{a}\right) \tag{3-27}$$

在图像处理领域,离散小波变换是比较常用的小波变换。离散小波变换是指尺度因子 a 与时移因子 b 同时离散化,离散化后的小波基函数为

$$\varphi_{j,k}(n)=a_0^{-\frac{j}{2}}\varphi(a_0^{-j}n-k), j、k、n\in\mathbf{Z} \tag{3-28}$$

通常,离散小波框架不是 $L^2(R)$ 的正交基,其信息量存在较大的冗余。从降低信息冗余的角度和实际应用的角度,需要将尺度参数 a 和平移参数 b 两者离散化。常用的离散化方法是将尺度参数 a 离散化为 2 的整次幂,即 $a=2^j$, $j\in\mathbf{Z}$;为了不丢失信息,位移 b 的离散化应该满足奈奎斯特采样定理,当尺度 a 增加一倍时,对应的滤波器带宽减小一半,采样频率降低一半。因此 b 应与 a 成正比,取 $b=2^j n$, $n\in\mathbf{Z}$,即按步长 2^j 进行整数平移。这时小波基函数可以表示为

$$\psi_{j,k}(t)=2^{-\frac{j}{2}}\psi(2^{-j}t-k),\ j,k\in\mathbf{Z} \tag{3-29}$$

式中,j 为尺度参数,$j<0$ 表示 $\psi(t)$ 沿时间轴压缩,尺度更精细;$j>0$ 表示 $\psi(t)$ 沿时间轴拉伸,尺度更粗糙。

相应的离散小波变换为正交小波变换:

$$\psi_f(j,k)=\langle f(t),\psi_{j,k}(t)\rangle \tag{3-30}$$

离散小波变换可以理解为连续小波变换在时间－尺度平面的离散栅格上的采样。对于离散小波,存在快速算法,即基于多分辨率分析的 Mallat 算法。

在基于多分辨率分析的 Mallat 算法中,引入尺度函数 $\varphi(t)$,经伸缩和平移后得到函数族 $\langle\varphi_{j,n}(t),\ j,n\in\mathbf{Z}\rangle$ 构成尺度空间 V_j 的正交规范基。于是信号 $f(t)$ 在 V_j 上的正交投影,即

逼近信号 $f_{A_j}(t)$ 可表示为在 $\langle\varphi_{j,n}(t),\ j,\ n\in\mathbf{Z}\rangle$ 上的正交展开式，展开的系数 $a_j(n)$ 称为离散逼近信号。同理，正交小波函数 $\psi(t)$ 经二进制伸缩和平移后得到函数族 $\langle\psi_{j,n}(t)\rangle$，它是小波空间 W_j 的正交规范基。$f(t)$ 在 W_j 的正交投影，即细节信号 $f_{D_j}(t)$ 也可以表示为正交展开的形式，展开的系数 $d_j(n)$ 称为离散细节信号。在 Mallat 算法中，不再出现尺度函数和小波函数，而是与它们相对应的数字滤波器 $h(n)$ 和 $g(n)$。

小波能够有效表示信号的点奇异特征，对信号的时频分析和一维信号有界变差函数有着最优的逼近性能。但是受基函数的有限方向选择性和各向同性的限制，小波分析在一维信号的应用并不能简单地推广到二维图像或更高维的信号。最优的图像表示方法应该是各向异性的，具有多方向选择性。多方向选择性和各向异性是获得图像稀疏表示的必备条件。Mallat 的离散小波变换是基于临界下采样的正交小波变换，它对平移参数的采样间隔随着尺度的增大以 2 的指数倍增大。对于一维信号，当信号产生输入延迟时，信号经离散小波变换分解会得到有差异的小波系数，即输入信号延迟会导致频域小波系数变化，这种现象称为缺乏移不变性。对于二维信号，基于正交小波变换的图像重建时边缘容易产生伪 Gibbs 振荡，造成图像边缘失真。

1995 年，Nason 等人在正交变换小波的基础上提出了平稳离散小波变换(Stationary discrete wavelet transform，SDWT)，这是最早的、也是最简单的移不变离散小波变换的实现方法。但是仅去掉下采样的平稳小波变换存在频谱混叠现象，要实现抗混叠性能，必须限定滤波器的带宽符合奈奎斯特采样定理。

1997 年，Hui 等人应用滤波器的多相表示理论，建立了移不变 N 通道下采样滤波器组的框架理论，提出当滤波器的设计满足各通道滤波器间的整体延迟最小时，该 N 通道下采样滤波器组为一个移不变滤波系统。

图 3-7 所示为 N 通道下采样滤波器组的分解和重构示意图。

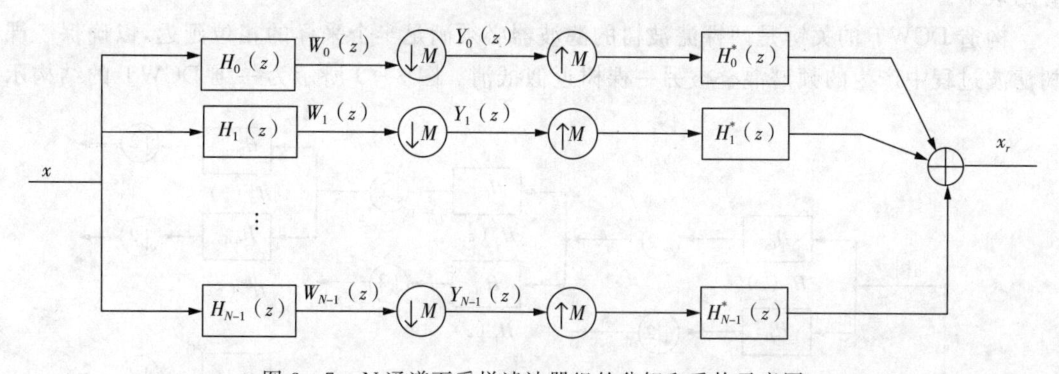

图 3-7　N 通道下采样滤波器组的分解和重构示意图

2003 年，Bradley 等人指出临界下采样离散小波变换小波系数仅仅在频域才具有强局部化特性，当输入信号波形发生小的平移时，各尺度的信号能量分布会发生比较大的变化，从而导致重构信号的波形发生较大的变化，信号分解的子带中有频谱混叠现象的发生。从放宽临界采样条件、增加母小波消失矩和滤波器长度等因素出发，Bradley 等人提出了过完备 DWT。

图 3-8 所示为 3 层过完备 DWT 滤波器组的分解和重构示意图，它由 1 层 Mallat 算法

和 2 层非采样离散小波变换组成。图 3-8(a)所示为分解过程,图 3-8(b)所示为重构过程。在分解和重构的过程中,2 层非采样离散小波变换均采用符合抗混叠性能的不同滤波器组。

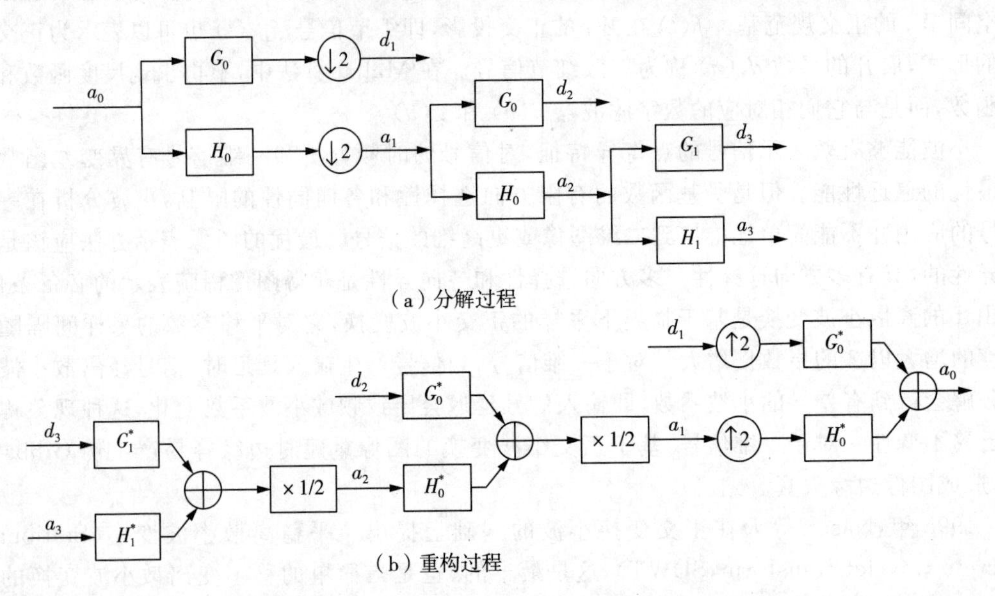

(a) 分解过程

(b) 重构过程

图 3-8 3 层过完备 DWT 滤波器组的分解和重构示意图

针对传统实数小波缺乏移不变性和有限方向性的局限,国内外学者们做出了很多努力,并提出了一些具有代表性的移不变多尺度几何分析方法,如 Kingsbury 等人提出的双树复小波变换(DCWT)、2-D Gabor 小波、Phaselet 变换等。其中 DCWT 通过双树结构的合理设计,很好地实现了近似平移不变性和抗混叠性能,在图像去噪、融合和分类等领域获得了较好的效果。

构造 DCWT 的关键是两棵滤波树的滤波器必须满足半个采样的相位延迟,以确保一棵树滤波过程中产生的频谱混叠被另一棵树近似抵消。图 3-9 所示为一维 DCWT 的结构示

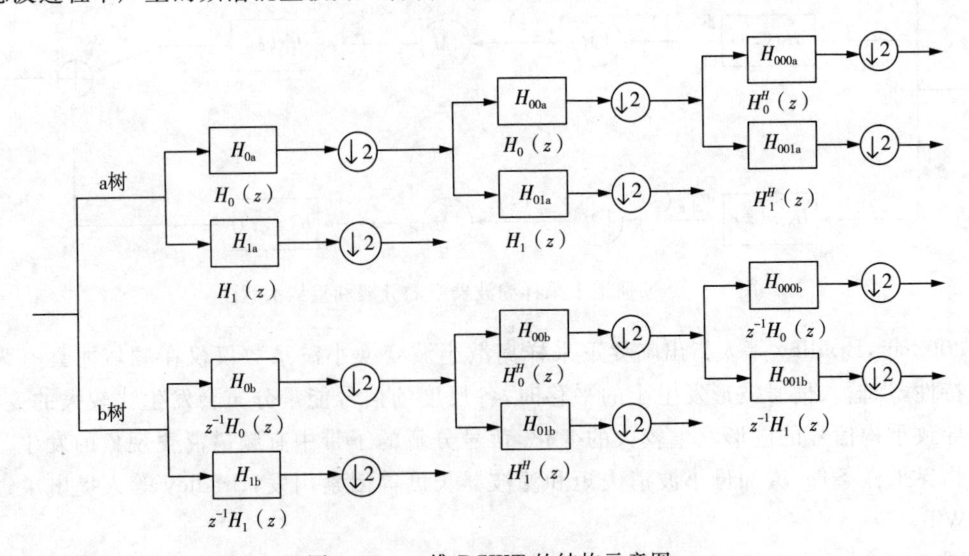

图 3-9 一维 DCWT 的结构示意图

意图，包含 2 个平行的小波树，形成复小波 $\psi_a(t)+j\psi_b(t)$。其中上部 a 树的叠加滤波器组表示复数小波变换的实部，下部 b 树的叠加滤波器组表示复数小波变换的虚部。二维 DCWT 在每一级尺度的频域分解内产生±15°、±45°、±75°6 个方向，而实数小波变换只有水平、对角和垂直 3 个方向，因此，复小波变换比实小波变换具有更好的方向分析能力。

3.3.2　小波域字典学习

小波变换应用于图像信号分析就是对图像信号进行多分辨率的分解，图 3-10 所示为图像信号的两层小波分解框图。每一层小波分解都将图像信号分解到 4 组不同频率的系数上，低频区域有较高的频率分辨率和较低的时间分辨率，高频区域则相反。LLn 为第 n 层分解的低频系数，LHn 为第 n 层分解的水平高频系数，HLn 为第 n 层分解的垂直高频系数，HHn 为第 n 层分解的对角线高频系数。图像信号的能量信息主要集中在低频系数 LLn 上，图像信号的细节信息集中在水平高频系数 LHn、垂直高频系数 HLn 和对角线高频系数 HHn 上。

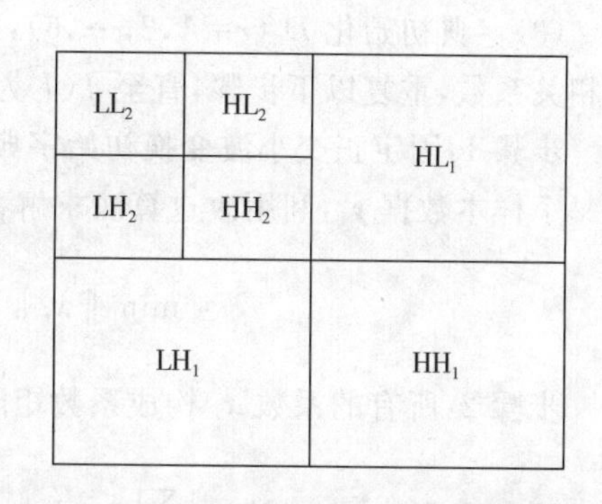

图 3-10　图像信号的两层小波分解框图

图 3-11 所示为 SAR 图像的小波分解结果。图 3-11(a)表明图像经单层小波分解后，形成了低频的近似子图和水平、垂直、对角方向的三个细节子图。图 3-11(b)则表明图像经两层小波分解后，图像的细节部分在高频部分得到了更细致的刻画。

(a) SAR图像单层小波分解

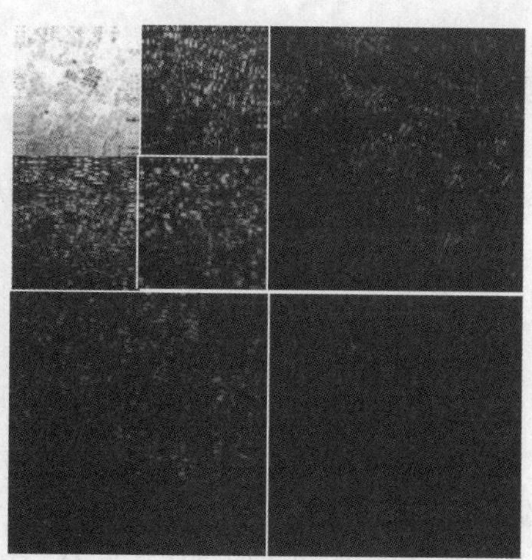

(b) SAR图像两层小波分解

图 3-11　SAR 图像的小波分解结果

SAR 图像经两层小波分解后形成 7 个不同的频率子带，包括 1 个低频子带和 6 个高频子带。对于包含图像主要能量信息的低频子带，本节对其不做处理，保留低频子带的所有系数；对 6 个高频子带，利用各自对应的小波系数生成 6 个不同的训练样本集，分别对 6 个样本集进行字典学习得到 6 个过完备字典。

小波域字典学习算法具体描述如下。

(1)输入训练样本图像。

(2)将训练样本图像划分为 $m\times m$ 大小的子图像块,每个子图像块分别进行两层小波变换,共形成 1 个低频子带和 6 个高频子带,所有高频子带的小波系数生成训练样本集,共得到 6 个训练样本集 $\boldsymbol{Y}_r(r=1,2,\cdots,6)$。

(3)字典初始化 $D_r(r=1,2,\cdots,6)$:对 $r=1,2,\cdots,6$,使用 K-SVD 算法更新当前的原子和相关系数,重复以下步骤,直至 J(J 为最大迭代次数)次。

步骤 1:固定正交小波变换初始字典 $\boldsymbol{D}_r\in\mathbf{R}^{N\times K}$,对训练样本 $\boldsymbol{Y}_r=[\boldsymbol{y}_1,\boldsymbol{y}_2,\cdots,\boldsymbol{y}_n]\in\mathbf{R}^{N\times n}$ 中每个样本数据 $\boldsymbol{y}_i$,利用改进算法求解稀疏表示系数 $\boldsymbol{x}_i\in\mathbf{R}^{K\times 1}(i=1,2,\cdots,n)$,即求解

$$\min\|\boldsymbol{x}_i\|_0\ \text{s. t.}\ \|\boldsymbol{y}_i-\boldsymbol{D}_r\boldsymbol{x}_i\|_2^2\leqslant\varepsilon \tag{3-31}$$

步骤 2:所有的系数 $\boldsymbol{x}_i$ 构成系数矩阵 $\boldsymbol{X}$,此时全局误差矩阵可以写为

$$\|\boldsymbol{Y}_r-\boldsymbol{D}_r\boldsymbol{X}\|_F^2=\left\|\boldsymbol{Y}_r-\sum_m g_m\boldsymbol{x}_T^m\right\|_F^2=\left\|\boldsymbol{Y}_r-\sum_{m\neq j}g_m\boldsymbol{x}_T^m-g_j\boldsymbol{x}_T^j\right\|_F^2=\|\boldsymbol{E}_j-g_j\boldsymbol{x}_T^j\|_F^2 \tag{3-32}$$

式中,$\boldsymbol{x}_T^j$ 为系数矩阵 $\boldsymbol{X}$ 的第 j 行。计算残差矩阵:

$$\boldsymbol{E}_j=\boldsymbol{Y}_r-\sum_{m\neq j}g_m\boldsymbol{x}_T^m \tag{3-33}$$

步骤 3:对字典的每个原子 g_j 做如下更新,其中 $j=1,2,\cdots,K$(K 为目标字典原子个数)。

① 找到使用过第 j 个原子的样本数据的序列号集合:

$$\omega_j=\{l\,|\,1\leqslant l\leqslant n,\boldsymbol{x}_T^j(l)\neq\boldsymbol{0}\} \tag{3-34}$$

② 由 ω_j 确定出跟当前原子有关的误差矩阵 $\boldsymbol{E}_j^R=\boldsymbol{E}_j\boldsymbol{\Omega}_j$,矩阵 $\boldsymbol{\Omega}_j$ 大小为 $n\times|\omega_j|$,矩阵元素在 $(\omega_j(l),l)$ 处为 1,其余地方全为 0;

③ 对该误差矩阵进行 SVD 分解,$\boldsymbol{E}_j^R=\boldsymbol{U\Delta V}^{\mathrm{T}}$,用 $\boldsymbol{U}$ 矩阵的第一列更新原子 g_j,用 $\boldsymbol{V}$ 与 $\boldsymbol{\Delta}(1,1)$ 的乘积更新系数矢量 $\boldsymbol{x}_T^j$。

(4)输出 6 个不同频率的目标字典 $\boldsymbol{D}_r(r=1,2,\cdots,6)$。

3.3.3 SAR 图像的压缩与重构算法

基于稀疏表示的 SAR 图像压缩方法过程可以分为训练方案、编码方案和解码方案三个步骤,三个方案的具体描述如下。

1)训练方案

步骤 1:对训练图像进行分块处理。

步骤 2:对每个子图像进行两层正交小波变换。

步骤 3:将小波变换后的高频子带小波系数作为构造过完备字典的原子,使用 K-SVD 字典学习方法离线学习得到学习字典,学习得到的 6 个字典 $\boldsymbol{D}_r(r=1,2,\cdots,6)$同时存储于压缩编码端和压缩解码端。

2)编码方案

步骤 1:将测试的 SAR 图像划分为若干子图像,对每个子图像进行小波变换,小波滤波器系数设定和分解层数与字典学习算法中设定的一致。

步骤 2:对小波变换后得到的子带系数,保留最低频的子带小波系数,其余 6 个高频子带,生成 6 个方向样本集 $\boldsymbol{Y}_r(r=1,2,\cdots,6)$。

步骤 3:利用 3.2 节提出的改进算法求方向样本集 $\boldsymbol{Y}_r(r=1,2,\cdots,6)$在对应的目标字典 $\boldsymbol{D}_r(r=1,2,\cdots,6)$上的系数矩阵 $\boldsymbol{X}_r$,6 个系数矩阵和低频子带系数共同构成图像的稀疏表示系数。

步骤 4:对上述的稀疏表示系数进行一定规则的量化和编码,同时进行比特分配,形成压缩码流。

3)解码方案

步骤 1:对压缩码流进行解码,得到恢复后的稀疏向量矩阵。

步骤 2:利用 6 个高频子带对应的系数矩阵和字典相乘,即 $\boldsymbol{D}_r\boldsymbol{X}_r(r=1,2,\cdots,6)$,得到重构后的高频子带系数。

步骤 3:对高频子带系数和低频子带系数进行小波逆变换,得到重构后的若干图像块。

步骤 4:对图像块进行拼接等相关处理操作,得到解压缩后的 SAR 图像。

基于稀疏表示的 SAR 图像压缩与重构框架如图 3-12 所示。

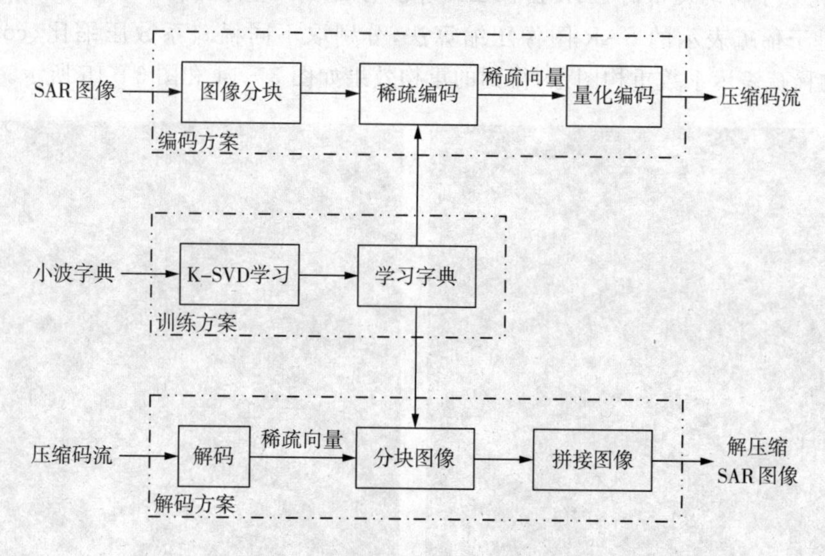

图 3-12　基于稀疏表示的 SAR 图像压缩与重构框架

3.3.4 实验结果与性能分析

实验选取如图 3－13 所示的两幅 SAR 图像，其中图像 A 包含相干斑噪声较少，图像 B 包含了大量的相干斑噪声，两幅图像的大小均为 512×512。实验中将每幅 SAR 图像划分为 16×16 大小的子图像，一共产生 1024 个子图像，对每个子图像分别做两层小波变换，按前述方法训练字典，采用 OMP 算法、ROMP 算法、BAOMP 算法、BP 算法和 3.2 节提出的改进算法求解子图像在字典上的稀疏系数，并重构子图像，再由 1024 个子图像拼接合成原大小图像。

（a）原始图像A　　（b）原始图像B

图 3－13　原始 SAR 图像

1. 研究基于稀疏表示的 SAR 图像压缩算法的压缩和重构效果

利用基于稀疏表示的 SAR 图像压缩算法，分别取不同稀疏系数压缩比（compression ratio，cr）的稀疏表示系数重构图像，得到的重构效果如图 3－14 和图 3－15 所示。

（a）稀疏系数压缩比为0.5

（b）稀疏系数压缩比为0.6

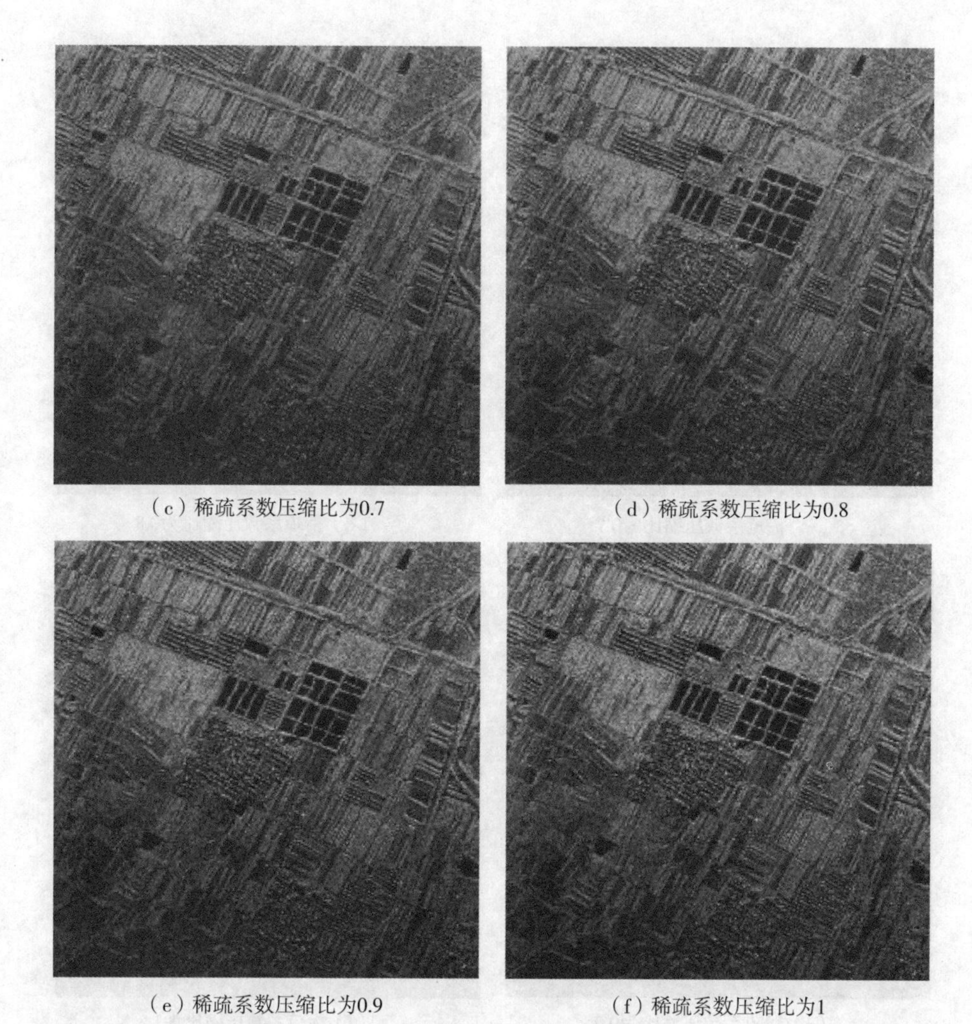

（c）稀疏系数压缩比为0.7

（d）稀疏系数压缩比为0.8

（e）稀疏系数压缩比为0.9

（f）稀疏系数压缩比为1

图 3-14 不同压缩比下图像 A 的重构效果

（a）稀疏系数压缩比为0.5

（b）稀疏系数压缩比为0.6

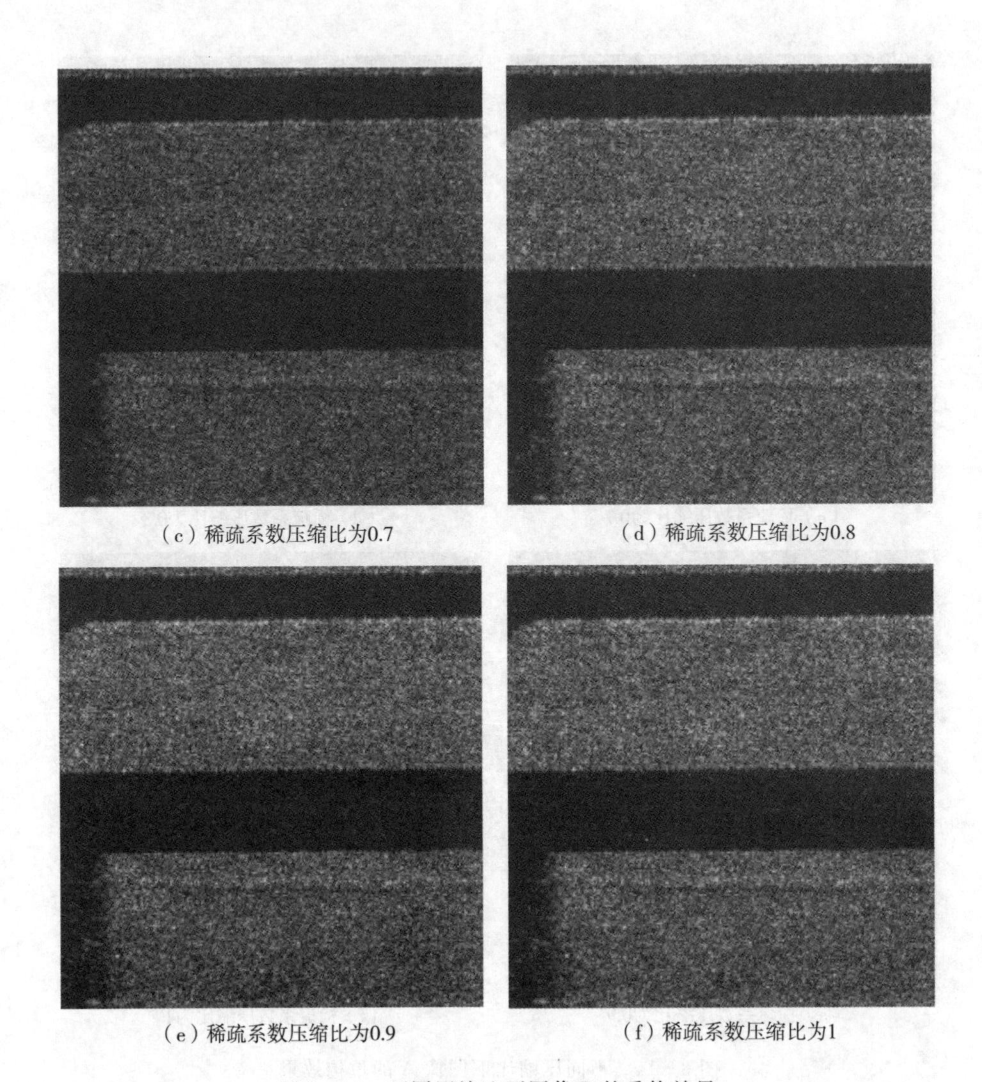

（c）稀疏系数压缩比为0.7　　（d）稀疏系数压缩比为0.8

（e）稀疏系数压缩比为0.9　　（f）稀疏系数压缩比为1

图 3-15　不同压缩比下图像 B 的重构效果

这里稀疏系数压缩比的定义为

$$\mathrm{cr}=\frac{n}{N} \tag{3-35}$$

式中，n 为非零系数中值较大的 n 个数；N 为非零系数的个数。

对于图像 A，从图 3-14 可以看出，采用 3.2 节提出的基于稀疏表示的 SAR 图像压缩算法对 SAR 图像进行压缩时，由于算法保留了所有的低频子带系数，即使采用较少稀疏系数重构的 SAR 图像也都具有清晰的边缘和纹理信息。当然，稀疏系数压缩比越大，即选取的稀疏表示系数越多，重构的 SAR 图像可视性越强。

对于图像 B，从图 3-15 可以看出，随着稀疏系数压缩比的不断增加，重构的 SAR 图像越来越接近于原始图像。但是对比图 3-15(a)和图 3-15(f)，可以很明显地看出，当稀疏系数压缩比较小时，重构的 SAR 图像可视性更强，主要原因在于图像 B 是一幅含有较多相干斑噪声的 SAR 图像，当采用较少的稀疏系数恢复重构时，SAR 图像的相干斑噪声得到了有效抑制。

计算不同稀疏系数压缩比下压缩算法的运行时间和峰值信噪比（Peak Signal to Noise Ratio，PSNR），得到的重构性能曲线如图 3－16 所示。

PSNR 可以评价压缩重构以后图像的变化程度，PSNR 越高，说明在相同条件下重构图像与原始图像越相近，恢复质量越高，压缩效果越好。

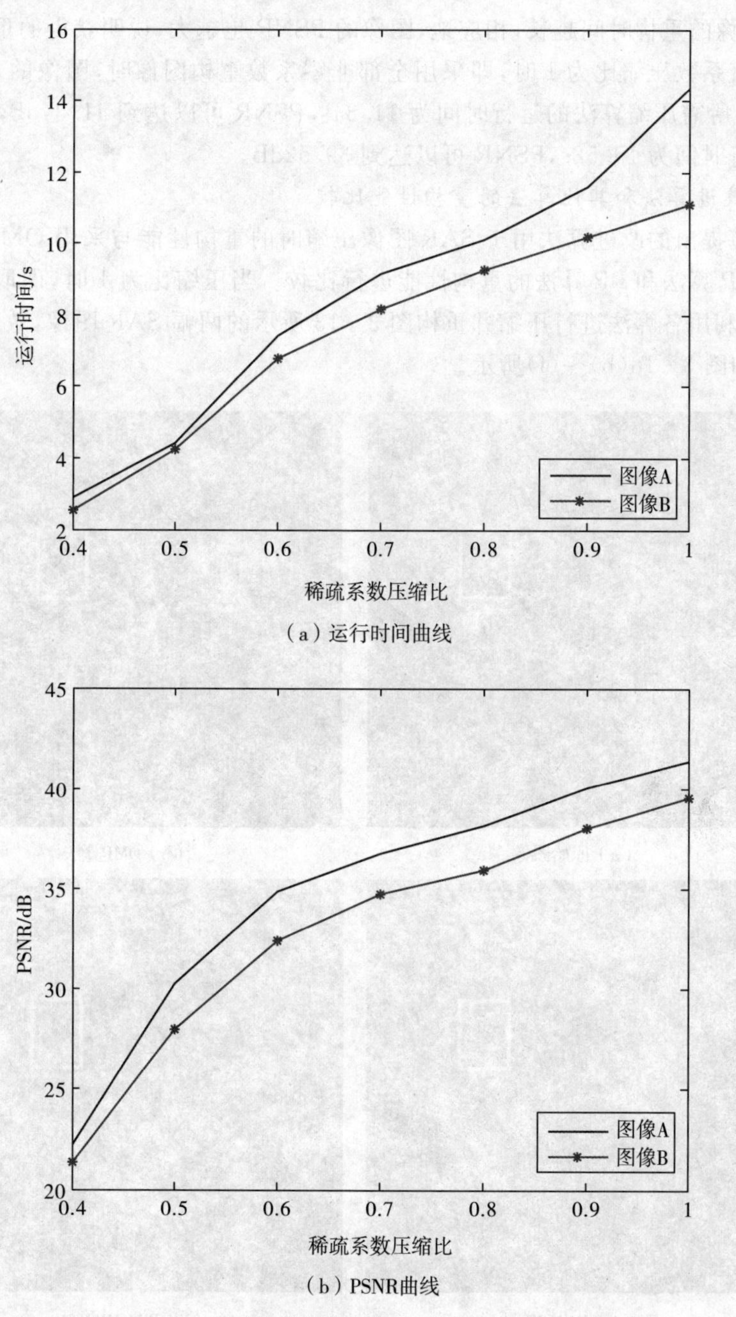

（a）运行时间曲线

（b）PSNR曲线

图 3－16　不同稀疏系数压缩比下的重构性能曲线

本节中,PSNR 定义为

$$\mathrm{PSNR}=10\lg\left(\frac{M\times N\times \max_I^2}{\sum_{i=0}^{M-1}\sum_{j=0}^{N-1}\left[I(i,j)-\bar{I}(i,j)\right]^2}\right) \tag{3-36}$$

式中,I 为原始图像,$\bar{I}$ 为重构图像,$\max_I$ 为原始图像 I 的最大像素值。

从图 3-16 可以看出,当采用不同稀疏系数压缩比的非零系数重构图像时,稀疏系数压缩比越大,图像的重构时间越长,相应地,图像的 PSNR 也越大,说明获得的重构图像性能也越好。当稀疏系数压缩比为 1 时,即采用全部非零系数重构图像时,图像的重构性能最好。此时,图像 A 所需压缩算法的运行时间为 11.34s,PSNR 可以达到 41.34dB,图像 B 所需压缩算法的运行时间为 15.52s,PSNR 可以达到 39.52dB。

2. 研究改进算法和其他算法的重构性能比较

将 3.2 节提出的改进算法用于 SAR 图像压缩时的重构性能与采用 OMP 算法、ROMP 算法、BAOMP 算法和 BP 算法的重构性能进行比较。当压缩比为 1 时,即取稀疏表示的全部非零系数,利用各算法进行压缩并重构图 3-13 所示的两幅 SAR 图像,效果分别如图 3-17(b)～(f)和图 3-18(b)～(f)所示。

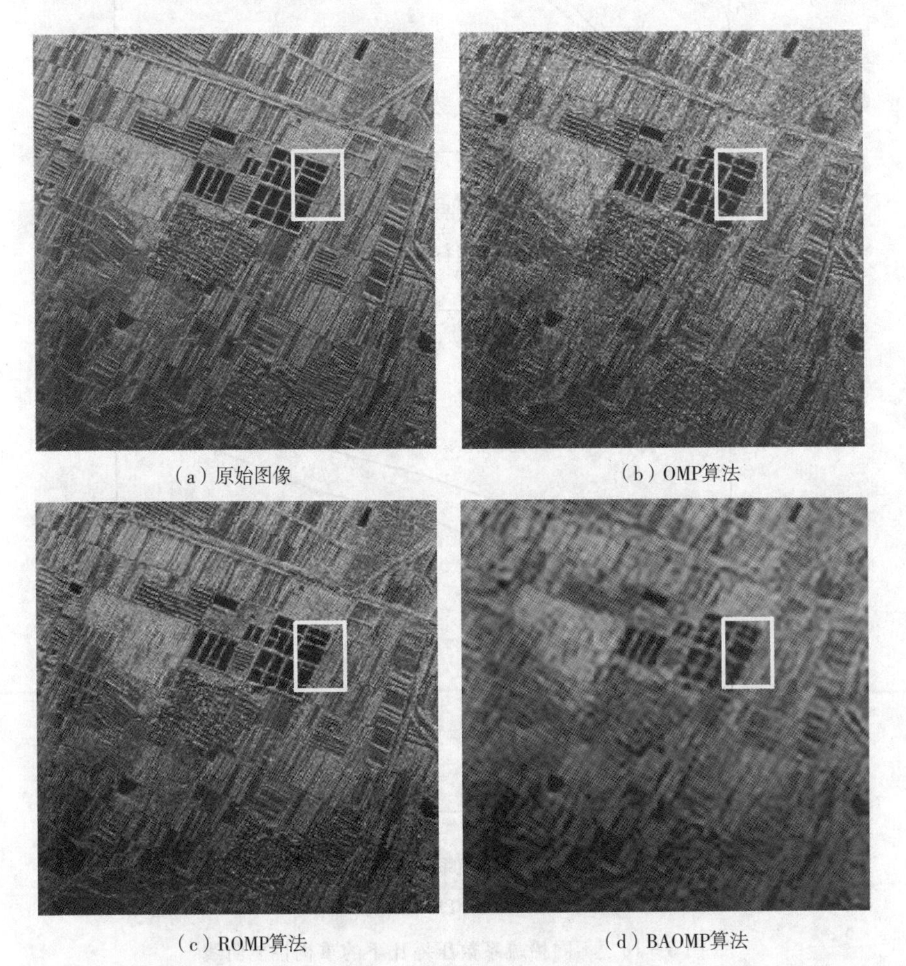

(a) 原始图像　　(b) OMP算法

(c) ROMP算法　　(d) BAOMP算法

（e）BP算法

（f）改进算法

图 3-17　图像 A 的重构效果

（a）原始图像

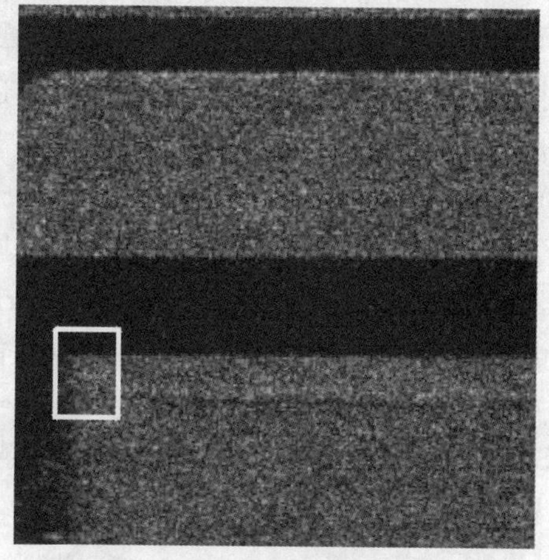

（b）OMP算法

（c）ROMP算法

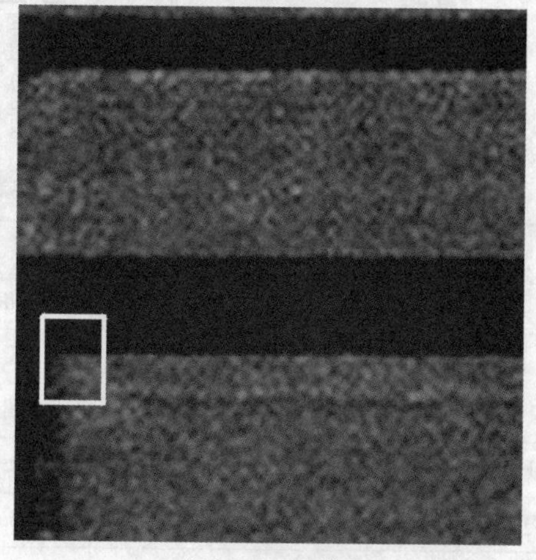

（d）BAOMP算法

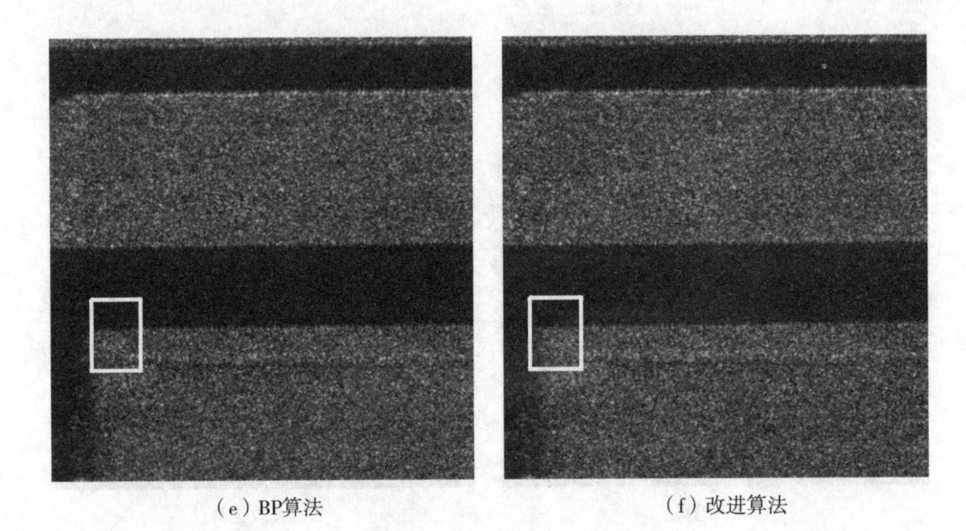

（e）BP算法　　（f）改进算法

图 3-18　图像 B 的重构效果

从图 3-17 和图 3-18 中白色方框所围的两个小区域内的部分图像可以看出，采用改进算法和 OMP 算法、ROMP 算法及 BAOMP 算法对 SAR 图像进行压缩和重构时，采用改进算法恢复出的图像无论是在线条的粗细保持还是连续性方面都更有优势，图像的可视性更强。尽管改进算法和 BP 算法比较起来，在细节的恢复和保持方面略差一些，但是从后述的运行时间看，改进算法还是占据绝对的优势。

为了评价改进算法和其他五种算法在相同条件下（采用全部稀疏系数）重构 SAR 图像的效果，本节采用均方误差（Mean Squared Error，MSE）、PSNR 和运行时间对效果进行定性评估。由前述知，PSNR 越高，获得的图像性能越好；运行时间越短，自然算法执行的效率越高。

MSE 可以评价数据的变化程度。MSE 越小，精确度越高。

本节中，MSE 定义为：

$$\mathrm{MSE}=\frac{1}{M\times N}\sum_{i=0}^{M-1}\sum_{j=0}^{N-1}\left[I(i,j)-\bar{I}(i,j)\right]^{2} \tag{3-37}$$

式中，I 为原始图像，$\bar{I}$ 为重构图像，$\max_I$ 为原始图像 I 的最大像素值。

利用各算法稀疏表示后的重构图像，其质量性能指标见表 3-1。

表 3-1　SAR 图像重构质量性能指标

算法名称	SAR 图像 A			SAR 图像 B		
	PSNR/dB	MSE	运行时间/s	PSNR/dB	MSE	运行时间/s
OMP 算法	36.492	0.8908	15.36	32.345	1.2036	18.37
ROMP 算法	37.181	0.7842	10.25	34.231	1.0254	15.32
BAOMP 算法	36.843	0.8243	10.96	30.891	1.3652	14.36
BP 算法	43.653	0.3524	48.42	43.098	0.8724	49.20
改进算法	41.34	0.5671	11.34	39.52	0.9358	15.52

由表 3-1 可以看出,BP 算法重构的图像 PSNR 最高,MSE 最小,但同时耗时也最长;BAOMP 算法和 ROMP 算法虽然耗时略短,但 MSE 和 PSNR 两个性能指标都不如改进算法;改进算法的重构质量虽然略低于 BP 算法,但是在运行时间上却具有绝对的优势。利用改进算法重构 SAR 图像 A 仅仅耗时 11.34s,利用 BP 算法重构 SAR 图像 A 的运行时间高达 48.42s,利用改进算法重构 SAR 图像 B 仅仅耗时 15.52s,利用 BP 算法重构 SAR 图像 B 的运行时间高达 49.20s。综合来看,和同类匹配追踪算法相比,改进算法更有优势。

3.4 本章小结

本章讨论了用于稀疏系数求解的匹配追踪类算法。在深入研究 ROMP 算法和 BAOMP 算法的基础上,结合两种算法的优势,提出了一种改进的盲稀疏度信号自适应正交匹配追踪算法。该算法通过设置非线性下降的迭代阈值挑选原子,采用简单有效的正则化过程筛选原子,对信号的稀疏度进行自适应估计,实现盲稀疏度信号的重构。通过对各种理想信号测试,验证了该算法的优越性。

SAR 图像在变换域具有稀疏性,为稀疏表示应用于 SAR 的图像压缩提供了基础。本章提出了一种基于稀疏表示的小波域 SAR 图像压缩方法,并将改进的盲稀疏度信号自适应正交匹配追踪算法应用于 SAR 图像的压缩与重构。实验结果和性能分析表明:基于稀疏表示的 SAR 图像压缩方法在压缩 SAR 图像时,可以获取较大的压缩比,同时能够有效地抑制 SAR 图像的相干斑噪声。

参考文献

[1] CANDES E J,ROMBERG J,TAO T. Robust uncertainty principles:Exact signal reconstruction from highly incomplete frequency information[J]. IEEE transactions on information theory,2006,52(2):489-509.

[2] GILBERT A C,STRAUSS M J,TROPP J A,et al. Algorithmic linear dimension reduction in the l_1 norm for sparse vectors[J]. In proceedings of the 44th deanna Needell,2006,1-27.

[3] KIM S J,KOH K,LUSTIG M,et al. A interior point method for large-scale l1-regularized least-squares problems with applications in signal processing and statistics [J]. Journal of machine learning research,2007,7(8):1519-1555.

[4] FIGUEIREDO M A T,NOWAK R D,WRIGHT S J. Gradient projection for sparse reconstruction: Application to compressed sensing and other inverse problems [J]. IEEE journal of selected topics in signal processing,2008,1(4):586-597.

[5] DAUBECHIES I,DEFRISE M,MOL C D. An iterative thresholding algorithm for linear inverse problems with a sparsity constraint[J]. Communications on pure and applied mathematics,2004,57(11):1413-1457.

[6] DAI W,MILENKOVIC O. Subspace pursuit for compressive sensing signal recon-

struction[J]. 2008 5th international symposium on turbo codes and related topics. Lausanne, Switzerland, 2008.

[7] THONG T D, GAN L, NGUYEN N, et al. Sparsity adaptive matching pursuit algorithm for practical compressed sensing[J]. Asilomar conference on signals, systems, and computers, Pacific Grove, California, 2008, 10: 581—587.

[8] GIBERT A C, GUHA S, INDYK P, et al. Near optimal sparse Fourier representations via sampling[C]. Proc. of the 2002 ACM symposium on theory of computing STOC. Montreal, Quebec, Canada, 2002. 152—161.

[9] GIBERT A, STRAUSS M, TROPP J, et al. Algorithmic linear dimension reduction in the l1 norm for sparse vectors[C]. Proc. 44th annual allerton conf communication, contron, and computing. Allerton, USA, 2006, 9.

[10] GROSSMANN A, MORLET J. Decomposition of hardy functions into square integrable wavelets of constant shape[J]. Siam journal on mathematical analysis, 1984, 15(4): 723—736.

[11] SILVEIRA R M R, AGULHARI C M, BONATTI I S, et al. A genetic algorithm to compress electrocardiograms using parameterized wavelets[J]. IEEE international symposium on signal processing and information technology, 2008.

[12] ALONSO M T, LOPEZ-MARTINEZ C, MALLORQUI J J, et al. Edge enhancement algorithm based on the wavelet transform for automatic edge detection in SAR images[J]. IEEE transactions on geoscience and remote sensing, 2011, 49(1): 222—235.

[13] HADDAD S, SERDIJN W A. Ultra low-power biomedical signal processing: an analog wavelet filter approach for pacemakers[M]. Springer publishing company, incorporated, 2009.

[14] KIM T, CHOI S, VAN DYCK R E, et al. Classified zerotree wavelet image coding and adaptive packetization for low-bit-rate transport[J]. IEEE transactions on circuits and systems for video technology, 2001, 11(9): 1022—1034.

[15] AIME JOSEPH, OKASSA O, NGANTCHA J P, et al. Use of lazy wavelet and DCT for vibration signal compression[J]. American journal of engineering and applied sciences, 2021, 1(14): 1—6.

[16] CHRISTNATALIS C, BACHTIAR B, RONY R. Comparative compression of wavelet haar transformation with discrete wavelet transform on colored image compression[J]. Journal of informatics and telecommunication engineering, 2020, 3(2): 202—209.

[17] KULALVAIMOZHI V P, ALEX M G, PETER S J. A novel homomorphic encryption and an enhanced DWT(NHE-EDWT) compression of crop images in agriculture field[J]. Multidimensional systems and signal processing, 2020, 31(2).

[18] ZERVA M C, VRIGKAS M, KONDI L P, et al. Improving 3D medical image compression efficiency using spatiotemporal coherence[J]. IS&T international symposioum on electronic imaging. 2020.

[19] NARAYANA P S, KHAN A M. MRI image compression using multiple wavelets at different levels of discrete wavelets transform[J]. Journal of physics conference series, 2020, 1427: 012002.

[20] NASON G. The stationary wavelet transform and some statistical applications [J]. Lecture notes in statistics 103, wavelet and statistics, 1995, 1－19.

[21] MAGAREY J F A, KINGSBURY N G. Motion estimation using a complex valued wavelet transform [J]. IEEE transactions on signal processing, 1998, 46 (4): 1069－1084.

[22] KAMARAINEN J K, KYRKI V, KLVIINEN H. Invariance properties of gabor filter-based features-overview and applications[J]. IEEE transactions on image processing, 2006, 15(5): 1088－1099.

[23] JEEVAN K M, ANNE G A B, KUMAR P V. An image enhancement method based on gabor filtering in wavelet domain and adaptive histogram equalization [J]. Indonesian journal of electrical engineering and computer science, 2021, 21(1): 146.

[24] OKAI T, AKIMOTO S, OYA H, et al. A New recognition system based on gabor wavelet transform for shockable electrocardiograms[J]. Journal of applied life sciences international, 2021: 40－51.

[25] AHARON M, ELAD M, BRUCKSTEIN A. K-SVD: An algorithm for designing over complete dictionaries for sparse representation [J]. IEEE transactions on signal processing, 2006, 54(11): 4311－4322.

第4章 SAR图像相干斑抑制

SAR图像的应用效能主要取决于获取的SAR图像质量,SAR图像的质量越高,后续的应用性能就越好。SAR图像与通过其他途径获得的图像存在着很大的差异。在SAR成像的过程中,由于受到诸多客观因素的影响,一个分辨单元内通常会分布许多小于既定尺寸物体的雷达反射点,这些反射点之间存在着相位差并且相互干扰,形成明暗相间的斑点,即相干斑。相干斑噪声与原图像信号非常相似,杂乱变换,相位随机,因而难以去除。相干斑噪声的存在严重影响了SAR图像的质量,隐藏了图像的精细结构,导致SAR图像不能有效地反映目标场景的散射特性,给SAR图像的处理与解译和后续的图像应用带来极大的困难。如何在保持图像边缘、纹理等细节信息的前提下,有效地抑制相干斑噪声一直是SAR图像处理的重要任务之一,也是后续SAR图像目标分割、检测和识别的基础。在过去的几十年中,研究者对SAR图像斑点噪声模型和统计特性进行了广泛而深入的研究,相应的相干斑抑制算法被不断提出。

本章从多尺度几何分析出发,基于稀疏表示理论和SAR图像的相干斑特性,对变换域SAR图像相干斑抑制算法进行了研究。结合自蛇扩散、小波变换、Contourlet变换、Curvelet变换和剪切波变换,提出一系列基于稀疏表示的SAR图像相干斑抑制方法。仿真SAR图像和实测SAR图像的实验结果表明,这些方法具有较好的抑斑效果。

4.1 基于自蛇扩散和稀疏表示的SAR图像相干斑抑制

4.1.1 Contourlet变换

Contourlet变换与小波变换在描述图像光滑轮廓时的情况如图4-1所示。由于二维小波由一维小波的张量积构造而成,因此小波变换只能使用不同大小的点对应小波的多分辨率结构。随着分辨率的提高,可以清楚地看到小波变换需要使用许多精细的"点"来捕捉轮廓的局限性。Contourlet变换则用多尺度分解捕捉图像的边缘奇异点,根据方向信息将位置相近的奇异点汇集成轮廓段。作为一种真正的二维变换,Contourlet变换可以捕捉到图像的内在结构信息。由于多尺度和多方向的结合,Contourlet变换可以任意选择某一层次的方向数进行分解。图像经过Contourlet变换后,由于图像边缘的系数能量更加集中,因此能被更稀疏地表示。

离散Contourlet变换主要采用金字塔方向滤波器组(Pyramid Directional Filter Bank, PDFB)实现多分辨率、多方向的分解,其结构如图4-2所示。

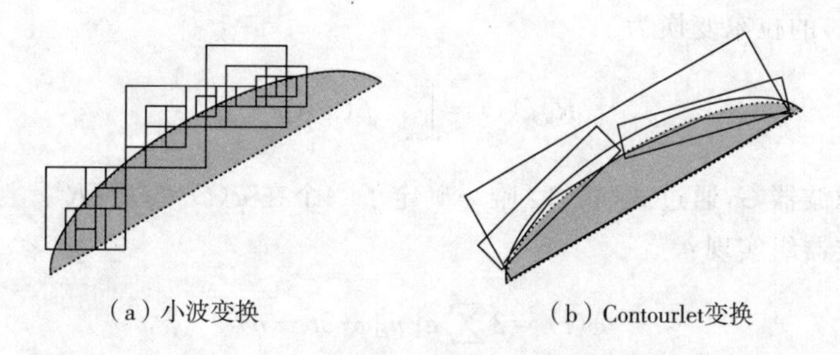

图 4－1　Contourlet 变换和小波变换在描述图像光滑轮廓时的情况

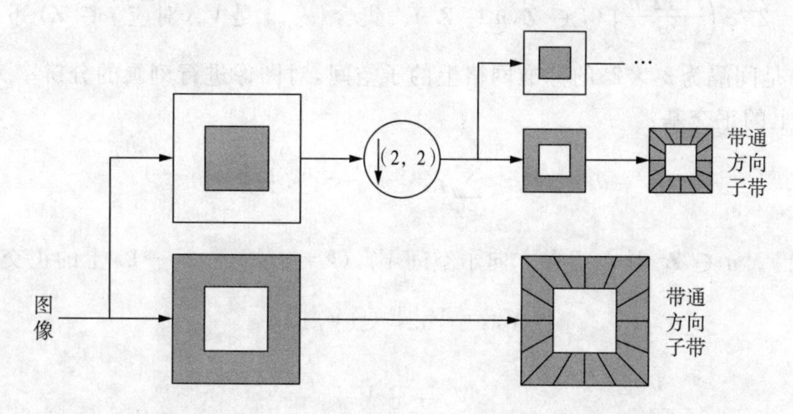

图 4－2　Contourlet 变换金字塔方向滤波器组的结构

其中拉普拉斯金字塔滤波器(Laplacian Pyramid Filters,LPF)产生原始信号的低通图像和原始图像与低通图像间的差值图像,对低通图像继续分解得到下一层的低通图像和差值图像,完成图像的多分辨率分解。拉普拉斯金字塔滤波器分解产生的高频子带经过二维方向滤波器组(Directional Filter Bank,DFB),在任意尺度上分解可得到 2^l 个方向子带,如图 4－3 所示。

在实际应用中,Contourlet 变换分解的方向数随着尺度增大而增多。例如,在 DFB 三层分解时形成 8 个方向子带,其中方向 0 子带与方向 4 子带对应正交,方向 1 子带与方向 5 子带对应正交。方向 2 子带与方向 6 子带对应正交,方向 3 子带与方向 7 子带对应正交,如图 4－3(b)所示。

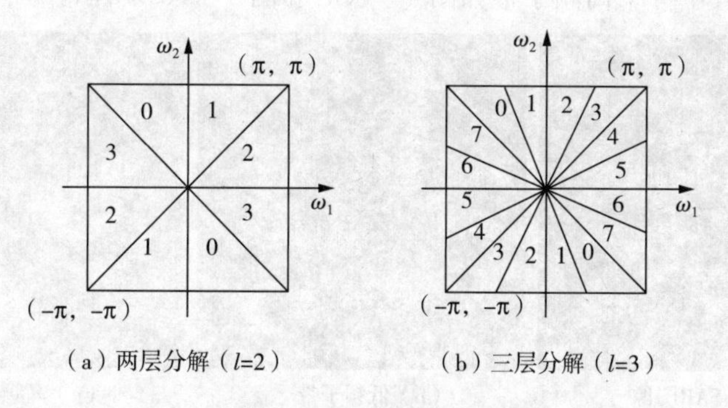

图 4－3　DFB 频率分解

设函数 $f(x)$的拉东变换为

$$R_u f(t)=\int_{xu=t} f(x)\mathrm{d}x \tag{4-1}$$

给定低通滤波器 G,通过式(4-1) 唯一确定了一个在 $\varphi(t)\in L^2(R^2)$ 上的正交函数集,由拉普拉斯滤波器组实现:

$$\varphi(t)=2\sum_{n\in\mathbf{Z}^2} g[n]\varphi(2t-n) \tag{4-2}$$

记 $\varphi_{j,n}=2^{-j}\varphi\left(\frac{t-2^j n}{2^j}\right)(j\in\mathbf{Z},n\in\mathbf{Z}^2)$。集合 $\{\varphi_{j,n}\}$ 是 V_j(对应 $j\in\mathbf{Z}$) 下的一个正交基。其中 V_j 是间隔为 $2^j\times 2^j$ 的标准网格上的子空间,对图像进行刻画的分辨率为 2^{-j}。定义一组子空间上的正交基:

$$\theta_{j,k,n}^{(l)}(t)=\sum_{n\in\mathbf{Z}^2} g_k^{(l)}[m-S_k^{(l)}n]\varphi_{j,m}(t) \tag{4-3}$$

集合 $\{\theta_{j,k,n}^{(l)}\} n\in\mathbf{Z}^2$ 是一组在方向子空间 $V_{j,k}^{(l)}(k=0,1,\cdots,2^l-1)$ 上的正交基:

$$V_{j,k}^{(l)}=V_{j,2k}^{(l+1)}\oplus V_{j,2k+1}^{(l+1)} \tag{4-4}$$

$$V_j=\bigoplus_{k=0}^{2^l-1} V_{j,k}^{(l)} \tag{4-5}$$

这组正交基实现了对图像高频信息的多方向分解。

需要指出的是,SAR 图像在进行 Contourlet 变换时并不具备平移不变性,图像在抑斑后容易出现伪吉布斯效应。如果在 Contourlet 变换之前采用平移因子处理信号或采用构造非下采样金字塔滤波器和方向滤波器组的 NSCT,就可以很好地解决这个问题,目前上述方法在图像去噪算法中已经得到了成功应用。

4.1.2 SAR 图像的 Contourlet 变换系数特性

Contourlet 变换不但具有小波变换优良的多尺度特性和时频局部特性,还表现出高度的方向性。对图 4-4(a)所示的 SAR 图像进行 Contourlet 变换,得到低频子带和若干高频子带,低频子带和其中一个高频子带如图 4-4(b)和图 4-4(c)所示。

(a) SAR图像

(b) 低频子带

(c) 高频子带

图 4-4　SAR 图像 Contourlet 变换后的低频子带和高频子带

从图 4-4 可以看出，图像经 Contourlet 变换分解后，奇异特征可以在更多的方向上得到自适应刻画，每个方向子带内的系数分布变得更为稀疏，细节信息在方向子带内得到了更显著的呈现。低频子带和其中两个高频子带的 Contourlet 变换系数统计直方图如图 4-5 所示。

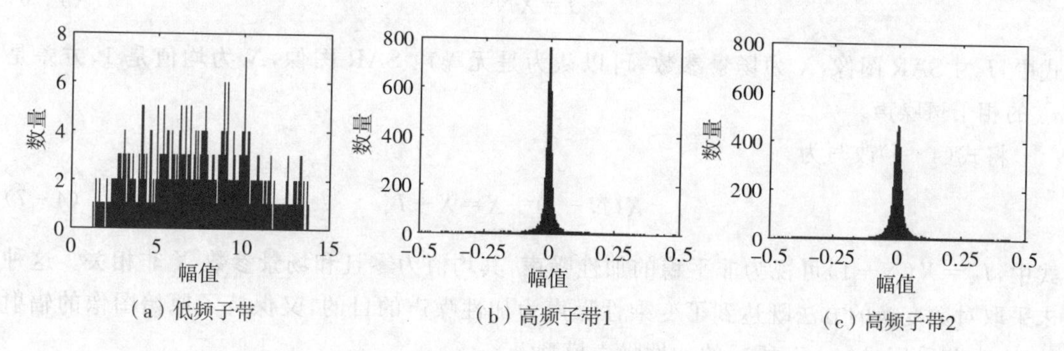

图 4-5　SAR 图像的 Contourlet 变换系数统计直方图

由图 4-5(a)可以看出，图像的低频子带系数杂乱无章，并不具备稀疏性。图 4-5(b)和图 4-5(c)所示的两个高频子带系数在零附近都形成了尖锐的峰值，并向两侧延伸，具有很强的非高斯性，大多数系数接近于零，这表明 SAR 图像经 Contourlet 变换分解后的高频子带具有稀疏性。

4.1.3　基于自蛇扩散和稀疏表示的 SAR 图像相干斑抑制算法

由于 Contourlet 变换的基函数能够有效地表示分段光滑的线段，同时对奇异点的影响不大，因此，在对 SAR 图像去噪时，即使将噪声点误判为图像细节成分或者将图像细节成分误判为噪声点加以重构，也不会使去噪后的图像出现数值较大的孤立像素点。本节利用 SAR 图像的 Contourlet 变换域统计特性，将自蛇扩散和稀疏表示分别应用于 SAR 图像 Contourlet 变换后的低频子带和高频子带的相干斑抑制，提出一种基于自蛇扩散和稀疏表示的 SAR 图像相干斑抑制算法。

基于自蛇扩散和稀疏表示的 SAR 图像相干斑抑制算法具体包括以下内容。

(1)将含噪 SAR 图像经 Contourlet 变换分解为低频子带和高频子带。

(2)低频子带系数源于图像中的平滑信息，包括一些大尺度目标和少量噪声。由于自蛇扩散模型在滤波的过程中引入了边缘检测的步骤，能兼顾去噪和边缘信息的保留，因此可以采用自蛇扩散对低频子带系数做扩散处理，这样既能抑制低频子带的相干斑，又能保持大尺度目标的边缘特征。

(3)高频子带系数源于图像中的细节和边缘信息，如果图像被噪声污染，经 Contourlet 变换分解后的噪声频谱能量主要包含在高频子带系数中，导致高频子带系数的稀疏性降低，因此，高频子带的相干斑抑制过程实质上转化为恢复高频子带系数稀疏性的问题。可以采用稀疏优化模型来抑制高频子带的相干斑噪声，对高频子带采用随机高斯矩阵作为观测矩阵，利用 3.2 节提出的改进算法求解各个方向高频子带的稀疏表示系数，利用构造稀疏优化模型完成高频子带的相干斑抑制。

(4)融合低频子带和高频子带的系数，并进行 Contourlet 逆变换，得到相干斑抑制后的

SAR图像。

1. 低频子带的自蛇扩散滤波

相干斑噪声可以建模为乘性噪声，即

$$I=XN \tag{4-6}$$

式中，I为SAR图像，X为场景参数，可以认为是无噪声SAR图像，N为均值是1、方差是σ_N^2的相干斑噪声。

将式(4-6)改写为

$$I=X(N-1)+X=X+I_N \tag{4-7}$$

式中，$I_N=X(N-1)$可视为非平稳的加性噪声，其均值为零且和场景参数X非相关。这种未采取对数变换的方法既达到了变乘性噪声为加性噪声的目的，又保持了原始图像的辐射特性，本节采用式(4-7)所示的加性噪声模型。

自蛇扩散滤波主要由带有边缘停止函数的方向扩散项和具有图像增强功能的冲击滤波器两项组成。为了保护图像的边缘，自蛇扩散将图像处理转化为对偏微分方程的求解，并对区域内和区域间的信息采取不同的滤波策略，将非局频梯度引入边缘停止函数，扩散沿着垂直于图像的梯度矢量方向进行。由于图像的二阶导数刻画了图像的尖角，所以能对图像的边缘细节起到保护作用。

设SAR图像I经Contourlet变换后的低频子带系数$A_I=A_X+A_{I_N}$，其中A_X为无噪声SAR图像的Contourlet系数，A_{I_N}为非平稳加性噪声系数。由于噪声信号I_N与SAR图像I不相关，所以系数A_X和A_{I_N}也不相关。低频子带的相干斑抑制就是从A_I中估计A_X而去除A_{I_N}。

设div为散度，对低频子带系数A_I进行自蛇扩散滤波的方程为

$$\begin{aligned}\frac{\partial A_I}{\partial t}&=\left[\operatorname{div}\left(g(|\nabla A_I|)\frac{\nabla A_I}{|\nabla A_I|}\right)\right]|\nabla A_I|\\&=g(|\nabla A_I|)|\nabla A_I|\operatorname{div}\left(\frac{\nabla A_I}{|\nabla A_I|}\right)+\nabla g(|\nabla A_I|)\cdot\nabla A_I\end{aligned} \tag{4-8}$$

可见，低频子带图像的自蛇扩散滤波分成了两部分，其中$g(|\nabla A_I|)|\nabla A_I|\operatorname{div}\left(\frac{\nabla A_I}{|\nabla A_I|}\right)$为带有边缘停止函数的方向扩散，$\nabla g(|\nabla A_I|)\cdot\nabla A_I$为带有边缘增强作用的冲击扩散。

边缘停止函数g以梯度参量$|\nabla A_I|$为输入。在图像平坦的同质区域g近似为1，在边缘处近似为0。

本节算法中采用的g函数为

$$g(\nabla A_I)=\frac{1}{1+(\nabla A_I/R)^2} \tag{4-9}$$

式中，R为度量边缘梯度的反差参数。

2. 高频子带的稀疏优化滤波

由于 SAR 图像的高频子带在 Contourlet 域是稀疏的，因此可以选取 Contourlet 作为稀疏基，选取随机高斯矩阵 $\boldsymbol{\Phi}$ 作为观测矩阵，采用稀疏优化模型完成高频子带的相干斑抑制。

为了方便起见，用 $\boldsymbol{B}_I^{(n)}$ 来表示 n 方向高频子带的 Contourlet 变换系数矩阵，SAR 图像高频子带的相干斑抑制问题可以描述为如下稀疏优化模型：

$$\widetilde{\boldsymbol{B}}_I^{(n)}=\underset{B_I^{(n)}}{\operatorname{argmin}} \|\boldsymbol{\Phi}^{\mathrm{T}}\boldsymbol{B}_I^{(n)}\|_1 \quad \text{满足} \left|\boldsymbol{B}_I^{(n)}-\widetilde{\boldsymbol{B}}_I^{(n)}\right|<\varepsilon \tag{4-10}$$

式中，$\boldsymbol{\Phi}^{\mathrm{T}}$ 为 $\boldsymbol{\Phi}$ 的逆变换，$\boldsymbol{\Phi}^{\mathrm{T}}\boldsymbol{B}_I^{(n)}$ 为高频子带 $\boldsymbol{B}_I^{(n)}$ 在高斯矩阵 Φ 下的变换系数，n 为子带的方向。

综上所述，基于自蛇扩散和稀疏表示的 Contourlet 域 SAR 图像相干斑噪声抑制算法，对不同的频带采取不同的抑斑策略。算法的具体流程如图 4-6 所示。

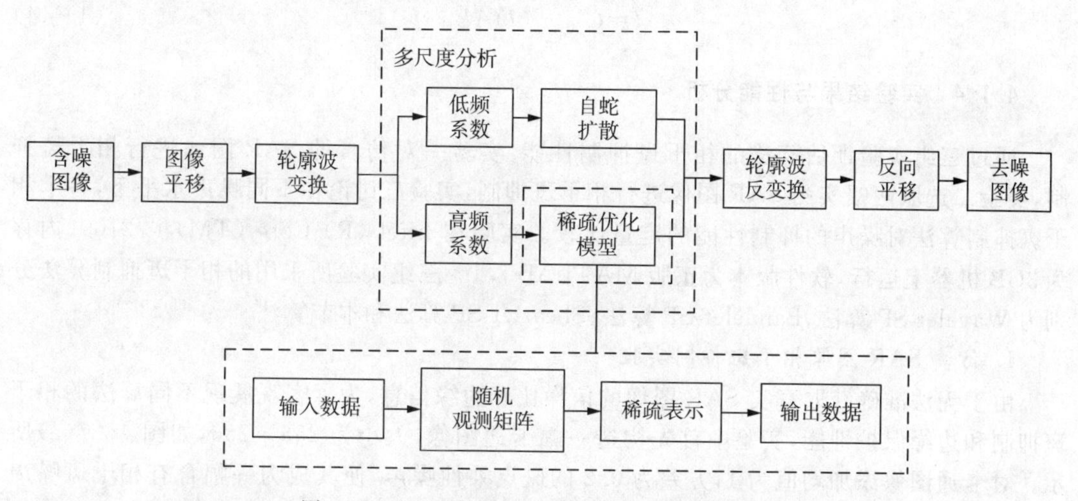

图 4-6　SAR 图像相干斑抑制算法的具体流程

算法的详细步骤描述如下。

步骤 1：将原始图像 $I(N\times N)$ 平移，改变整幅图像中的奇异点位置，以减少或消除伪吉布斯现象的振荡幅度。平移因子定义为

$$C_{i,j}(I)=I[\operatorname{mod}(x+i,N),\operatorname{mod}(y+j,N)] \tag{4-11}$$

循环平移算子是一一对应的，是可逆的，其逆记为

$$[C_{i,j}(I)]^{-1}=C_{-i,-j}(I) \tag{4-12}$$

步骤 2：将平移后的图像变换到 Contourlet 域，得到低频子带 A 和 8 个方向的高频子带 B_n（拉普拉斯金字塔滤波器结构采用“9—7”双正交小波分解，DFB 的方向数取 8）。

步骤 3：利用式(4-8)对低频子带图像 A 进行自蛇扩散处理，并将滤波处理后的系数作为 SAR 图像低频子带在 Contourlet 域的局部均值估计。

步骤 4：将 8 个方向的高频子带 B_n 按照正交性进行重组，形成 4 个方向的高频子带 B_m（每个高频子带大小都为原始图像大小的 1/4）。

步骤 5：取高频子带图像 B_m 每个像素的 h_0 邻域，将 $B_m(i,j)h_0\times h_0(1\leqslant i\leqslant M,1\leqslant j\leqslant$

N)邻域中的列向量首尾相连重排为 h_0^2 维的列向量 $\boldsymbol{f}^m$,组成信号集合 f。

步骤6:选取高斯矩阵 $\boldsymbol{\Phi}(M\times N/2, M<N/2)$ 作为随机观测矩阵,分别对4个方向子带进行稀疏表示,用改进算法求解信号集合 f 在 $\boldsymbol{\Phi}$ 下的稀疏表示系数 α,即求解优化问题:$\forall f^l\in f(l=1,\cdots,L)$

$$\text{argmin}\ \|\alpha^l\|_0\ \text{满足}\ \|f^l-\boldsymbol{\Phi}\alpha^l\|_2\leqslant\varepsilon \tag{4-13}$$

式中,集合 f 的第 l 个元素表示为 f^l,稀疏表示系数 α 的第 l 个元素表示为 α^l,$\|\cdot\|_0$ 表示零范数,$\text{argmin}\ \|\alpha^l\|_0$ 是系数 α 中非零元素的个数,$\Gamma_{i,j}=\boldsymbol{\Phi}\alpha$ 为集合 $\boldsymbol{\Phi}\alpha$ 中像素 $B_m(i,j)$ 的向量均值,令 $\bar{B}_m=\Gamma$,则得到相干斑抑制后的高频子带。

步骤7:将方向子带 $\bar{B}_m$ 恢复重组为 $\bar{B}_n$。

步骤8:将抑斑后的子带系数 $\bar{A}$ 和 $\bar{B}_n$ 组合得到融合系数 $\overline{AB}_n$,进行Contourlet逆变换并反向平移得到相干斑抑制后的SAR图像 $\bar{I}$

$$\bar{I}=C_{-i,-j}(I)\overline{AB}_n \tag{4-14}$$

4.1.4 实验结果与性能分析

通过三组实验评估算法的相干斑抑制性能:实验一对仿真的SAR图像进行相干斑抑制,实验二选取两幅实测SAR图像进行相干斑抑制,实验三讨论在不同噪声水平下,各个相干斑抑制算法对噪声的抑制性能的定量比较。实验在Intel (R) Core (TM) i3-2100、内存为3GB机器上运行,软件版本为正版MATLAB 7.1。三组实验所采用的相干斑抑制算法分别为Wavelet-SP算法、Bandelet-SP算法、Shearlet-SP算法和本节算法。

1. 仿真SAR图像相干斑抑制实验

由于无法准确获取真实SAR图像的信噪比和边缘信息,为了客观展现不同算法的相干斑抑制和边缘保护性能,实验中首先构造一幅卡通图像,大小为256×256,如图4-7(a)所示。对卡通图像添加均值为1,方差为0.2的斑点乘性噪声,使其成为一幅含有相干斑噪声的仿真SAR图像,如图4-7(b)所示。仿真SAR图像的边缘二值图像如图4-7(c)所示。采用四种算法对仿真SAR图像的相干斑噪声进行抑制,得到抑斑后的图像,如图4-7(d)~(g)所示。

(a) 仿真SAR图像

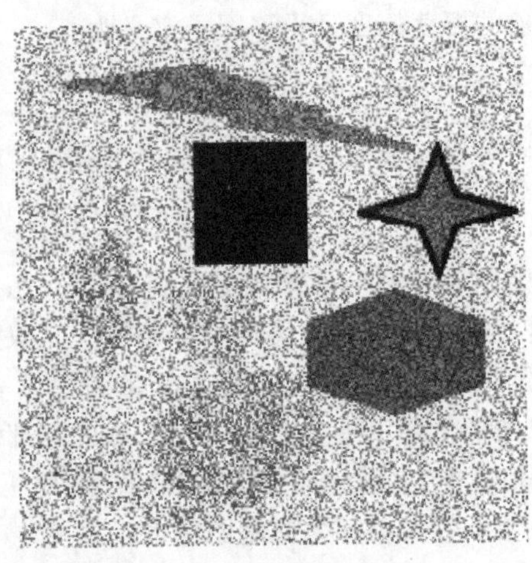

(b) 噪声图像

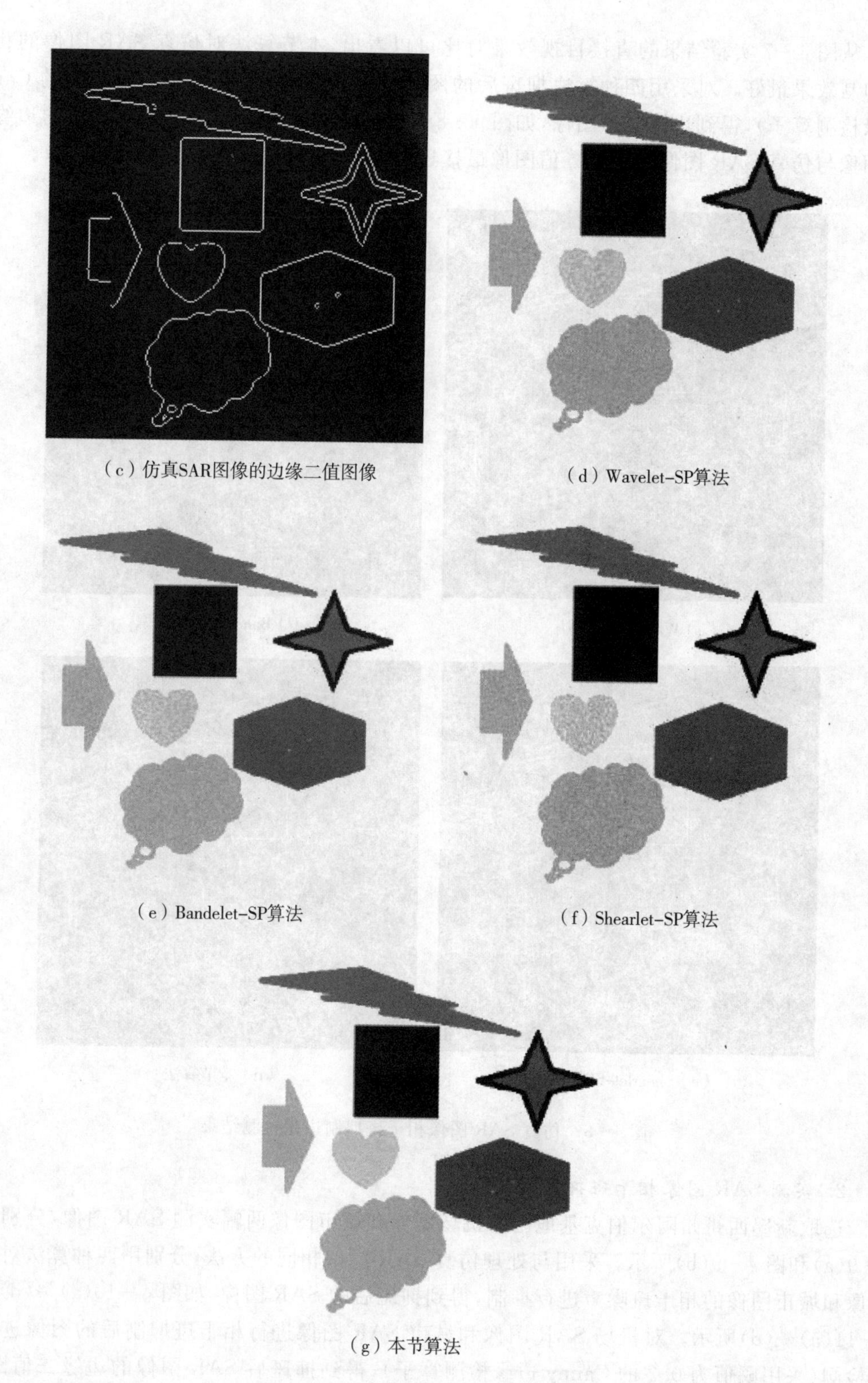

（c）仿真SAR图像的边缘二值图像

（d）Wavelet-SP算法

（e）Bandelet-SP算法

（f）Shearlet-SP算法

（g）本节算法

图 4-7　仿真 SAR 图像相干斑抑制实验结果

从图 4-7 实验结果的直接目视效果对比可以看出，本节算法对仿真 SAR 图像的相干斑抑制效果最好。对采用四种算法抑斑后的图像进行边缘检测（采用阈值为 0.2 的 Canny 边缘检测算子），得到边缘二值图像，如图 4-8(a)～(d)所示。可以看出本节算法的边缘二值图像与仿真 SAR 图像的边缘二值图像最接近，其他三种算法或多或少有虚假边缘。

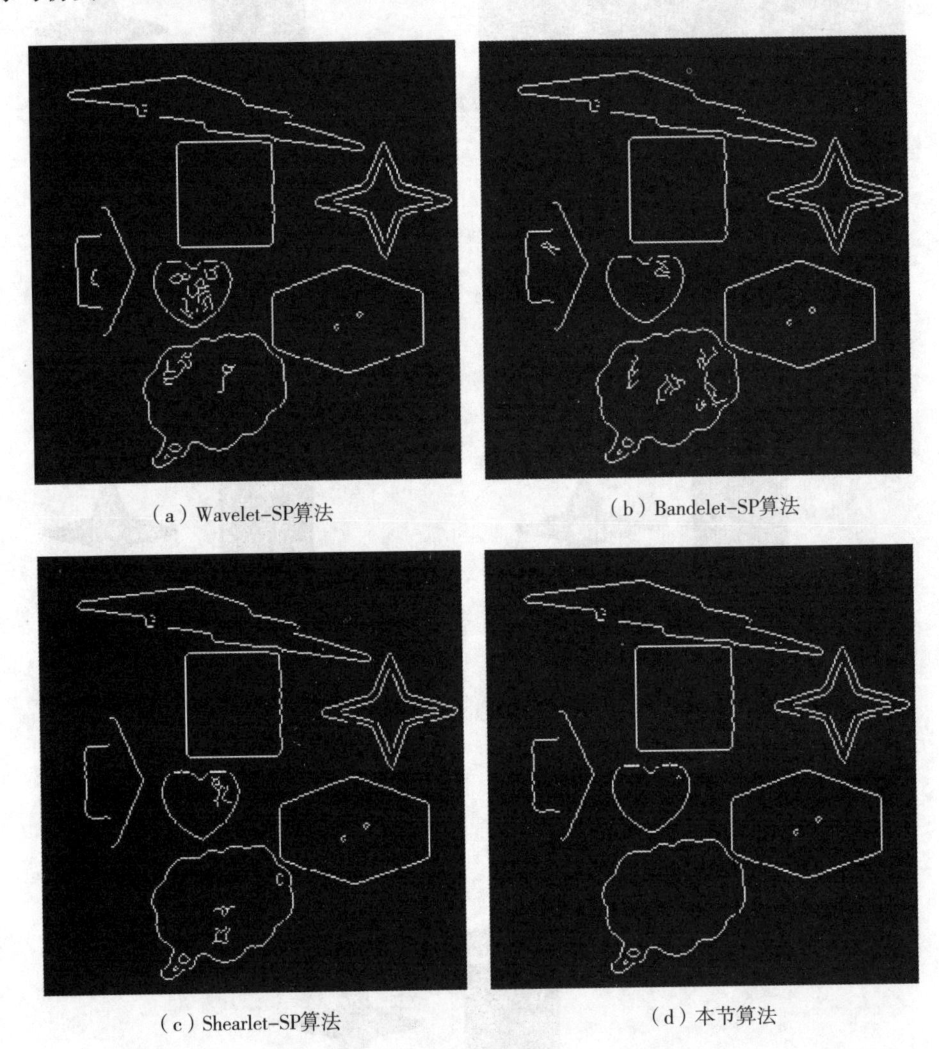

(a) Wavelet-SP算法　(b) Bandelet-SP算法

(c) Shearlet-SP算法　(d) 本节算法

图 4-8　仿真 SAR 图像相干斑抑制边缘检测结果

2. 实测 SAR 图像相干斑抑制实验

选取新墨西哥州阿尔伯克基地区的机场图像和城市图像两幅实测 SAR 图像，分别如图 4-9(a)和图 4-9(b)所示。采用与处理仿真 SAR 图像相同的方法，分别用四种算法对机场图像和城市图像的相干斑噪声进行抑制，得到抑斑后的 SAR 图像，如图 4-10(a)～(d)和图 4-11(a)～(d)所示。对机场 SAR 图像和城市 SAR 图像进行相干斑抑制后的图像进行边缘检测（采用阈值为 0.2 的 Canny 边缘检测算子），得到抑斑后 SAR 图像的边缘二值图像，如图 4-10(e)～(h)和图 4-11(e)～(h) 所示。

（a）机场图像

（b）城市图像

图 4-9　两幅实测 SAR 图像

（a）Wavelet-SP算法抑斑结果

（b）Bandelet-SP算法抑斑结果

（c）Shearlet-SP算法抑斑结果

（d）本节算法抑斑结果

（e）Wavelet-SP算法边缘检测结果　　（f）Bandelet-SP算法边缘检测结果

（g）Shearlet-SP算法边缘检测结果　　（h）本节算法边缘检测结果

图 4-10　对机场图像的相干斑抑制结果及边缘检测结果

（a）Wavelet-SP算法抑斑结果

（b）Bandelet-SP算法抑斑结果

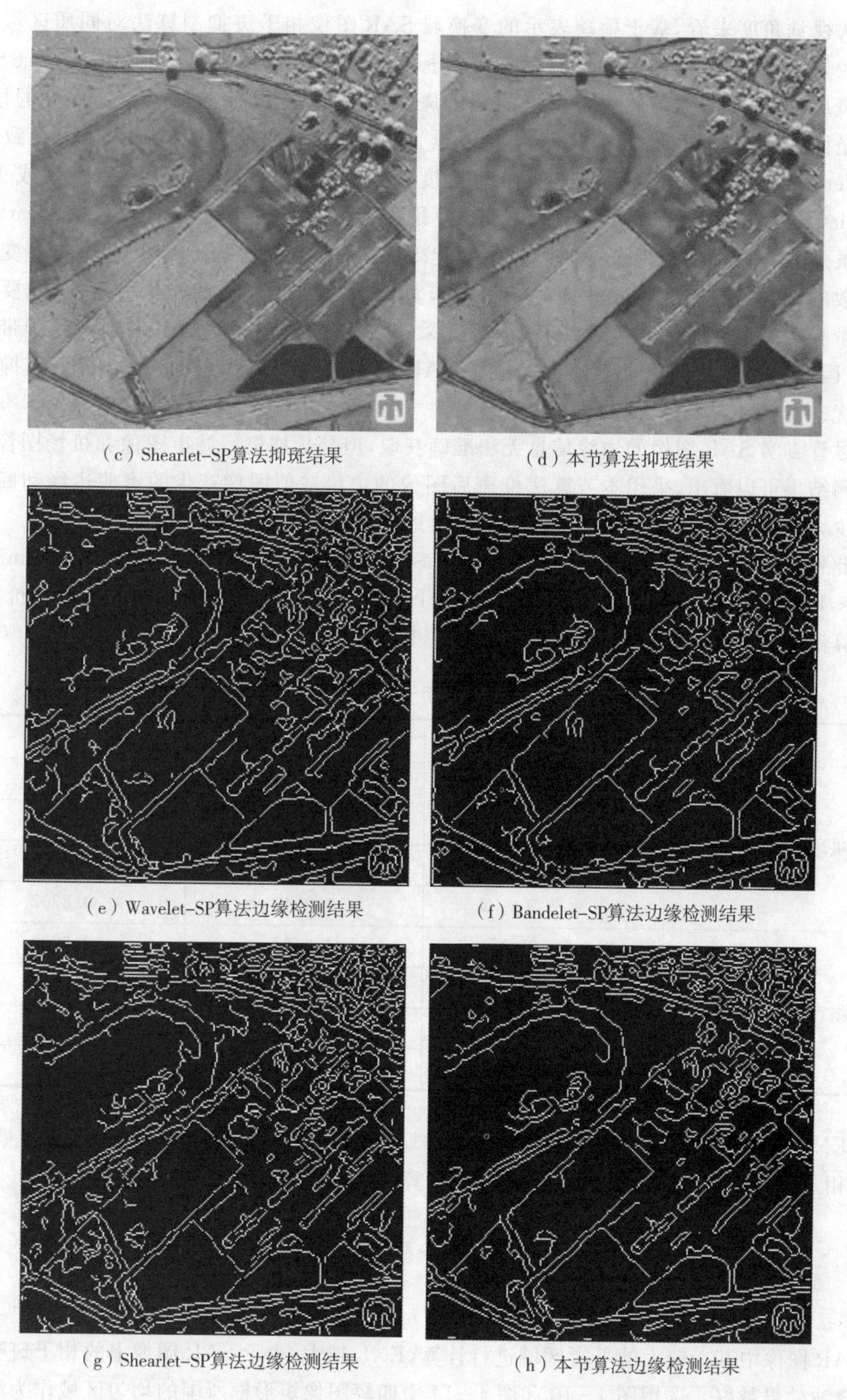

（c）Shearlet-SP算法抑斑结果　（d）本节算法抑斑结果

（e）Wavelet-SP算法边缘检测结果　（f）Bandelet-SP算法边缘检测结果

（g）Shearlet-SP算法边缘检测结果　（h）本节算法边缘检测结果

图 4－11　对城市图像的相干斑抑制结果及边缘检测结果

从视觉角度来看，基于稀疏表示的变换域 SAR 图像相干斑抑制算法对同质区域都能做到较好的平滑，对图像的边缘特征和点目标也能做到较好的保护。但是 Wavelet-SP 算法抑斑后的 SAR 图像仍然包含少量的相干斑噪声，并且点目标出现了一定程度的模糊，主要是因为城市和机场的 SAR 图像纹理丰富，图像在小波域的稀疏性降低，导致采用 Wavelet-SP 滤波算法抑斑后的图像中对比度微弱的点目标和线目标出现模糊或丢失。Bandelet-SP 算法对相干斑抑制效果较好，但是用在图像处理方面耗时较长。Shearlet-SP 算法虽然具有较好的相干斑抑制和边缘锐化效果，和本节算法相近，但是 Shearlet 变换阈值参数的选择需要多次实验才能确定。本节算法考虑到低频子带的非稀疏性，既要过滤掉少量噪声又要保持大尺度边缘特征，因此采用自蛇扩散进行滤波；考虑到高频子带的稀疏性，因此采用稀疏优化去噪模型完成了 SAR 图像的相干斑噪声的去除，相干斑抑制性能最优。

尽管真实 SAR 图像的边缘信息无法准确获取，但是从抑斑后城市图像和机场图像的边缘检测结果可以看出，采用本节算法抑斑后图像的边缘二值图像产生的虚假边缘和断裂现象最少，说明本节算法在去噪的同时最大限度地保护了图像的边缘特征。

此外，实验计算了机场 SAR 图像和城市 SAR 图像的等效视数(Equivalent Number of Looks，ENL)、边缘强度指数(Edge Strength Index，ESI)两个相干斑抑制的性能评价指标。四种算法的相干斑抑制性能评价指标见表 4-1。

表 4-1 四种算法的相干斑抑制性能评价指标

图像	去噪算法	ENL	ESI
机场 SAR 图像	Wavelet-SP 算法	7.3552	0.7645
	Bandelet-SP 算法	7.4369	0.8026
	Shearlet-SP 算法	8.6875	0.8132
	本节算法	9.2147	0.8707
城市 SAR 图像	Wavelet-SP 算法	4.9684	0.8203
	Bandelet-SP 算法	5.1002	0.8432
	Shearlet-SP 算法	5.3478	0.8668
	本节算法	5.6857	0.8748

ENL 描述图像均匀区域的平滑程度，反映滤波器的相干斑噪声抑制能力，是衡量 SAR 图像相干斑噪声相对强度的指标。ENL 的计算公式为

$$\mathrm{ENL}=\frac{\mu^2}{\sigma^2} \tag{4-15}$$

式中，μ 和 σ^2 分别为相干斑抑制后 SAR 图像 I 平滑区域像素的均值和方差。实验中可以选取 SAR 图像中某一较大的平滑区域进行计算，ENL 越大，表示 SAR 图像上的相干斑噪声越弱，滤波效果越好。选用图 4-10 和图 4-11 中四幅图像矩形框所围的均匀区域作为测试区域，得到不同算法处理后的 ENL 值。

ESI 定义为

$$\mathrm{ESI}=\frac{\sum_{i=1}^{m}\left|R_{\bar{I}}^{i}-R_{\bar{I}}^{j}\right|}{\sum_{i=1}^{m}\left|R_{I}^{i}-R_{I}^{j}\right|} \tag{4-16}$$

式中，$R_{\bar{I}}^{i}$ 和 R_{I}^{i} 分别是相干斑抑制后的 SAR 图像 $\bar{I}$ 和原始 SAR 图像 I 的第 i 个同质区域的均值，ESI 越大，边缘保护越好。

从表 4-1 所示的各种算法的相干斑抑制性能评价指标来看，本节提出的相干斑抑制算法的 ENL 和 ESI 两项指标值均最高，同时机场跑道及城市建筑等目标的边缘得到了较好的保护与锐化。实验一和实验二结果表明：无论是对仿真 SAR 图像，还是真实 SAR 图像，本节算法都能做到在抑制相干斑噪声的同时，有效地保护 SAR 图像的边缘信息。

3. 定量噪声抑制实验

为了更好地展示本节算法的优越性，实验三讨论在不同噪声水平下，4 种相干斑抑制算法对 SAR 图像抑斑后 PSNR 的定量比较。一般来讲，相干斑抑制后 SAR 图像的 PSNR 越大，相干斑抑制算法性能越好。

PSNR 公式定义如下：

$$\mathrm{PSNR}=10\lg\left(\frac{255^2}{\mathrm{MSE}}\right) \tag{4-17}$$

图 4-12(a)所示为实验 SAR 图像 I，分别以所添加的噪声方差为自变量，以 PSNR 为因变量，得到 Wavelet-SP 算法、Bandelet-SP 算法、Shearlet-SP 算法和本节算法对相干斑噪声的抑制性能比较曲线(噪声方差—峰值信噪比曲线)，如图 4-12(b)所示。噪声方差-峰值信噪比曲线验证了本节算法的优越性。

(a) SAR图像

(b) 四种算法的噪声方差-峰值信噪比曲线

图 4-12 四种算法相干斑抑制性能比较曲线

4.2 基于 Curvelet 变换的 SAR 图像相干斑抑制

在实际 SAR 图像去噪分析中,往往会遇到以下两个矛盾的问题。

(1)过度追求平滑效果,导致图像边缘与均匀变换的区域同时过滤而造成部分有用信息的丢失。

(2)刻意保持边缘等纹理信息,导致噪声抑制的结果不够理想。

因此,如何在保留边缘信息的同时达到理想的噪声抑制效果,成为相干斑抑制的研究重点。考虑到多尺度变换的分析方法,可以将图像进行不同层次的滤波。基于 Curvelet 变换的多尺度、多方向和各向异性,本节提出了一种结合 Curvelet 分析的非局部相干斑噪声抑制方法,在细尺度分量上采用基于核的非局部滤波,通过邻域间的欧氏距离衡量非局部信息与目标点之间的相对关系,并采用权值函数计算出非局部区域对目标像素的贡献值,在粗尺度上采用阈值分析的噪声抑制方法,通过在不同尺度上采用不同的噪声抑制算法,既可以提高抑制相干斑的效果,又可以较好地保存其边缘信息。

基于 Curvelet 变换的 SAR 图像相干斑抑制方法的具体流程如图 4-13 所示。

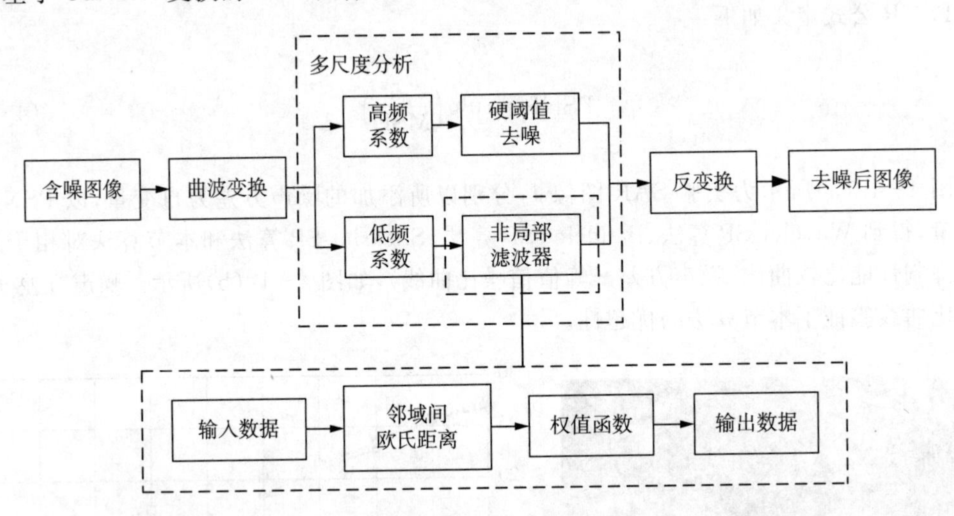

图 4-13 基于 Curvelet 变换的 SAR 图像相干斑抑制方法的具体流程

4.2.1 Curvelet 变换

Candes 和 Donoho 在 1999 年首次提出 Curvelet 变换理论,也称为第一代 Curvelet 变换。该理论从 Ridgelet 变换的基础上发展而来,在多尺度分析领域得到了广泛的应用。第一代 Curvelet 变换流程如图 4-14 所示。它是一种特殊的子带滤波和多尺度 Ridgelet 变换组合的产物。虽然 Ridgelet 变换对图像中的线奇异敏感,但是图像中以曲线居多,因此 Curvelet 变换首先对图像采用多频率层分解,对于不同层的频率分量系数进行大小不一的频率分块,使每一个子块中的奇异曲线可以近似描述为直线,然后对分量系数正则化,最后针对每一个频率子块进行分析。

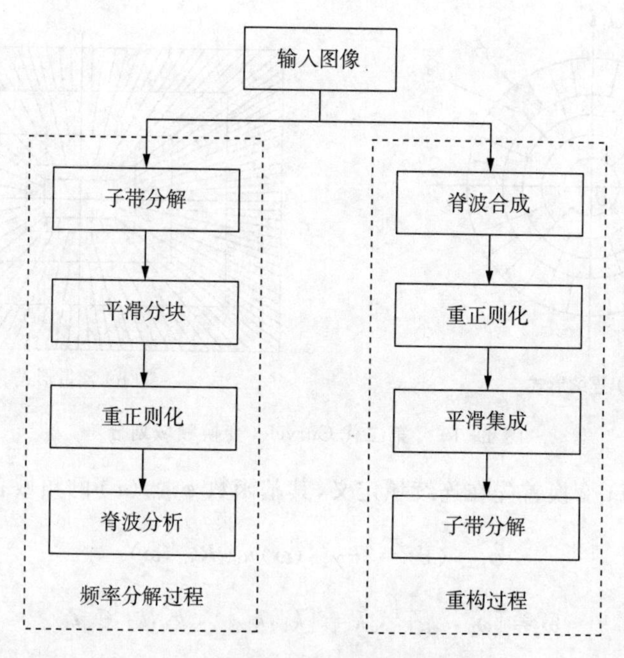

图 4-14　第一代 Curvelet 变换流程

第一代 Curvelet 变换的具体实现如下：

(1)通过滤波将图像 f 分解为低频逼近子带 $A_0 f$ 和细节子带 $\Delta_s f$，即

$$f \to (A_0 f,\ \Delta_1 f,\ \Delta_2 f,\ \Delta_3 f,\ \cdots) \tag{4-18}$$

式中，$\Delta_s f$ 的带通范围为 $2^s \leqslant |\omega| \leqslant 2^{2s+2}$，$\Delta_s f = f * \Psi_{2s}$，$\hat{\Psi}_{2s}(2^{-2s}\omega)$，$\Psi$ 为二维带通滤波器。

(2)将各细节子带对窗，将其平滑地分割成合适尺寸的正方形区域，即

$$\Delta_s f \to W_Q \Delta_s f \tag{4-19}$$

(3)对每个正方形区域 $W_Q \Delta_s f$ 进行归一化处理，即

$$g_Q = (T_Q)^{-1}(W_Q \Delta_s f) \tag{4-20}$$

(4)对 g_Q 进行 Ridgelet 变换。

第一代 Curvelet 实现步骤烦琐，不仅需要进行图像子带分解、频率分量系数分块等数学分析，还需要运用 Ridgelet 分析来对图像信息整合和判断。为克服第一代 Curvelet 变换高冗余的缺陷，Candes 等人在 2002 年提出了不需要分块操作和 Rigdelet 变换的第二代 Curvelet 变换，使分析思路更简单、更易于理解。第二代 Curvelet 变换完全脱离了 Ridgelet 的概念，在频率域利用快速离散曲波基对图像信号进行分解和处理。对于图像信号处理，通常采用快速离散算法(Fast Discrete Curvelet Transform，FDCT)对其进行分解。

第二代 Curvelet 变换的频率域分解形状由具有相同中心的方块区域 U_i 组成，每一个方块就代表着对应的一个频率层，在每个方块中按照一定的角度将其分割，尺度 i 越大，被分割的楔形状的区域个数越多，其中阴影部分的楔形区域 $U_{i,j}$ 表示频率层为 i 方向为 j 的频率分量系数，在 Curvelet 分析中 $U_{i,j}$ 就是其中的一个支撑区间，如图 4-15 所示。

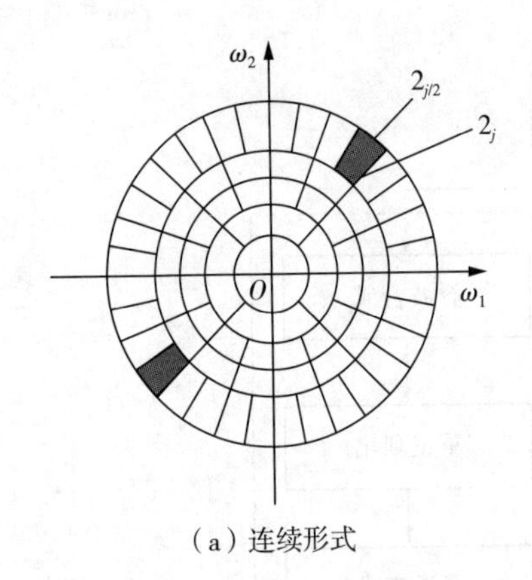

(a) 连续形式

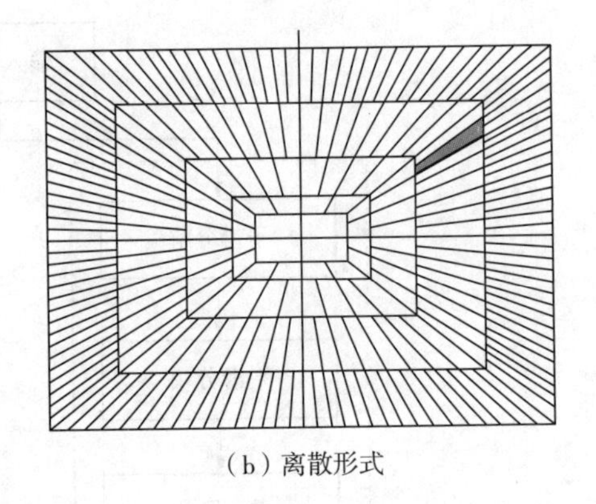
(b) 离散形式

图 4-15　第二代 Curvelet 变换频域划分

第二代 Curvelet 变换首先在连续域定义，其基函数 $\boldsymbol{\varphi}_{j,k,l}(x)$ 的频域表达式为

$$\hat{\boldsymbol{\varphi}}_{j,k,l}(x)=2\pi\chi_{j,l}(\boldsymbol{\omega})u_{j,\boldsymbol{k}}\boldsymbol{R}_{j,l}(\boldsymbol{\omega}) \tag{4-21}$$

$$\boldsymbol{\omega}=[\omega_0,\omega_1]^{\mathrm{T}},\ \boldsymbol{k}=[k_1,k_2]^{\mathrm{T}},\ k_1,k_2\in\mathbf{Z} \tag{4-22}$$

函数 f 的第二代 Curvelet 变换系数 $C_{j,k,l}$ 是 f 与 $\boldsymbol{\varphi}_{j,k,l}(x)$ 的内积，即

$$C_{j,k,l}=\int_{\boldsymbol{R}^2}f(x)\boldsymbol{\varphi}_{j,k,l}(x)\,\mathrm{d}x \tag{4-23}$$

式(4-21)中 $\boldsymbol{R}_{j,l}$ 为旋转矩阵，旋转角度为 $\theta_{j,l}=\dfrac{2\pi}{2^{-j}}$。$\mu_{j,k}$ 为二维谐波函数，它的频域表达式为

$$\hat{u}_{j,\boldsymbol{k}}(\boldsymbol{\omega})=\left[2^{-3j/2}/\left(2\pi\sqrt{\delta_0\delta_1}\right)\right]\mathrm{e}^{\mathrm{i}(k_0+1/2)2^{-2j}\omega_0/\delta_0}\mathrm{e}^{\mathrm{i}k_1 2^{-j}\omega_1/\delta_1} \tag{4-24}$$

式中，$\delta_0=14/3[1+O(2^{-j})]$；$\delta_1=10\pi/9$。

$\chi_{j,k}$ 为二维窗函数，其频域表达式为

$$\hat{\chi}_{j,k}(\omega)=w(2^{-2j}|\omega|)(v_{j,k}[\theta]+v_{j,l}[\theta+\pi]) \tag{4-25}$$

式中，$|\omega|=\sqrt{\omega_0^2+\omega_1^2}$。$v_{j,l}[\theta]$ 是极角窗函数，$v_{j,l}[\theta]=v[2^j\theta-l\pi]$，$v$ 为无限可微的偶函数，其支撑区间为 $[-\pi,\pi]$。假设对 v 进行周期为 2π 的延拓，并且 v 满足

$$|v^2(\theta)|+|v^2(\theta-\pi)|=1,\theta\in[0,2\pi) \tag{4-26}$$

$$\sum_{l=0}^{2^{j+1}-1}|v[2^j\theta-l\pi]|^2=1,\ j\geqslant 0 \tag{4-27}$$

式(4-25)中，w 为径向窗函数，且满足

$$|w_0[t]|^2+\sum_{j\geqslant 0}|w^2[2^{-2j}t]|^2=1,\ t\in\mathbf{R} \tag{4-28}$$

Candes 等利用 Meyer 小波构造径向窗函数 w。Meyer 小波是直接定义在频域的连续小波，其尺度函数和小波函数的傅里叶变换分别为 u_0 和 u。定义如下：

$$u_0[t]=\begin{cases}\dfrac{1}{\sqrt{2\pi}},\ 0\leqslant|t|\leqslant 2\pi/3\\ \dfrac{1}{\sqrt{2\pi}\cos\left[\dfrac{\pi}{2}\beta\left(\dfrac{3}{2\pi}|t|-1\right)\right]},\ 2\pi/3<|t|\leqslant 4\pi/3\\ 0,\text{其他}\end{cases} \tag{4-29}$$

$$u[t]=\begin{cases}\dfrac{1}{\sqrt{2\pi}}e^{it/2}\sin\left[\dfrac{\pi}{2}\beta\left(\dfrac{3}{4\pi}|t|-1\right)\right],\ 0\leqslant|t|\leqslant 4\pi/3\\ \dfrac{1}{\sqrt{2\pi}}e^{it/2}\cos\left[\dfrac{\pi}{2}\beta\left(\dfrac{3}{4\pi}|t|-1\right)\right],\ 4\pi/3<|t|\leqslant 8\pi/3\\ 0,\text{其他}\end{cases} \tag{4-30}$$

式(4-29)和式(4-30)中 β 为辅助函数，满足

$$\beta(x)=x^4(35-84x+70x^2-20x^3),x\in[0,1] \tag{4-31}$$

根据式(4-29)和式(4-30)，容易验证 u_0 和 u 满足以下关系：

$$|u_0(t)|^2+\sum_{j\geqslant 0}|u(2^{-j}t)|=1,\ t\geqslant 0 \tag{4-32}$$

径向窗函数 w 定义为

$$|w(t)|^2=|u_0(t)|^2+|u(t/2)|^2,\ w(t)=u_0(t) \tag{4-33}$$

根据式(4-33)，容易验证 w 满足式(4-28)。令 $\chi_0^2(\omega)=w_0^2(|\omega|)+w^2(|w|)$，容易验证 χ 满足下式：

$$|\chi_0(\omega)|^2+\sum_{j\geqslant 1}\sum_{l=0}^{2^j-1}|\chi_{j,l}(\omega)|^2=1 \tag{4-34}$$

式(4-34)表明 χ 实现了频域的多尺度、多方向划分，它将整个频域分割成不同尺度、不同方向的扇形区域，如图 4-15(a)所示。

定义笛卡儿坐标中的频域窗为

$$U_j(\omega)=W_j(\omega)V_j(\omega) \tag{4-35}$$

式中，$W_j(\omega)$ 为“半径窗”函数，$V_j(\omega)$ 为“角度窗”函数，ω 为傅里叶变换后频率域的频率。

$W_j(\omega)$ 和 $V_j(\omega)$ 分别满足式(4-36)和式(4-37)：

$$W_j(\omega)=\sqrt{\Phi_{j+1}^2(\omega)-\Phi_j^L(\omega)}\,,j>1 \tag{4-36}$$

$$V_j(\omega)=V(2^{j/2}\omega_2/\omega_1)\,,j>1 \tag{4-37}$$

式中，Φ 为一维低通窗口的内积。

$$\Phi_j(\omega_1,\omega_2)=\varphi(2^{-j}\omega_1)\,\varphi(2^{-j}\omega_2) \tag{4-38}$$

式中，低通函数 φ 满足 $0\leqslant\varphi\leqslant1$，在 $\left[-\frac{1}{2},\frac{1}{2}\right]$ 以内等于 1，在 $[-2,2]$ 以外为 0。

引入相同间隔的斜率 $\tan\theta_l=l\times2^{-j/2},l=-2^{-j/2},\cdots,2^{-j/2}$，则式(4-35)可以写成

$$U_{j,l}(\omega)=W_j(\omega)\,V_j(\boldsymbol{S}_{\theta_l}\omega) \tag{4-39}$$

式中，$\boldsymbol{S}_\theta$ 为剪切矩阵

$$\boldsymbol{S}_\theta=\begin{pmatrix}1 & 0\\ -\tan\theta & 1\end{pmatrix} \tag{4-40}$$

离散 Curvelet 基函数定义为

$$\boldsymbol{\varphi}_{j,k,l}(x)=2^{3j/4}\varphi_j\left[\boldsymbol{S}_{\theta_l}^{\mathrm{T}}(\boldsymbol{X}-\boldsymbol{S}_{\theta_l}^{-\mathrm{T}}b)\right],\ b\in(k_1\times2^{-j},k_2\times2^{-j}) \tag{4-41}$$

第二代 Curvelet 变换可以表示为

$$c(j,\boldsymbol{k},l)=\int f(w)\,U_j(\boldsymbol{S}_{\theta_l}^{-1}\omega)\exp\left[i\boldsymbol{S}_{\theta_l}^{-\mathrm{T}}b,\omega\right]\mathrm{d}\omega \tag{4-42}$$

曲波变换的优势主要包括以下三点。

(1) 具有多尺度性，而且每一个尺度都在二进制的方块中。

(2) 具有多方向性，每一个频率层中，不同的方向分量系数保存于不同的楔形子带内。

(3) 具有各向异性，曲波频率分量系数几乎能够拥有最优的非线性表示能力。

Curvelet 分析结构是一种新型的塔形结构，从分析角度不仅将空域和频域坐标相结合，使之具有二进尺度和二进位移的特点，同时，从几何角度将方向性和各向异性相融合，这给多尺度分析带来了新的研究思路。

4.2.2 非局部滤波器

在传统的局部邻域滤波的基础上，Buades 等人提出了一种非局部滤波技术，该方法的滤波效果与核函数的选择紧密相关。

原始 SAR 图像经过非局部滤波后，灰度值为

$$I'(i)=\sum_{j\in I}w(i,j)I(j) \tag{4-43}$$

式中，$I(j)$ 为原始图像，$I'(i)$ 为滤波后图像，像素点 i 的灰度值由整幅图像像素的加权平均得出，$w(i,j)$ 为权重系数，表示像素 i 和 j 之间的近似度，其中：

$$0 \leqslant w(i,j) \leqslant 1, \sum_j w(i,j) = 1 \tag{4-44}$$

像素 i 和 j 之间的近似度由 $I(S_i)$ 和 $I(S_j)$ 确定，其中 S_i 描述为以 i 为中心、大小一定的正方形邻域，利用高斯窗函数卷积欧氏距离差 $\| G_a \otimes [I(S_i) - I(S_j)] \|_2^2$ 来衡量 i 和 j 之间的近似性，G_a 为高斯核，a 为标准差。

权值函数 $w(i,j)$ 定义为：

$$w(i,j) = \frac{1}{Z(i)} \exp\left(-\frac{\| G_a \otimes [I(S_i) - I(S_j)] \|_2^2}{\alpha^2}\right) \tag{4-45}$$

$$Z(i) = \sum_j \exp\left(-\frac{\| G_a \otimes [I(S_i) - I(S_j)] \|_2^2}{\alpha^2}\right) \tag{4-46}$$

式中，$Z(i)$ 为归一化常量，α 为控制系数，控制权值函数 $w(i,j)$ 的衰减速率，决定图像的平滑程度。

将式(4-45) 写成

$$w(i,j) = \frac{1}{Z(i)} f(\| I(S_i) - I(S_j) \|_2) \tag{4-47}$$

式中，$\| \cdot \|_2$ 表示 L2 范数，对 $w(i,j)$ 的分析也就是对核函数 $f(\cdot)$ 的研究。常用的核函数有如下三种。

(1) 高斯函数：

$$f(x) = \exp\left(-\frac{x^2}{2\alpha^2}\right) \tag{4-48}$$

(2) 土耳其函数：

$$f(x) = \begin{cases} \frac{1}{2}\left(1 - \left(\frac{x}{\alpha}\right)^2\right)^2, & 0 < x \leqslant \alpha \\ 0, & \text{其他} \end{cases} \tag{4-49}$$

(3) 余弦函数

$$f(x) = \begin{cases} \cos\left(\frac{\pi x}{2\alpha}\right), & 0 < x \leqslant \alpha \\ 0, & \text{其他} \end{cases} \tag{4-50}$$

非局部滤波采用了点与点的相似性构造滤波判断准则。j 和 i 越相似，权值就会越大，对于 i 的贡献越大；相反越不相似，贡献越小。从已有的工作来看，欧氏距离的相似性判断准则有效且可靠。

在权值函数中，高斯窗函数的作用主要有以下两点。

(1) 对含噪图像采取高斯平滑预处理，这在一定程度上降低噪声对信号的影响，提高欧氏距离的可靠性。

(2) 突出中心像素点的作用，参与权值计算的是中心像素点的邻域，增加高斯核函数能够提高算法的鲁棒性。

4.2.3 基于 Curvelet 变换的 SAR 图像相干斑抑制算法

考虑到 Curvelet 变换能够将图像进行多尺度分解，能够将图像的频率信息进行重新整合，非局部滤波分析法相比单像素分析法，能够更好地评价各邻域点对于中心点的贡献，在噪声抑制中，能够较好地降低噪声点对于真实信号点的负面增益，同时增强非噪声点对于真实信号点的正面增益。本节提出一种基于 Curvelet 变换的非局部噪声抑制方法，结合多尺度几何分析方法，通过非局部滤波器来对图像进行噪声抑制。

在处理低频分量系数时，通过非局部滤波器，估计出滤波后的系数。根据式(4－45)可以得到

$$w(i)=\frac{1}{Z(i)}\exp\left(-\frac{\| G_a \otimes [\varphi(S_i)-\varphi(S_j)] \|_2^2}{\alpha^2}\right) \tag{4-51}$$

$$Z(i)=\sum_j \exp\left(-\frac{\| G_a \otimes [\varphi(S_i)-\varphi(S_j)] \|_2^2}{\alpha^2}\right) \tag{4-52}$$

式中，w 为滤波后的系数，$\varphi(S)$ 为曲波变换低频系数，同样的，S 代表了在中心像素点取一定大小的邻域，通常取 5×5 的邻域。

在处理高频分量系数时，结合硬阈值，公式为

$$w(i)=\begin{cases} 0, & |\varphi(i)|\leqslant T \\ \varphi(i), & |\varphi(i)|>T \end{cases} \tag{4-53}$$

式中，T 为阈值，一般取 $T=0.1\cdot \max(\varphi(i))$，$\varphi(i)$ 为高频分量系数。

基于 Curvelet 变换的 SAR 图像相干斑抑制算法的步骤如下。

步骤 1：将初始图像转换到对数域，得到加性噪声模型。

步骤 2：将对数域的图像进行曲波频率分解，得到不同尺度下的频率分量系数。

步骤 3：取低频系数，通过非局部滤波器滤波，根据式(4－51)计算滤波后的系数。

步骤 4：取高频系数，设置阈值，根据式(4－53)进行滤波计算。

步骤 5：将各分量系数进行反变换得到新图像。

基于 Curvelet 变换的 SAR 图像相干斑抑制算法结合了多尺度几何分析和非局部滤波各自的优势，采用 Curvelet 变换将图像分解为不同的频率域。其中，低频域保留了图像的大部分信息和能量，如果使用传统的阈值方法会使边缘信息丢失，降低有用信息的保存能力，而非局部滤波方法将邻域的信息用于对中心像素点的贡献上，那么图像的真实信息贡献较

大，保留的概率更大，噪声信息贡献较小，去除的概率更大。在高频域，采用硬阈值的噪声抑制方法能够用更高的效率将残余的噪声信号滤除。下面的仿真实验证明，该方法相比传统的软阈值小波变换滤波方法和 Lee 滤波方法有更好的噪声抑制效果。

4.2.4　实验结果与性能分析

下面通过两组实验分析说明本节方法的性能，将本节方法与传统的软阈值小波变换滤波方法和 Lee 滤波方法进行比较，来说明本节方法的有效性和优越性。

实验一　实验选取美国西部某地区马场附近的 SAR 图像，图像大小为 256×256，如图 4-16(a)所示。图 4-16(b)～(d)分别为 Lee 滤波方法、软阈值小波变换滤波方法及本节方法处理结果。其中 Lee 滤波的滑窗大小为 5×5；小波变换滤波方法选取 sym4 小波基，分解层数为 2 层，采用全局方法进行滤波；本节方法中 Curvelet 变换的核函数选取土耳其函数。

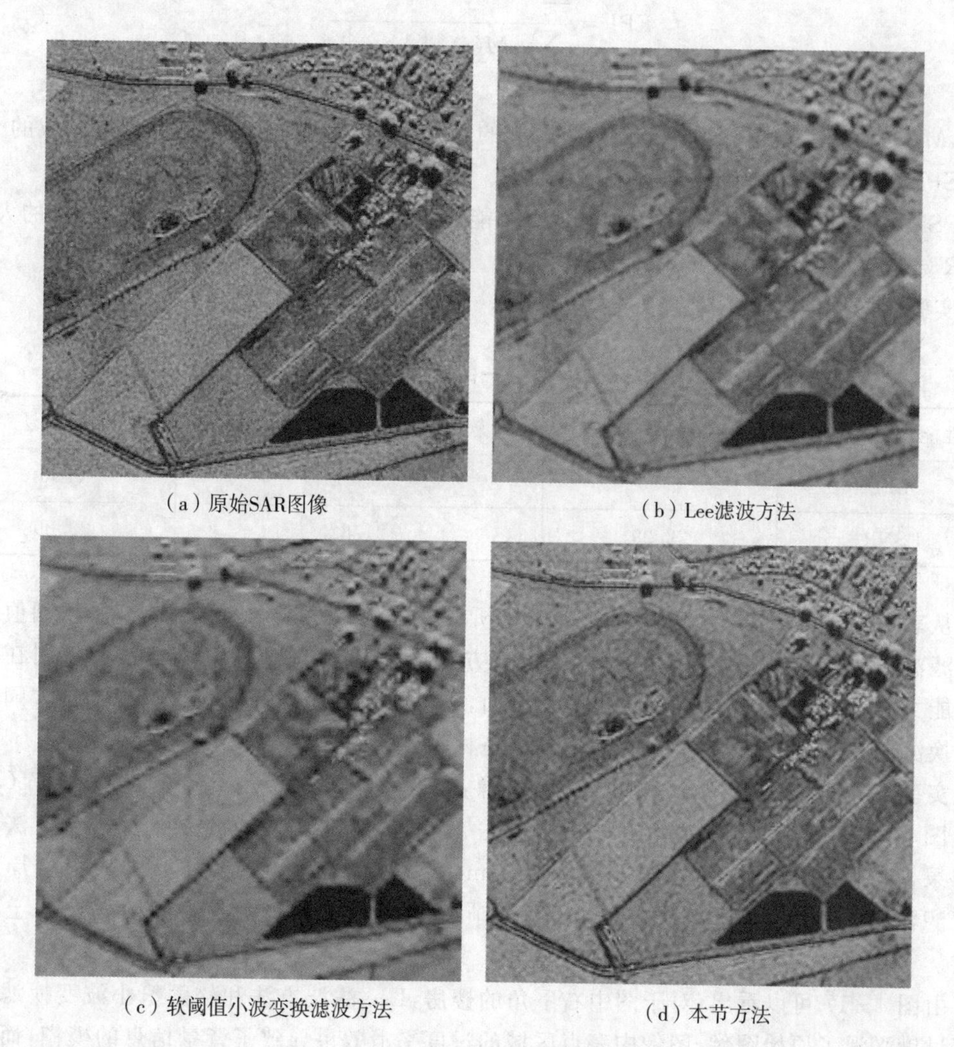

(a) 原始SAR图像　　(b) Lee滤波方法

(c) 软阈值小波变换滤波方法　　(d) 本节方法

图 4-16　实验一相干斑噪声抑制结果

从图 4-16 的相干斑噪声抑制结果来看，Lee 滤波方法能够在均匀区域取得较好的相干斑抑制效果，但是对整幅图像的过度平滑也导致了边缘等纹理信息严重丢失，所以 Lee 滤波方法是以丢失真实信息为代价换取了图像的平滑滤波。同样的，软阈值小波变换滤波方法也存在对边缘信息保持效果不佳的缺陷。而本节提出的方法，相比前两种方法，能够综合保持边缘信息和均匀区域平滑滤波两个方面，如在马场上比较开阔的草原区域，能够很好地抑制噪声的影响，而马场和郊区图像的边缘却能很好地保持，受到均匀区域平滑滤波影响较小，视觉上能够很好地分辨出两者的区别。

除了人眼的视觉评价，本实验还引进了客观的性能评价指标来衡量各方法的噪声抑制效果，利用边缘保持指数(Edge Preserving Index，EPI)和 PSNR 来衡量各方法的滤波性能。

EPI 用于衡量边缘保持能力，表达式如下：

$$\mathrm{EPI}=\frac{\sum\limits_{i<j}|M'(i)-M'(j)|}{\sum\limits_{i<j}|M(i)-M(j)|} \tag{4-54}$$

式中，$M'(i)$为相干斑抑制后第 i 个匀质区域的平均量，$M(i)$为原始图像中对应区域的平均量。EPI 越大，边缘保持能力越好。

PSNR 的计算公式见式(4-17)。PSNR 能够直接反映 SAR 图像所含信息总量的大小，PSNR 数值越大，图像所含的信息就越多。

实验一的性能评价指标见表 4-2。

表 4-2　实验一的性能评价指标

性能评价指标	Lee 滤波方法	软阈值小波变换滤波方法	本节方法
EPI	0.35	0.29	0.36
PSNR	22.29	21.82	28.89

从表 4-2 可以看出：从边缘保持能力分析看，本节方法好于 Lee 滤波方法，软阈值小波变换滤波方法最差；从 PSNR 角度分析，本节方法最好，其次是 Lee 滤波方法。说明在边缘保持能力和 SAR 图像噪声抑制效果两个方面，本节方法最好，Lee 滤波方法其次，软阈值小波变换滤波方法最差，这与本文的理论分析是相吻合的。

实验二选取场景更为复杂的 SAR 图像，图像大小为 256×256，如图 4-17(a)所示。图 4-17(b)～(d)分别为 Lee 滤波方法、软阈值小波变换滤波方法及本节方法的处理结果。软阈值小波变换滤波方法选取 sym4 小波基，分解层数为 2 层，采用全局方法进行滤波；Lee 滤波的滑窗大小为 5×5；本节方法中 Curvelet 变换的核函数选取土耳其函数。

由图 4-17 可以看出：对于图中右下角的楼房，Lee 滤波方法和软阈值小波变换滤波方法都过度平滑了原始图像，图像中亮点区域的过度平滑效果导致了背景信息的模糊，而本节方法能够在平滑的同时更好地保持了高楼、环境等边缘信息。不仅如此，相比 Lee 滤波方法

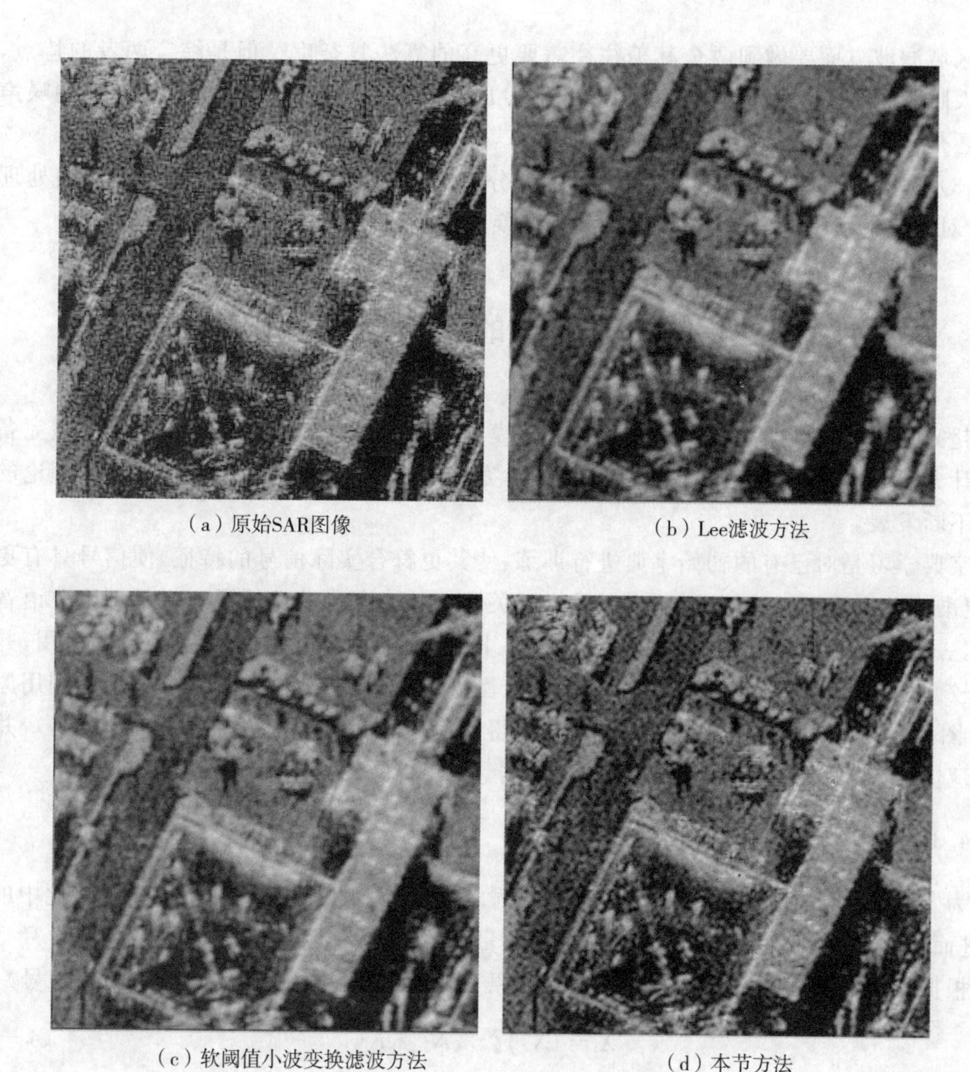

（a）原始SAR图像　（b）Lee滤波方法

（c）软阈值小波变换滤波方法　（d）本节方法

图 4－17　实验二相干斑噪声抑制结果

和软阈值小波变换滤波方法，本节方法还能更好地体现出图像中的立体感信息，对于阴影部分，并没有出现因为过度平滑而导致信息丢失的现象。实验二的性能评价指标见表 4－3。

表 4－3　实验二性能评价指标

性能评价指标	Lee 滤波方法	软阈值小波变换滤波方法	本节方法
EPI	0.40	0.38	0.65
PSNR	23.77	23.62	28.41

从两组实验可以看出以下三点内容。

（1）采用本节方法可以更好地保持原始图像中的边缘信息，尽量减少因为过度平滑滤波而导致边缘信息的丢失。

（2）本节方法在匀质区域的滤波效果尚没有达到最理想的情况，这是因为在保持边缘和匀质区域滤波方面要做到两全其美往往需要更高的算法复杂度。但是综合两者的特点，以提高人眼识别和机器识别能力为目的，以及从 PSNR 的评价来看，本节方法在总体的噪声抑制上还是体现出相比于其他两种方法的优势。

(3)采用变换域的技术手段，能够更好地分离图像的结构信息，以加强对图像的处理效率，针对不同的目标和需求，可以灵活处理变换系数，以得到更良好的效果。

4.3 基于 K-SVD 算法的 SAR 图像相干斑抑制

超完备字典设计问题是信号稀疏表示建模中的研究热点之一。相比于传统的超完备字典设计方法，基于学习模式的超完备字典设计方法出现较晚，本身也随着稀疏表示理论的发展而不断发展。

字典学习是对已有的初始字典进行训练，使其更符合实际信号的特征，使信号具有更稀疏、更准确的表示，因而引起了研究者的广泛关注。基于字典学习的稀疏表示理论在语音的增强、去噪、超分辨及图像的压缩、分离、修复、目标检测、识别等领域得到了广泛应用，并取得了较好的应用效果。基于字典学习的 SAR 图像相干斑抑制算法，其基本思想是利用原始 SAR 图像作为样本数据，通过学习的方式获得具有良好逼近特性的原子集合(字典)，并利用稀疏优化方法重建降噪后的 SAR 图像数据。

4.3.1 基于聚类算法的向量量化

为了不失一般性，以 K 均值聚类算法为例，来解释说明聚类算法在信号向量量化中的应用，进而说明 K-SVD 算法是 K 均值聚类向量量化算法进一步的扩展。

根据 K 近邻规则，一个包含 K 个码字(原子) 的码本可以用来表示一簇向量(信号)：

$$X = \{X_k\}_{k=1}^{N}, N \geqslant K \tag{4-55}$$

于是，所选定的码本可以用来压缩和表示 $\mathbf{R}^N$ 空间中以此码本为聚类中心的一簇 N 维向量。通过 K 均值聚类算法对码本进行训练，得到能有效表示一簇 N 维向量的码本。这一思想方法与本章所研究的问题密切相关。

定义 $\mathbf{R}^N$ 空间中向量的码本矩阵：

$$\boldsymbol{\Psi} = [\Psi_1, \Psi_2, \cdots, \Psi_K] \tag{4-56}$$

式中，$\boldsymbol{\Psi}_k (k=1,2,\cdots,K)$ 为原子。于是，当码本矩阵 $\boldsymbol{\Psi}$(字典) 给定时，$\mathbf{R}^N$ 空间中的任意 N 维向量都可由 $\boldsymbol{\Psi}$ 在 l^2 范数约束下进行表示，即

$$\boldsymbol{X}_k = \boldsymbol{\Psi}\alpha_k \tag{4-57}$$

式中，$\boldsymbol{\alpha}_k = \boldsymbol{e}_l$ 是单位向量，即 $\boldsymbol{e}_l$ 为第 l 个元素为 1 其余元素全为 0 的向量。指标 l 的选取过程可以描述为对 $\forall m \neq l$，有

$$\| \boldsymbol{X}_k - \boldsymbol{\Psi} e_l \|_2 \leqslant \| \boldsymbol{X}_k - \boldsymbol{\Psi} e_m \|_2 \tag{4-58}$$

向量 $\boldsymbol{X}_k$ 可以由一个范数为1的原子及码本矩阵来重建。为了更精确地表述问题，考虑从MSE的角度描述问题：

$$\varepsilon_k = \| \boldsymbol{X}_k - \boldsymbol{\Psi\alpha}_k \|_2^2 \tag{4-59}$$

总均方误差为

$$\varepsilon = \sum_{k=1}^{K} \varepsilon_k = \| \boldsymbol{X} - \boldsymbol{\Psi\alpha} \|_F^2 \tag{4-60}$$

对码本矩阵(字典)的学习过程就可以建模为如下稀疏优化问题：

$$\min_{\boldsymbol{\Psi},\boldsymbol{\alpha}} \{ \| \boldsymbol{X} - \boldsymbol{\Psi\alpha} \|_F^2 \} \text{ 满足 } \forall k, \exists l \text{ 使 } \boldsymbol{\alpha}_k = \boldsymbol{e}_l \tag{4-61}$$

事实上，运用K均值聚类算法，通过迭代方式可以实现对上述优化模型的求解，从而获得字典 $\boldsymbol{\Psi}$。

4.3.2 K-SVD 算法

建立在超完备字典基础上的稀疏表示具有较强的数据压缩能力，并且其稀疏性可以提供稳健的建模假设。相对于非自适应构造字典方法，自适应方法具有更好的逼近性能。下面将讨论通过K均值奇异值分解(K-SVD)算法实现数据信号的自适应超完备字典设计。K-SVD算法本质上是通过对回归模型中的拟合项进行多次奇异值分解，求得超完备字典的 K 个原子，通过OMP算法实现数据信号的稀疏表示。

首先将SAR图像 I 中 (i,j) 位置的 $h \times h$ 图像片的各列向量首尾相接排成 h^2 维列向量 $\boldsymbol{v}_{ij}$，然后将 $\boldsymbol{v}_{ij}$ $(1 \leqslant i \leqslant M, 1 \leqslant j \leqslant N)$ 组合成矩阵形式：

$$\boldsymbol{X} = [\boldsymbol{v}_{11}, \boldsymbol{v}_{12}, \cdots, \boldsymbol{v}_{21}, \boldsymbol{v}_{22}, \cdots, \boldsymbol{v}_{MN}] \tag{4-62}$$

设字典为 $\boldsymbol{\Psi}$，信号集合 $\boldsymbol{X}$ 在字典 $\boldsymbol{\Psi}$ 下的稀疏表示集合为 α。字典学习和稀疏表示问题可以描述为如下回归模型：

$$\min_{\boldsymbol{\Psi},\boldsymbol{\alpha}} \left\{ \sum_{l=1}^{L} \| \boldsymbol{X}^l - \boldsymbol{\Psi\alpha}^l \| \right\} \text{ 满足 } \forall l \ \| \boldsymbol{\alpha}^l \|_0 \leqslant K \tag{4-63}$$

式中，$\| \cdot \|_0$ 为 l^0 范数；$\boldsymbol{\alpha}^l$ 为 $\boldsymbol{\alpha}$ 的第 l 列向量；K 为自然数，表示信号的稀疏度。

式(4-63)的拟合项可以表示为：

$$\begin{aligned}
&\min_{\boldsymbol{\Psi},\boldsymbol{\alpha}} \{ \| \vec{\boldsymbol{X}} - (\boldsymbol{\alpha} \boxed{\cdot} \Psi) \boldsymbol{e} \|_2^2 \} \\
&= \min_{\boldsymbol{\Psi},\boldsymbol{\alpha}} \left\{ \| \boldsymbol{X} - \sum_{j=1}^{K} \boldsymbol{\Psi}^j \boldsymbol{\alpha}_j \|_F^2 \right\} \\
&= \min_{\boldsymbol{\Psi},\boldsymbol{\alpha}} \left\{ \| \left(\boldsymbol{X} - \sum_{j \neq k}^{K} \boldsymbol{\Psi}^j \boldsymbol{\alpha}_j \right) - \boldsymbol{\Psi}^k \boldsymbol{\alpha}_k \|_F^2 \right\} \\
&= \min_{\boldsymbol{\Psi},\boldsymbol{\alpha}} \{ \| \boldsymbol{\varepsilon}^{(k)} - \boldsymbol{\Psi}^k \boldsymbol{\alpha}_k \|_F^2 \}
\end{aligned} \tag{4-64}$$

式中，$\varepsilon^{(k)} \triangleq \boldsymbol{X} - \sum_{j \neq k}^{K} \boldsymbol{\Psi}^j \boldsymbol{\alpha}_j$，$\boxdot$ 表示 Khatri-Rao 矩阵积；$\vec{\boldsymbol{X}}$ 为将矩阵 $\boldsymbol{X}$ 各列向量首尾相接排成的列向量；$\boldsymbol{e}$ 为元素全为 1 的列向量。K-SVD 算法依据式(4-64)，迭代更新误差项 $\boldsymbol{\varepsilon}^{(k)}$，获得数据集 $\boldsymbol{X}$ 在优化意义下的超完备变换字典 $\boldsymbol{\Psi}$ 和相应变换系数 $\boldsymbol{\alpha}$，从而实现 $\boldsymbol{X}$ 的稀疏表示。

K-SVD 算法的主要步骤如下。

步骤 1：选取冗余离散余弦变换矩阵作为初始字典 $\Psi^{(0)}$。

步骤 2：设 $t=1$，以迭代次数 T 和逼近误差 δ 设定停止迭代条件。

步骤 3：在 l^2 范数意义下归一化字典 Ψ 的各原子。

步骤 4：用 OMP 算法计算信号矩阵 $\boldsymbol{X}$ 在字典 $\boldsymbol{\Psi}$ 下的稀疏表示系数矩阵 $\boldsymbol{\alpha}$，即求解如下优化问题：$\boldsymbol{X}^l \in \boldsymbol{X}, l=1,2,\cdots,L$

$$\min_{\boldsymbol{\alpha}^l} \{ \| \boldsymbol{X}^l - \boldsymbol{\Psi}\boldsymbol{\alpha}^l \|_2^2 \} \tag{4-65}$$

满足 $\| \boldsymbol{\alpha}^l \|_0 \leqslant K$，$\boldsymbol{X}^l$ 表示 $\boldsymbol{X}$ 的第 l 列向量，$\boldsymbol{\alpha}^l$ 表示 $\boldsymbol{\alpha}$ 的第 l 列向量。

步骤 5：对每一个 k：$1 \leqslant k \leqslant K$，做循环迭代，其中，$K$ 是 X 行向量的维数。

(1) 定义指标集：

$$\Omega^{(k)} = \{ l \mid 1 \leqslant l \leqslant L, \alpha_k^l \neq 0 \} \tag{4-66}$$

式中，α_k^l 为 $\boldsymbol{\alpha}$ 的第 k 行向量 $\boldsymbol{\alpha}_k$ 的第 l 元素。

(2) 计算

$$\boldsymbol{\varepsilon}^{(k)} = \boldsymbol{\alpha} - (\boldsymbol{\Psi}\boldsymbol{\alpha} - \boldsymbol{\Psi}^k \boldsymbol{\alpha}_k) \tag{4-67}$$

式中，$\boldsymbol{\alpha}_k$ 为 $\boldsymbol{\alpha}$ 的第 k 行向量，$\boldsymbol{\Psi}^k$ 为 $\boldsymbol{\Psi}$ 的第 k 列向量。

(3) 选取指标集 $\Omega^{(k)}$ 在 $\boldsymbol{\varepsilon}^{(k)}$ 中所对应的列，记作 $\boldsymbol{\varepsilon}_{\Omega^{(k)}}^{(k)}$。

(4) 运用奇异值分解：$\boldsymbol{\varepsilon}_{\Omega^{(k)}}^{(k)} = \mathrm{U}\Lambda\mathrm{V}$，更新 $\boldsymbol{\Psi}^k = \boldsymbol{U}^1$ 和 $\boldsymbol{\alpha}_k = \Lambda_1^1 \boldsymbol{V}^1$，$\boldsymbol{U}^1$ 表示 $\boldsymbol{U}$ 的第 1 列向量，$\boldsymbol{V}^1$ 表示 $\boldsymbol{V}$ 的第 1 列向量，Λ_1^1 表示 $\boldsymbol{\Lambda}$ 的第 1 行、第 1 列元素，即最大特征值。

步骤 6：令 $t=t+1$，重复步骤 3～步骤 5；若满足迭代停止条件，停止迭代后转到步骤 7。

步骤 7：执行步骤 3 和步骤 4，输出结果 $\boldsymbol{\Psi}$ 和 $\boldsymbol{\alpha}$。

4.3.3 K-SVD 算法在 SAR 图像相干斑抑制中的应用

Goodman 在研究中指出，当 SAR 图像系统的分辨单元小于目标的空间细节时，认为 SAR 图像中像素的退化是彼此独立的，斑点噪声可以被建模为乘性噪声，即

$$\boldsymbol{I} = N\hat{\boldsymbol{I}} \tag{4-68}$$

式中，$\boldsymbol{I}$ 为获取的 SAR 图像，$\hat{\boldsymbol{I}}$ 为场景分辨单元的平均强度，N 为斑点噪声。若记 $\boldsymbol{I}$ 同质区域的均值为 $m_{\boldsymbol{I}}$，标准方差为 $\sigma_{\boldsymbol{I}}$，则 N 的标准方差为

$$\sigma_N = \sigma_{\boldsymbol{I}} / m_{\boldsymbol{I}} \tag{4-69}$$

结合式(4-63)，$\boldsymbol{X}$ 中的元素是 SAR 图像 $\boldsymbol{I}$ 各像素的局部邻域像素所构成的列向量，基于稀疏表示的 SAR 图像降噪模型可以表述为如下优化问题：

$$\min_{I,\Psi,\alpha}\left\{\lambda\parallel \boldsymbol{I}-\hat{\boldsymbol{I}}\parallel+\sum_{ij}\parallel \boldsymbol{\alpha}_{ij}\parallel_0+\sum_{ij}\parallel \boldsymbol{\Psi}\boldsymbol{\alpha}_{ij}-\boldsymbol{R}_{ij}\boldsymbol{X}\parallel_2^2\right\} \tag{4-70}$$

对式(4－70)进行优化求解是一个比较复杂的过程,可以将其分解为两个步骤进行处理,首先利用 K-SVD 算法获得字典 $\boldsymbol{\Psi}$,通过匹配追踪算法求解稀疏表示系数 $\hat{\boldsymbol{\alpha}}_{ij}$。然后求解如下优化问题:

$$\hat{\boldsymbol{X}}=\arg\min_{\boldsymbol{X}}\left\{\lambda\parallel \boldsymbol{I}-\hat{\boldsymbol{I}}\parallel+\sum_{ij}\parallel \boldsymbol{\Psi}\alpha_{ij}-\boldsymbol{R}_{ij}\boldsymbol{X}\parallel_2^2\right\} \tag{4-71}$$

式(4－71)有闭形式解:

$$\hat{\boldsymbol{X}}=\left(\lambda\hat{\boldsymbol{I}}+\sum_{ij}\boldsymbol{R}_{ij}^{\mathrm{T}}\boldsymbol{R}_{ij}\right)^{-1}\left(\lambda\boldsymbol{I}+\sum_{ij}\boldsymbol{R}_{ij}^{\mathrm{T}}\boldsymbol{\Psi}\hat{\alpha}_{ij}\right) \tag{4-72}$$

基于 K-SVD 算法的 SAR 图像噪声抑制算法的主要步骤如下。

步骤 1:选取冗余离散余弦变换矩阵作为初始字典 $\boldsymbol{\Psi}^{(0)}$。

步骤 2:由 SAR 图像 $\boldsymbol{I}$ 各像素的局部邻域像素构成的列向量集合 $\boldsymbol{X}_{\boldsymbol{I}}$。

步骤 3:运用 K-SVD 算法获得字典 $\boldsymbol{\Psi}$ 和稀疏表示系数集合 $\boldsymbol{\alpha}$。

步骤 4:运用式(4－71)计算降噪后的 SAR 图像 $\hat{\boldsymbol{I}}$。

算法中的各项参数选取:字典原子个数 $k=256$,滑动窗口大小 $h=8$,因子参数 $\lambda=30/\sigma_N$,冗余因子 $r=4$。SAR 图像降噪系统基于 MATLAB 7.0 平台开发。

选取一幅实测 SAR 图像,如图 4－18(a) 所示。K-SVD 算法所得到的降噪后 SAR 图像,如图 4－18(b) 所示。

(a) 实测SAR图像

(b) 降噪后SAR图像

图 4－18　K-SVD 算法 SAR 图像相干斑抑制

将图 4－18(a) 的 SAR 图像作为输入数据,应用 K-SVD 算法,得到相应的超完备字典,如图 4－19 所示。

对于 K-SVD 算法,可以发现此类相干斑抑制算法所追求的目标是更为强大的噪声抑制性能,从一定方面忽视了计算复杂度问题,然而,在处理大量的 SAR 数据时,通常对相干斑抑制性能的要求和对计算速度的要求同等重要,有时对计算速度的要求甚至会更高。

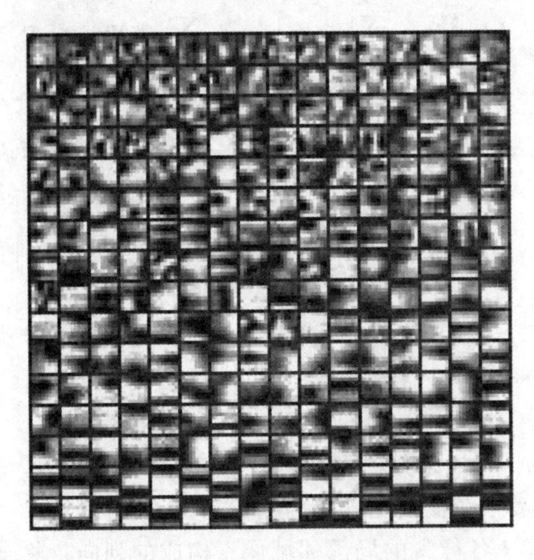

图 4 - 19 K-SVD 超完备字典

4.4 基于 K-LLD 算法的 SAR 图像相干斑抑制

4.4.1 Steering 核回归

核回归(Kernel Regression) 方法在统计学和信号处理领域都得到了比较充分的研究。近些年,该方法被广泛用于 SAR 图像的相干斑抑制、插值和去模糊等领域,取得了比较好的效果。在图像相干斑抑制的研究中,核回归方法往往将问题归结为一个核回归方程。相比于同类方法,Steering 核回归因其能够自适应地调整局部回归权重,受到了较为广泛的关注。

在 Steering 核回归方法中,回归权重通常作为一组像素与所考虑的一个像素或邻域之间的测度,这些测度信息被用来确定标准核的形状和大小。这里,考虑高斯核:

$$\omega_{ij}=\frac{\sqrt{\det(\boldsymbol{\Sigma}_j)}}{2\pi h^2}\exp\left\{-\frac{(\boldsymbol{x}_i-\boldsymbol{x}_j)^{\mathrm{T}}\boldsymbol{\Sigma}_j(\boldsymbol{x}_i-\boldsymbol{x}_j)}{2h^2}\right\} \tag{4-73}$$

式中,ω_{ij} 为第 i 个像素和第 j 个像素的相似性测度,$x_i,x_j\in\mathbf{R}^2$ 分别为第 i 个像素和第 j 个像素的位置,h 为高斯函数的平滑参数,$\boldsymbol{\Sigma}_j$ 为第 j 个像素的梯度协方差矩阵。

将 $\boldsymbol{\Sigma}_j$ 进行奇异值分解为:

$$\boldsymbol{\Sigma}_j=\lambda_j\boldsymbol{U}_{\theta_j}\boldsymbol{\Lambda}_j\boldsymbol{U}_{\theta_j}^{\mathrm{T}} \tag{4-74}$$

式中,λ_j 为尺度因子,θ_j 为高斯核的方向。令

$$\tilde{\boldsymbol{\omega}}=\{\cdots,\omega_{ij},\cdots\},j\in V(i) \tag{4-75}$$

式中,$V(i)$ 表示第 i 个像素的邻域。接下来,将 SAR 图像 $\boldsymbol{I}$ 分解为一系列相互重叠的图像

块，将第 i 个图像块 $\boldsymbol{I}_i$ 建模为

$$\log\boldsymbol{I}_i=\log\hat{\boldsymbol{I}}_i+\log\boldsymbol{N}_i \tag{4-76}$$

式中，$\log\boldsymbol{I}_i$，$\log\hat{\boldsymbol{I}}_i$ 和 $\log\boldsymbol{N}_i$ 为对各图像块中的像素取对数，$\boldsymbol{I}_i$ 为原图像块，$\hat{\boldsymbol{I}}_i$ 为含有噪声 $\boldsymbol{N}_i$ 的图像块。根据局部多项式方法，可以将此模型写为

$$\log\boldsymbol{I}_i=\boldsymbol{\Psi}_i\boldsymbol{\alpha}_i+\log\boldsymbol{N}_i \tag{4-77}$$

式中，$\boldsymbol{\alpha}_i$ 为系数向量，变换字典 $\boldsymbol{\Psi}_i$ 定义为

$$\boldsymbol{\Psi}_i=\begin{bmatrix}1 & (\boldsymbol{x}_i-\boldsymbol{x}_j) & \mathrm{vech}^{\mathrm{T}}\{(\boldsymbol{x}_i-\boldsymbol{x}_j)(\boldsymbol{x}_i-\boldsymbol{x}_j)^{\mathrm{T}}\} & \cdots\\ \vdots & \vdots & \vdots & \vdots\end{bmatrix} \tag{4-78}$$

将第 i,j 个像素位置 $\boldsymbol{x}_i,\boldsymbol{x}_j$ 定义为 (x_{1i},x_{2i})，(x_{1j},x_{2j})，即 $\boldsymbol{x}_i\triangleq(x_{1i},x_{2i})$ 和 $\boldsymbol{x}_j\triangleq(x_{1j},x_{2j})$，则有

$$\begin{aligned}&\mathrm{vech}\{(\boldsymbol{x}_i-\boldsymbol{x}_j)(\boldsymbol{x}_i-\boldsymbol{x}_j)^{\mathrm{T}}\}\\ &=\mathrm{vech}\left\{\begin{bmatrix}(x_{1i}-x_{1j})^2 & (x_{1i}-x_{1j})(x_{2i}-x_{2j})\\ (x_{1i}-x_{1j})(x_{2i}-x_{2j}) & (x_{2i}-x_{2j})^2\end{bmatrix}\right\}\\ &\triangleq\left[(x_{1i}-x_{1j})^2\quad (x_{1i}-x_{1j})(x_{2i}-x_{2j})\quad (x_{2i}-x_{2j})^2\right]^{\mathrm{T}}\end{aligned} \tag{4-79}$$

于是，对第 i 个像素考虑多项式回归模型，得到如下优化问题：

$$\hat{\boldsymbol{\alpha}}_i=\underset{\boldsymbol{\alpha}_i}{\arg\min}\{(\log\boldsymbol{I}_i-\boldsymbol{\Psi}_i\boldsymbol{\alpha}_i)^{\mathrm{T}}\boldsymbol{\Sigma}_i(\log\boldsymbol{I}_i-\boldsymbol{\Psi}_i\boldsymbol{\alpha}_i)\} \tag{4-80}$$

式中，$\boldsymbol{\Sigma}_i=\mathrm{diag}(\tilde{\boldsymbol{\omega}}_i)$，$\mathrm{diag}(\cdot)$ 表示向量对角化算子。易知，上述优化问题有闭形式解：

$$\hat{\boldsymbol{\alpha}}_i=\mathrm{pinv}(\boldsymbol{\Psi}_i^{\mathrm{T}}\boldsymbol{\Sigma}_i\boldsymbol{\Psi}_i)\boldsymbol{\Psi}_i^{\mathrm{T}}\boldsymbol{\Sigma}_i\log\boldsymbol{I} \tag{4-81}$$

式中，$\mathrm{pinv}(\cdot)$ 为广义逆算子。

综上所述，利用 Steering 核回归模型可以将图像相干斑抑制问题转化为一个多项式回归问题来求解，通过获取变换系数向量得到相干斑抑制后的图像。

4.4.2 K-LLD 算法

K 均值局部学习字典(K-LLD)算法是为了克服 Steering 核回归算法的字典固定和多项式逼近阶数不变两点不足而提出的字典设计算法。K-LLD 算法分为聚类、字典学习和系数计算三个主要步骤。

步骤 1：通过迭代寻优方式将图像 $\log\boldsymbol{I}_i$ 划分为 K 个连续区域 $\Omega_k(k=1,2,\cdots,K)$。

(1) 将第 i 个像素的特征向量定义为

$$\hat{\tilde{\boldsymbol{\omega}}}_i=\frac{\tilde{\boldsymbol{\omega}}_i}{\sum_j\omega_{ij}} \tag{4-82}$$

(2) 依据图像 $\log\boldsymbol{I}_i$ 的第 i 个像素特征向量，利用 K 均值聚类算法将图像 $\log I_i$ 划分为 K

个连续区域$\Omega_k(k=1,2,\cdots,K)$，即

$$\log\boldsymbol{I}_i=\bigcup_{k=1}^{K}\{\log\boldsymbol{I}_i \mid i\in\Omega_k\} \tag{4-83}$$

(3) 不断重复利用 K 均值聚类算法，最小化如下优化问题：

$$J=\sum_{k=1}^{K}\sum_{i\in\Omega_k}\|\hat{\tilde{\boldsymbol{\omega}}}_i-\hat{\tilde{\boldsymbol{\omega}}}^{(k)}\|^2 \tag{4-84}$$

式中，$\hat{\tilde{\boldsymbol{\omega}}}^{(k)}$ 为连续区域 Ω_k 像素的均值。

步骤 2：由第一个步骤获取聚类中心之后，通过最小化如下优化问题：

$$\sum_{i\in\Omega_k}\|\log\hat{\boldsymbol{I}}_i-\log\boldsymbol{I}_i\|^2\triangleq\sum_{i\in\Omega_k}\|(\log\bar{\boldsymbol{I}}^{(k)}+\boldsymbol{\Psi}^{(k)}\boldsymbol{\alpha}_i)-\log\boldsymbol{I}_i\|^2 \tag{4-85}$$

获得相应于指标集合 Ω_k 中图像块的最优字典 $\boldsymbol{\Psi}^{(k)}$ 和系数 $\boldsymbol{\alpha}_i$。这里，$\log\bar{\boldsymbol{I}}^{(k)}$ 是像素集 $\log\boldsymbol{I}^{(k)}=\{\log\boldsymbol{I}_i \mid i\in\Omega_k\}$ 的均值向量。采取逐个原子更新的方式对字典 $\boldsymbol{\Psi}^{(k)}$ 进行优化，即将式(4-85)改写为如下形式：

$$\begin{aligned}&\sum_{i\in\Omega_k}\|\log\boldsymbol{I}_i-\log\bar{\boldsymbol{I}}^{(k)}-\boldsymbol{\Psi}^{(k)}\boldsymbol{\alpha}_i\|^2\\&=\sum_{i\in\Omega_k}\|(\log\boldsymbol{I}_i-\log\bar{\boldsymbol{I}}^{(k)})-\boldsymbol{\Psi}_{(1)}^{(k)}\boldsymbol{\alpha}_{(1)i}-\boldsymbol{\Psi}_{(2)}^{(k)}\boldsymbol{\alpha}_{(2)i}-\cdots\|^2\\&=\sum_{i\in\Omega_k}\|\log\tilde{\boldsymbol{I}}_i^{(k)}-\boldsymbol{\Psi}_{(1)}^{(k)}\boldsymbol{\alpha}_{(1)i}-\boldsymbol{\Psi}_{(2)}^{(k)}\boldsymbol{\alpha}_{(2)i}-\cdots\|^2\end{aligned} \tag{4-86}$$

式中，$\log\tilde{\boldsymbol{I}}_i^{(k)}=\log\boldsymbol{I}_i-\log\bar{\boldsymbol{I}}^{(k)}$。

步骤 3：通过局部核回归算法求解式(4-86)中的系数向量 α_i，即

$$\hat{\boldsymbol{\alpha}}_i=(\hat{\boldsymbol{\Psi}}^{(k)\mathrm{T}}\boldsymbol{\Sigma}_i\hat{\boldsymbol{\Psi}}^{(k)})^{-1}\hat{\boldsymbol{\Psi}}^{(k)\mathrm{T}}\boldsymbol{\Sigma}_i\log\hat{\boldsymbol{I}}_i^{(k)} \tag{4-87}$$

重建目标图像块：

$$\log\hat{\boldsymbol{I}}_i=\log\bar{\boldsymbol{I}}^{(k)}+\hat{\boldsymbol{\Psi}}^{(k)}\hat{\boldsymbol{\alpha}}_i,\forall\, i\in\Omega_k \tag{4-88}$$

4.4.3 K-LLD 算法在 SAR 图像相干斑抑制中的应用

K-LLD 算法本质上是一种梯度回归算法。因此，基于 K-LLD 的图像降噪算法对低水平、均匀噪声有较好的处理效果，这在文献与 K-SVD 算法的比较中也可以看到。另外，K-LLD 算法采用 Stein 的无偏风险估计方法得到的最小均方误差作为停止迭代的条件，其计算量很大。

实验中的参数设定聚类中心 $K=10$。实验结果如图 4-20 所示。可以看出，K-LLD 算法从一定程度上克服了 K-SVD 算法的执行效率问题，但对于富含相干斑的 SAR 图像，其相干斑抑制效果要比 K-SVD 算法差，出现了颗粒状的斑驳。若要降低颗粒状的斑驳，则需要

调整相应的参数设置。

（a）SAR图像

（b）SAR图像相干斑抑制结果

图 4－20　K-LLD 算法 SAR 图像相干斑抑制

4.5　基于 K-OLS 算法的 SAR 图像相干斑抑制

本节中所讨论的自适应超完备字典学习算法，其核心思想是基于聚类算法的向量量化问题进行字典原子的训练、更新。该类字典学习算法的实现过程是将字典的构建过程与优化算法结合起来，用待分解的 SAR 图像来训练字典原子，择优选取 SAR 图像特征信息的超完备字典和稀疏表示系数。Aharon 等人提出的 K 奇异值分解（K-SVD）算法，具有强大的噪声抑制性能，但忽视了算法的执行时间问题。Chatterjee 等人提出的 K-LLD 算法在一定程度上克服了 K-SVD 算法的执行效率问题，但对于富含相干斑的 SAR 图像，其相干斑抑制效果要比 K-SVD 相干斑抑制算法差。通常在处理大量的 SAR 数据时，既有对相干斑抑制性能的要求，又有对计算速度的要求。针对这一情况，本节结合 K-SVD 算法和 K-LLD 算法的优点，提出基于 K 均值正交最小二乘（K-OLS）的 SAR 图像相干斑抑制算法。

4.5.1　OLS 算法

OLS 算法属于贪婪算法范畴，该类算法用于稀疏求解具有一定的稳定性，主要思想是通过迭代方式计算信号 X 的支撑，选择与信号结构最优逼近的原子来优化信号的近似表示。虽然 LS 分解是非线性的，但是它仍然保持了信号的能量守恒，可近似为线性正交的分解。基于 LS 的优化算法不依靠任何特殊的转换或字典，实现比较容易，然而对于维数较大的字典，该算法计算代价比较大，而且冗余字典的非正交性使一个原子可能被多次选择。研究者针对 LS 算法提出了许多改进算法，但额外的引进（如正交化）也增加了计算的复杂度。

OLS 算法通过递归地对已选择原子集合进行正交化，保证了迭代的最优性，使迭代次数减小。已知信号 $\boldsymbol{X}\in\mathbf{R}^{N}$，过完备字典 $\boldsymbol{\Psi}\in\mathbf{R}^{M\times N}$，信号的稀疏度 K，n 个原子对应的位置存储单元Ω_n，扩充矩阵$\boldsymbol{\Psi}_n$，$\boldsymbol{\varepsilon}_n$为$M$维余量，求解信号的稀疏表示系数矢量$\boldsymbol{\alpha}\in\mathbf{R}^N$。

OLS算法的主要步骤如下。

步骤1：初始化$\boldsymbol{\varepsilon}_0=\boldsymbol{X}$，$\Omega_0=\varnothing$，$\boldsymbol{\Psi}_0=\varnothing$，迭代次数$t=1$，迭代停止条件$\delta$。

步骤2：计算冗余字典与余量的乘积$\boldsymbol{R}_t=\boldsymbol{\Psi}^{\mathrm{T}}\boldsymbol{\varepsilon}^{t-1}$，根据$R_t$选择最相关的那个原子，所对应的序号为$i_t$。

步骤3：添加所选原子的位置索引值$\Omega_t=\Omega_{t-1}\cup i_t$，扩充矩阵$\Psi_t=[\Psi_{t-1},\Psi_{i_{t-1}}]$；

步骤4：解最小二乘问题来获得一个新的信号估计$\boldsymbol{\alpha}_t=\underset{\boldsymbol{\alpha}}{\arg\min}\|\boldsymbol{X}-\boldsymbol{\Psi}_t\boldsymbol{\alpha}\|_2$。

步骤5：计算信号近似值$\boldsymbol{X}_t=\boldsymbol{\Psi}_t\boldsymbol{\alpha}_t$，第$t$次迭代的余量$\boldsymbol{\varepsilon}_t=\boldsymbol{X}-\boldsymbol{X}_t$。

步骤6：若满足$\|\boldsymbol{\varepsilon}_t\|_2<\delta$或迭代次数$t\geqslant 2K$，则迭代停止，并在$\boldsymbol{\alpha}_t\in\mathbf{R}^N$中保留了$t$个重要分量，这些重要分量的位置保存在$\Omega_t$中；否则，$t=t+1$，返回步骤2，继续下一次迭代计算。

OLS算法保证了迭代的最优性，根据经典的最小二乘法求信号在子空间上的正交投影，进一步计算逼近信号与残差，这种算法的收敛速度比匹配算法快，计算复杂度比OMP算法低。

4.5.2 K-OLS 算法原理

K-OLS算法是为了克服K-SVD算法的计算复杂性和K-LLD算法的相干斑抑制效果不佳两点不足而提出的改进型字典设计算法。基于4.3节和4.4节所讨论的K-SVD、K-LLD理论基础及算法实现策略，下面将讨论通过K-OLS算法实现SAR图像数据局部特征的自适应超完备字典设计。K-OLS算法本质上是通过对回归模型中的拟合项进行多次正交化投影，求得超完备字典的K个原子，通过OLS实现数据信号的稀疏表示。

设字典$\boldsymbol{\Psi}$，稀疏表示中由SAR图像$\boldsymbol{I}$通过mean shift聚类算法和近邻规则所得到的信号集合$\boldsymbol{X}$，即$\boldsymbol{X}$中的元素是SAR图像像素的局部邻域像素所构成的列向量，这些列向量的获取方式是：首先运用mean shift聚类算法对SAR图像$\boldsymbol{I}$中像素进行分类，然后通过近邻规则获得同质区域内最能刻画其特征的各像素的局部邻域像素，并转化成列向量，最后组合这些列向量得到信号集合$\boldsymbol{X}$。信号集合$\boldsymbol{X}$在字典$\boldsymbol{\Psi}$下的稀疏表示系数集合为α。字典学习和稀疏表示问题可以描述为如下回归模型：

$$\min_{\boldsymbol{\Psi},\boldsymbol{\alpha}}\left\{\sum_{l=1}^{L}\|\boldsymbol{X}^l-\boldsymbol{\Psi}\boldsymbol{\alpha}^l\|\right\}\ \text{满足}\ \forall l\ \|\boldsymbol{\alpha}^l\|_0\leqslant K \tag{4-89}$$

式中，$\|\cdot\|_0$为l^0范数，$\boldsymbol{\alpha}^l$为$\boldsymbol{\alpha}$的第l列向量，K为自然数，表示信号的稀疏度。

式(4-89)中数据拟合项可以表示为

$$\begin{aligned}&\min_{\boldsymbol{\Psi},\boldsymbol{\alpha}}\left\{\|\boldsymbol{X}-\sum_{j=1}^{K}\boldsymbol{\Psi}^j\boldsymbol{\alpha}_j\|_F^2\right\}\\&=\min_{\boldsymbol{\Psi},\boldsymbol{\alpha}}\left\{\|(X-\sum_{j\neq k}^{K}\boldsymbol{\Psi}^j\boldsymbol{\alpha}_j)-\boldsymbol{\Psi}^k\boldsymbol{\alpha}_k\|_F^2\right\}\\&=\min_{\boldsymbol{\Psi},\boldsymbol{\alpha}}\left\{\|\boldsymbol{\varepsilon}^{(k)}-\boldsymbol{\Psi}^k\boldsymbol{\alpha}_k\|_F^2\right\}\end{aligned} \tag{4-90}$$

式中，$\boldsymbol{\varepsilon}^{(k)}\triangleq\boldsymbol{X}-\sum_{j\neq k}^{K}\boldsymbol{\Psi}^j\boldsymbol{\alpha}_j$。自适应超完备字典学习算法(K-OLS算法)即是依据式(4-90)，迭

代更新误差项 $\boldsymbol{\varepsilon}^{(k)}$，获得数据集 $\boldsymbol{X}$ 在优化意义下的超完备变换字典 Ψ 和相应变换系数 α，从而实现 $\boldsymbol{X}$ 的稀疏表示。

K-OLS 算法的主要步骤如下。

步骤 1：选取冗余离散余弦变换矩阵作为初始字典 $\boldsymbol{\Psi}^{(0)}$；

步骤 2：运用 mean shift 聚类算法获得 SAR 图像 I 同质区域的均值 m_X 和标准方差 σ_X。

步骤 3：重复步骤 4～步骤 7，设定停止迭代阈值 $T_1=\kappa_1 m_{\boldsymbol{X}}/\sigma_{\boldsymbol{X}}$ 和迭代次数 $T_1'=\lfloor \kappa_1 m_{\boldsymbol{X}}/\sigma_{\boldsymbol{X}} \rfloor$，其中，$\lfloor \kappa_1 m_{\boldsymbol{X}}/\sigma_{\boldsymbol{X}} \rfloor$ 表示 $\kappa_1 m_{\boldsymbol{X}}/\sigma_{\boldsymbol{X}}$ 的整数部分，转到步骤 8。

步骤 4：在 l^2 范数意义下归一化字典 $\boldsymbol{\Psi}$ 的各原子。

步骤 5：用正交最小二乘(OLS)算法计算信号矩阵 $\boldsymbol{X}$ 在字典 $\boldsymbol{\Psi}$ 下的稀疏表示系数矩阵 $\boldsymbol{\alpha}$，即求解如下优化问题：对 $\forall \boldsymbol{X}^l \in \boldsymbol{X}, l=1,\cdots,L$，有

$$\operatorname{argmin} \|\boldsymbol{\alpha}^l\|_1 \text{ 满足 } \|X^l-\Psi\alpha^l\|^2 \leqslant \varepsilon m_X/\sigma_X \tag{4-91}$$

式中，$\boldsymbol{X}^l$ 为 $\boldsymbol{X}$ 的第 l 列向量，$\boldsymbol{\alpha}^l$ 为 $\boldsymbol{\alpha}$ 的第 l 列向量。

步骤 6：对 $\boldsymbol{X}$ 的行向量运用离散小波变换得到尺度为 1 时的低频信号矩阵 $\hat{\boldsymbol{X}}$。

步骤 7：此步骤是在由 OLS 算法获得系数矩阵 $\boldsymbol{\alpha}$ 的前提下更新字典 $\boldsymbol{X}$。对每一个 k：$1\leqslant k\leqslant K$，进行循环迭代，这里 K 是 $\hat{\boldsymbol{X}}$ 行向量的维数，设定停止迭代阈值 $T_2=\kappa_2 m_{\boldsymbol{X}}/\sigma_{\boldsymbol{X}}$ 和迭代次数 $T_2'=\lfloor \kappa_2 m_{\boldsymbol{X}}/\sigma_{\boldsymbol{X}} \rfloor$，这里 $\lfloor \kappa_2 m_{\boldsymbol{X}}/\sigma_{\boldsymbol{X}} \rfloor$ 表示 $\kappa_2 m_{\boldsymbol{X}}/\sigma_{\boldsymbol{X}}$ 的整数部分。

(1)定义指标集合：

$$\Omega^{(k)}=\{l \mid 1\leqslant l\leqslant L, \alpha_k^l\neq 0\} \tag{4-92}$$

式中，$\boldsymbol{\alpha}_k^l$ 为 α 的第 l 列向量 $\boldsymbol{\alpha}^l$ 的第 k 元素。

(2)计算

$$\boldsymbol{\varepsilon}^{(k)}=\hat{\boldsymbol{X}}-(\boldsymbol{\Psi\alpha}-\boldsymbol{\Psi}^k\boldsymbol{\alpha}_k) \tag{4-93}$$

式中，$\boldsymbol{\alpha}_k$ 为 α 的第 k 行向量，$\boldsymbol{\Psi}^k$ 为 $\boldsymbol{\Psi}$ 的第 k 列向量。

(3)选取指标集 $\Omega^{(k)}$ 在 $\boldsymbol{\varepsilon}^{(k)}$ 中所对应的列，记作 $\varepsilon_{\Omega^{(k)}}^{(k)}$。

(4)计算 $\boldsymbol{\Psi}^k=\varepsilon_{\Omega^{(k)}}^{(k)}\boldsymbol{\alpha}_k'/\|\boldsymbol{\alpha}_k\|_2^2$，$\boldsymbol{\alpha}_k'$表示 $\boldsymbol{\alpha}_k$ 的转置向量。

步骤 8：输出结果 $\boldsymbol{\Psi}$ 和 $\boldsymbol{\alpha}$。

利用基于字典学习的稀疏表示算法得到信号集合 $\boldsymbol{X}$ 的变换字典 $\boldsymbol{\Psi}$ 和信号的稀疏表示集合 $\boldsymbol{\alpha}$，实现在稀疏表示框架下 SAR 图像的相干斑抑制。

4.5.3 基于 K-OLS 的 SAR 图像相干斑抑制算法

本节旨在探讨一种新的基于自适应超完备字典学习的 SAR 图像相干斑抑制算法：针对 SAR 图像所固有的稀疏结构信息，通过迭代优化的方式得到超完备字典，利用超完备字典对 SAR 图像数据进行稀疏表示，运用乘性噪声模型进行参数估计和阈值设定，通过正则化方法实现 SAR 图像的相干斑抑制处理。

SAR 图像的强度测量值、反射系数和相干斑噪声之间具有复杂的非线性关系，相干斑的模型可以看成不同的后向散射波之间的一种干涉现象，这些散射单元随机地分散在分辨单元的表面上。这里，我们考虑 SAR 图像的强度测量值、反射系数和相干斑噪声之间的关

系模型，并以此为基础获得相干斑抑制算法的优化模型。

当 SAR 图像系统的分辨单元小于目标的空间细节时，认为 SAR 图像中像素的退化是彼此独立的，斑点噪声可以被建模为乘性噪声，即

$$\boldsymbol{I}=N\bar{\boldsymbol{I}} \tag{4-94}$$

式中，$\boldsymbol{I}$ 为获取的 SAR 图像，$\bar{\boldsymbol{I}}$ 为场景分辨单元的平均强度，N 为斑点噪声。所以，若记 $\boldsymbol{I}$ 同质区域的均值 $m_{\boldsymbol{I}}$ 和标准方差 $\sigma_{\boldsymbol{I}}$，则有 N 的标准方差：

$$\sigma_N=\sigma_{\boldsymbol{I}}/m_{\boldsymbol{I}} \tag{4-95}$$

由于 $\boldsymbol{X}$ 中的元素是由 SAR 图像 $\boldsymbol{I}$ 各像素的局部邻域像素所构成的列向量，基于稀疏表示的 SAR 图像相干斑抑制模型可以表述为如下优化问题：

$$\min_{\boldsymbol{\Psi},\boldsymbol{\alpha},\bar{\boldsymbol{I}}}\Big\{\sum_l \|\boldsymbol{X}^l-\boldsymbol{\Psi}\boldsymbol{\alpha}^l\|_2^2\Big\}+\sum_{i,j}\lambda\|\log\boldsymbol{I}_{ij}-\log\bar{\boldsymbol{I}}_{ij}\|_2^2 \quad \text{满足} \quad \forall l\ \|\boldsymbol{\alpha}^l\|_0\leqslant K \tag{4-96}$$

或

$$\min_{\boldsymbol{\Psi},\boldsymbol{\alpha},\bar{\boldsymbol{I}}}\Big\{\sum_l \|\boldsymbol{X}^l-\boldsymbol{\Psi}\boldsymbol{\alpha}^l\|_2^2\Big\}+\sum_{i,j}\lambda\|\log\boldsymbol{I}_{ij}-\log\bar{\boldsymbol{I}}_{ij}\|_2^2+\sum_{l=1}^{L}\mu\|\boldsymbol{\alpha}^l\|_1 \tag{4-97}$$

式中，λ 和 μ 为正则化参数。

对式(4-97)进行优化求解是一个比较复杂的过程，可以将其分解为两个步骤进行处理，首先利用 K-OLS 算法获得字典 $\boldsymbol{\Psi}$，通过求解如下优化问题获得反映场景分辨单元平均强度的 SAR 图像 $\bar{\boldsymbol{I}}$：

$$\min_{\bar{\boldsymbol{I}}}\Big\{\sum_l \|\boldsymbol{X}^l-\boldsymbol{\Psi}\boldsymbol{\alpha}^l\|^2\Big\}+\sum_{l=1}^{L}\mu\|\boldsymbol{\alpha}^l\|_{l^1} \tag{4-98}$$

式中，$\bar{\boldsymbol{X}}$ 为由 SAR 图像 $\bar{\boldsymbol{I}}$ 所得到的信号集合。然后求解如下优化问题：

$$\min_{\bar{\boldsymbol{I}}}\sum_{i,j}\|\boldsymbol{m}_{ij}-\bar{\boldsymbol{I}}_{ij}\|^2+\sum_{i,j}\lambda\|\boldsymbol{I}_{ij}-\bar{\boldsymbol{I}}_{ij}\|^2 \tag{4-99}$$

式中，$\boldsymbol{m}_{ij}$ 为集合 $\boldsymbol{\Psi\alpha}$ 中对应于 (i,j) 位置像素 $\bar{\boldsymbol{I}}_{ij}$ 的向量均值。易知，式(4-99)存在闭形式解：

$$\bar{\boldsymbol{I}}_{ij}=(\boldsymbol{I}_{ij}+\lambda\boldsymbol{m}_{ij})/2 \tag{4-100}$$

基于 K-OLS 的 SAR 图像相干斑抑制算法的主要步骤如下。

步骤 1：选取冗余离散余弦变换矩阵作为初始字典 $\boldsymbol{\Psi}^{(0)}$。

步骤 2：由 SAR 图像 $\boldsymbol{I}$ 各像素的局部邻域像素构成列向量集合 $\boldsymbol{X}$。

步骤 3：运用 OLS 算法获得字典 Ψ 和稀疏表示系数集合 $\boldsymbol{\alpha}$。

步骤 4：运用式(4－100)计算相干斑抑制后的 SAR 图像 $\bar{\boldsymbol{I}}$。

基于 K-OLS 的 SAR 图像相干斑抑制算法的具体流程如图 4－21 所示。

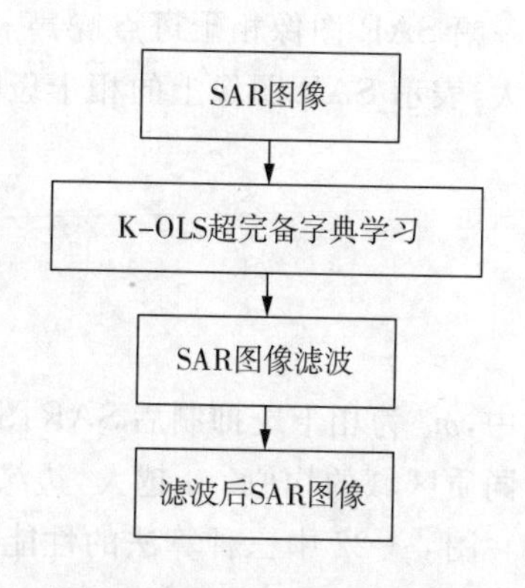

图 4－21　基于 K-OLS 算法的 SAR 图像相干斑抑制算法的具体流程图

4.5.4　实验结果与性能分析

1. 实验结果

基于 K-OLS 的 SAR 图像相干斑抑制算法中的各项参数选取：字典原子个数 $k=144$，滑动窗口大小 $h=6$，因子参数 $\kappa_1=0.3922M_{\boldsymbol{I}}$，$\kappa_2=0.3922M_{\bar{\boldsymbol{I}}}$ 和 $\varepsilon=0.3922M_{\bar{\boldsymbol{I}}}$，其中，$M_{\boldsymbol{I}}=\max_{i,j}\{\boldsymbol{I}_{i,j}\}$；Lee 滤波算法滑动窗口大小 $h=5$。选取一组在新墨西哥州阿尔伯克基地区马场的实测 SAR 图像，如图 4－22(a)所示。运用 Lee 滤波算法、IACDF 滤波算法和 K-OLS 算法进行滤波所得到的相干斑抑制后 SAR 图像如图 4－22(b)～(d)所示。

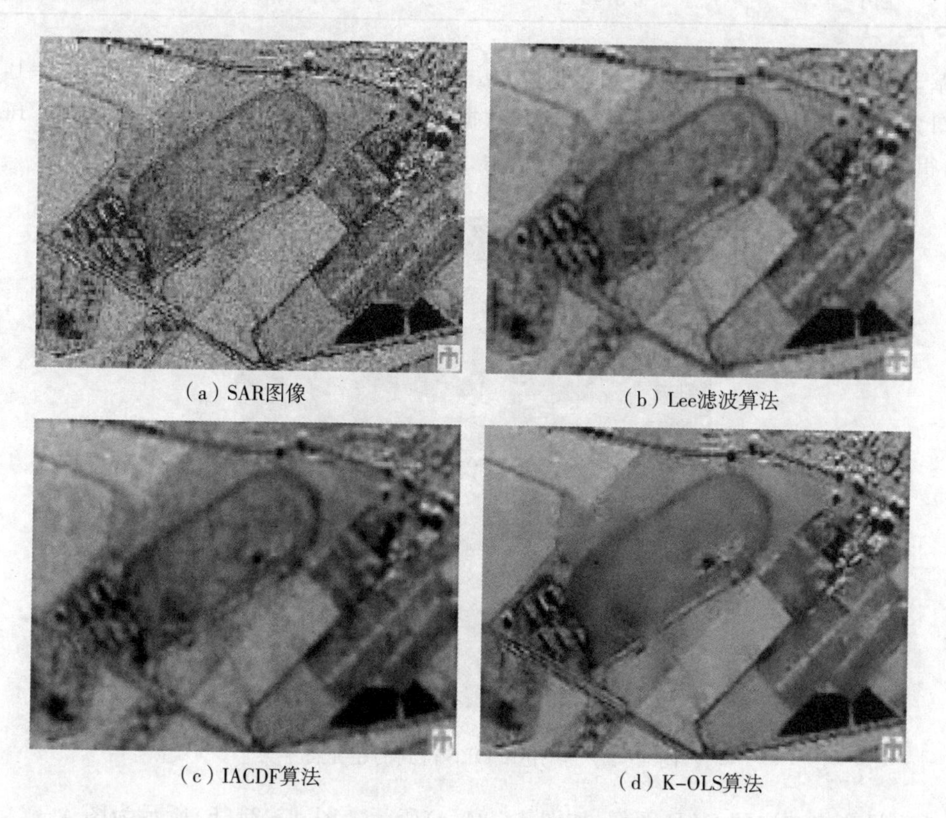

(a) SAR图像　(b) Lee滤波算法　(c) IACDF算法　(d) K-OLS算法

图 4－22　实测 SAR 图像及三种算法 SAR 图像相干斑抑制结果比较

对于 SAR 图像的相干斑抑制性能评价指标，这里主要考虑 MSE、ENL 和 EPI 持指数。MSE 的大小表示 SAR 图像信息量的多少，MSE 越大，说明其反映的信息越多。ENL 是衡量一幅 SAR 图像相干斑点噪声相对强度的指标，反映滤波器的斑点噪声抑制能力。ENL 越大，表示 SAR 图像上的相干斑噪声越弱。EPI 定义为

$$\alpha=\frac{\sum_{i<j}\left|m_{\bar{I}}^{i}-m_{\bar{I}}^{j}\right|}{\sum_{i<j}\left|m_{I}^{i}-m_{I}^{j}\right|} \tag{4-101}$$

式中，$m_{\bar{I}}^{i}$ 为相干斑抑制后 SAR 图像 $\bar{\boldsymbol{I}}$ 的第 i 个同质区域的均值；m_{I}^{i} 为原始 SAR 图像 $\boldsymbol{I}$ 的第 i 个同质区域的均值。α 越大，边缘保持越好。

图 4-22 中三种算法的性能评价指标见表 4-4。

表 4-4　三种算法的性能评价指标

性能评价指标	Lee 滤波算法	IACDF 算法	K-OLS 算法
MSE	0.1541	0.1213	0.1211
ENL	8.1317	8.8871	9.7141
EPI	0.3740	0.4001	0.4011

基于 K-OLS 的 SAR 图像相干斑抑制算法中的各项参数选取：字典原子个数 $k=144$，滑动窗口大小 $h=6$。以图 4-22(a)作为输入数据，应用基于 K-OLS 的 SAR 图像相干斑抑制算法，得到相应的超完备字典如图 4-23 所示。

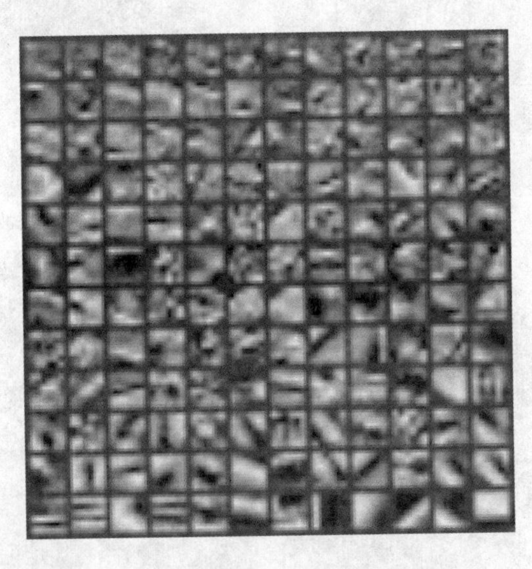

图 4-23　应用 K-OLS 得到的超完备字典

选取另一组实测的 SAR 图像，如图 4-24(a)所示。图 4-24(b)所示为图 4-24(a)的灰度直方图，可以给出粗略的数据密度估计。K-SVD 算法中的各项参数选取如下：字典原子个数 $k=144$，滑动窗口大小 $h=6$，SAR 图像估计等效视数 $L=2$。K-OLS 算法中的各项参数选取如下：字典原子个数 $k=144$，滑动窗口大小 $h=6$。利用 K-SVD 算法（对数强度

SAR 图像）和 K-OLS 算法（$\lambda=0.6$）所得到的相干斑抑制后 SAR 图像如图 4－24(c)和图 4－24(d)所示。

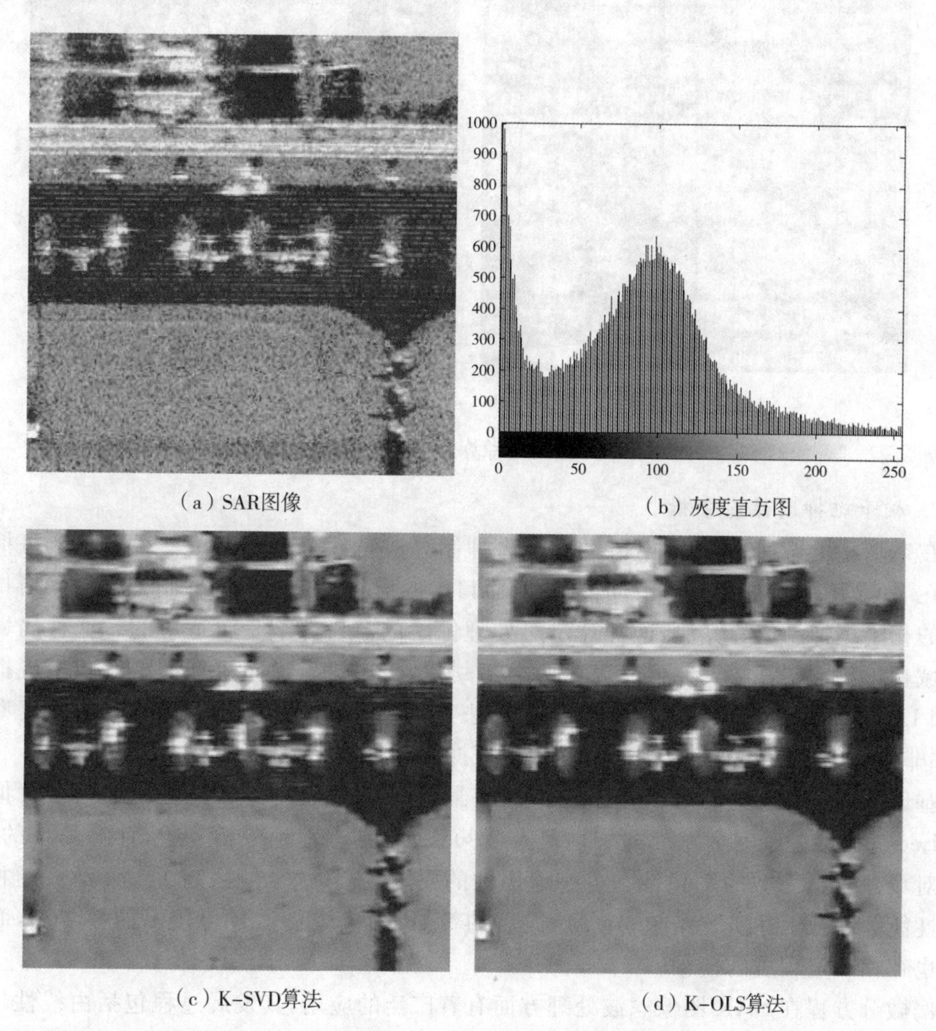

（a）SAR图像　　（b）灰度直方图

（c）K-SVD算法　　（d）K-OLS算法

图 4－24　两种算法 SAR 图像相干斑抑制结果比较

SAR 图像的相干斑抑制性能评价指标为 MSE、ENL、EPI 和算法执行时间。两种算法的性能评价指标见表 4－5。

表 4－5　两种算法性能评价

算法	MSE	ENL	EPI	执行时间/s
K-SVD 算法	0.1071	5.1002	0.4421	137.1
K-OLS 算法	0.1029	5.3943	0.4219	39.8

以图 4－24(a)作为输入数据，应用 K-SVD 算法和 K-OLS 算法，得到相应的超完备字典如图 4－25 所示。

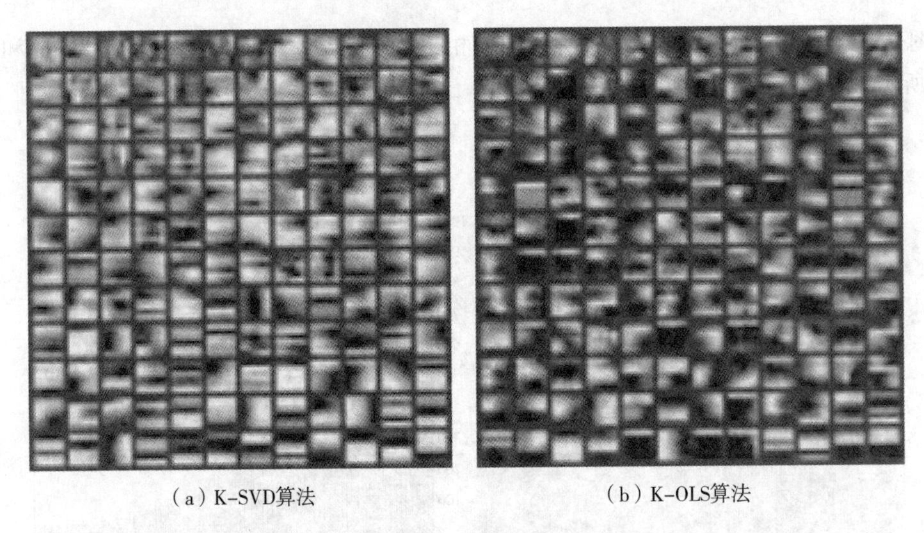

（a）K-SVD算法　　（b）K-OLS算法

图 4-25　应用两种算法得到的超完备字典

2. 相干斑抑制性能分析

在空域相干斑抑制算法中，滑动相干斑抑制算法是一个重要算法。滑动相干斑抑制算法是在 SAR 图像上选取一个滑动窗口，对窗口内的像素进行相干斑抑制处理得到窗口中心像素的相干斑抑制值的算法，这种算法对处理像素的窗口区域是自适应的。这种局域自适应空域相干斑抑制算法大致可以分为两类：一类是使用斑点噪声统计模型的相干斑抑制算法，如 Lee 滤波算法、K-SVD 相干斑抑制算法等，另一类是不使用斑点噪声统计模型的算法，如非线性复扩散滤波算法、K-OLS 相干斑抑制算法等。

基于局部统计特性的滑动相干斑抑制是最早采用也是最为广泛使用的相干斑抑制技术。Lee 滤波器基于完全发展的乘性斑点噪声设计，具有理论分析完善、计算简单的特点，但是对场景反射系数的平稳性和各态遍历性的要求较高，这也就限制了 Lee 滤波的相干斑抑制性能。综合上述实验结果，Lee 滤波后的 SAR 图像中仍然包含较多的噪声点，而且点目标也存在一定程度的模糊。

偏微分方程在 SAR 图像滤波处理方面有着广泛的应用，其发展过程包括由线性均匀扩散到线性非均匀扩散，再到非线性扩散及各向异性扩散。其中非线性复扩散滤波器可以同时用于 SAR 图像噪声抑制和边缘锐化，改进的自适应复扩散滤波器（IACDF）能够自适应地选择阈值参数，相比传统的非线性复扩散滤波器具有更好的相干斑抑制效果。综合上述实验结果，IACDF 算法的边缘锐化效果好于 Lee 滤波算法。Foucher 所提出的 SAR 图像相干斑抑制算法是一种基于 K-SVD 超完备字典学习的 SAR 图像相干斑抑制算法，该算法假设目标的雷达散射截面（RCS）和相干斑服从一定的统计模型，由此获得算法的相应参数估计。基于 SAR 图像信息具有自相似性特点的 K-SVD 算法为 SAR 图像的稀疏表示理论提供了一种有效的超完备字典学习算法，但由于 K-SVD 算法需要对 SAR 图像数据进行大量的奇异值分解运算，所以算法的时间复杂度较高。另外，由乘性模型发展的统计模型都是在相干斑噪声分量满足中心极限定理的假设前提下推导出来的，对于高分辨 SAR，分辨单元非常小，以至于中心定理不再适用，因此，对含噪声 SAR 图像的静态假设有时会与实际的观测信号统计分布不吻合，K-SVD 算法并不太理想。本节算法利用新的超完备字典学习算法对

SAR 图像各滑动窗口数据进行分解，获得各窗口数据的稀疏表示，一定程度上抑制了相干斑噪声，而后利用正则化方法构造优化模型，通过对优化问题的求解重构 SAR 图像场景分辨单元的平均强度，实现相干斑抑制处理，综合实验结果，本节算法在多个方面优于 Lee 滤波算法、IACDF 算法和 K-SVD 算法。

4.6　基于点奇异性的小波域 SAR 图像相干斑抑制

在处理大量的 SAR 数据时，对相干斑抑制性能和计算速度具有同等的要求。针对 K-SVD 算法和 K-LLD 算法存在的计算复杂和相干斑抑制效果不佳问题，前面提出了基于 K-OLS 的 SAR 图像相干斑抑制算法，该算法具有强大的噪声抑制性能和较高的计算效率。然而，无论 K-SVD 算法、K-LLD 算法，还是 K-OLS 算法，都只关注 SAR 图像的低频信息，而对于点、线等高频信息存在着一定程度的损失。接下来的三节针对 SAR 图像点、线、面的结构特征，运用具有点奇异性的小波、具有线奇异性的剪切波、具有面奇异性的 K-OLS 字典，通过正则化方法建立多元稀疏优化模型；通过对多元稀疏优化模型的求解，重建 SAR 图像场景分辨单元的平均强度，实现 SAR 图像的相干斑抑制。

4.6.1　小波域贝叶斯 SAR 图像相干斑抑制算法

小波变换具有多分辨分析的特点，其本身对于一维信号具有良好的表示特性，但对于诸如 SAR 图像的二维信号，其所具有的点奇异性，反而影响了其相干斑抑制效果，原因除了图像本身由点、线、面等特征组合而成，还有 SAR 图像的相干斑是斑点噪声。本节给出两种小波域相干斑抑制算法：小波域的统计类相干斑抑制算法和小波域的 PDE 类相干斑抑制算法。前一种算法是运用贝叶斯估计得到小波变换系数，通过逆变换实现 SAR 图像的相干斑抑制；后一种算法考虑了小波域统计类算法在保持图像纹理细节上的不足，通过各向异性扩散处理，增强图像的纹理特征，但相干斑抑制仍然不够理想。

1. 算法原理

小波域贝叶斯 SAR 图像相干斑抑制算法的流程图如图 4-26 所示。对含噪声 SAR 图像 I 进行 2-D(Daubechies) 小波变换，得到小波变换系数 β_i，其中 i 是指标，记相应的不含噪声的小波变换系数为 $\bar{\beta}_i$，由 MAP 得到

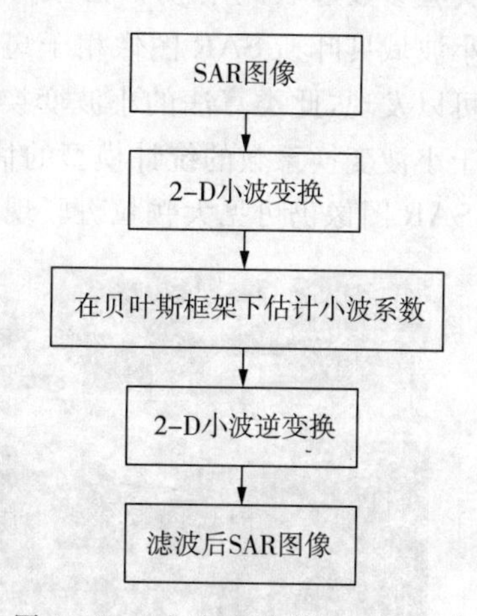

图 4-26　小波域贝叶斯 SAR 图像相干斑抑制算法的流程图

$$\hat{\beta}_i = \arg\max\{p(\bar{\beta}_i \mid \beta_i)\} \tag{4-102}$$

在贝叶斯框架下：

$$p(\bar{\beta}_i \mid \beta_i) = \frac{p(\beta_i \mid \bar{\beta}_i)\,p(\bar{\beta}_i)}{p(\beta_i)} \propto p(\beta_i \mid \bar{\beta}_i)\,p(\bar{\beta}_i) \tag{4-103}$$

假设

$$p(\beta_i|\bar{\beta}_i)=\frac{1}{\sqrt{2\pi}\sigma_n}\exp\left(-\frac{(\beta_i-\bar{\beta}_i)^2}{\sigma_n^2}\right) \quad (4-104)$$

利用非参数核密度估计方法对 $p(\bar{\beta}_i)$ 进行估计：

$$p(\bar{\beta}_i)\propto\sum_{\beta_j\in\Omega_i}\frac{1}{\sqrt{2\pi}h_i}\exp\left(-\frac{(\beta_j-\bar{\beta}_i)^2}{h_i^2}\right) \quad (4-105)$$

式中，h_i 为局部邻域 Ω_i 的标准差。

综上可得

$$p(\bar{\beta}_i|\beta_i)\propto\frac{1}{\sqrt{2\pi}\sigma_n}\exp\left(-\frac{(\beta_i-\bar{\beta}_i)^2}{\sigma_n^2}\right)\left[\sum_{\beta_j\in\Omega_i}\frac{1}{\sqrt{2\pi}h_i}\exp\left(-\frac{(\beta_j-\bar{\beta}_i)^2}{h_i^2}\right)\right] \quad (4-106)$$

对式(4－106)关于 $\bar{\beta}_i$ 求导，并令导函数为 0，得到

$$\hat{\beta}_i=\frac{1}{|\Omega_i|}\sum_{\beta_j\in\Omega_i}\frac{\sigma_n^2\beta_j+h_j^2\beta_i}{\sigma_n^2+h_j^2} \quad (4-107)$$

式中，$|\Omega_i|$ 为局部邻域 Ω_i 元素个数。

2. 实验结果及分析

实验参数选取：小波分解层数为 5；局部领域 Ω_i 的窗口大小为 5。

小波域贝叶斯 SAR 图像相干斑抑制算法通过在小波域的统计建模，重建小波变换系数。可以发现，此类算法的小波变换系数可以显式给出，具有较低的算法复杂度，其不足之处在于小波变换系数的统计模型的估计未必准确。另外，由于小波的先天不足，其相干斑抑制后 SAR 图像仍可见大颗粒斑驳现象，如图 4－27 所示。

(a) SAR图像

(b) 相干斑抑制后SAR图像

图 4－27　小波域贝叶斯 SAR 图像相干斑抑制

4.6.2　小波域各向异性扩散 SAR 图像相干斑抑制算法

对含噪声 SAR 图像 I 进行 2-D 小波变换，得到小波变换系数 β。在变换域利用各向异性扩散相干斑抑制算法对 SAR 图像进行相干斑抑制。

小波域各向异性扩散 SAR 图像相干斑抑制算法包括三个步骤：首先利用结构张量描述小波变换域的结构信息，然后利用结构张量构造扩散张量，实现纹理增强，最后进行小波逆变换，获得相干斑抑制后 SAR 图像。

小波域各向异性扩散 SAR 图像相干斑抑制算法的主要步骤包括：

步骤 1：构造结构张量。小波变换系数 β 的局部结构张量可以表示为

$$J(\nabla\beta) = G * (\nabla\beta(\nabla\beta)^{\mathrm{T}}) \tag{4-108}$$

式中，G 为标准差为 σ 的高斯函数，$*$ 为卷积，∇为拉普拉斯算子。

对式(4-108)进行特征值分解，得到

$$J(\nabla \boldsymbol{W}) = [\boldsymbol{v}_1, \boldsymbol{v}_2]\begin{bmatrix}\lambda_1 & 0\\ 0 & \lambda_2\end{bmatrix}\begin{bmatrix}\boldsymbol{v}_1^{\mathrm{T}}\\ \boldsymbol{v}_2^{\mathrm{T}}\end{bmatrix} \tag{4-109}$$

式中，特征向量 $\boldsymbol{v}_i = \begin{bmatrix}v_{i1}\\ v_{i2}\end{bmatrix}(i=1,2)$ 表示图像局部纹理的方向特征，特征值 $\lambda_1 \geqslant \lambda_2$。

步骤 2：构造扩散张量。扩散张量滤波方程表示为

$$\frac{\delta\beta}{\delta t} = \nabla\cdot(\boldsymbol{D}\,\nabla\beta) \tag{4-110}$$

式中，t 为扩散时间，扩散张量是正定对称矩阵，记作

$$\boldsymbol{D} = \begin{bmatrix}D_{11} & D_{12}\\ D_{21} & D_{22}\end{bmatrix} \tag{4-111}$$

式中：

$$D_{11} = \lambda_1 v_{11}^2 + \lambda_2 v_{21}^2 \tag{4-112}$$

$$D_{22} = \lambda_1 v_{12}^2 + \lambda_2 v_{22}^2 \tag{4-113}$$

$$D_{12} = D_{21} = \lambda_1 v_{11} v_{12} + \lambda_2 v_{21} v_{22} \tag{4-114}$$

利用差分对式(4-110)进行数值化处理：

$$\frac{\beta_{i,j}^{k+1} - \beta_{i,j}^{k}}{\tau} = \nabla\cdot(\boldsymbol{D}\,\nabla\beta_{i,j}^{k}) \tag{4-115}$$

式中，τ 为时间步长。

式(4－115)也可表示为

$$\beta_{i,j}^{k+1}=\beta_{i,j}^{k}+\tau\,\nabla\cdot(\boldsymbol{D}\,\nabla\beta_{i,j}^{k}) \tag{4-116}$$

步骤 3：进行小波逆变换，获得滤波后 SAR 图像。

4.6.3 实验结果与性能分析

实验参数选取：小波分解层数为 5；局部领域的窗口大小为 5。实验结果如图 4－28 所示。

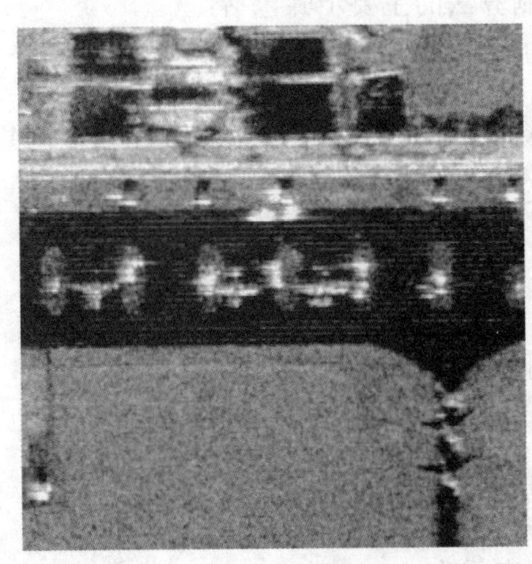

(a) SAR图像

(b) 相干斑抑制后SAR图像

图 4－28　小波域各向异性扩散 SAR 图像相干斑抑制

对于小波域各向异性扩散 SAR 图像相干斑抑制算法，此类相干斑抑制算法是在小波域对变换系数运用变分法进行相干斑抑制。可以发现，此类方法中的小波变换系数是通过迭代方式获得，相比小波域贝叶斯 SAR 图像相干斑抑制算法具有较高的算法复杂度，并且也凸显了小波域各向异性扩散 SAR 图像相干斑抑制算法的边缘保持特性，其不足之处在于小波变换系数的相干斑抑制程度难以把握。另外，由于小波的先天不足，其相干斑抑制后 SAR 图像仍可见条纹式的斑驳现象。

4.7 基于线奇异性的剪切波域 SAR 图像相干斑抑制

由于小波分析在一维信号所具有的优异特性无法简单地推广到二维或更高维信号，为了解决线奇异性和面奇异性函数的表示问题，研究者从小波分析出发，将仿射几何理论与多尺度分析结合起来，发展了多尺度几何分析理论。也就是说，发展多尺度分析的目的是表示高维空间的数据，这些高维空间的主要特点是数据的部分特征集中体现于其低维空间中。对于二维图像数据，其部分特征可以由边缘刻画。其中，剪切波是一种结合了轮廓波和 Curvelet 优点的新型多尺度几何分析工具。对于 SAR 图像等二维信号，剪切波不但具有点奇异性，而且能够自适应地跟踪奇异曲线的方向。因此，剪切波受到了研究者的广泛关注，被成功地应用于 SAR 图像去噪的研究中。

4.7.1　剪切波

小波变换只能很好地处理点奇异性特征，不能有效地处理二维或更高维空间的奇异性特征。例如，对于具有丰富纹理特征的 SAR 图像，小波变换就不能精确地表示。为了克服小波变换的这种限制，Guo 和 Patel 等人将仿射几何理论和多尺度分析结合起来构造了剪切波框架。剪切波是一种结合了轮廓波和 Curvelet 波优点的新型多尺度几何分析工具，通过对基本函数的缩放、剪切、平移等仿射变换，生成具有不同特性的剪切波函数。剪切波对于二维空间中的奇异曲线、曲面具有最优逼近特性。

在小波变换中，对于 $k \in \mathbf{Z}$，小波集合 $\{\Psi_{j,k}(x)\}$ 中

$$\Psi_{j,k}(x) = 2^{j/2}\Psi(2^j x - k) \tag{4-117}$$

可以定义合成小波：

$$\Psi_{j,l,k}(x) = |\boldsymbol{A}|^{j/2}\Psi(\boldsymbol{B}^l \boldsymbol{A}^j x - k) \tag{4-118}$$

式中，j 为尺度参数，l 为剪切参数，k 为平移参数，$j, l \in \mathbf{Z}$，$k \in \mathbf{Z}^2$，$\Psi \in L^2(\mathbf{R}^2)$，$\boldsymbol{A}$、$\boldsymbol{B}$ 是 2×2 的可逆矩阵，且 $|\boldsymbol{B}| = 1$。通过对比式(4-117)和式(4-118)，我们可以直观地将合成小波理解为用矩阵 $\boldsymbol{A}$、$\boldsymbol{B}$ 对小波变换所进行的调制。通过用 $\boldsymbol{A}^j$，$\boldsymbol{B}^l$ 代替传统小波中的 2^j，合成小波具有不同尺度、不同位置、各方向上的基元素。

当式(4-118)中取 $\boldsymbol{A} = \boldsymbol{A}_0 = \begin{pmatrix} 4 & 0 \\ 0 & 2 \end{pmatrix}$，$\boldsymbol{B} = \boldsymbol{B}_0 = \begin{pmatrix} 1 & 1 \\ 0 & 1 \end{pmatrix}$ 时，所得到的合成小波就是本节所讨论的剪切波。其中，矩阵 $\boldsymbol{A}_0$ 是和尺度变换相关联的各向异性膨胀矩阵，$\boldsymbol{B}_0$ 是和保持面积不变几何变换相关联的剪切矩阵。

对任意的 $\boldsymbol{\xi} = (\xi_1, \xi_2) \in \mathbf{R}^2$，$\xi_1 \neq 0$，定义：

$$\Psi^{(0)}(\boldsymbol{\xi}) = \Psi^{(0)}(\xi_1, \xi_2) = \hat{\Psi}_1(\xi_1)\hat{\Psi}_2\left(\frac{\xi_2}{\xi_1}\right) \tag{4-119}$$

式中，$\hat{\Psi}_1$，$\hat{\Psi}_2$ 为一维小波基。在本节中，$\hat{\Psi}_1$ 的支撑 $\mathrm{supp}\hat{\Psi}_1 \in [-1/2, 1/16] \cup [1/16, 1/2]$，$\hat{\Psi}_2$ 的支撑 $\mathrm{supp}\hat{\Psi}_2 \in [-1, 1]$，由此，可以得到函数 $\Psi^{(0)}_{j,l,k}$ 的支撑为

$$\Psi^{(0)}_{j,l,k} \in \left\{(\xi_1, \xi_2): \xi_1 \in [-2^{2j-1}, -2^{2j-4}] \cup [2^{2j-4}, 2^{2j-1}], \left|\frac{\xi_2}{\xi_1} + l2^{-j}\right| \leqslant 2^{-j}\right\} \tag{4-120}$$

构造水平方向剪切波基元素集：

$$\{\Psi^{(0)}_{j,l,k}(x) = 2^{\frac{3j}{2}}\Psi^{(0)}(\boldsymbol{B}_0^l \boldsymbol{A}_0^j x - k): j \geqslant 0, -2^j \leqslant l \leqslant 2^j - 1, k \in \mathbf{Z}^2\} \tag{4-121}$$

式中，j 为膨胀系数，l 为剪切系数，k 为平移系数。

同理，可以构造垂直方向的剪切波基元素，即令

$$\boldsymbol{A}_1 = \begin{pmatrix} 2 & 0 \\ 0 & 4 \end{pmatrix}, \boldsymbol{B}_1 = \begin{pmatrix} 1 & 0 \\ 1 & 1 \end{pmatrix} \tag{4-122}$$

构造 $\Psi^{(1)}$ 如下：

$$\Psi^{(1)}=\Psi^{(1)}(\xi_1,\xi_2)=\hat{\Psi}_1(\xi_1)\hat{\Psi}_2\left(\frac{\xi_2}{\xi_1}\right) \tag{4-123}$$

式中，$\hat{\Psi}_1$、$\hat{\Psi}_2$ 的构造方式与水平方向相同。于是，得到垂直方向剪切波基元素集：

$$\{\Psi_{j,l,k}^{(1)}(x)=2^{\frac{3j}{2}}\Psi^{(1)}(\boldsymbol{B}_1^l\boldsymbol{A}_1^j x-k):j\geqslant 0,-2^j\leqslant l\leqslant 2^j-1,k\in\mathbf{Z}^2\} \tag{4-124}$$

式中，$\Psi_{j,l,k}^{(0)}(x)$，$\Psi_{j,l,k}^{(1)}(x)$ 为 $L^2(\mathbf{R}^2)$ 的一个 Parseval 框架。

剪切波的数理特性如下。

(1) 剪切波具有良好的局部化特性，在频域具有紧支撑，在空域是快速衰减的。

(2) 剪切波满足抛物线尺度化，每个基元素 $\Psi_{j,l,k}$ 支撑在大小为 $2^{2j}\times 2^j$ 梯形上，且支撑随 $j\to\infty$ 迅速变窄。

(3) 剪切波具有良好的方向敏感性。在频域，基元素 $\Psi_{j,l,k}$ 是沿着斜率为 $-l2^{-2j}$ 的直线；在空域，基元素 $\Psi_{j,l,k}$ 是沿着斜率为 $l2^{-2j}$ 的直线。

(4) 剪切波是空间局部化的，在任意方向、尺度都能通过平移获得。

(5) 剪切波具有最优的稀疏表示特性。

由上述性质可知剪切波具有紧支撑，且在各尺度、各方向上具有良好定位能力，是 SAR 图像稀疏表示的有效工具。SAR 图像剪切波变换就是将 SAR 图像 I 映射为 $\langle I,\Psi_{j,l,k}^{(d)}\rangle$，其中 $d=0,1$，$j\geqslant 0$，$k\in\mathbf{Z}^2$，$-2^j\leqslant l\leqslant 2^j-1$。

4.7.2 剪切波域硬阈值 SAR 图像相干斑抑制算法

剪切波是一种继承了轮廓波变换和 Curvelet 变换两种变换优点的多尺度几何分析工具，通过对基函数的缩放、剪切和平移等仿射变换获得具有不同特性的剪切波函数，对于 SAR 图像的线奇异性和面奇异性具有最优的逼近特性。下面介绍剪切波硬阈值 SAR 图像相干斑抑制算法。

剪切波硬阈值 SAR 图像相干斑抑制算法的主要步骤如下。

步骤 1：计算 SAR 图像 I 的剪切波变换系数高频分量 $\beta_d^j(1\leqslant j\leqslant J)$ 的高频对角线分量，式中，j 是分解层数，$0\leqslant j\leqslant J$，d 是方向指标，估计噪声方差 $\hat{\sigma}_n^2$。

步骤 2：计算 SAR 图像 I 的剪切波变换系数 γ_d^j，其中，j 是分解层数，$0\leqslant j\leqslant J$，d 是方向指标。

步骤 3：利用因子 $\lambda_j(0\leqslant j\leqslant J)$ 调制剪切波变换系数 γ_d^j，即

$$\hat{\gamma}_d^j=\lambda_j\gamma_d^j,0\leqslant j\leqslant J \tag{4-125}$$

式中，因子 λ_j 用于控制低频和高频信息，即可用于抑制噪声等高频信息，也可用于抑制虚假边缘信息的出现。

步骤 4：设定收缩阈值 $\delta=\mu\hat{\sigma}_n^2$ 和迭代次数 T，初始化相干斑抑制后 SAR 图像 $\hat{I}$ 为 0。

(1) 计算残差 $\varepsilon=I-\hat{I}$。

(2) 计算残差 ε 的剪切波变换系数 $\hat{\gamma}_d^j$，这里 j 是分解层数，$0\leqslant j\leqslant J$。

(3) 将 $\hat{\gamma}_d^j$ 归一化的系数分量小于阈值 δ 的系数值设为 0，仍记作 $\hat{\gamma}_d^j$。

(4) 对 $\hat{\gamma}_d^j$ 进行逆剪切波变换，得到相干斑抑制后 SAR 图像 $\hat{I}$。

步骤 5：输出结果 $\hat{I}$。

4.7.3 实验结果与性能分析

实验中的各项参数选取如下：$T=10$，因子参数 $\mu=3$，分解层数 $J=5$，因子参数 $\lambda_1=\lambda_2=\lambda_3=\lambda_4=\lambda_5=1.5$。实验结果如图 4-29 所示。

(a) SAR图像　　(b) 相干斑抑制后SAR图像

图 4-29　剪切波域硬阈值 SAR 图像相干斑抑制

剪切波域硬阈值 SAR 图像相干斑抑制算法是在剪切波域对变换系数运用硬阈值方法进行处理。可以发现，此类方法的阈值由变换域高频分量的方差获得，其在相干斑抑制和纹理保持方面均有一定的优势，但是相干斑抑制效果仍然不是很理想。

4.8 基于稀疏优化模型的 SAR 图像相干斑抑制

4.8.1 稀疏优化模型

SAR 图像的强度测量值、反射系数和相干斑噪声之间具有复杂的非线性关系，相干斑的模型可以看成不同的后向散射波之间的一种干涉现象，这些散射单元随机地分散在分辨单元的表面上。这里，我们考虑 SAR 图像的强度测量值、反射系数和相干斑噪声之间的关系模型，并以此为基础获得相干斑抑制算法的优化模型。斑点噪声可以被建模为乘性噪声和加性噪声。

稀疏优化(Sparse Optimization)是指在满足一定的约束条件下，运用最优化方法求出具有稀疏性的解。最近几年，随着稀疏表示理论的发展，研究者提出了许多字典设计方法和稀疏优化方法，并且将二者结合起来进行研究，以实现信号的稀疏表示。在本节中，运用冗余离散余弦变换字典 $\boldsymbol{\psi}_0$，设 $\boldsymbol{\psi}_1$ 和 $\boldsymbol{\psi}_2$ 分别是带限、非抽样、紧支撑小波和带限、紧支撑剪切波的正交变换基。

稀疏超完备字典的 SAR 图像相干斑抑制问题可以描述为如下稀疏优化模型：

$$(\tilde{\boldsymbol{V}},\tilde{\boldsymbol{W}}_j,\tilde{\boldsymbol{S}}_j)=\underset{\boldsymbol{W}_j,\boldsymbol{S}_j,\boldsymbol{V}}{\arg\min}\ \|\boldsymbol{\psi}_0^{\mathrm{T}}\boldsymbol{V}\|_1+\|\boldsymbol{\psi}_1^{\mathrm{T}}\boldsymbol{W}_j\|_1+\|\boldsymbol{\psi}_2^{\mathrm{T}}\boldsymbol{S}_j\|_1,$$
$$\text{满足}\ \|\boldsymbol{I}-\boldsymbol{V}-\boldsymbol{W}_j-\boldsymbol{S}_j\|_2<\varepsilon \tag{4-126}$$

式中，$\boldsymbol{\psi}_0^{\mathrm{T}}$、$\boldsymbol{\psi}_1^{\mathrm{T}}$ 和 $\boldsymbol{\psi}_2^{\mathrm{T}}$ 分别为 ψ_0、ψ_1 和 ψ_2 的逆变换；$\boldsymbol{\psi}_0^{\mathrm{T}}V$、$\boldsymbol{\psi}_1^{\mathrm{T}}W_j$ 和 $\boldsymbol{\psi}_2^{\mathrm{T}}\boldsymbol{S}_j$ 分别为 $\boldsymbol{I}$ 所对应的低频分量 $\boldsymbol{V}$、高频分量 $\boldsymbol{W}_j$ 和 $\boldsymbol{S}_j$ 在 $\boldsymbol{\psi}_0$、$\boldsymbol{\psi}_1$ 和 $\boldsymbol{\psi}_2$ 下的变换系数，j 为多分辨率尺度，且 $0\leqslant j\leqslant J$。

求解式(4-126) 所示稀疏优化模型得到 $\boldsymbol{V}$、$\boldsymbol{W}_j$ 和 $\boldsymbol{S}_j$，$0\leqslant j\leqslant J$。得到相干斑抑制后的 SAR 图像 $\bar{\boldsymbol{I}}$：

$$\bar{\boldsymbol{I}}=\boldsymbol{V}+\sum_j\boldsymbol{W}_j+\sum_j\boldsymbol{S}_j \tag{4-127}$$

对式(4-127) 进行优化求解是一个比较复杂的过程，这里将其分解为两个步骤进行处理，首先构造冗余离散余弦变换字典 $\boldsymbol{\psi}_0$，通过求解如下优化问题获得反映场景分辨单元平均强度的低频分量 $\boldsymbol{V}$：

$$\tilde{\boldsymbol{V}}=\underset{\boldsymbol{V}}{\arg\min}\ \|\boldsymbol{\psi}_0^{\mathrm{T}}\boldsymbol{V}\|_1\ \text{满足}\ \|\boldsymbol{I}-\boldsymbol{V}\|_2<\varepsilon \tag{4-128}$$

通过求解式(4-128) 可以获得低频分量 $\boldsymbol{V}$。然后求解如下优化问题：

$$(\tilde{\boldsymbol{W}}_j,\tilde{\boldsymbol{S}}_j)=\underset{\boldsymbol{W}_j,\boldsymbol{S}_j}{\arg\min}\ \|\boldsymbol{\psi}_1^{\mathrm{T}}\boldsymbol{W}_j\|_1+\|\boldsymbol{\psi}_2^{\mathrm{T}}\boldsymbol{S}_j\|_2,\ \text{满足}\ \|\boldsymbol{I}-\boldsymbol{W}_j-\boldsymbol{S}_j-\tilde{\boldsymbol{V}}\|_2<\varepsilon \tag{4-129}$$

通过求解式(4-129) 可以获得高频分量 $\boldsymbol{W}_j$ 和 $\boldsymbol{S}_j$，$0\leqslant j\leqslant J$。接下来，分别用低频分量稀疏优化算法和高频分量稀疏优化算法求解式(4-128) 和式(4-129)。

4.8.2 算法描述

1. 低频分量稀疏优化算法

对 SAR 图像 $\boldsymbol{I}$ 的每个像素取 h_0 邻域，将 $I(i,j)$ $(1\leqslant i\leqslant M,1\leqslant j\leqslant N)$ 的 $h_0\times h_0$ 邻域中列向量首尾相接重排为 h_0^2 维列向量，这些列向量组成信号集合 $\boldsymbol{X}$，即 $\boldsymbol{X}$ 中的元素是 SAR 图像中各像素的局部邻域像素所构成的列向量。信号集合 $\boldsymbol{X}$ 在冗余字典 $\boldsymbol{\psi}_0$ 下的稀疏表示系数集合为 α。

低频分量稀疏优化算法的主要步骤如下。

步骤 1：选取冗余离散余弦变换矩阵作为冗余字典 $\boldsymbol{\psi}_0$。

步骤 2：在 l^2 范数意义下归一化字典 $\boldsymbol{\psi}_0$ 的各原子。

步骤 3：用 OMP 算法计算信号集合 $\boldsymbol{X}$ 在字典 $\boldsymbol{\psi}_0$ 下的稀疏表示系数集合 $\boldsymbol{\alpha}$，即求解如下优化问题：$\forall\boldsymbol{X}^l\in\boldsymbol{X},l=1,\cdots,L$

$$\arg\min\ \|\boldsymbol{\alpha}^l\|_{l^0},\ \text{满足}\ \|\boldsymbol{X}^l-\boldsymbol{\psi}_0\boldsymbol{\alpha}^l\|_2\leqslant\varepsilon_X \tag{4-130}$$

式中，X^l 为 X 的第 l 元素，α^l 为 α 的第 l 元素，l^0 为 0 范数，argmin $\| \cdot \|_{l^0}$ 表示非 0 元素的最小个数。

步骤 4：输出结果 ψ_0 和 α。

步骤 5：Γ_{ij} 为集合 $\psi_0\alpha$ 中对应于 (i,j) 位置像素 I_{ij} 的向量均值，令 $V=\Gamma$，得到低频分量。这里，Γ 是以 Γ_{ij} 为元素的二维数据。

选取一组实测 SAR 图像，如图 4-30(a) 和图 4-30(c) 所示。图 4-30(a) 所示为在新墨西哥州阿尔伯克基地区国际机场获取的 SAR 图像(3m 分辨率)。图 4-30(c) 是在新墨西哥州阿尔伯克基地区马场获取的 SAR 图像(1m 分辨率)。低频分量稀疏优化算法中的各项参数选取：字典 ψ_0 原子个数为 144，滑动窗口大小 $h=6$，$\varepsilon_X=0.3M_I$，这里 $M_I=\max_{i,j}\{I_{i,j}\}$。实验结果如图 4-30 和图 4-31 所示。图 4-30(b)、(d) 所示为两幅 SAR 图像分别获得的低频分量 V。图 4-31(a) 和图 4-31(b) 所示为两幅 SAR 图像分别获得的含噪声高频分量 I-V。

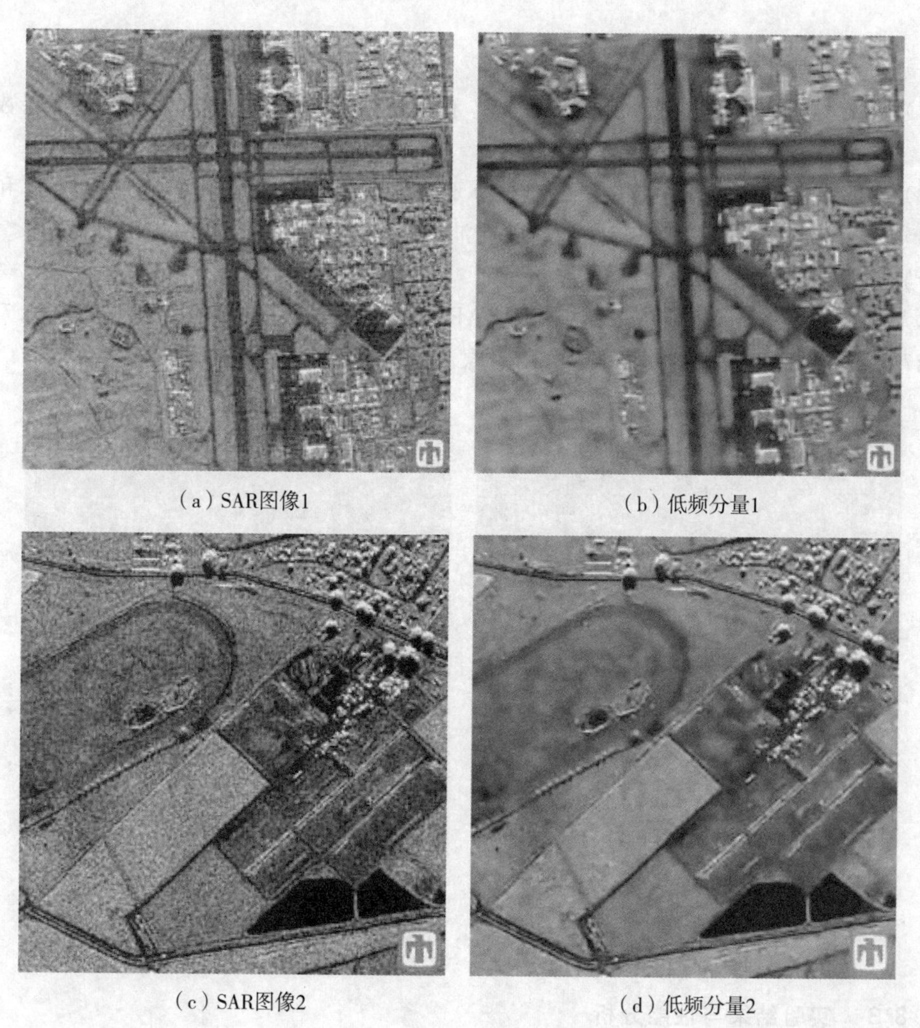

(a) SAR图像1　(b) 低频分量1

(c) SAR图像2　(d) 低频分量2

图 4-30　SAR 图像低频分量

本节利用低频分量稀疏优化算法得到 SAR 图像 $\boldsymbol{I}$ 的低频分量 $\boldsymbol{V}$ 以及 SAR 图像 $\boldsymbol{I}$ 的高频分量 $\boldsymbol{I}$-$\boldsymbol{V}$。接下来，我们将利用非抽取小波和剪切波获得 SAR 图像 $\boldsymbol{I}$ 在高频分量 $\boldsymbol{I}$-$\boldsymbol{V}$ 的点奇异特征和线奇异特征，最后利用式(4-127) 实现在稀疏表示框架下 SAR 图像的相干斑抑制。

2. *高频分量稀疏优化算法*

通过迭代阈值收缩算法求解 *SAR* 图像高频分量 $\boldsymbol{I}$-$\boldsymbol{V}$ 的如式(4-129) 稀疏优化模型。

高频分量稀疏优化算法的主要步骤如下。

步骤 1：计算高频分量 $\boldsymbol{I}$-$\boldsymbol{V}$ 的非抽取小波变换系数 β_d^j 和剪切波变换系数 γ_d^j，这里 j 是分解层数，$0 \leqslant j \leqslant J$，$d$ 是方向指标。

步骤 2：利用小波变换系数高频分量 $\beta_d^j(1 \leqslant j \leqslant J)$ 的高频对角线分量，估计噪声 $\hat{\sigma}_n^2$。

步骤 3：利用因子 $\lambda_j(0 \leqslant j \leqslant J)$ 调制剪切波变换系数 γ_d^j，即 $\hat{\gamma}_d^j = \lambda_j \gamma_d^j (0 \leqslant j \leqslant J)$。因子 λ_j 用于控制高频信息，即可用于增强 SAR 图像高频信息，也可用于抑制虚假边缘信息的出现。

步骤 4：设定收缩阈值 $T_3 = \mu \hat{\sigma}_n^2$ 和迭代次数 N_3，初始化高频分量 W_j 和 $S_j(0 \leqslant j \leqslant J)$ 为 0。

(1) 计算残差：$\boldsymbol{\rho} = \boldsymbol{I} - \boldsymbol{V} - \boldsymbol{W}_j - \boldsymbol{S}_j$。

(2) 计算残差 ρ 的非抽取小波变换系数 $\bar{\beta}_d^j$ 和剪切波变换系数 $\bar{\gamma}_d^j$，这里 j 是分解层数，$0 \leqslant j \leqslant J$。

(3) 分别将 $\bar{\beta}_d^j$ 和 $\bar{\gamma}_d^j$ 归一化的系数分量小于阈值的系数值设为 0，仍分别记作 $\bar{\beta}_d^j$ 和 $\bar{\gamma}_d^j$。

(4) 对 $\bar{\beta}_d^j$ 和 $\bar{\gamma}_d^j$ 进行逆小波变换和逆剪切波变换，得到高频分量 $\boldsymbol{W}_j$ 和 $\boldsymbol{S}_j(0 \leqslant j \leqslant J)$。

步骤 5：输出结果 $\boldsymbol{W}_j$ 和 $\boldsymbol{S}_j$。

本节利用高频分量稀疏优化算法得到 SAR 图像 $\boldsymbol{I}$ 的高频分量 $\boldsymbol{W}_j$ 和 $\boldsymbol{S}_j$。于是，利用式(4-127) 可以得到相干斑抑制后的 SAR 图像 $\bar{\boldsymbol{I}}$。

（a）图4-30（a）高频分量

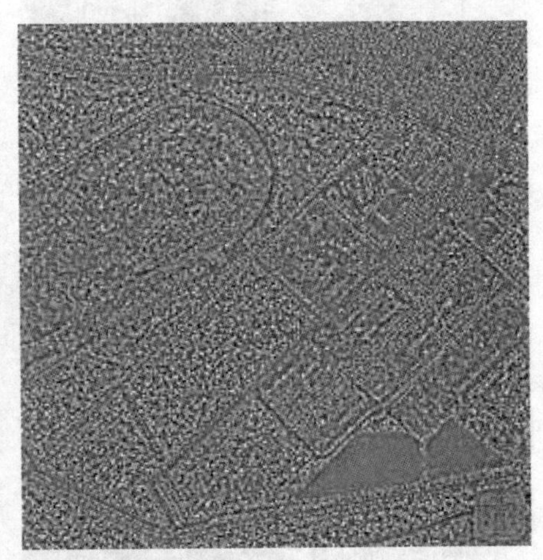

（b）图4-30（c）高频分量

图 4-31　SAR 图像高频分量

4.8.3　实验结果与性能分析

稀疏优化模型算法中的各项参数选取：字典原子个数为 144，滑动窗口大小 $h=6$，$\varepsilon_X=$

$0.3M_I$，这里 $M_I=\max_{i,j}\{I_{i,j}\}$，$N_3=10$，因子参数 $\mu=3$，分解层数 $J=4$，因子参数 $\lambda_1=\lambda_2=\lambda_3=\lambda_4=1.5$；Lee 滤波算法滑动窗口大小 $h=5$；K-SVD 算法中的各项参数选取：字典原子个数 $k=144$，滑动窗口大小 $h=6$，SAR 图像估计等效视数 $L=2$。选取一组实测 SAR 图像，如图 4-30(a) 所示的实测 SAR 图像。利用 Lee 滤波算法、IACDF 算法、K-SVD 算法、本节算法得到的相干斑抑制后的 SAR 图像如图 4-32 所示。

对于 SAR 图像的相干斑抑制性能评价指标，这里主要考虑边缘保持指数 α 和对比度滤波指数(CII)。CII 定义为

$$\mathrm{CII}=\frac{\sigma_{\bar{I}}^2}{\sqrt[4]{M_{\bar{I}}}}\frac{\sqrt[4]{M_I}}{\sigma_I^2} \tag{4-131}$$

式中，σ_I^2 和 $\sigma_{\bar{I}}^2$ 为原始 SAR 图像 $\boldsymbol{I}$ 和相干斑抑制后 SAR 图像 $\bar{\boldsymbol{I}}$ 的方差；M_I 和 $M_{\bar{I}}$ 是原始 SAR 图像 $\boldsymbol{I}$ 和相干斑抑制后 SAR 图像 $\bar{\boldsymbol{I}}$ 的四阶矩。α 越大，边缘保持越好。CII 越大，SAR 图像相干斑抑制效果越好。图 4-32 中各相干斑抑制算法的性能评价指标见表 4-6。

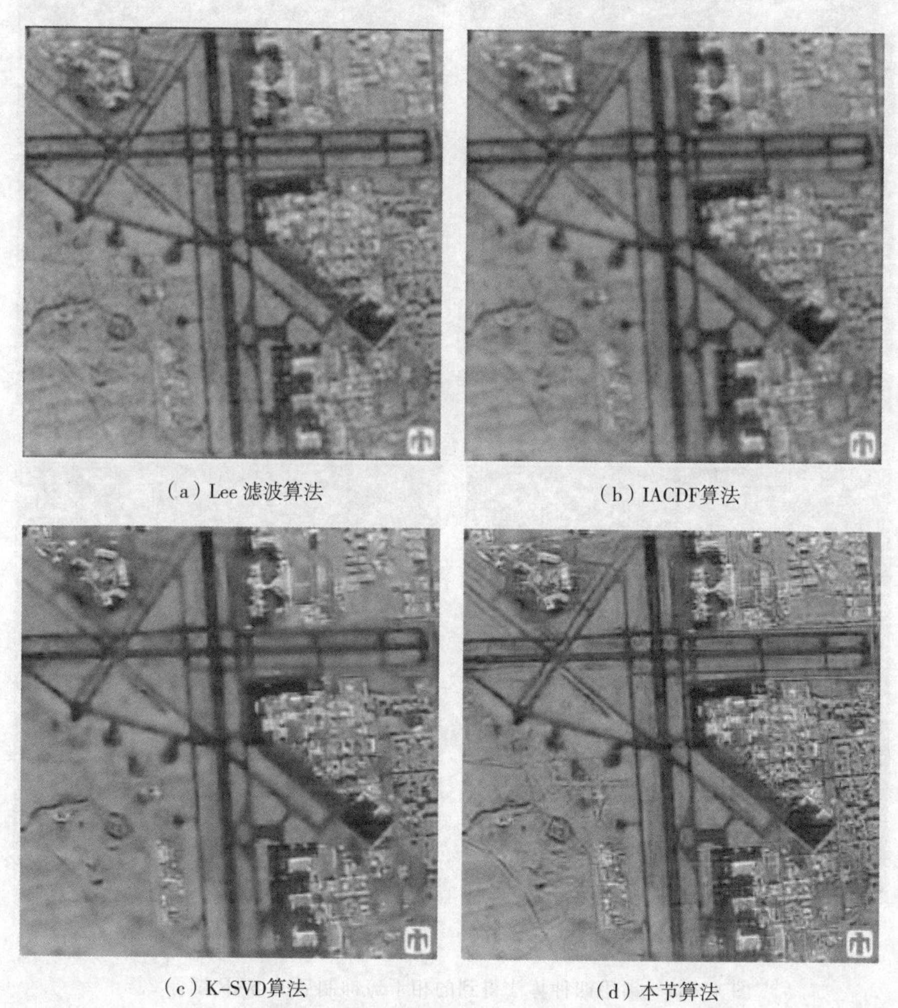

(a) Lee 滤波算法　(b) IACDF算法

(c) K-SVD算法　(d) 本节算法

图 4-32　利用四种算法得到的相干斑抑制后的 SAR 图像 1

表 4-6　四种算法的性能评价指标

性能评价指标	Lee 滤波算法	IACDF 算法	K-SVD 算法	本节算法
α	0.4156	0.3236	0.3415	0.6708
CII	0.8136	0.7723	0.7484	0.8739

选取另一组实测 SAR 图像，如图 4-30(c)所示的实测 SAR 图像。利用 Lee 算法、IACDF 算法、K-SVD 滤波算法(对数强度 SAR 图像)、本节算法所得到的相干斑抑制后的 SAR 图像如图 4-33 所示。

SAR 图像的相干斑抑制性能评价指标为 α 和 CII。图 4-33 中各相干斑抑制算法的性能评价指标见表 4-7。

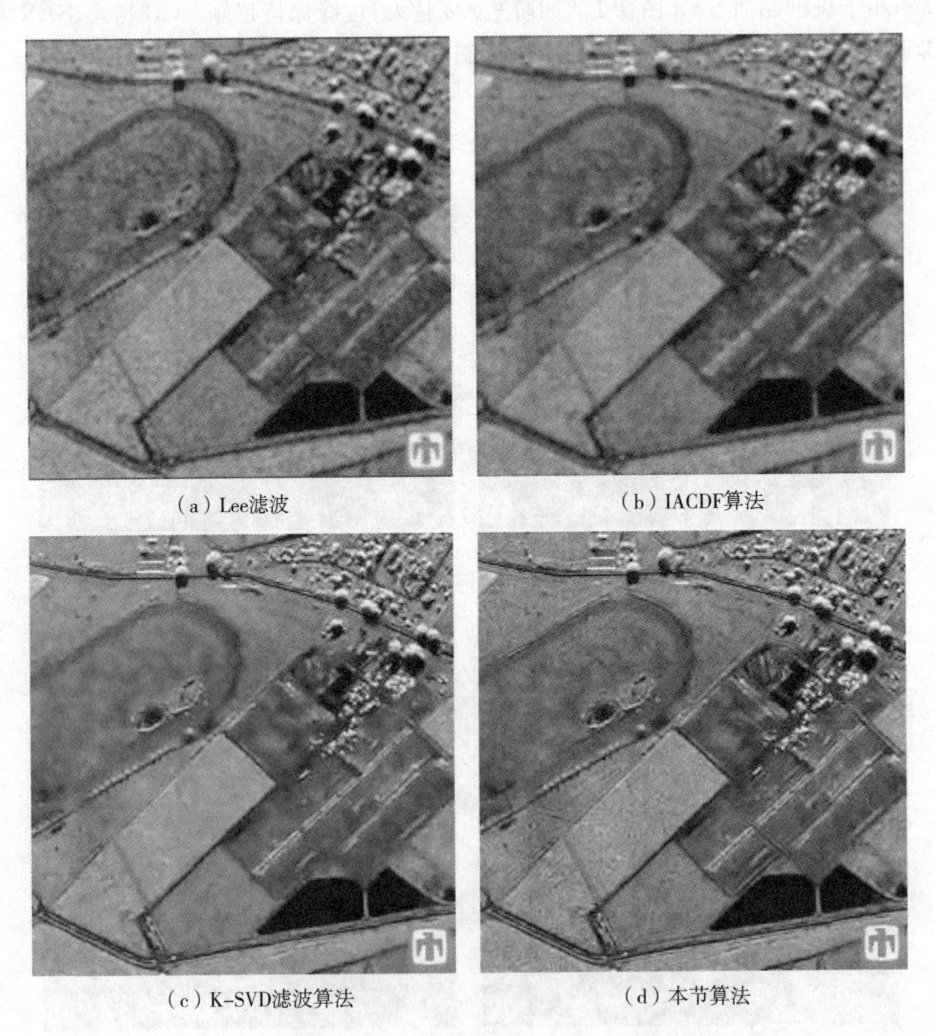

(a) Lee滤波　(b) IACDF算法

(c) K-SVD滤波算法　(d) 本节算法

图 4-33　利用四种算法得到的相干斑抑制后的 SAR 图像 2

表 4-7 四种算法的性能评价指标

性能评价指标	Lee 滤波算法	IACDF 算法	K-SVD 算法	本节算法
α	0.3569	0.2803	0.4503	0.5748
CII	0.7957	0.7343	0.8164	0.8499

综合上述实验结果,Lee 滤波后的 SAR 图像仍然包含较多的噪声点,而且点目标也存在一定程度的模糊。改进的 IACDF 能够自适应地选择阈值参数,相比于传统 Lee 滤波器具有更好的边缘锐化效果。利用 K-SVD 算法得到的含噪声 SAR 图像的高频点奇异和线奇异特征损失较大。另外,对含噪声 SAR 图像的静态假设有时会与实际的观测信号统计分布不吻合,故 K-SVD 算法并不太理想。本节算法利用新的稀疏优化模型和贪婪算法获得 SAR 图像的低频分量,以及包含点奇异性和线奇异性的高频分量。低频分量稀疏优化算法重构 SAR 图像场景分辨单元的平均强度,一定程度上抑制了相干斑噪声,而后利用带限、非抽样、紧支撑小波和带限、紧支撑剪切波实现了高频分量中线特征和点特征的相干斑抑制处理,综上所述,本节算法在多个方面优于 Lee 滤波算法、IACDF 算法和 K-SVD 算法。

4.9 本章小结

本章从 SAR 成像和相干斑形成原理等基础理论出发,分析并讨论了两类典型的相干斑抑制方法,变换域类和统计类滤波,并提出了一系列基于稀疏表示的 SAR 图像相干斑抑制算法:结合 SAR 图像 Contourlet 变换后低频子带和高频子带系数的统计特性,提出了一种基于自蛇扩散和稀疏表示的 SAR 图像相干斑抑制算法;考虑到传统方法在抑制噪声的同时过度平滑边缘信息,导致边缘信息的严重丢失,提出了一种基于 Curvelet 变换的相干斑抑制方法;结合 K-SVD 算法和 K-LLD 算法在 SAR 相干斑抑制中的优点,提出了用于 SAR 图像相干斑抑制的 K-OLS 算法;依据 SAR 图像的主导结构信息建立了多元稀疏优化模型,通过求解多元稀疏模型,对 SAR 图像的点、线、面等特征进行稀疏表示,提出了一种基于多元稀疏优化模型的 SAR 相干斑抑制算法。实验结果表明上述几种算法对 SAR 图像相干斑噪声有很好的抑制效果,并且具有增强 SAR 图像细节信息的优点。

参考文献

[1] OLIVER C, QUEGAN S. 合成孔径雷达图像理解[M]. 北京:电子工业出版社,2009.

[2] CURLANDER J C, MCDONOUGH R N. 合成孔径雷达:系统与信息处理[M]. 韩传钊,译. 北京:电子工业出版社,2014.

[3] 刘帅奇,胡绍海,肖 扬. 基于稀疏表示的 Shearlet 域 SAR 图像去噪[J]. 电子与信息学报,2012,34(9):2110-2115.

[4] 朱磊,水鹏朗,武爱景. 一种 SAR 图像相干斑噪声抑制新算法[J]. 西安电子科技大学学报(自然科学版),2012,39(2):80-86.

[5] 杨萌．稀疏表示在SAR图像相干斑抑制与检测中的应用研究[D]．南京：南京航空航天大学，2012.

[6] KOLLEM S R. Improved partial differential equation-based total variation approach to non-subsampled contourlet transform for medical image denoising [J]. Multimedia tools and applications, 2021, 80: 2663-2689.

[7] XIMG M L, GUO P Y, LIANG C. A new method of image denoise using contourlet transform[C]. International conference on environmental science & information application technology. IEEE Computer Society, 2009.

[8] ACHIM A, TSAKALIDES P, BEZERIANOS A. SAR image denoising via Bayesian wavelet shrinkage based on heavy-tailed model [J]. IEEE transactions on geoscience and remote sensing, 2003, 41(8): 1773-1784.

[9] HEBAR M, GLEICH D, CUCEJ Z. Autobinomial model for SAR image despeckling and information extraction [J]. IEEE transactions on geoscience and remote sensing, 2009, 47(8): 2818-2835.

[10] CANDES E J, GUO F. New multiscale transforms, minimum total variation synthesis: applications to edge-preserving image reconstruction[J]. Signal processing, 2002, 82(11): 1519-1543.

[11] AHARON M, ELAD M, BRUCKSTEIN A. K-SVD: an algorithm for designing overcomplete dictionaries for sparse representation [J]. IEEE transactions on signal processing, 2006, 54(11): 4311-4322.

[12] LIN Y, ZHANG S, CAI J, et al. Application of wavelet support vector regression on SAR data de-noising[J]. Journal of systems engineering and electronics, 2011, 22(4): 579-586.

[13] CHEN S, WANG X X, HARRIS C J. NARX-based nonlinear system identification using orthogonal least squares basis hunting [J]. IEEE transactions on control systems technology, 2008, 16(1): 78-84.

[14] SRIVASTAVA R, GUPTA J R P, PARTHASARTHY H. Comparison of PDE based and other techniques for speckle reduction from digitally reconstructed holographic images[J]. Optics and lasers in engineering, 2010, 48(5): 626-635.

[15] LIU S, ZHANG G, SOON Y T. An over-complete dictionary design based on GSR for SAR image despeckling[J]. IEEE geoscience and remote sensing letters, 2017, 14(12): 2230-2234.

[16] XU L, CAO Z. Sub-dictionary based joint sparse representation for multi-aspect sar automatic target recognition[M]. The proceedings of the third international conference on communications, signal processing, and systems. Springer International Publishing, 2015.

[17] HEBAR M, GLEICH D, CUCEJ Z. Autobinomial model for SAR image despeckling and information extraction [J]. IEEE transactions on geoscience and remote sensing, 2009, 47(8): 2818-2835.

[18] YONG B, MERCER B. Interferometric SAR phase filtering in the wavelet domain using simultaneous detection and estimation[J]. IEEE transactions on geoscience and remote sensing,2011,49(4):1396−1416.

[19] PORTILLA J, STRELA V, WAINWRIGHT M, et al. Image denoising using scale mixtures of gaussians in the wavelet domain [J]. IEEE transactions on image processing,2003,12(11):1338−1351.

[20] KONG W, LEI Y, NI X. Fusion technique for grey-scale visible light and infrared images based on non-subsampled contourlet transform and intensity-hue-saturation transform[J]. IET signal processing,2011,5(1):75−80.

[21] LIU S, HU Q, LI P, et al. SAR image denoising based on patch ordering in non-subsample shearlet domain [J]. Turkish journal of electrical engineering and computer sciences,2018,26(4):1860−1870.

[22] LIU S, LIU M, LI P, et al. SAR image denoising via sparse representation in shearlet domain based on continuous cycle spinning[J]. IEEE transactions on geoscience and remote sensing,2017,55(5):2985−2992.

[23] VARSHNEY K R, ÇETIN M, FISHER J W, et al. Sparse representation in structured dictionaries with application to synthetic aperture radar[J]. IEEE transactions on signal processing,2008,56(8):3548−3561.

第5章　SAR图像目标分类

作为一种不可或缺的遥感信息获取手段，SAR被广泛应用于资源勘探、地形测绘等领域中，尤其在国防军事方面发挥着越来越重要的作用。在军事侦察上，利用获取的高分辨率机载和星载SAR图像可以实现对战场目标的检测和识别。

SAR图像目标分类融合了多个领域的研究，涉及图像处理、模式识别、人工智能等多个领域，已经成为时下备受关注的研究内容之一。理论分析并经实测SAR数据证明，对于飞机、坦克、舰船等军事目标，由于其主要材料是金属，对于电磁波有较强的后向散射，同时这些目标大多具有多个“角反射体”，容易形成较大的雷达截面积，因此有利于SAR发现这些目标。同时，地球表面上一些对国民经济有重要意义的机场、道路、桥梁、大坝、河流、舰船航迹等特殊目标，在SAR图像中亦有自己特有的特征，可以充分利用这些特征来检测和识别出这些目标。

随着SAR数据获取能力的提高、分辨率的增大和成像模式的不断增加，所成图像内容更加丰富，对于SAR图像自动解译的技术要求也更加严格，基于人工判读实现SAR图像目标的分类识别面临着更大的难题，具体如下。

(1)雷达成像的覆盖区域越来越大，基于SAR图像的人工判读对目标进行检测和识别工作量巨大，不可避免地会带来主观上的判断错误。

(2)SAR成像的特殊机理使目标对方位角十分敏感，方位角存在较大差异的时候可能会导致生成完全不同的SAR图像，并且SAR图像特有的相干斑噪声使得目标的轮廓变得模糊，对光学图像目标的形状特征处理等方法不再适用，进一步增加了SAR图像解译和判读的困难。

(3)SAR传感器的分辨率越来越高，传感器的工作模式、波段、极化方式的多元化使成像中目标的信息更加丰富，从一开始获得的低分辨图像上的点目标变成了含有高分辨细节和散射特征的面目标，这些改变一方面为目标的准确解译和识别提供了可能，另一方面也使目标的种类和识别的不稳定性大大增加。

因此，如何对SAR图像中的目标进行自动、半自动、快速、准确的识别已经越来越引起人们的关注和重视。本章从SAR图像的目标分类设计模型出发，基于AdaBoost算法和稀疏表示理论，结合EMACH滤波器，提取图像的二维主分量特征、广义二维主分量特征和单演信号等特征信息，设计不同类型的分类器，对SAR图像的目标分类展开研究。结合SAR图像的多尺度几何分析，本章提出了一系列基于稀疏表示的SAR图像目标分类方法。基于美国运动和静止目标获取与识别(MSTAR)计划录取的数据进行的系列实验结果表明，这些算法在保证分类准确率的同时，可以有效地缩短SAR图像目标分类的时间，并且对目标的方位变化具有较好的鲁棒性。

5.1 SAR 图像目标分类设计模型

SAR 图像的目标分类是实现 SAR 图像自动处理的关键步骤，也是对 SAR 图像进行进一步解译的前提。SAR 图像的目标分类主要包含三个阶段：图像预处理、特征提取和分类器设计。SAR 图像的目标分类的一般框架如图 5-1 所示。

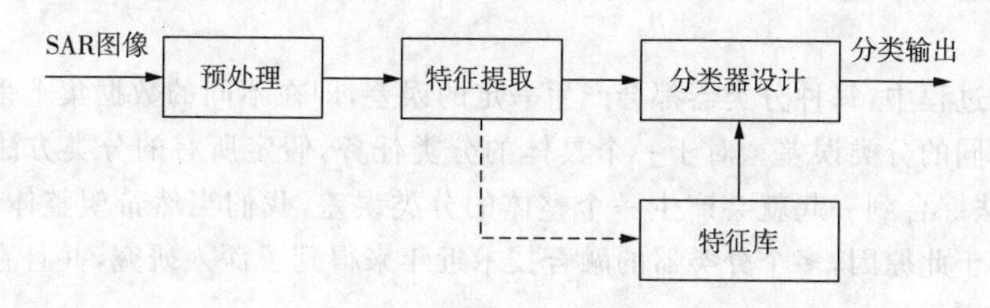

图 5-1 SAR 图像的目标分类的一般框架

SAR 图像预处理通常是指过滤 SAR 图像的相干斑噪声，进行图像分割，使之成为一幅更容易提取特征和进行分类的图像。在给定的一个 SAR 图像场景中，通常既包括感兴趣的目标，又包括背景杂波。如图 5-2 所示的 SAR 图像，目标只出现在图像的中心区域，其余大部分为背景杂波。如果对数据库中的原始图像直接进行特征提取和分类，那么背景杂波将会影响识别的品质及性能，因此需要对 SAR 图像进行预处理，将目标与背景杂波分离，以减弱背景杂波对识别性能的影响。此外，SAR 图像往往包含有较强的相干斑，需要进行适当处理以降低其对识别性能的影响。

图 5-2 SAR 图像

SAR 图像的数据量很大，为了有效地实现目标分类和识别，需要对原始 SAR 图像数据进行变换，得到最能反映分类本质的特征，即特征提取和选择。SAR 图像的特征提取非常重要，直接影响后续分类的准确率和分类速率。用于 SAR 图像目标分类研究中常用的特征信息主要包括主分量分析（Principal Component Analysis，PCA）特征、独立分量分析（Independent Component Analysis，ICA）特征、线性鉴别分析（Linear Discriminant Analysis，LDA）特征、广义二维主成分分析特征等。

分类是数据挖掘的一种非常重要的方法。在已有的数据基础上学会一个分类函数或构造出一个分类模型,即我们通常所说的分类器(Classifier)。该分类函数或模型能够把数据库中的数据记录映射到给定类别中的某一个,从而可以应用于数据预测。每种分类器的基本做法都是在样本训练的基础上确定某个判别准则,使按这种判决准则对被识别对象进行分类时所造成的识别错误率最低或引起的损失最小。用于 SAR 图像目标的分类器设计方法有很多,如决策树(Decision Tree,DT)、支持向量机(Support Vector Machine,SVM)、集成算法 AdaBoost、K 近邻(K-nearest neighbor,KNN)算法、神经网络(Neural Network,NN)算法等等。

在决策的过程中,每种分类器都会产生一定的误差,即在不同的数据集上采用不同的分类器会产生不同的分类误差。对于一个具体的分类任务,假定所有的分类方法都可以起作用,将这些方法综合到一起就会产生一个整体的分类误差,我们当然希望整体误差更小,分类更准确。基于此原因,多个分类器的融合技术近年来得到了深入研究,并且在很多领域都得到了广泛的应用。

为了提高 SAR 图像的目标分类效果,综合考虑各个分类器之间的交互作用,国内外学者提出了许多融合分类方法。根据提取的目标特征信息和采用的分类器方法的异同,主要有三种融合分类器的设计模型,如图 5-3 所示。其中,图 5-3(a)所示的多分类器融合分类方法模型通过提取目标图像的相同特征,采用不同的分类准则设计不同的分类器,对分类结果进行决策融合。图 5-3(b)所示的多特征融合分类方法模型通过提取目标图像的不同特征,采用相同的分类准则设计相同的分类器,对分类结果进行决策融合。图 5-3(c)所示的多角度融合分类方法模型对不同类目标图像提取相同特征,采用相同的分类准则设计相同的分类器,对分类结果进行决策融合。

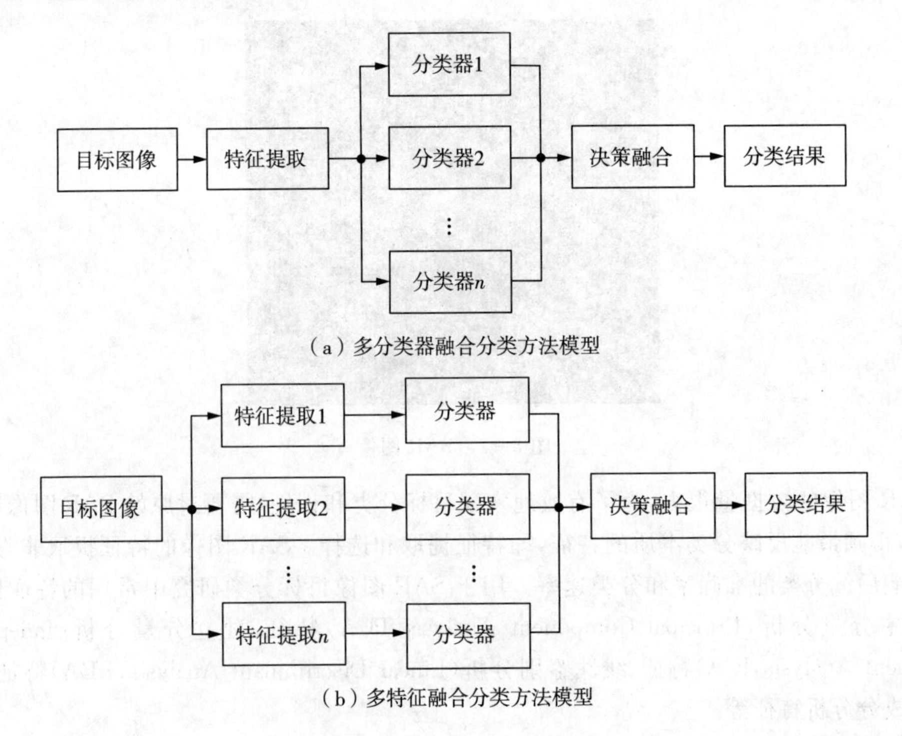

(a) 多分类器融合分类方法模型

(b) 多特征融合分类方法模型

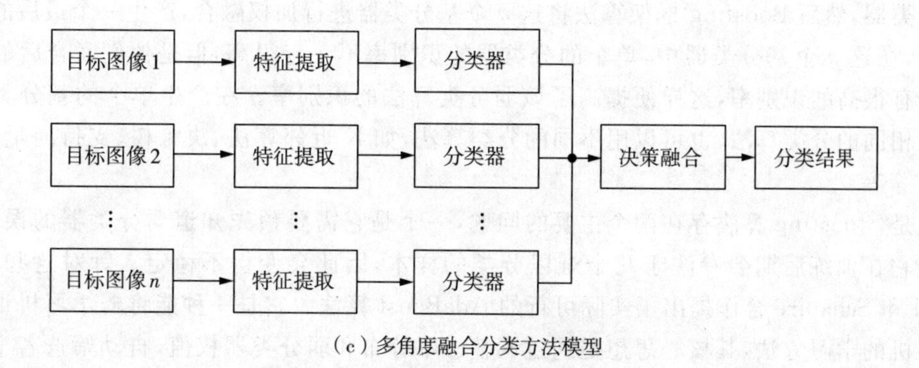

（c）多角度融合分类方法模型

图 5-3　三种融合分类器的设计模型

本书也是依据图 5-3 所示的融合分类器设计模型，从稀疏表示理论的字典构造和稀疏系数求解出发，通过提取 SAR 图像的不同特征信息，结合 AdaBoost 算法、SVM 等算法设计融合分类器。

5.2　基于多子分类器 AdaBoost 算法的 SAR 图像目标分类

5.2.1　AdaBoost 算法原理

AdaBoost 是基于 Boosting 算法发展起来的一种分类器性能提升算法。Boosting 的思想起源于 Valiant 提出的 PAC(Probably Approximately Correct)学习模型，它是一种提高任意给定学习算法准确度的方法。Boosting 算法涉及弱分类器和强分类器，其中弱分类器基于弱学习，分类正确率较低，比较容易获得；强分类器基于强学习，分类正确率较高，但是比较难获得。弱学习算法是指那些识别错误率小于 50%，即准确率仅比随机猜测略高的学习算法，强学习算法是指那些识别准确率很高并能在多项式时间内完成的学习算法。

Valiant 和 Kearns 首次联合提出 PAC 学习模型中弱学习算法和强学习算法的等价性问题，即任意给定仅比随机猜测略好的弱学习算法，是否可以将其提升为强学习算法。如果二者等价，那么只需找到一个比随机猜测略好的弱学习算法就可以将其提升为强学习算法，而不必寻找很难获得的强学习算法。1990 年，Schapire 最先构造出一种多项式级的算法，并对该问题做了肯定的证明，即最初的 Boosting 算法。1991 年，Freund 提出了一种效率更高的 Boosting 算法。

Boosting 算法构造一个预测函数系列，然后以一定的方式将它们组合成一个预测函数。它是一种框架算法，主要是通过对样本集的操作获得样本子集，然后用弱分类算法在样本子集上训练生成一系列的基分类器。它可以用来提高其他弱分类算法的识别率，也就是将其他的弱分类算法作为基分类算法放于 Boosting 框架中，通过 Boosting 框架对训练样本集的操作，得到不同的训练样本子集，用该样本子集去训练生成基分类器；每得到一个样本集就用该基分类算法在该样本集上产生一个基分类器，这样在给定训练 n 轮数后，就可以产生 n

个基分类器，然后 Boosting 框架算法将这 n 个基分类器进行加权融合，产生一个最后的结果分类器，在这 n 个基分类器中，单个的分类器的识别率不一定很高，但是他们联合后的结果分类器有很高的识别率，这样便提高了该弱分类算法的识别率。在产生单个的基分类器时可以用相同的分类算法，也可以用不同的分类算法，如 K 近邻算法、决策树、支持向量机、神经网络等等。

但是，Boosting 算法存在两个主要的问题，一个是它需要预先知道弱分类器的误差，另一个是它在训练后期会专注于几个难以分类的样本，因此会变得不稳定。针对这些问题，Freund 和 Schapire 合作提出了实际可行的 AdaBoost 算法。它是一种能将弱学习机训练成强学习机的学习方法，其核心思想是通过调整样本分布和弱分类器权值，自动筛选若干弱分类器整合为一个强分类器。理论研究证明，如果每个弱分类器的分类错误率低于 50%，那么当弱分类器的个数趋于无穷时，强分类器的错误率将趋于零。由于 AdaBoost 算法不需要任何关于弱分类器性能的先验知识、没有正确率下限的限制，所以很容易被应用到实际问题中。基于 AdaBoost 算法的强分类器性能已经在人脸识别、语音信号识别、医学疾病分析、财务经济分析等相关领域得到了较好的验证。

众所周知，在分类识别算法中，寻找多个识别率不是很高的弱分类器算法比寻找一个识别率很高的强分类器要容易得多。AdaBoost 算法作为一种迭代算法，它的本质是利用前面分类器的学习结果，通过调整样本权重影响后面的分类器。由于 Adaboost 算法提供的只是框架，子分类器的构建可以使用各种方法（如 KNN、SVM 等经典分类方法），并且不会出现过拟合现象，所以得到了广泛的应用。

首先给出两分类 AdaBoost 算法的工作原理。

假设 $S=\{(x_n,y_n)\}$，$n=1,2,\cdots,N$ 为给定的一个训练样本集合，$x_n\in X$，y_n 为 x_n 所对应的类别，$y_n\in\{-1,+1\}$，训练的弱分类器数目为 T，AdaBoost 算法的具体步骤描述如下。

步骤 1：输入训练样本子集 $S_t=\{(x_1,y_1),(x_2,y_2),\cdots,(x_m,y_m)\}$，其中 $x_i\in X$。

步骤 2：初始化循环次数 $t=1$，权重系数 $D_t(i)=1/m$。

步骤 3：重复以下过程，直至满足循环结束条件。

(1) 根据权重 $D_t(i)$ 训练弱分类器，得到该轮的预测结果 $h_t:X\rightarrow\{-1,+1\}$。

(2) 计算训练样本的权重误差 $\varepsilon_t=\sum_{i=1}^{m}D_t(i)(h_t(x_i)\neq y_i)$。

(3) 更新权重系数，若 $h_t(x_i)=y_i$，则 $D_{t+1}(i)=D_t(i)\times e^{-\alpha t}$，若 $h_t(x_i)\neq y_i$，则 $D_{t+1}(i)=D_t(i)\times e^{\alpha t}$，其中 $\alpha_t=\frac{1}{2}\ln\left(\frac{1-\varepsilon_t}{\varepsilon_t}\right)$。

(4) 归一化系数 $D_{t+1}(i)=\dfrac{D_{t+1}(i)}{\sum_{i=1}^{m}D_{t+1}(i)}$。

(5) 若 $t=T$，则停止循环；否则，$t=t+1$，回到循环起点。

步骤 4：输出强分类器 $H(x)=\mathrm{sign}\left(\sum_{t=1}^{T}\alpha_t h_t(x)\right)$。

AdaBoost 算法通过对样本集的操作训练产生不同的分类器，通过更新分布权值向量改变样本权重，主要是提高分错样本的权重，即重点对分错样本进行训练。

权重值的选择主要考虑以下两点。

1)样本的权重

AdaBoost算法通过对样本集的操作训练产生不同的分类器。在训练弱分类器时,没有先验知识的情况下,初始的分布应为等概率分布,也就是训练集如果有 n 个样本,每个样本的分布概率为 $1/n$;每次循环后提高错误样本的分布概率,分错的样本在训练集中所占权重增大,使下一次循环的基分类器能够集中对这些错误样本进行判断。

2)弱分类器的权重

强分类器是多个弱分类器通过联合得到的,因此各个弱分类器所起的作用对强分类器的分类性能有很大的影响。由于每个弱分类器的识别率不同,在联合时对应的作用也应有所不同,这种作用通过权重值体现,识别率越高的弱分类器对应的权重值越高,识别率越低的弱分类器对应的权重越低。

对于多目标分类问题,可以将多分类问题拆分成若干两分类问题进行处理。目前比较成熟的用于多分类的AdaBoost算法有AdaBoost. M1、AdaBoost. M2等。

由于AdaBoost算法训练的子分类器更多地关注上一轮迭代过程中错误分类的样本,即使经过多轮迭代,错误分类的样本可能依旧不能被正确识别,这会导致子分类器的多样性降低。本节通过提取SAR图像的多种特征信息,采用SVM设计弱分类器,可以避免单一子分类器过于关注错误分类样本的现象,从而提高SAR图像目标分类的正确率。

5.2.2 基于多子分类器AdaBoost算法的SAR图像目标分类方法

基于多子分类器AdaBoost算法的SAR图像目标分类方法,记作AdaBoost. ISCD算法。该算法的主要过程包括图像处理、特征提取、分类器设计和投票分类。

(1)图像处理:对原始SAR图像进行预处理,包括图像去噪、分割、提取感兴趣的图像目标区域。

(2)特征提取:提取SAR图像的特征,包括二维线性鉴别分析特征和广义二维主分量分析特征。

(3)分类器设计:依据不同的特征信息设计SVM弱分类器,利用AdaBoost算法将其提升为强分类器。

(4)投票分类:采用贝叶斯融合策略对特征训练得到的强分类器进行分类决策融合。

AdaBoost. ISCD算法采用SVM作为弱分类器的设计,尽管在训练的时候需要经过多次迭代筛选,比较耗时,但由于整个弱分类器的训练阶段都是在线下运行的,所以并不影响最终测试样本的分类时间。

AdaBoost. ISCD算法框架如图5-4所示。

5.2.2.1 图像处理

SAR图像因其特殊的成像机理存在大量的相干斑噪声,相干斑是一种乘性噪声,在图像中是不均匀的非高斯分布,普通的预处理方法对其不适用。SAR图像的相干斑噪声导致特征提取困难,一定程度上会影响后续SAR图像目标的分类识别。但是现有文献研究表明只需要对SAR图像做简单的预处理即可实现较好的识别性能,本节也只对SAR图像做简单的预处理,取其对数将乘性噪声变为加性噪声,然后选取图像中心包含目标的区域分割出目标。

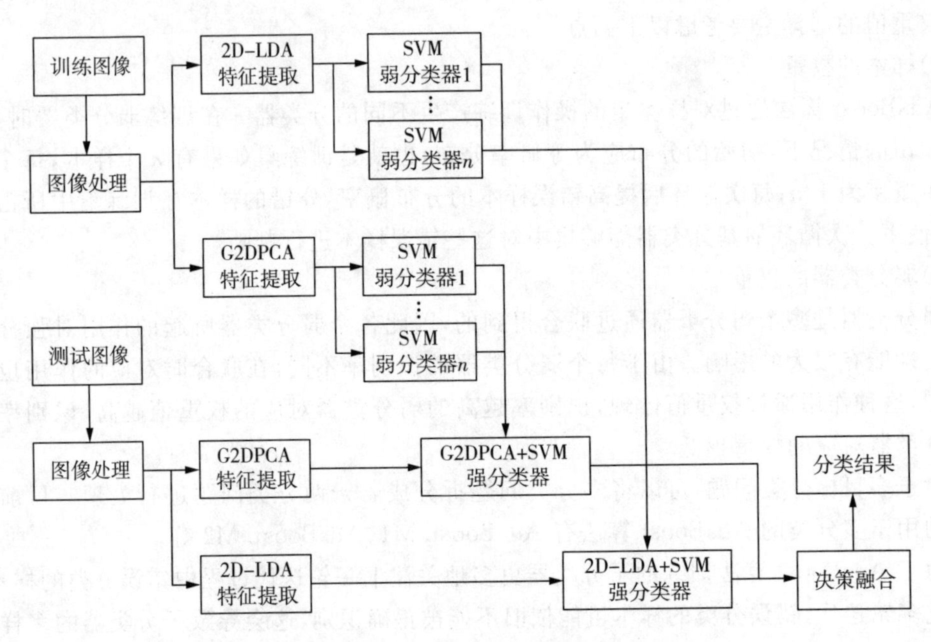

图 5-4 AdaBoost.ISCD 算法框架

假设 I 为一幅 SAR 图像，e 为相干斑噪声，理想的 SAR 图像为 X，即

$$I=Xe \tag{5-1}$$

对式(5-1)两边取对数，得

$$\lg(I)=\lg(X)+\lg(e) \tag{5-2}$$

应用式(5-2)可以将 SAR 图像的乘性噪声变换为加性噪声。选取包含坦克目标的 54×54 中心区域进行图像分割，以突出图像的细节信息。图 5-5 所示为 109°相位角的 T7 坦克样本原始图像和目标区域分割后的图像。对比图 5-5(a)和图 5-5(b)预处理前后的两幅图像，可以看出预处理后的图像由于背景较少，图像目标的细节信息得到增强，所以能更明显地描述出图像目标的特征。

5.2.2.2 特征提取

SAR 目标分类识别系统中的特征提取方法有很多，根据不同的准则有不同的分类方法。特征根据提取的层次不同分为像素级特征、局部特征和全局特征；根据特征源的不同分为计算机视觉特征和电磁散射特征；根据特征形成的不同分为基于特征的物理特性和基于特征的数学变换。特征提取在 SAR 图像的分类识别中地位举足轻重，特征提取的好坏直接影响到分类识别的准确率及分类时间。在 SAR 图像目标分类识别时，提取的特征应该尽可能地增大类间差，缩小类内差。

PCA 是模式识别领域一种被广泛用来降低信号维度和重建信号的方法。从统计学的角度来说，它是一种多元统计方法，从多个变量中通过线性变换选出较少的主要变量。当应用于二维图像时，由于需要将二维图像矩阵转化为一维向量，所以 PCA 容易造成“维数灾

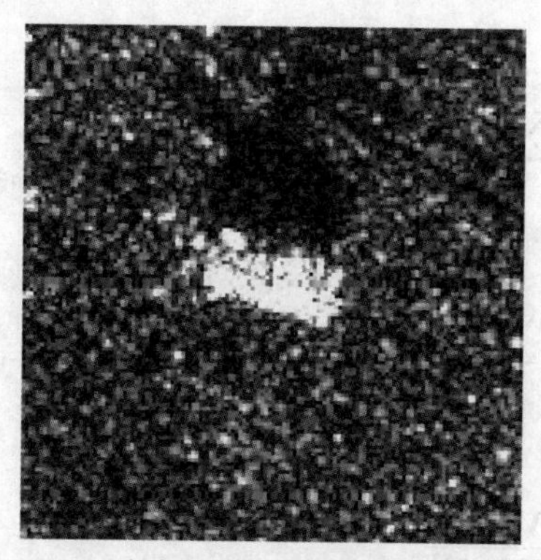

（a）坦克样本原始图像

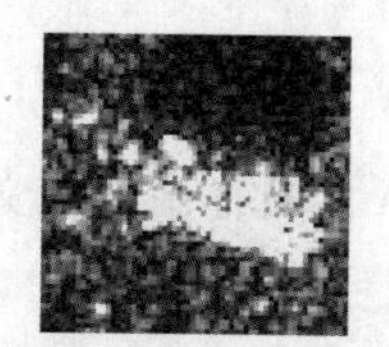

（b）分割后的图像

图 5－5　SAR 图像预处理

难”。二维主分量分析（Two-dimentional Principal Component Analysis，2DPCA）与 PCA 不同，它直接对矩阵形式的图像数据进行计算，使得到的协方差矩阵的维度大幅降低，可以避免维数转换带来的问题。但是 2DPCA 没有对等地考虑图像的行和列，从而缺乏理论上的对称性，不能充分地从图像中提取有用信息。广义二维主分量分析（Generalized 2-Dimentional Principal Component Analysis，G2DPCA）由于在寻求最优投影方向时，直接基于二维图像矩阵而不是一维向量，在特征提取前不必将二维图像矩阵转换成一维向量，并且同时去除图像行和列像素间的相关性，所以被广泛应用在 SAR 图像的目标分类识别等领域。ICA 是一种多维数字信号处理技术，着眼于数据间的高阶统计特性，提取的特征分量之间不仅互不相关，而且还尽可能统计独立，有效利用了数据在统计关系上的本质特征，可以很好地表示 SAR 图像的特征信息。He 和 Huan 等人将 PCA、ICA 与小波变换特征相融合，应用于 SAR 图像目标识别，取得了不错的效果。核主分量分析（Kernel Principal Component Analysis，KPCA）算法是一种基于目标统计特性的正交变换，通过积分算子和非线性核函数有效地计算高维特征空间中的主成分，均方误差小，变换矢量更确定、能量更集中。但是，由于 KPCA 算法要求处理的信号是平移不变的，因此限制了其在高分辨雷达系统中的应用。LDA 是一种监督学习的线性降维技术，它的数据集每个样本都是有输出的，投影后类内方差最小，类间方差最大，具有很好的聚类效果。二维线性鉴别分析（Two-dimensional Linear Discriminant Analysis，2D-LDA）是直接基于二维图像矩阵的方法，通过计算图像的类内和类间散度矩阵确定最优投影坐标系。由于 2D-LDA 方法不需要在特征提取前将二维图像转变为一维向量，运算量小，可以有效利用图像的空间结构信息，因此被成功地应用于人脸识别等领域。

本节选择提取 SAR 图像的 2D-LDA 特征和 G2DPCA 特征来设计分类器。

1. 2D-LDA 特征

令训练样本图像集为 $T=\{X_1,X_2,\cdots,X_N\}$。训练样本个数为 N，图像类别为 K，类别编号用 $C_1,C_2,\cdots,C_K$ 表示，假设 C_i 类样本个数为 N_i，则样本总数为

$$N=\sum_{i=1}^{K}N_i \tag{5-3}$$

所有样本平均为

$$\overline{X}=\frac{1}{N}\sum_{i=1}^{N}X_i \tag{5-4}$$

第 C_i 类样本的类内平均为

$$\overline{X}_{C_i}=\frac{1}{N}\sum_{j=1}^{N_j}X_j \tag{5-5}$$

2D-LDA 的目标函数定义为

$$J=\max\frac{\boldsymbol{V}\boldsymbol{G}_L\boldsymbol{V}^{\mathrm{T}}}{\boldsymbol{V}\boldsymbol{G}_H\boldsymbol{V}^{\mathrm{T}}} \tag{5-6}$$

式中，$\boldsymbol{G}_L$ 为类间散度矩阵，计算公式为

$$\boldsymbol{G}_L=\sum_{i=1}^{K}N_i\,(\overline{\boldsymbol{X}}_{C_i}-\overline{\boldsymbol{X}})^{\mathrm{T}}(\overline{\boldsymbol{X}}_{C_i}-\overline{\boldsymbol{X}}) \tag{5-7}$$

$\boldsymbol{G}_H$ 为类内散度矩阵，计算公式为

$$G_H=\sum_{i=1}^{K}\sum_{j=1}^{N_i}(\boldsymbol{X}_j-\overline{\boldsymbol{X}}_{C_i})^{\mathrm{T}}(\boldsymbol{X}_j-\overline{\boldsymbol{X}}_{C_i})^{\mathrm{T}} \tag{5-8}$$

对 $\boldsymbol{G}_H^{-1}\boldsymbol{G}_L$ 进行特征分解，得到最大的 d 个特征值，所对应的特征向量分别为 $\boldsymbol{v}_1,\boldsymbol{v}_2,\cdots,\boldsymbol{v}_d$，则最佳投影矩阵 $\boldsymbol{V}=\{\boldsymbol{v}_1,\boldsymbol{v}_2,\cdots,\boldsymbol{v}_d\}$。

2. G2DPCA 特征

假设预处理后的训练图像集为 $\{\boldsymbol{I}_1,\boldsymbol{I}_2,\cdots,\boldsymbol{I}_N\}$，$\boldsymbol{I}_i\in\mathbf{R}^{m\times n}(i=1,2,\cdots,N)$，训练样本总数为 N。将训练样本中心化，$\tilde{\boldsymbol{I}}_i=\boldsymbol{I}_i-\bar{\boldsymbol{I}}$，$\bar{\boldsymbol{I}}$ 是训练样本的均值图像。找到一组正交投影轴 $\boldsymbol{\mu}_1,\boldsymbol{\mu}_2,\cdots,\boldsymbol{\mu}_l$ 和 $\boldsymbol{v}_1,\boldsymbol{v}_2,\cdots,\boldsymbol{v}_r$，分别由它们组成左投影矩阵 $\boldsymbol{U}=[\boldsymbol{\mu}_1,\boldsymbol{\mu}_2,\cdots,\boldsymbol{\mu}_l]\in\mathbf{R}^{m\times l}$ 和右投影矩阵 $\boldsymbol{V}=[\boldsymbol{v}_1,\boldsymbol{v}_2,\cdots,\boldsymbol{v}_r]\in\mathbf{R}^{n\times r}$，使投影后的样本：

$$\boldsymbol{B}=\boldsymbol{U}^{\mathrm{T}}\tilde{\boldsymbol{I}}_i\boldsymbol{V} \tag{5-9}$$

满足最大化总体散布，且 $\boldsymbol{U}^{\mathrm{T}}\boldsymbol{U}=\boldsymbol{I}_l$，$\boldsymbol{V}^{\mathrm{T}}V=\boldsymbol{I}_r$，$\boldsymbol{I}_l$ 和 $\boldsymbol{I}_r$ 分别为 $l\times l$ 和 $r\times r$ 的单位矩阵。

通过求解式(5-10)可以获取最优投影矩阵：

$$[\boldsymbol{U}_{opt},\boldsymbol{V}_{opt}]=\underset{\boldsymbol{U},\boldsymbol{V}}{\arg\min}\sum_{i=1}^{M}\|\tilde{\boldsymbol{I}}_i-\boldsymbol{U}\boldsymbol{B}_i\boldsymbol{V}^{\mathrm{T}}\|_F^2 \tag{5-10}$$

式中，$\|\cdot\|_F$ 为矩阵的 Frobenius 范数。

投影矩阵的求解可通过解最小化问题实现，即

$$[\boldsymbol{U}_{\mathrm{opt}},\boldsymbol{V}_{\mathrm{opt}}]=\underset{\boldsymbol{U},\boldsymbol{V}}{\arg\min}\sum_{i=1}^{M}\|\tilde{\boldsymbol{I}}_i-\boldsymbol{U}\boldsymbol{B}_i\boldsymbol{V}^{\mathrm{T}}\|_F^2 \tag{5-11}$$

对 $\|\tilde{\boldsymbol{I}}_i-\boldsymbol{U}\boldsymbol{B}_i\boldsymbol{V}^{\mathrm{T}}\|_F^2$ 展开推导，可将式(5-11)的求解转化为

$$[\boldsymbol{U}_{\mathrm{opt}},\boldsymbol{V}_{\mathrm{opt}}]=\underset{\boldsymbol{U},\boldsymbol{V}}{\arg\max}\sum_{i=1}^{M}\|\boldsymbol{U}^{\mathrm{T}}\tilde{\boldsymbol{I}}_i\boldsymbol{V}\|_F^2 \tag{5-12}$$

对于给定的图像集，投影样本的协方差矩阵为

$$\boldsymbol{S}=\frac{1}{M}\sum_{i=1}^{M}\boldsymbol{B}_i^{\mathrm{T}}\boldsymbol{B}_i=\frac{1}{M}\sum_{i=1}^{M}\left[(\boldsymbol{U}^{\mathrm{T}}\tilde{\boldsymbol{I}}_i\boldsymbol{V})^{\mathrm{T}}(\boldsymbol{U}^{\mathrm{T}}\tilde{\boldsymbol{I}}_i\boldsymbol{V})\right] \tag{5-13}$$

最大化 $\sum_{i=1}^{M}\|\boldsymbol{U}^{\mathrm{T}}\tilde{\boldsymbol{I}}_i\boldsymbol{V}\|_F^2$ 即最大化 $\mathrm{tr}\{\boldsymbol{S}\}$。计算 $\boldsymbol{U}_{\mathrm{opt}}$ 和 $\boldsymbol{V}_{\mathrm{opt}}$ 的迭代计算方法如下。

(1) 给定 $\boldsymbol{U}_{\mathrm{opt}}$，由于

$$\begin{aligned}\mathrm{tr}\{\boldsymbol{S}\}&=\mathrm{tr}\left\{\frac{1}{M}\sum_{i=1}^{M}\left[(\boldsymbol{U}^{\mathrm{T}}\tilde{\boldsymbol{I}}_i\boldsymbol{V})^{\mathrm{T}}(\boldsymbol{U}^{\mathrm{T}}\tilde{\boldsymbol{I}}_i\boldsymbol{V})\right]\right\}\\&=\mathrm{tr}\left\{\frac{1}{M}\sum_{i=1}^{M}\left[\boldsymbol{V}^{\mathrm{T}}\tilde{\boldsymbol{I}}_i^{\mathrm{T}}\boldsymbol{U}_{\mathrm{opt}}\boldsymbol{U}_{\mathrm{opt}}^{\mathrm{T}}\tilde{\boldsymbol{I}}_i\boldsymbol{V}\right]\right\}=\boldsymbol{tr}\{\boldsymbol{V}^{\mathrm{T}}\boldsymbol{S}_v\boldsymbol{V}\}\end{aligned} \tag{5-14}$$

式中，

$$\boldsymbol{S}_v=\frac{1}{M}\sum_{i=1}^{M}\left[\tilde{\boldsymbol{I}}_i^{\mathrm{T}}\boldsymbol{U}_{\mathrm{opt}}\boldsymbol{U}_{\mathrm{opt}}^{\mathrm{T}}\tilde{\boldsymbol{I}}_i\right] \tag{5-15}$$

因此，最大化 $\mathrm{tr}\{\boldsymbol{S}\}$ 问题转化为求解 $\boldsymbol{S}_v$ 的前 r 个最大的特征值所对应的特征向量，由这些特征向量构成 $\boldsymbol{V}_{\mathrm{opt}}$ 矩阵。

(2) 求得的 $\boldsymbol{V}_{\mathrm{opt}}$ 矩阵作为给定值，同样推理可以证明 $\boldsymbol{U}_{\mathrm{opt}}$ 是由式(5-16)中矩阵前 l 个最大的特征值所对应的特征向量构成。

$$\boldsymbol{S}_u=\frac{1}{M}\sum_{i=1}^{M}\tilde{\boldsymbol{I}}_i\boldsymbol{V}_{opt}\boldsymbol{V}_{\mathrm{opt}}^{\mathrm{T}}\tilde{\boldsymbol{I}}_i^{\mathrm{T}} \tag{5-16}$$

(3) 求得 $\boldsymbol{U}_{\mathrm{opt}}$、$\boldsymbol{V}_{\mathrm{opt}}$，其对样本的重构值为 $\boldsymbol{U}_{\mathrm{opt}}\boldsymbol{B}_i\boldsymbol{V}_{\mathrm{opt}}^{\mathrm{T}}$，求解样本的重构误差的均方根：

$$\begin{aligned}\mathrm{RMSE}&=\sqrt{\frac{1}{M}\sum_{i=1}^{M}\|\tilde{\boldsymbol{I}}_i-\boldsymbol{U}_{\mathrm{opt}}\boldsymbol{U}_{\mathrm{opt}}^{\mathrm{T}}\tilde{\boldsymbol{I}}_i\boldsymbol{V}_{\mathrm{opt}}\boldsymbol{V}_{\mathrm{opt}}^{\mathrm{T}}\|_F^2}\\&=\sqrt{\frac{1}{M}\sum_{i=1}^{M}\|\tilde{\boldsymbol{I}}_i\|_F^2-\|\boldsymbol{U}_{\mathrm{opt}}^{\mathrm{T}}\tilde{\boldsymbol{I}}_i\boldsymbol{V}_{\mathrm{opt}}\|_F^2}\end{aligned} \tag{5-17}$$

随着 $\boldsymbol{U}_{\mathrm{opt}}$、$\boldsymbol{V}_{\mathrm{opt}}$ 的不断迭代更新，$\|\boldsymbol{U}_{\mathrm{opt}}^{\mathrm{T}}\tilde{\boldsymbol{I}}_i\boldsymbol{V}_{\mathrm{opt}}\|_F^2$ 越来越大，RMSE 值越来越小，当连续两次的 RMSE 之差小于某个大于零的值 ε 时，即 $\mathrm{RMSE}(k-1)-\mathrm{RMSE}(k)<\varepsilon$，迭代终止。实验中，给定初始的 $\boldsymbol{U}=(\boldsymbol{I}_l,\boldsymbol{0})^{\mathrm{T}}$，其中 $\boldsymbol{0}$ 是 $l\times(m-l)$ 的零矩阵。

通过计算得到最优解 $\boldsymbol{U}_{\mathrm{opt}}$、$\boldsymbol{V}_{\mathrm{opt}}$，对于给定的图像，其 G2DPCA 特征为：

$$\boldsymbol{D}=\boldsymbol{U}_{\mathrm{opt}}^{\mathrm{T}}(\boldsymbol{I}-\bar{\boldsymbol{I}})\boldsymbol{V}_{\mathrm{opt}}\in\mathbf{R}^{l\times r} \tag{5-18}$$

5.2.2.3　分类器设计

1. SVM

SVM 是 20 世纪 90 年代中期发展起来的基于统计学习理论的一种机器学习方法，通过寻求结构化风险最小提高学习机的泛化能力，实现经验风险和置信范围的最小化，从而达到在统计样本较少的情况下，亦能获得良好统计规律的目的。SVM 在推广性和经验误差两方

面达到平衡，是目前比较盛行的分类器。

SVM 的主要思想可以概括为以下两点。

(1)它针对线性可分情况进行分析。

(2)对于线性不可分的情况，通过使用非线性映射算法将低维输入空间线性不可分的样本转化为高维特征空间使其线性可分，从而使高维特征空间采用线性算法对样本的非线性特征进行线性分析成为可能。

SVM 是一种小样本学习分类方法，泛化能力强，通过引入核函数映射可以方便地实现非线性处理。因此，本节选用 SVM 实现 SAR 图像目标的分类，期望在有限样本下，得到更准确的分类结果。

通常在使用 SVM 进行分类之前，需要对它进行训练。假设 2D-LDA 特征或 G2DPCA 特征记作

$$\boldsymbol{x}=\{x_1,x_2,\cdots,x_K\} \tag{5-19}$$

将特征设为训练矢量，并通过函数 $\varphi(\boldsymbol{x})$ 把它们映射到高维空间，SVM 训练要得到一个线性超平面，即

$$g(\boldsymbol{x})=\boldsymbol{wx}+b=0(\boldsymbol{x}\in\mathbf{R}^{w}) \tag{5-20}$$

式中，$\boldsymbol{w}$ 为与特征空间具有相同维数的权重向量，b 为偏差。超平面 $g(\boldsymbol{x})$ 能将正负样本分开，对正样本，有

$$g(\boldsymbol{x})=\boldsymbol{wx}_i+b\geqslant 1 \tag{5-21}$$

对负样本，有

$$g(\boldsymbol{x})=\boldsymbol{wx}_i+b\leqslant -1 \tag{5-22}$$

令超平面 $g(\boldsymbol{x})=\boldsymbol{wx}_i+b=1$ 和 $g(\boldsymbol{x})=\boldsymbol{wx}_i+b=-1$ 之间的距离为 2Δ，称距离 Δ 为分类间隔。能够把特征分开的线性超平面很多，但是具有最大间隔的超平面只有一个。

对于带有标签的训练集 $(x_k,y_k)(k=1,2,\cdots,K)$，其中 $y_k\in\{1,-1\}$。SVM 要解决如下优化问题：

$$\min_{w,b,\eta}\frac{1}{2}\boldsymbol{w}^{\mathrm{T}}\boldsymbol{w}+C\sum_{k=1}^{K}\eta_k \ \text{s. t}\ y_k(\boldsymbol{w}^{\mathrm{T}}f(x_k)+b)\geqslant 1-\eta_k\ \eta_k\geqslant 0 \tag{5-23}$$

式中，C 为误差项的惩罚因子。

采用 RBF 核函数将训练向量映射到高维空间：

$$K(x_k,x_g)=\varphi(x_k)^{\mathrm{T}}\varphi(x_g)=\exp(-\gamma\parallel x_k-x_g\parallel^2)>0 \tag{5-24}$$

式中，γ 为核因子。

2. 分类器设计算法

对于给定的训练样本子集 $S_t=\{(x_1,y_1),(x_2,y_2),\cdots,(x_m,y_m)\}$，其中 $x_i\in X$，权重系数初始化为 $D_t(i)=1/m$，训练 SVM 弱分类器 h_t，循环以下步骤直至 $\varepsilon_t\leqslant 0.5$。

步骤 1：根据权重 $D_t(i)$ 训练弱分类器，得到该轮的预测结果 h_t。

步骤 2：计算训练样本的权重误差。

$$\varepsilon_t = \sum_{i=1}^{m} D_t(i), h_t(x_i) \neq y_i \tag{5-25}$$

步骤 3：权重系数更新。

若 $h_t(x_i) = y_i$，则

$$D_{t+1}(i) = D_t(i) \times \mathrm{e}^{-\alpha_t} \tag{5-26}$$

否则

$$D_{t+1}(i) = D_t(i) \times \mathrm{e}^{\alpha_t} \tag{5-27}$$

式中，

$$\alpha_t = \frac{1}{2}\ln\left(\frac{1-\varepsilon_t}{\varepsilon_t}\right) \tag{5-28}$$

步骤 4：归一化系数为

$$D_{t+1}(i) = \frac{D_{t+1}(i)}{\sum_{i=1}^{m} D_{t+1}(i)} \tag{5-29}$$

按上述方法设计 T 个 SVM 弱分类器，只要保证单个弱分类器的分类准确率大于 50% 即可。最后输出的强分类器为

$$H(x) = \mathrm{sign}\left(\sum_{t=1}^{T} \alpha_t h_t(x)\right) \tag{5-30}$$

5.2.2.4　投票分类

贝叶斯预测模型是利用贝叶斯统计进行的、以动态模型为研究对象的一种时间序列预测方法。和一般的统计方法不同，贝叶斯统计不仅利用模型信息和数据信息，还充分利用先验信息。与普通回归预测模型的预测结果比较，贝叶斯预测模型具有明显的优越性。本节采用贝叶斯融合策略对 2D-LDA 特征训练得到的强分类器 H_1 和 G2DPCA 特征训练得到的强分类器 H_2 进行分类决策融合。

假设两个分类器的识别概率分别为 P_1 和 P_2。待测试图像随机属于 J 类目标样本的任何一类。目标属于 $T_n(1 \leqslant n \leqslant J)$ 类，却被 H_1 分类器错分为 $T_q(1 \leqslant q \leqslant J)$ 类的概率可以通过贝叶斯公式计算：

$$P_1(T_n \mid T_q) = \frac{P(T_n) P_1(T_q \mid T_n)}{\sum_{j=1}^{J} P_1(T_q \mid T_j) P(T_j)} \tag{5-31}$$

式中，$P(T_j)$ 为测试图像属于 J 类的概率，$P_1(T_q \mid T_n)$ 为测试图像属于 T_q 类，却被 H_1 分类器错分为 T_n 类的概率。

同理可以得到 $P_2(T_n|T_q)$，即目标本属于 $T_n(1\leqslant n\leqslant J)$ 类，却被 H_2 分类器错分为 $T_q(1\leqslant q\leqslant J)$ 类的概率：

$$P_2(T_n|T_q)=\frac{P(T_n)P_2(T_q|T_n)}{\sum_{j=1}^{J}P_2(T_q|T_j)P(T_j)} \tag{5-32}$$

式中，$P_2(T_q|T_n)$ 为测试图像本属于 T_q 类，却被 H_2 分类器错分为 T_n 类的概率。

对于一幅测试图像，假设利用 H_1 强分类器分类时，识别结果为 r_1；利用 H_2 强分类器分类时，识别结果为 r_2。按上述计算公式计算所有的 $P_1(T_n|T_{r_1})$ 和 $P_2(T_n|T_{r_2})$，其中 $1\leqslant n\leqslant J$，按式(5-33)决策规则进行分类：

$$r=\max_{j=1,2,\cdots,J}P(T_j|T_{r_{1,2}}) \tag{5-33}$$

式中，

$$P(T_j|T_{r_{1,2}})=P_1(T_j|T_{r_1})+P_2(T_j|T_{r_2}) \tag{5-34}$$

基于贝叶斯决策分类的框架如图 5-6 所示。

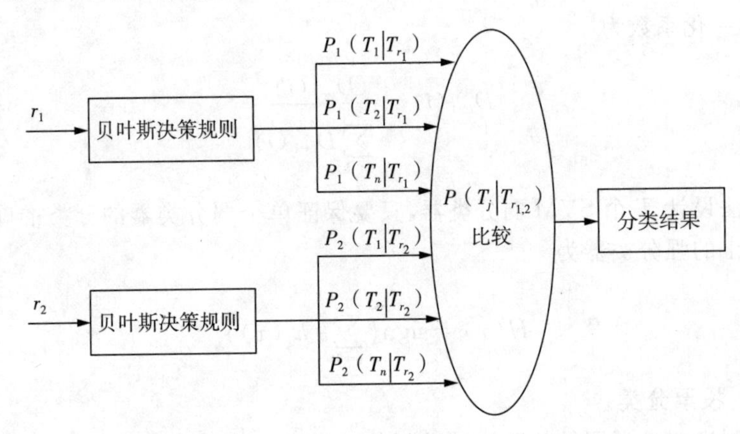

图 5-6 基于贝叶斯决策分类的框架

5.2.3 实验结果与性能分析

1. 实验数据介绍

本书所用的实验数据来自美国国防高等研究计划署(DARPA) AFRL MSTAR 工作组提供的实测 SAR 地面目标高分辨率的聚束式 SAR 地面静止数据。MSTAR 计划采集多种苏联目标军事车辆的 SAR 图像，进行了 SAR 实测地面目标试验，包括目标遮挡、伪装、配置变化等扩展性条件，形成了较为系统、全面的实测数据库。

MSTAR 数据大多是静止车辆的 SAR 切片图像，包含多种车辆目标在各个方位角下获取到的目标图像，目标的方位角覆盖范围都是 0°～360°，分辨率为 0.3m×0.3m，由于某些角度的 SAR 图像噪声污染严重，每个目标可使用的图像数都不同。该数据集包含一个该计划推荐使用的训练集和测试集。训练集是雷达工作俯仰角为 17°时所得到的目标图像数据，包括 BTR70(装甲运输车)、BMP2(步兵战车)、T72(坦克)3 类；测试集是雷达工作俯仰角为

15°时所得到的目标图像数据，该数据集也包含BMP2、T72、BTR703类。各种类别的目标还具有不同的型号，同类但不同型号的目标在配备上有些差异，但总体散射特性相差不大。

MSTAR混合目标数据还包含其他的一组军事目标的切片图像，这些军事目标分别为2S1(自行榴弹炮)、BRDM2(装甲侦察车)、BTR60(装甲运输车)、D7(推土机)、T62(坦克)、ZIL131(货运卡车)、ZSU234(自行高炮)。

图5－7所示为部分车辆目标的光学图像和SAR图像。从上到下依次为2S1、BRDM2、D7、T62和ZSU234，从左到右依次为目标车辆的对应光学图像和雷达在不同方位角处对该目标在固定场景中所成的SAR图像。从图5－7中可以看出SAR图像有非常明显的相干斑噪声，目标轮廓并不明显，因此普通光学图像的形状矩、边缘等特征都不能用来描述该目标的特性。

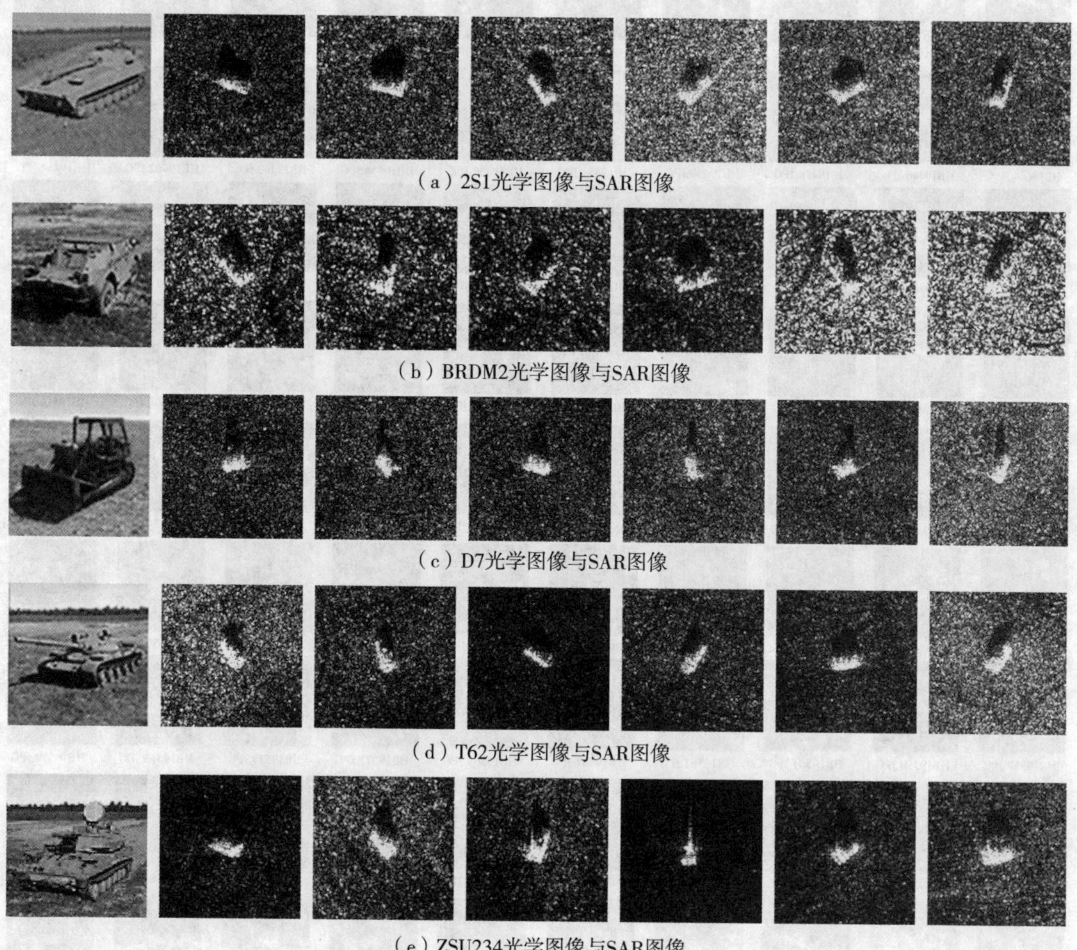

(a) 2S1光学图像与SAR图像

(b) BRDM2光学图像与SAR图像

(c) D7光学图像与SAR图像

(d) T62光学图像与SAR图像

(e) ZSU234光学图像与SAR图像

图5－7　部分车辆目标的光学图像和SAR图像

由于在SAR成像时，即使是同一目标，方位角不同也会引起目标特征信息的不同，方位角的差距同样会引起成像之后目标之间的差别，因此需要训练样本包含不同角度下的所有成像数据。MSTAR数据库里的SAR图像目标数据全面，每一个目标的方位角覆盖范围都是 0°～360°。

图 5-8 所示为 T62 在 0°～360°内的所有样本图像，共计 299 个。

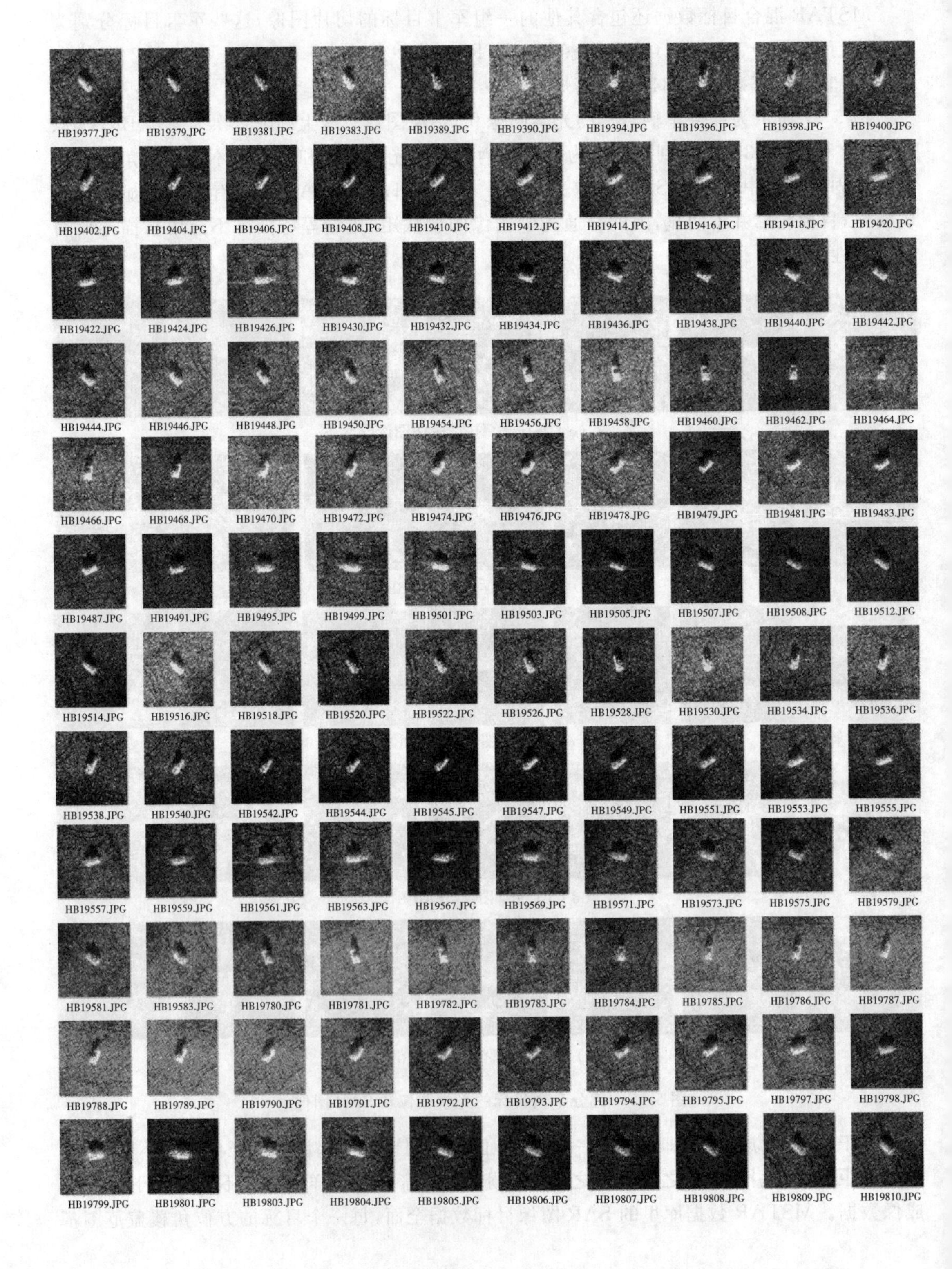

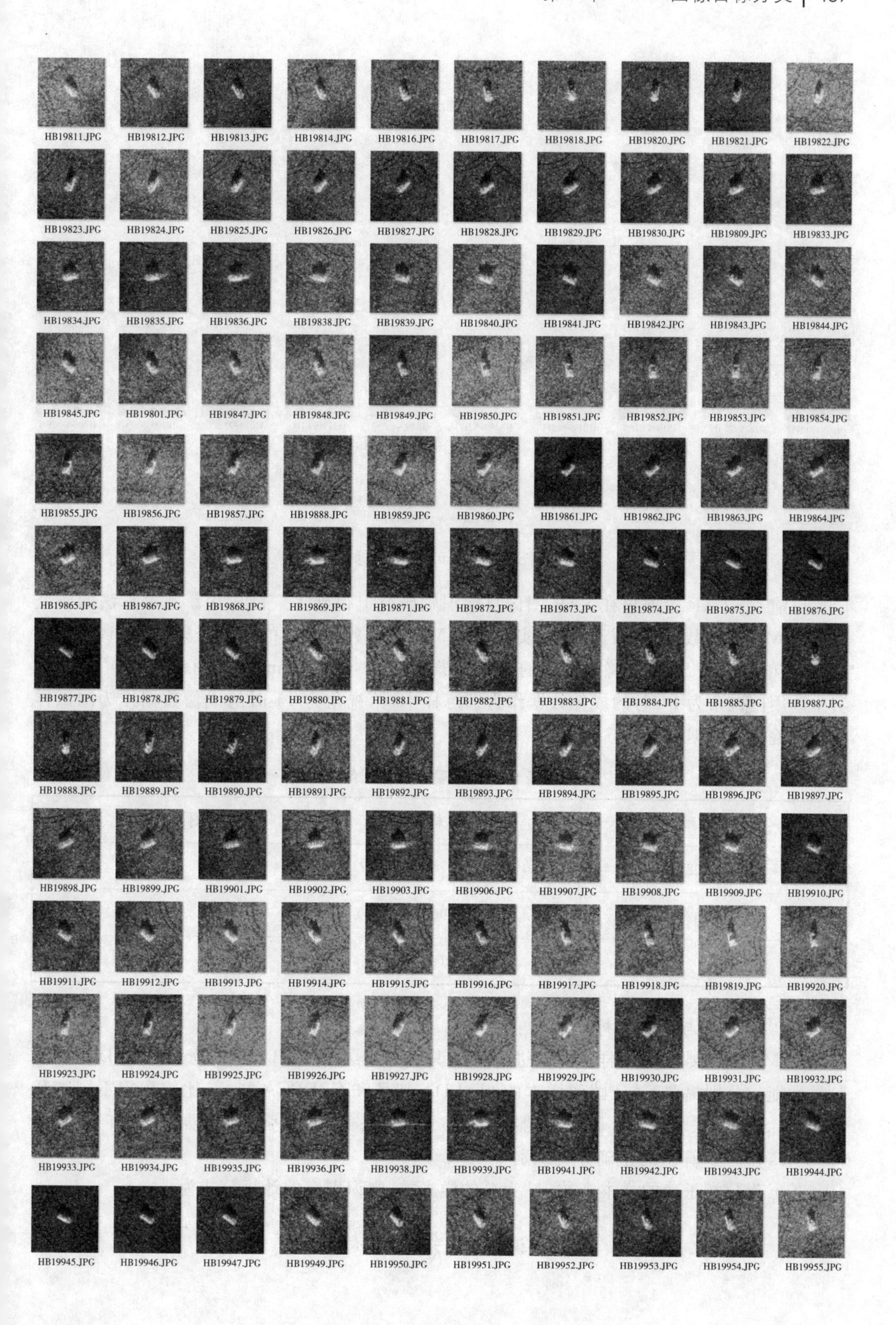
HB19811.JPG
HB19812.JPG
HB19813.JPG
HB19814.JPG
HB19816.JPG
HB19817.JPG
HB19818.JPG
HB19820.JPG
HB19821.JPG
HB19822.JPG
HB19823.JPG
HB19824.JPG
HB19825.JPG
HB19826.JPG
HB19827.JPG
HB19828.JPG
HB19829.JPG
HB19830.JPG
HB19809.JPG
HB19833.JPG
HB19834.JPG
HB19835.JPG
HB19836.JPG
HB19838.JPG
HB19839.JPG
HB19840.JPG
HB19841.JPG
HB19842.JPG
HB19843.JPG
HB19844.JPG
HB19845.JPG
HB19801.JPG
HB19847.JPG
HB19848.JPG
HB19849.JPG
HB19850.JPG
HB19851.JPG
HB19852.JPG
HB19853.JPG
HB19854.JPG
HB19855.JPG
HB19856.JPG
HB19857.JPG
HB19888.JPG
HB19859.JPG
HB19860.JPG
HB19861.JPG
HB19862.JPG
HB19863.JPG
HB19864.JPG
HB19865.JPG
HB19867.JPG
HB19868.JPG
HB19869.JPG
HB19871.JPG
HB19872.JPG
HB19873.JPG
HB19874.JPG
HB19875.JPG
HB19876.JPG
HB19877.JPG
HB19878.JPG
HB19879.JPG
HB19880.JPG
HB19881.JPG
HB19882.JPG
HB19883.JPG
HB19884.JPG
HB19885.JPG
HB19887.JPG
HB19888.JPG
HB19889.JPG
HB19890.JPG
HB19891.JPG
HB19892.JPG
HB19893.JPG
HB19894.JPG
HB19895.JPG
HB19896.JPG
HB19897.JPG
HB19898.JPG
HB19899.JPG
HB19901.JPG
HB19902.JPG
HB19903.JPG
HB19906.JPG
HB19907.JPG
HB19908.JPG
HB19909.JPG
HB19910.JPG
HB19911.JPG
HB19912.JPG
HB19913.JPG
HB19914.JPG
HB19915.JPG
HB19916.JPG
HB19917.JPG
HB19918.JPG
HB19819.JPG
HB19920.JPG
HB19923.JPG
HB19924.JPG
HB19925.JPG
HB19926.JPG
HB19927.JPG
HB19928.JPG
HB19929.JPG
HB19930.JPG
HB19931.JPG
HB19932.JPG
HB19933.JPG
HB19934.JPG
HB19935.JPG
HB19936.JPG
HB19938.JPG
HB19939.JPG
HB19941.JPG
HB19942.JPG
HB19943.JPG
HB19944.JPG
HB19945.JPG
HB19946.JPG
HB19947.JPG
HB19949.JPG
HB19950.JPG
HB19951.JPG
HB19952.JPG
HB19953.JPG
HB19954.JPG
HB19955.JPG

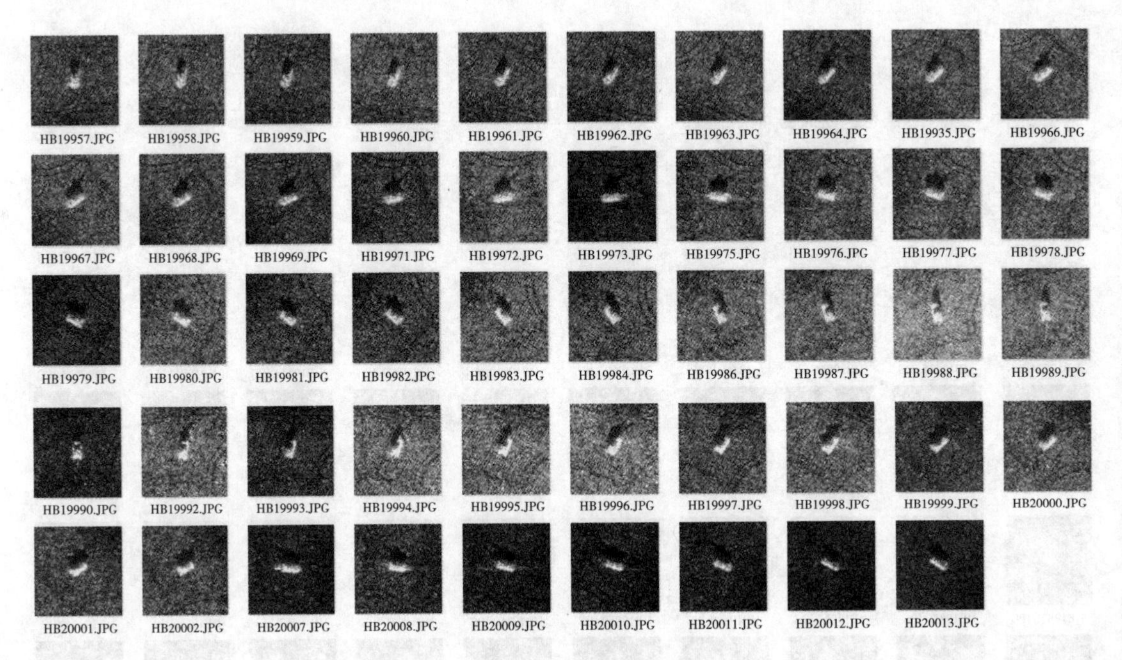

图 5-8　T62 样本图像

目前 MSTAR 数据集在 SAR 图像目标识别研究上得到了广泛应用。本书算法的研究也基于 MSTAR 数据库进行。本节实验选取 MSTAR 数据库中的一个子集，包括 BRDM2、BTR70 和 D73 类 SAR 图像。图像的成像分辨率是 0.3m×0.3m，方位角范围是 0°～360°。实验选用俯视角为 17°时的成像数据作为训练样本，俯视角为 15°时的成像数据作为测试样本。实验样本数据集见表 5-1。

表 5-1　实验样本数据集　　单位：个

目标类型	训练样本	测试样本
BRDM2	274	298
BTR70	196	233
D7	274	299

2. 实验结果与性能分析

对 MSTAR 数据库中样本图像进行分类识别，验证本节提出的 AdaBoost.ISCD 算法的分类性能。分别提取 SAR 图像样本的 2D-LDA 特征和 G2DPCA 特征，比较采用不同特征设计的 SVM、采用单一子分类器 AdaBoost 算法设计的强分类器和本节提出的 AdaBoost.ISCD 算法的正确分类识别率。

若 n 为分类正确的样本个数，N 为总的样本数，则识别率的计算公式为

$$识别率=\frac{n}{N}\times 100\% \tag{5-35}$$

本实验中，对于 2D-LDA 特征，选择参数 $d=10$。对于 G2DPCA 特征，选择参数 $d=9$，$l=r=13$。对于 SVM 弱分类器设计，选择的核函数为 $k(u,v)=\exp(-\gamma\|u-v\|)$，$\gamma=5$。对于 AdaBoost 强分类器设计，本节选用 10 个弱分类器进行提升训练。

首先，实验比较了采用不同特征设计的 SVM 分类器和采用 SVM 作为弱分类器提升的强分类器进行分类时的识别率，见表 5-2。

表 5-2　采用不同特征训练子分类器的识别率

目标类型	特征提取	弱分类器	识别率/%
BRDM2	2D-LDA	SVM	90.60
		AdaBoost(SVM)	97.32
	G2DPCA	SVM	90.94
		AdaBoost(SVM)	97.65
BTR70	2D-LDA	SVM	90.13
		AdaBoost(SVM)	96.57
	G2DPCA	SVM	91.85
		AdaBoost(SVM)	97.85
D7	2D-LDA	SVM	90.64
		AdaBoost(SVM)	95.65
	G2DPCA	SVM	93.65
		AdaBoost(SVM)	97.63

对比表 5-2 各类方法的识别率，可以看出：在采用相同的分类器分类时，采用 G2DPCA 特征设计的分类器识别率明显高于采用 2D-LDA 特征设计的分类器。在提取的训练特征相同的情况下，采用 SVM 子分类器 AdaBoost 算法设计的强分类器识别率明显高于单一的 SVM 分类器。

然后，实验比较了 AdaBoost. ISCD 算法分类不同目标时，识别率和迭代次数的关系，如图 5-9(a)所示。当迭代次数小于 6 次时，识别率随着迭代次数的增加快速增长；当迭代次数大于 6 次时，AdaBoost. ISCD 算法识别率已经达到 96%，且随着迭代次数的增加，识别率增长缓慢，趋于稳定。

最后，实验比较了当迭代次数相同时，采用 AdaBoost. ISCD 算法和采用单一子分类器提升的强分类器分类的识别率，图 5-9(b)给出了迭代次数 1～10 时，目标 BTR70 的正确识别率曲线对比。可以看出，当迭代次数相同时，相比其他单一子分类器提升的强分类器，本节提出的多子分类器的 AdaBoost. ISCD 方法能够获得更高的识别率，也从而验证了该算法的高效性和优越性。

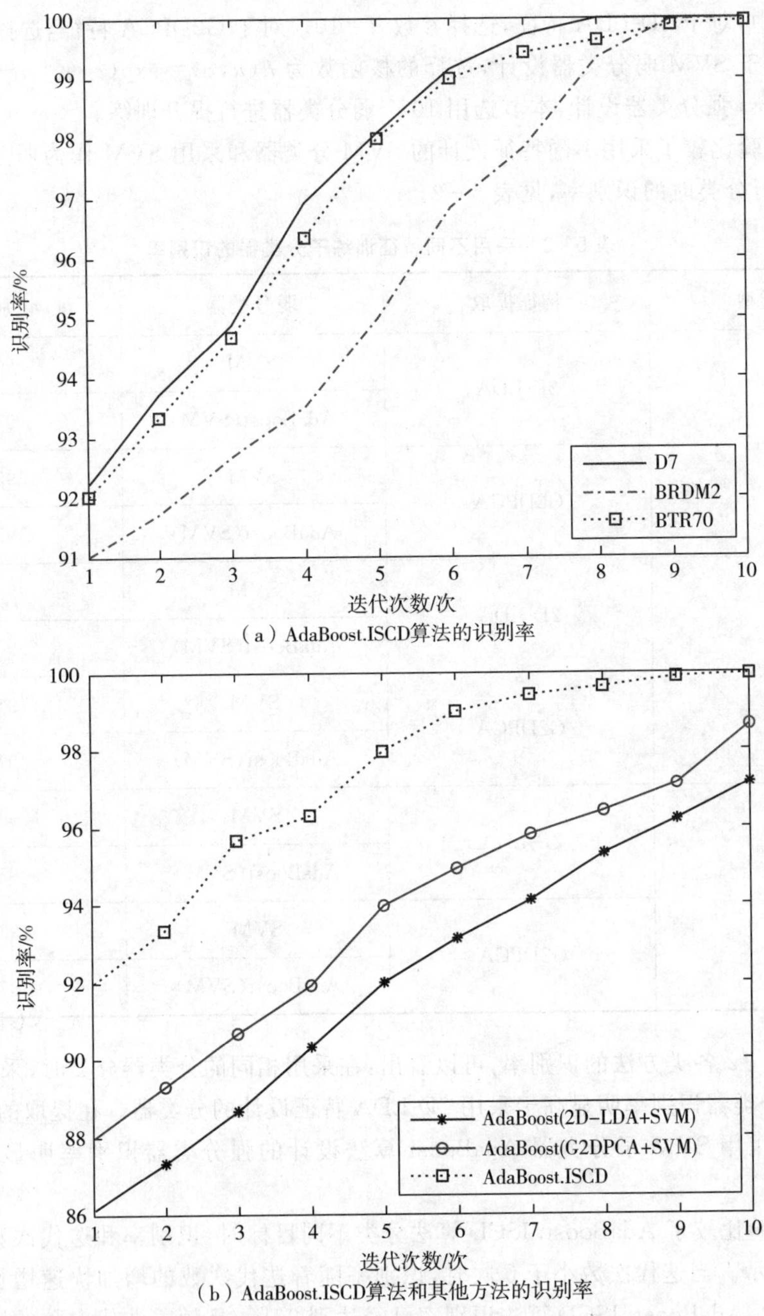

（a）AdaBoost.ISCD算法的识别率

（b）AdaBoost.ISCD算法和其他方法的识别率

图 5-9　采用 AdaBoost. ISCD 算法的识别性能

5.3　基于 EMACH 滤波器与稀疏表示的 SAR 图像目标分类

2010 年，Vishal 和 Nasser 等人将稀疏表示应用于军事目标的识别，稀疏求解的结果表明算法取得了较好的识别效果。Cotter 等人将稀疏表示理论引入人脸的识别中，该理论在人脸的表情识别和三维的人脸识别等领域获得了成功，识别准确率优于传统的 K 近邻算法、线性 SVM 算法等。近年来，稀疏表示也被应用到 SAR 图像的目标识别中。例如，EMACH 滤波器结合指数小波分形特征应用于 SAR 图像的目标检测，提取 G2DPCA 特征构造字典，利用稀疏系数的能量完成 SAR 图像的目标分类，但指数小波分形特征需要依据 SAR 成像过程中的目标尺寸、方向等先验性信息，才能对 SAR 图像特定目标有效检测。若直接提取训练样本的 G2DPCA 特征构造过完备字典，则字典维数高冗余度大，影响测试样本识别的速度。本节将稀疏表示应用于 SAR 图像的目标分类，利用 EMACH 滤波器训练样本，生成模板，提取模板的 G2DPCA 特征构造过完备字典，求解测试样本在字典下的稀疏表示系数，根据稀疏表示时测试样本的真实类别相对于其他类别之间的系数分布特点设计分类算法，实现对 SAR 图像的目标分类。

5.3.1 基于稀疏表示的 SAR 图像目标分类方法

稀疏表示应用于人脸识别时，主要由大量的训练样本构造过完备字典，将测试样本表示为过完备字典中原子的线性组合，利用压缩感知理论的重构算法，可以根据稀疏表示系数精确恢复出人脸图像，根据各类训练样本的重构图像与测试样本图像之间的距离度量实现对目标的分类识别。

SAR 图像的目标分类与人脸识别有相同之处，即利用训练样本图像构造过完备字典，若测试样本能用过完备字典中的原子线性表示，稀疏表示系数中对应目标类别的系数较大，则测试样本在该字典上的表示是稀疏的，根据稀疏表示系数的能量特征完成分类判别。基于稀疏表示的 SAR 图像目标分类方法省略了人脸识别方法中的重构过程，具体分类方法的框架如图 5-10 所示。

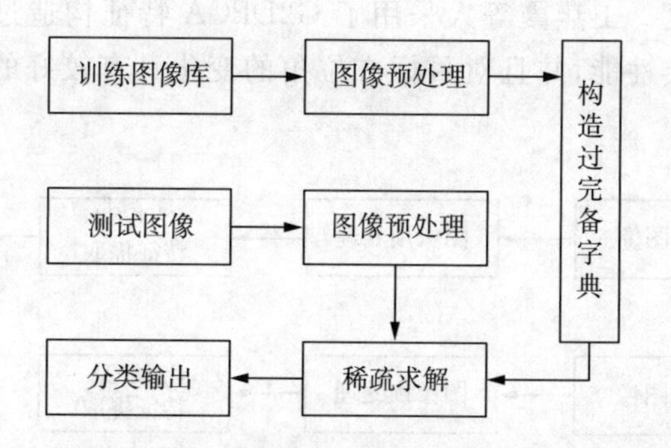

图 5-10 基于稀疏表示的 SAR 图像目标分类方法的框架

在 SAR 图像目标分类时，假设共有 k 类样本，由第 i 类目标的 n_i 个训练样本组成矩阵的列向量集 $\boldsymbol{D}_i=[\boldsymbol{v}_{i,1},\boldsymbol{v}_{i,2},\cdots,\boldsymbol{v}_{i,n_i}]\in\mathbf{R}^{m\times n_i}$，任意同类别的测试样本 $y\in\mathbf{R}^m$ 可以近似表示为该类训练样本的线性组合：

$$\boldsymbol{y}=\alpha_{i,1}\boldsymbol{v}_{i,1}+\alpha_{i,2}\boldsymbol{v}_{i,2}+\cdots+\alpha_{i,n_i}\boldsymbol{v}_{i,n_i} \tag{5-36}$$

式中，$\alpha_{i,j}\in\mathbf{R}(j=1,2,\cdots,n_i)$ 为测试样本在字典上线性表示的系数。

若测试样本 $\boldsymbol{y}$ 的类别 i 未知，则将所有 k 类 n 个训练样本集组成矩阵 $\boldsymbol{D}$，即

$$\boldsymbol{D}=[\boldsymbol{D}_1,\boldsymbol{D}_2,\cdots,\boldsymbol{D}_k]=[\boldsymbol{v}_{1,1},\boldsymbol{v}_{1,2},\cdots,\boldsymbol{v}_{k,n_k}] \tag{5-37}$$

测试样本 y 在全体训练样本下的线性表示为

$$\boldsymbol{y}=\alpha_{1,1}\boldsymbol{v}_{1,1}+\alpha_{1,2}\boldsymbol{v}_{1,2}+\cdots+\alpha_{k,n_k}\boldsymbol{v}_{k,n_k} \tag{5-38}$$

即

$$\boldsymbol{y}=\boldsymbol{D}\hat{\boldsymbol{x}} \tag{5-39}$$

式中，$\hat{\boldsymbol{x}}=[0,\cdots,0,\cdots,\alpha_{i,1},\alpha_{i,2},\cdots,\alpha_{i,n_i},\cdots,0,\cdots,0]^{\mathrm{T}}\in\mathbf{R}^n$ 是系数向量。在理想情况下，$\hat{\boldsymbol{x}}$ 中只有与测试样本同类的训练样本系数 $\alpha_{i,1},\alpha_{i,2},\cdots,\alpha_{i,n_i}$ 可能非 0，其他类样本对应的系数应该为 0。由于稀疏系数 $\hat{\boldsymbol{x}}$ 包含了所有目标的类别信息，因此通过对式 $\boldsymbol{y}=\boldsymbol{D}\hat{\boldsymbol{x}}$ 的求解可以实现对目标的分类识别。

在基于稀疏表示的 SAR 图像目标分类方法中，过完备字典的构造非常关键。一个实用的过完备字典必须满足以下几个特性。

(1)测试样本在过完备字典下的表示具有稀疏性。

(2)字典原子与 SAR 图像的特性相对应。

(3)不同类目标在字典上的稀疏表示系数具有可区分性。

(4)生成字典的训练样本具有低维性。

考虑到以上几点，若过完备字典直接基于 SAR 图像像素构成，即将图像中心区域拉伸成列向量直接构造过完备字典，则由于字典维数较高，所以会直接影响后续的稀疏系数求解速度。采用能描述 SAR 图像目标特性的表征矢量构造过完备字典，可以降低字典原子的维数，提高稀疏求解的速度。王燕霞等人采用了 G2DPCA 特征构造过完备字典，降低了提取特征的维数，改善了分类性能，并且对目标方位角的变化具有较好的鲁棒性，具体的分类方法框架如图 5-11 所示。

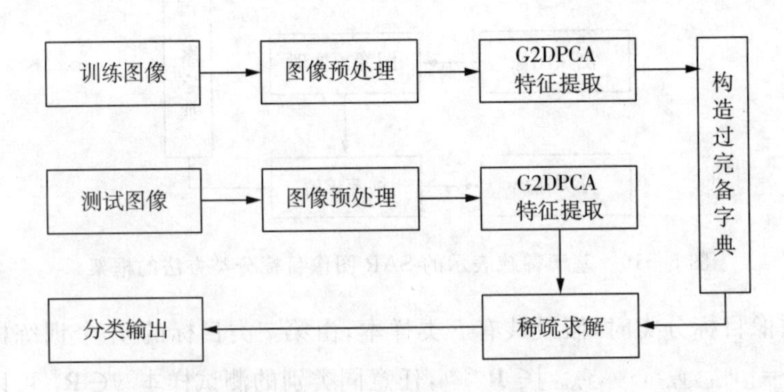

图 5-11　基于特征提取构造字典的 SAR 图像目标分类方法框架

虽然基于训练样本特征构造的字典，可以降低字典的维数，但是当训练样本过多时，字典依旧非常庞大。本节在图 5-11 的基础上继续改进，尝试对小范围角度内的训练样本进行 EMACH 滤波，得到表征样本信息的模板，字典的建立依据模板的特征信息，这样可以进一步降低字典的维数，继而提高目标分类时的速度。

5.3.2　基于 EMACH 滤波器与稀疏表示的 SAR 图像目标分类方法

5.3.2.1　分类方法框架

基于 EMACH 滤波器与稀疏表示的 SAR 图像目标分类方法，首先对 SAR 图像预处理，包括将 SAR 图像的乘性噪声变换为加性噪声，分割图像中心包含目标的区域，然后利用 EMACH 滤波器训练图像生成模板，提取模板的 G2DPCA 特征信息构造过完备字典，对测试图像同样进行简单的预处理操作、分割图像并提取图像的 G2DPCA 特征，求其在过完备字典下的稀疏表示系数，完成测试样本的 SAR 图像目标分类。

基于 EMACH 滤波器与稀疏表示的 SAR 图像目标分类方法框架如图 5-12 所示。

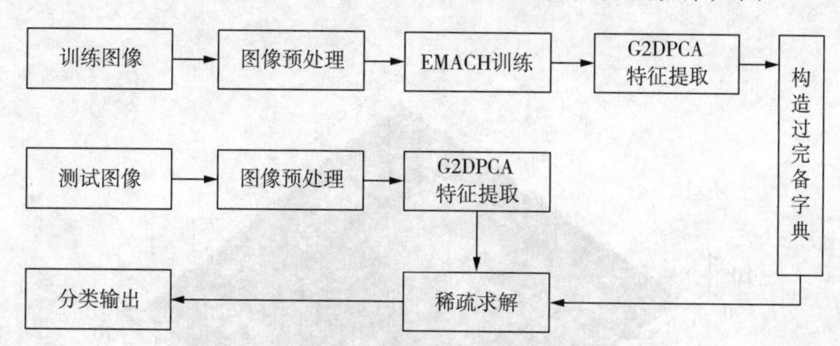

图 5-12　基于 EMACH 滤波器和稀疏表示的 SAR 图像目标分类方法框图

5.3.2.2　EMACH 滤波器训练

EMACH 滤波器实际是一种模板滤波器，由 Mahalanobis 提出，因具有匹配性高、抗噪声能力强等特点，被广泛应用于特定军事目标的分类。

EMACH 滤波器通过对样本图像训练得到一个二维函数，对其与同样大小的待检测图像做相关操作之后，得到图像的相关响应，根据响应的强度来判别目标。图 5-13 所示为 MSTAR 数据库中用于训练 109°～120°滤波器的 T72 坦克样本图像，其大小为 158×158，共计 N 幅目标图像。首先输入 N 幅图像，截取每一幅图像中心区域 54×54 作为训练图像，从左到右、从上到下逐行把每个像素点都展成长度为 54×54 的一维向量 $\boldsymbol{x}_i(i=1,2,\cdots,N)$，计算 $\boldsymbol{x}_i$ 向量的均值 $\boldsymbol{m}$。

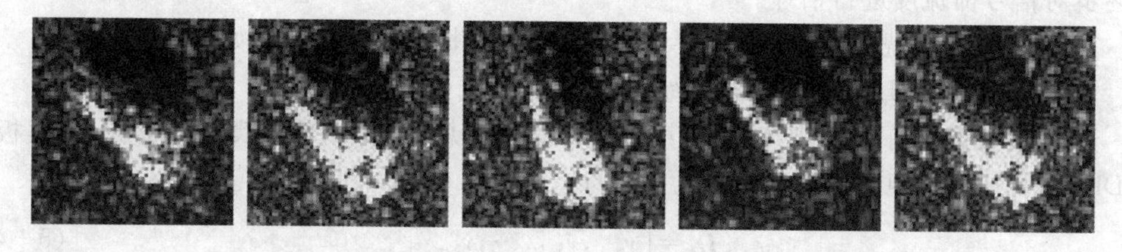

图 5-13　用于训练 109°～120°滤波器的 T72 坦克样本图像

定义 $\boldsymbol{h}$ 为 EMACH 滤波器，FFT() 表示傅里叶运算，$\beta \in (0,1)$，$\boldsymbol{M}=\mathrm{FFT}(\boldsymbol{m})$，$\boldsymbol{X}_i=\mathrm{FFT}(\boldsymbol{x}_i)(i=1,2,\cdots,N)$，令

$$\boldsymbol{C}_x^{\beta}=\frac{1}{N}\sum_{i=1}^{N}[\boldsymbol{x}_i-(1-\beta)\boldsymbol{m}]^{+}[x_i-(1-\beta)\boldsymbol{m}] \tag{5-40}$$

$$S_x^\beta=\frac{1}{N}\sum_{i=1}^{N}\left[X_i-(1-\beta)M\right]^+\left[X_i-(1-\beta)M\right] \tag{5-41}$$

式中，符号"+"代表矩阵转置，则

$$J(h)=\frac{h^+ C_x^\beta h}{h^+ (I+S_x^\beta)h} \tag{5-42}$$

当式(5-42)取值最大时，h 就是 EMACH 滤波器。通过分析，h 是 $(I+S_x^\beta)^{-1}C_x^\beta$ 矩阵最大的几个特征值对应的特征向量。h 是一个长度为 54×54 的一维向量，将 h 还原成二维矩阵就是滤波器模板，图 5-14 所示为 109°到 120°的 T72 坦克的 EMACH 模板。

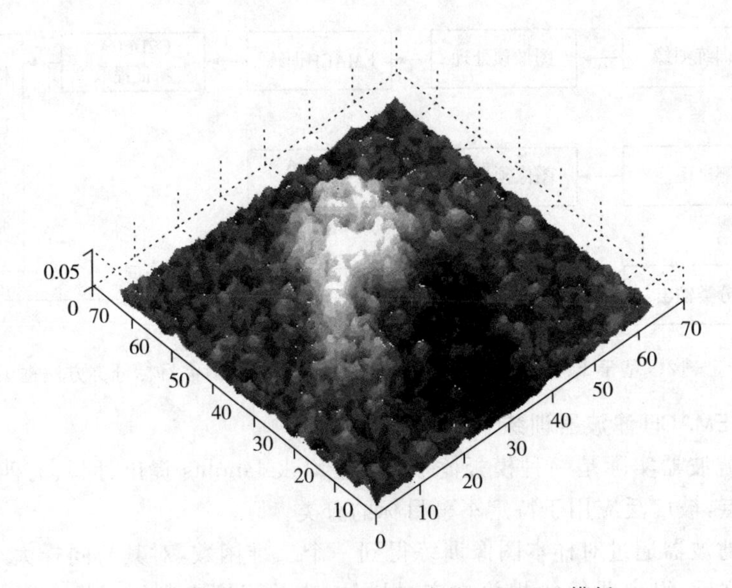

图 5-14 109°～120°T72 坦克的 EMACH 模板

5.3.2.3 分类方法

利用上述 EMACH 训练方法，生成训练样本的模板图像，提取模板图像的 G2DPCA 特征构造过完备字典，选用 3.2 节提出的改进算法求解测试样本的稀疏表示系数，通过可变步长逐步对信号稀疏度进行估计。

基于 EMACH 滤波器与稀疏表示的 SAR 图像目标分类方法步骤如下。

步骤 1：利用 EMACH 滤波器训练样本图像，生成模板图像。

步骤 2：假设共有 C 类训练样本，第 k 类样本模板总数为 n_k，第 k 类目标的 n_k 个模板的 G2DPCA 特征组成矩阵的列向量集为

$$D_k=[v_{k,1},v_{k,2},\cdots,v_{k,n_k}] \tag{5-43}$$

所有 C 类训练样本模板的 G2DPCA 特征按序排列，形成过完备字典：

$$D=[D_1,D_2,\cdots,D_C]\in\mathbf{R}^{m\times n}; \tag{5-44}$$

步骤 3：对任一测试样本 $y\in\mathbf{R}^m$，求其 G2DPCA 特征在字典 D 下的稀疏表示系数 $\hat{x}$：

$$\hat{x}=(x_{1,1},x_{1,2},\cdots,x_{1,n_1},\cdots,x_{C,1},x_{C,2},\cdots,x_{C,n_C}) \tag{5-45}$$

步骤4:计算系数 $\hat{x}$ 中第 k 类的系数之和:

$$r_k(y)=\text{sum}(|\hat{x}_{k,i}|),i=1,2,\cdots,n_k \tag{5-46}$$

步骤5:根据系数之和判定测试样本所属的类别:

$$\text{identity}(y)=\underset{k}{\text{argmax}}(r_k(y)) \tag{5-47}$$

5.3.3 实验结果与性能分析

1. 实验数据介绍

同5.2节一样,本节实验所用的数据为MSTAR数据库里的军事目标成像数据,包括6类SAR图像车辆目标,分别为BRDM2、BTR70、D7、BMP2、T72和ZSU234。图像的成像分辨率是0.3m×0.3m,方位角范围是0°~360°。实验选用俯视角为17°时的成像数据作为训练样本,选用俯视角为15°时的成像数据作为测试样本。本实验样本改数据集见表5-3。

表5-3 本实验样本数据集 单位:个

目标类型	训练样本	测试样本
BRDM2	274	298
BTR70	196	233
D7	274	299
BMP2	233	192
T72	196	232
ZSU234	274	299

2. 稀疏表示系数分布

首先对MSTAR数据库中样本图像进行简单的预处理,将图像中心包含目标的54×54区域分割出来作为训练样本,利用EMACH滤波器对分割图像样本进行训练得到模板,选取12°方位角范围内的所有样本图像训练出一个模板,每一类图像训练出30个模板,共计180个模板。对模板图像提取G2DPCA特征,选择二维特征的行数 l 与列数 r 相等。本节经过多次实验,最后选定参数 $l=r=14$,此时分类准确率较高,同时分类速度较快。选择求解变换矩阵 $\boldsymbol{W}$,最终特征维数为 $d\times r$,通过多次实验综合分析比较,当参数选取 $d=9,l=r=14$ 时,分类效果最好。将提取的每个模板图像的G2DPCA特征,拉成列向量,形成126×180的二维数组,构造过完备字典 D,然后求解测试样本的G2DPCA特征在过完备字典 D 下的稀疏表示系数。

根据前述分析,如果测试样本在过完备字典 D 下的稀疏表示系数求解准确,那么得到的系数向量中非0的元素值应该主要集中于测试样本所对应类别的训练样本原子上。由于训练样本生成的EMACH模板具有类别信息,提取模板的G2DPCA特征构造过完备字典时按类别排列原子,则第 k 类测试样本的稀疏表示系数中非零元素必定集中在对应的 k 类原子上。本节通过实验考察总体测试样本的系数分布和单个测试样本的系数分布,以此研究稀疏表示系数的分布特性。

图 5－15 所示为 BRDM2 总体测试样本的稀疏表示系数分布情况。由图 5－15 可以看出，测试样本在 BRDM2 类别训练样本上的对应稀疏表示系数分布数值更大，密度更集中，从总体上反映出本节方法对 SAR 图像目标可以有效地分类。

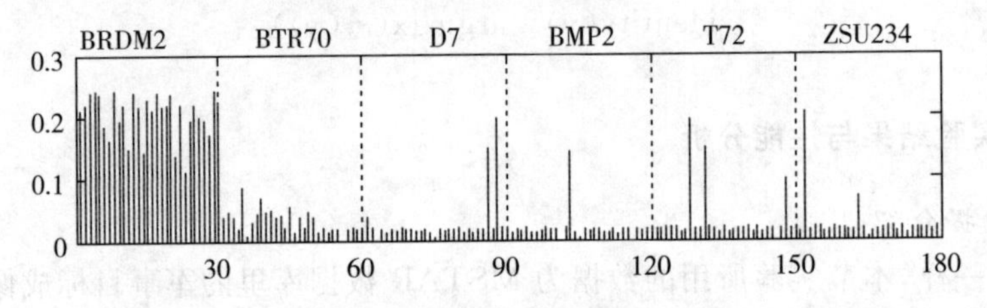

图 5－15　BRDM2 总体测试样本的稀疏表示系数分布情况

图 5－16 所示为五类目标中任意抽取的单个测试样本 BRDM2 的稀疏表示系数分布。同样可以看出，对于单个测试样本，稀疏表示系数的分布也大多集中在与之类别相同的训练样本上，因此利用稀疏表示系数之和最大的原则判别测试样本的类别，可以实现对 SAR 图像目标的正确分类。

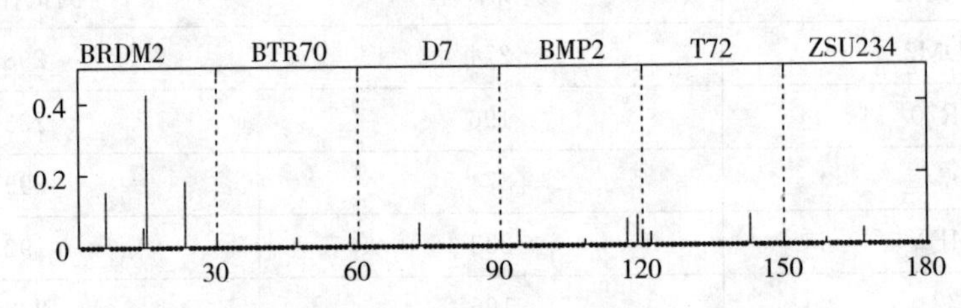

图 5－16　单个测试样本 BRDM-2 的稀疏表示系数分布

3. 分类性能分析

根据各类样本的系数能量对测试样本进行分类识别，各类样本的目标识别率和分类时间见表 5－4。

表 5－4　各类样本的目标识别率和分类时间

目标类型	识别率/%	分类时间/s
BRDM2	94.63	8.42
BTR70	96.14	9.25
D7	97.66	11.13
BMP2	95.31	7.36
T72	94.40	8.36
ZSU234	98.32	9.54

利用相同的方法对 SAR 图像进行预处理，将本节提出方法与 SVM 分类方法（方法一）和 KNN 分类方法（方法二）和王燕霞等人提出的基于稀疏表示的分类方法（方法三）进行识别比较，各方法的分类识别结果见表 5－5。

表 5-5 各方法的分类识别结果对比

方法类型	识别率/%						平均识别率/%	平均耗时/s
	BRDM2	BTR70	D7	BMP2	T72	ZSU234		
方法一	90.94	91.85	93.65	92.71	90.09	91.97	91.87	70.44
方法二	94.97	94.42	96.99	93.75	90.52	96.99	94.61	56.25
方法三	97.32	98.71	98.66	96.35	95.71	97.66	97.40	21.40
方法四	94.63	96.14	97.66	95.31	94.40	98.32	96.10	9.01

由表 5-5 可以看出，在基于同样特征提取的前提下，方法一分类识别率最低，耗时最长，方法三识别率最高。本节方法和方法三采用的是匹配追踪稀疏求解分类，分类正确率比方法一和方法二高。对比方法三和本节方法的结果可以看出，本节方法尽管正确率略低，但方法三的平均识别时间为 21.40s，而本节方法仅仅为 9.01s，明显提高了分类速度。

5.4 基于稀疏表示和级联字典的 SAR 图像目标分类

基于稀疏表示的 SAR 图像目标分类方法，通常是将全部类别的训练样本或训练样本提取的特征信息作为过完备字典的原子，当训练样本的数目过多时，这两种方法生成的字典过于庞大，在求解稀疏系数的时候势必会影响求解速度。本节采用级联字典，即按训练样本的类别生成子字典，顺序相连，求解测试样本的 G2DPCA 特征在每一级字典下的稀疏表示系数，通过图像的重构误差判定待测样本的类别。

5.4.1 级联分类器

前面 5.2 节提到的 AdaBoost 分类器是一个级联分类器，这里的“级联”是指最终的分类器由几个简单分类器级联组成。如果将分类器用在目标分类中，待检目标依次通过每一级分类器，若待检目标的特征与分类器的特征符合则继续通过下一级分类器，全部通过每一级分类器并正确分类的样本则输出类别。如果将分类器用在图像检测中，被检窗口依次通过每一级分类器，这样在前面几层的检测中大部分的候选区域就被排除了，那么全部通过每一级分类器检测的区域为目标区域。

本节提到的级联字典是按训练样本的类别，提取样本的 G2DPCA 特征生成的多个子字典，然后将子字典顺序相连而成。由于每个子字典只代表一个类别的样本，可以视作一个二分类器，多个字典级联在一起可以视作一个级联分类器，只是这里的“级联”与上一节有所区别。本节的级联分类器用于目标分类时，待检目标依次通过每一级分类器，若待检目标的特征与分类器的特征符合则直接输出类别，只有特征不符合的待检目标才能继续通过下一级分类器。若待检目标通过了所有的子分类器，则根据误差值进行最后的分类决策。

本节所采用的级联分类器框架结构如图 5-17 所示。

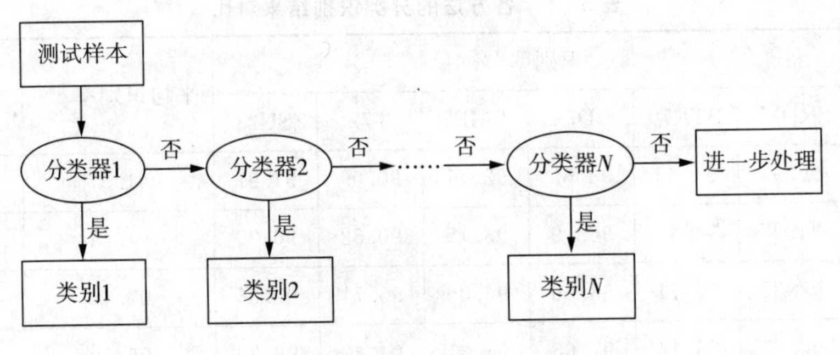

图 5-17　级联分类器框架结构

由于每个分类器都只能分类对应类别的样本，可以被视作弱分类器，但是多个弱分类器级联，就组成一个分类能力强的强分类器，并且这种层次结构设计的级联分类器，可以让前面几种类别的大部分样本在前面的分类器直接被识别，只有后面类别或漏检的少部分样本通过全部的分类器，能明显降低分类时间。

5.4.2　基于稀疏表示和级联字典的 SAR 图像目标分类方法

5.4.2.1　级联字典设计

基于稀疏表示和级联字典的 SAR 图像目标分类方法主要包括图像处理、G2DPCA 特征提取和级联分类器设计三部分，其中虚线框出的部分为级联分类器。基于稀疏表示和级联字典的 SAR 图像目标分类方法的框图如图 5-18 所示。

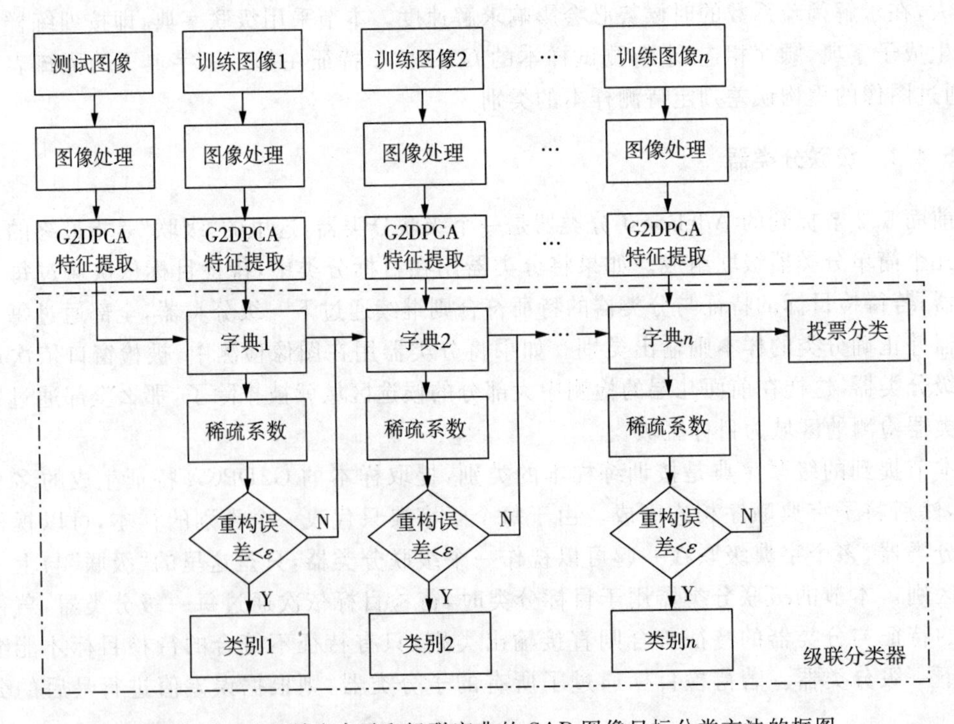

图 5-18　基于稀疏表示和级联字典的 SAR 图像目标分类方法的框图

从图 5-18 可以看出，本节方法所采用的正是图 5-3(c)所示的多角度融合分类方法模型。由于最终得到的分类器采用这种级联结构的分类器，各个子分类器的分类性能好坏就至关重要。算法中子分类器是基于样本类别设计的，一类样本生成一个字典，求取测试样本在每个字典下的稀疏表示系数，利用系数重构测试样本，通过重构误差判定样本类别。重构误差的选取对子分类器的分类性能影响极大。一般来说，较大的重构误差阈值会产生较高的分类速率，但也会产生较高的分类错误率。本节方法选取的重构误差阈值较大，这样尽管有部分样本出现漏分类现象，但最后的投票机制可以保证这部分样本的正确分类。

5.4.2.2　算法描述

基于稀疏表示和级联字典的 SAR 图像目标分类方法的主要步骤描述如下。

步骤 1：对训练样本进行简单的图像预处理

步骤 2：假设共有 C 类训练样本，第 k 类样本模板总数为 n_k，第 k 类目标的 n_k 个训练样本的 G2DPCA 特征组成矩阵的列向量集为：

$$\boldsymbol{D}_k=[v_{k,1},v_{k,2},\cdots,v_{k,n_k}] \tag{5-48}$$

按类别共生成多个子字典 $\boldsymbol{D}_1,\boldsymbol{D}_2,\cdots,\boldsymbol{D}_C$。

步骤 3：对任一测试样本 $y\in\mathbf{R}^m$，提取其 G2DPCA 特征记作 $\boldsymbol{X}$，重复以下步骤直到满足条件。

(1)首先求解 $\boldsymbol{X}$ 在字典 $\boldsymbol{D}_k$ 下的稀疏表示系数 $\boldsymbol{\alpha}_k$：

$$\boldsymbol{\alpha}_k=(x_1,x_2,\cdots,x_{n_k}) \tag{5-49}$$

(2)重构信号 $\hat{\boldsymbol{X}}$：

$$\hat{\boldsymbol{X}}=\boldsymbol{D}_k\boldsymbol{\alpha}_k \tag{5-50}$$

(3)若重构误差 $|\boldsymbol{X}-\hat{\boldsymbol{X}}|\leqslant\varepsilon_k$，则直接输出类别 k，否则 $k=k+1$，若 $i>C$，跳到步骤 4，否则重复步骤 3。

步骤 4：若所有字典下的稀疏系数重构误差都不满足分类识别条件，则按重构误差大小投票决定样本的类别：

$$\text{identity}(y)=\underset{k}{\text{argmin}}(\varepsilon_k) \tag{5-51}$$

5.4.3　实验结果与性能分析

1. 实验数据介绍

同 5.2 节一样，本节实验所用的数据来自 MSTAR 数据库，包括 5 类 SAR 图像，分别为 BRDM2、BTR70、D7、BMP2 和 ZSU234。图像分辨率是 0.3m×0.3m，方位角范围是 0°～360°。本实验样本数据集见表 5-6。

表 5-6　实验样本数据集　　单位：个

目标类型	训练样本	测试样本
BRDM2	274	298
BTR70	196	233

（续表）

目标类型	训练样本	测试样本
D7	274	299
BMP2	233	192
ZSU234	274	299

2. 实验结果与性能分析

首先对 MSTAR 数据库中的样本图像进行预处理，将图像中心包含目标的 54×54 大小的区域分割出来作为训练样本。对每一类训练样本提取图像的 G2DPCA 特征，选择二维特征行数 l 与列数 r 相等，特征维数为 $d\times r$，实验中数据 $l=r=14, d=9$。将提取的每一类样本图像的 G2DPCA 特征拉成列向量，构成子字典 $D_i(i=1,2\cdots,5)$，将子字典级联，构成图 5-18所示的分类器。

对于测试样本，同样选取图像中心包含目标的 54×54 大小的区域实现分割，提取样本分割图像的 G2DPCA 特征，利用本节提出的基于稀疏表示和级联字典的分类器进行分类识别。各类样本的识别率见表 5-7。

表 5-7　各类样本的识别率

样本类型	样本总数/个	一次分类正确样本数/个	一次分类识别率/%	投票分类正确样本数/个	投票分类识别率/%	识别率/%
BRDM2	298	257	86.24	32	10.74	96.98
BTR70	233	210	90.13	20	8.58	98.71
D7	299	244	81.61	42	14.04	95.65
BMP2	192	172	89.58	15	7.82	97.4
ZSU234	299	252	84.28	31	10.37	94.65

其中一次分类正确样本指的是不需要参与最终投票机制分类正确的样本，投票分类正确样本指的是需要参与最终投票机制分类正确的样本，也就是在级联分类时漏检的样本。假设样本总数为 N，一次分类正确样本数为 n_1，投票分类正确样本数为 n_2，则

$$\text{一次分类识别率}=\frac{n_1}{N}\times 100\% \tag{5-52}$$

$$\text{漏检率}=\frac{n_2}{N}\times 100\% \tag{5-53}$$

$$\text{识别率}=\frac{n_1+n_2}{N}\times 100\% \tag{5-54}$$

从表 5-7 可以看出：在设计分类器时，由于重构误差阈值设置较大，因此在第一次分类时有 10%左右的样本出现漏检，但是由于投票机制的存在，这部分漏检的样本在最终投票时大部分得到了正确的分类。

将本节方法与直接由图像像素生成的字典（方法 1）和提取 G2DPCA 特征生成的字典

(方法 2)两种方法对比,识别率和分类时间见表 5-8。

表 5-8　本节方法与其他方法的分类性能对比

目标类型	方法 1		方法 2		本节方法	
	分类时间/s	识别率/%	分类时间/s	识别率/%	分类时间/s	识别率/%
BRDM2	51.40	93.96	18.42	97.32	8.89	96.98
BTR70	64.59	93.56	19.25	98.71	9.12	98.71
D7	71.90	96.65	21.13	98.66	10.87	95.65
BMP2	60.21	96.35	17.36	96.35	7.34	97.40
ZSU234	53.50	94.65	19.54	97.40	8.52	94.65
平均值	60.32	95.03	19.14	97.69	8.95	96.68

从表 5-8 可以看出,本节设计的级联字典分类器与直接提取样本 G2DPCA 特征构造字典设计的分类器,两种分类器的识别率都明显高于直接由图像像素生成字典设计的分类器。对比方法 2 与本节方法的分类时间,可以看出本节方法的分类速度明显比方法 2 所设计分类器的分类速度快,主要是因为 80%左右的样本在第一次经过与其类别相同的子字典时就得到了正确的识别,不需要再经过剩余的子字典,而方法 2 中,所有样本都需要与字典中的所有原子做内积,明显降低了速度。

5.5　基于稀疏表示和单演信号的 SAR 图像目标分类

在图像处理中,以 Dennis Gabor 命名的 Gabor 滤波器是一种用于边缘检测的线性滤波器。Gabor 滤波器采用可调滤波器在不同方向和尺度上滤波产生幅度和相位,非常适合于纹理分析、特征提取和立体视差估计。在空间域中,二维 Gabor 滤波器是由正弦波调制的高斯核函数,被广泛应用于人脸识别、医学图像处理等领域。

单演信号是一维解析信号在高维空间的扩展,最初由 Felsberg 和 Sommer 提出,并在随后的文献中进一步完善形成单演信号尺度空间理论。单演信号在信号分析中的应用主要包括单演小波变换、Riesz-Laplace 小波变换、高阶 Riesz、随机单演信号、单演曲线波变换、单演剪切波变换等。因为提取的单演幅度、单演相位和单演方位特征具有旋转不变和尺度不变的特性,单演信号在信号分析和图像处理中得到广泛的应用,如边缘检测、运动估计、图像配准、图像识别、医学图像处理等。

5.5.1　单演信号

在单演信号问世之前,许多学者对解析信号在高维空间的扩展做了许多努力。最具代表性的是学者 Hahn 提出的将 Hilbert 变换分别沿两个方向轴单独执行,将解析信号表示为独立的两个复分量,将两个复分量的傅里叶频谱分别限制在第一象限和第四象限,形成具有 4 个冗余度的双树复小波变换,其优势在于具有平移不变性和方向选择性。

在单演信号分析中,引入 Riesz 变换,带通滤波二维信号可通过尺度为 1 的 Log-Gabor 对数滤波器滤波产生。Riesz 变换是一维 Hilbert 变换在二维图像分析中的推广,包括沿水平和垂直两个方向的 Hilbert 变换。

对一维实信号 $f(x)$，$x\in R$，解析信号 $f_A(x)$定义为信号的复数化函数，其中实部为信号本身，虚部（共轭函数）是它的 Hilbert 变换。

$$f_A(x)=f(x)-\mathrm{i}f_H(x) \tag{5-55}$$

式中，$f_H(x)$表示原始信号的 Hilbert 变换。

$$f_H(x)=f(x)*h(x) \tag{5-56}$$

式中，$h(x)=\frac{1}{\pi x}$为变换核。相应的频率响应为 $H(\omega)=-\mathrm{j}(\omega)$。

将解析信号转换到极坐标，则局部幅度 $A(x)$和局部相位 $\varphi(x)$可以表示为

$$A(x)=\sqrt{f^2(x)+f_H^2(x)} \tag{5-57}$$

$$\varphi(x)=\arctan(f_H(x)/f(x)) \tag{5-58}$$

局部幅度表示信号的局部能量，局部相位表示信号的局部结构。图 5-19 所示为几种典型特征及其对应的相位。

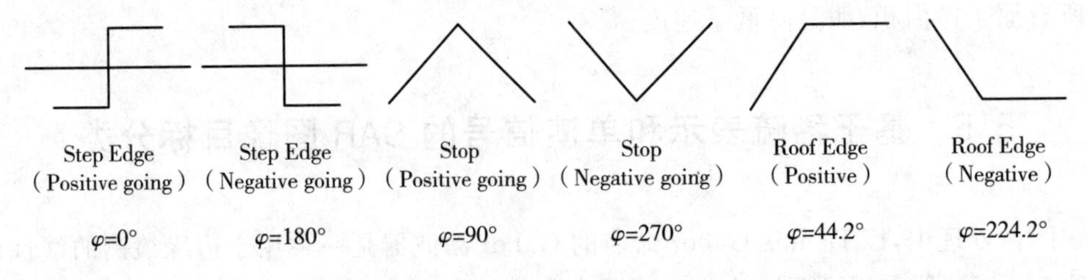

图 5-19　几种典型特征及其对应的相位

若要将解析信号扩展到高维信号空间，首先需要对 Hilbert 变换进行各向同性的广义延伸，即寻找出具有等向能量分布的奇函数滤波器，一个有效的解决方案就是向量化 Hilbert 变换（即 Riesz 变换）。

对二维信号 $f(z)(z=(x,y))$，空间上任一点记作 $z=(x,y)$，二维信号的 Riesz 变换核在空间域的表达式定义为

$$(R_x(z),R_y(z))=\left(\frac{x}{2\pi\ \|z\|^3},\frac{y}{2\pi\ \|z\|^3}\right) \tag{5-59}$$

式中，$R_x(z)$为坐标 x 的变换核函数，$R_y(z)$为坐标 y 的变换核函数；

$f(z)$的单演信号 $f_M(z)$可以表示为原始信号 $f(z)$与其自身的 Riesz 变换 $f_R(z)$的线性组合，即

$$f_M(z)=f(z)-(\mathrm{i},\mathrm{j})f_R(z)=f(z)-\mathrm{i}f_{R_x}(z)-\mathrm{j}f_{R_y}(z) \tag{5-60}$$

式中，i,j 表示两个虚部单元，{i,j,1} 构成 $\mathbf{R}^3$ 空间的一组正交基。$f(z)$为单演信号 $f_M(z)$的实部，$f_{R_x}(z)$和 $f_{R_y}(z)$为单演信号 $f_M(z)$的两个虚部。

$$f_{R_x}(z)=f(z)*R_x(z) \tag{5-61}$$

$$f_{R_y}(z)=f(z)*R_y(z) \tag{5-62}$$

式中，“ * ”为卷积操作符。

单演信号是个多维等向的广义解析信号，具备旋转不变性、非负谱等特性。借助向量化函数或向量域：$\boldsymbol{f}_M:\boldsymbol{R}^2\mapsto\boldsymbol{R}^3$，单演信号的笛卡儿坐标可以表示成

$$f_M(z)=\begin{bmatrix} f(z) \\ -f_{R_x}(z) \\ -f_{R_y}(z) \end{bmatrix} \tag{5-63}$$

Felsberg 和 Sommer 定义了三分量的单演信号：

$$f_M(z)=\{f(z),f_{R_x}(z),f_{R_y}(z)\} \tag{5-64}$$

将单演信号 $f_M(z)$ 变换到极坐标下，信号的单演幅度 $A(z)$、单演相位 $\varphi(z)$ 和单演方位 $\theta(z)$ 可由式(5-65)～式(5-67)得出

$$A(z)=\sqrt{f^2(z)+f_{R_x}^2(z)+f_{R_y}^2(z)} \tag{5-65}$$

$$\varphi(z)=a\ \tan 2\left(\sqrt{f_{R_x}^2(z)+f_{R_y}^2(z)},f(z)\right),\varphi(z)\in[0,\pi] \tag{5-66}$$

$$\theta(z)=\arctan\frac{f_{R_y}(z)}{f_{R_x}(z)},\theta(z)\in\left[-\frac{\pi}{2},\frac{\pi}{2}\right] \tag{5-67}$$

图 5-20 所示为球坐标系下的单演信号。

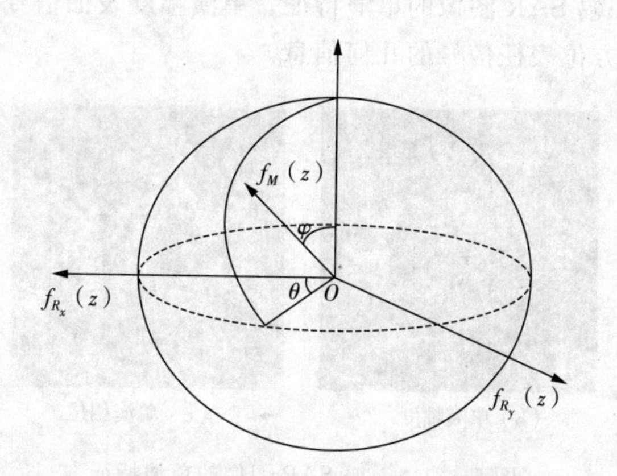

图 5-20　球坐标系下的单演信号

在实际应用中，二维图像信号 $f(z)(z=(x,y))$ 为有限长信号，其傅里叶频谱为周期无限长，所以需要借助带通滤器对原始信号做空域的无限长延拓，然后执行 Riesz 变换。本文选用 Log-Gabor 滤波器实现带通滤波。

点 $z(x,y)$ 的频域坐标记为 $\omega(u,v)$，Log-Gabor 滤波器的频域响应为

$$G(\omega)=\exp\left(-\frac{[\log(\omega/\omega_0)]^2}{2(\sigma/\omega_0)^2}\right) \tag{5-68}$$

式中，ω_0 为中心频率，σ 为 Log-Gabor 滤波带宽的尺度。

图像信号 $f(z)$ 经滤波产生的带通信号可以表示为

$$h(z)=f(z)*F^{-1}(G(\omega)) \tag{5-69}$$

式中，F^{-1} 为傅里叶逆变换。

经过空域延拓后的图像信号的单演信号 $f_M(z)$ 定义为带通信号 $h(z)$ 与 Riesz 变换 $f_R(z)$ 的线性组合，即

$$f_M(z)=\{h(z),h_x(z),h_y(z)\}=\{h(z),h(z)*R_x(z),h(z)*R_y(z)\} \tag{5-70}$$

式中，$h(z)$ 为单演信号的实部，$h_x(z)$ 和 $h_y(z)$ 为单演信号的两个虚部。

$$h_x(z)=h(z)*R_x(z) \tag{5-71}$$

$$h_y(z)=h(z)*R_y(z) \tag{5-72}$$

对于给定的图像 $f(z)$，其单演幅度 $A(z)$、单演相位 $\varphi(z)$ 和单演方位 $\theta(z)$ 可由式(5-73)～式(5-75)得出：

$$A(z)=\sqrt{h^2(z)+h_x^2(z)+h_y^2(z)} \tag{5-73}$$

$$\varphi(z)=a\ \tan2\left(\sqrt{h_x^2(z)+h_y^2(z)},h(z)\right),\varphi(z)\in[0,\pi] \tag{5-74}$$

$$\theta(z)=\arctan\frac{h_y(z)}{h_x(z)},\theta(z)\in\left\{-\frac{\pi}{2},\frac{\pi}{2}\right] \tag{5-75}$$

图 5-21 所示为一幅 SAR 图像的单演特征。单演幅度表征信号的能量，单演相位表征信号的结构信息、单演方位表征信号的几何信息。

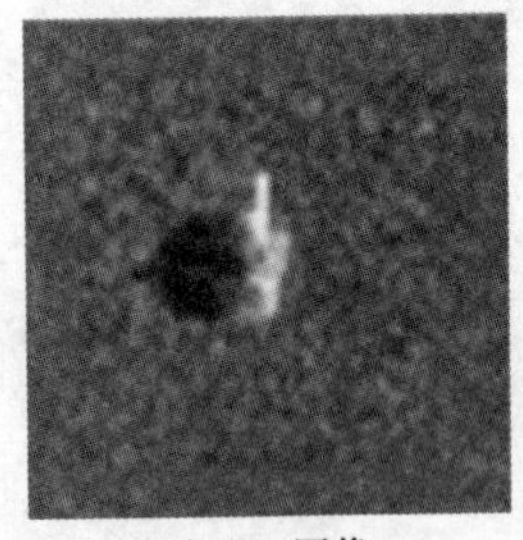
(a) SAR图像

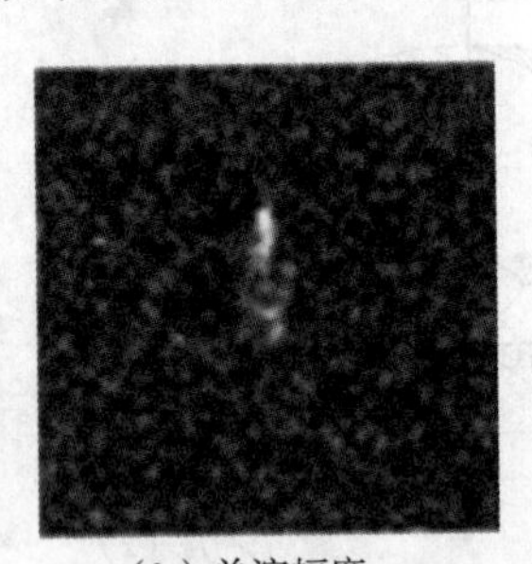
(b) 单演幅度

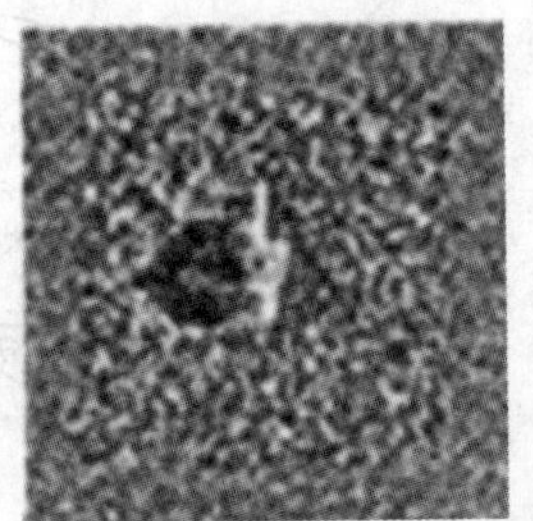
(c) 单演相位

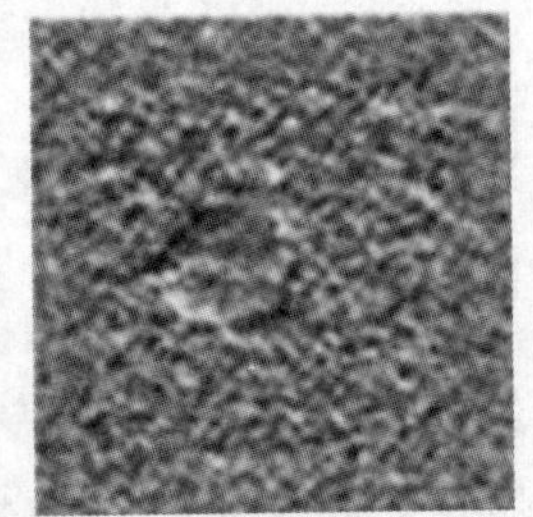
(d) 单演方位

图 5-21　一幅 SAR 图像的单演特征

5.5.2　基于稀疏表示和单演信号的 SAR 图像目标识别方法

同 5.4 节，本节的目标仍是开发一个级联分类器，以提高 SAR 图像的目标识别精度和减少分类时间。为此，本节提取训练样本的单演幅度、单演相位和单演方位特征，基于单演特征训练了三个子字典，然后将三个字典组合成一个级联字典。由于最终的分类器采用级联结构，因此每个子分类器的识别性能非常重要。

本节的子分类器设计基于单演信号的特性，每个单演特征生成一个子字典，测试样本的

单演特征依次通过每个子字典，利用稀疏系数和重构误差来决定样本的类别。重构误差阈值的选择对于子分类器的识别性能有很大的影响。一般来说，重构误差阈值越大，识别时间越短，但重构误差阈值设置太大也会产生较高的识别错误率。本节选取的重构误差阈值较大，这样可以保证分类的速度较快。虽然较大的重构误差阈值带来一部分样本识别出错，但是本识别方法中最后的投票机制可以保证这部分样本的正确分类。

基于稀疏表示和单演信号的 SAR 图像目标识别方法框架如图 5 - 22 所示。

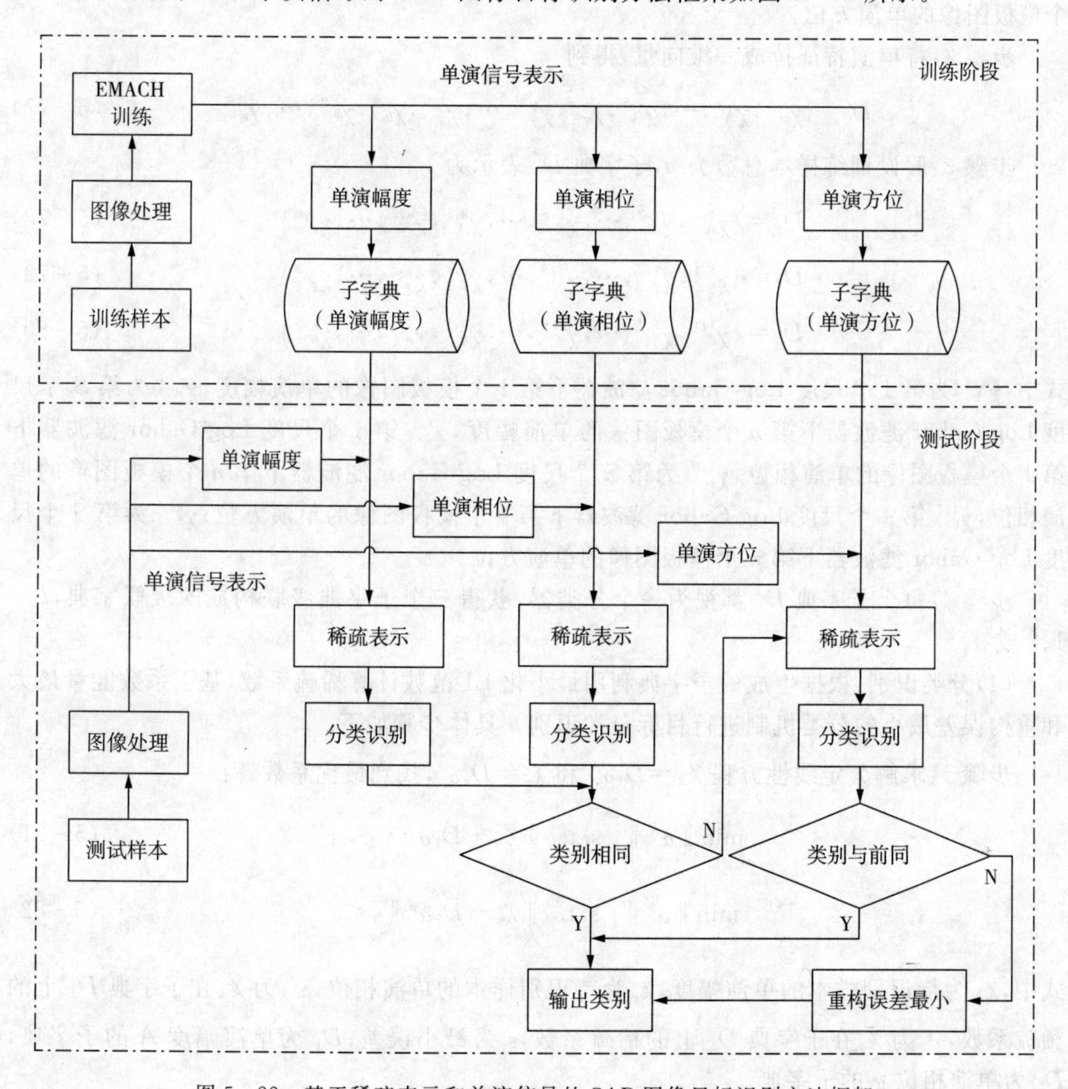

图 5 - 22　基于稀疏表示和单演信号的 SAR 图像目标识别方法框架

基于稀疏表示和单演信号的 SAR 图像目标识别方法的主要过程包括图像预处理、EMACH 训练、特征提取和分类识别。

(1)图像预处理：对训练样本进行预处理，如 5.4 节所述。

(2)EMACH 训练：用 EMACH 滤波器训练样本，生成模板样本。

(3)特征提取：提取模板样本的单演信号特征，并根据单演幅度、单演相位和单演方位特

征生成子字典 $D_i(i=1,2,3)$，具体步骤如下。

步骤 1：求取 S 个尺度 Log-Gabor 滤波器下第 i 个模板图像的单演特征，记作

$$\{A^{i,1},\varphi^{i,1},\theta^{i,1},A^{i,2},\varphi^{i,2},\theta^{i,2},\cdots,A^{i,S},\varphi^{i,S},\theta^{i,S}\} \tag{5-76}$$

式中，$A^{i,S}$ 为第 S 个尺度 Log-Gabor 滤波器下第 i 个模板图像的单演幅度，$\varphi^{i,S}$ 为第 S 个尺度 Log-Gabor 滤波器下第 i 个模板图像的单演相位，$\theta^{i,S}$ 为第 S 个尺度 Log-Gabor 滤波器下第 i 个模板图像的单演方位。

步骤 2：将单演特征拉成一维向量，得到

$$D^i=\{\chi_A^{i,1},\chi_A^{i,2},\cdots,\chi_A^{i,S},\chi_\varphi^{i,1},\chi_\varphi^{i,2},\cdots,\chi_\varphi^{i,S},\chi_\theta^{i,1},\chi_\theta^{i,2},\cdots,\chi_\theta^{i,S}\} \tag{5-77}$$

步骤 3：假设训练样本总数为 n，子字典 D_k 表示为

$$D_1=\{\chi_A^{1,1},\chi_A^{1,2},\cdots,\chi_A^{1,S},\cdots,\chi_A^{n,1},\chi_A^{n,2},\cdots,\chi_A^{n,S}\} \tag{5-78}$$

$$D_2=\{\chi_\varphi^{1,1},\chi_\varphi^{1,2},\cdots,\chi_\varphi^{1,S},\cdots,\chi_\varphi^{n,1},\chi_\varphi^{n,2},\cdots,\chi_\varphi^{n,S}\} \tag{5-79}$$

$$D_3=\{\chi_\theta^{1,1},\chi_\theta^{1,2},\cdots,\chi_\theta^{1,S},\cdots,\chi_\theta^{n,1},\chi_\theta^{n,2},\cdots,\chi_\theta^{n,S}\} \tag{5-80}$$

式中，$\chi_A^{1,1}$ 为第 1 个尺度 Log-Gabor 滤波器下第 1 个模板图像的单演幅度，$\chi_A^{n,S}$ 为第 S 个尺度 Log-Gabor 滤波器下第 n 个模板图像的单演幅度，$\chi_\varphi^{1,1}$ 第 1 个尺度 Log-Gabor 滤波器下第 1 个模板图像的单演相位，$\chi_\varphi^{n,S}$ 为第 S 个尺度 Log-Gabor 滤波器下第 n 个模板图像的单演相位，$\chi_\theta^{1,1}$ 第 1 个尺度 Log-Gabor 滤波器下第 1 个模板图像的单演方位；$\chi_\theta^{n,S}$ 为第 S 个尺度 Log-Gabor 滤波器下第 n 个模板图像的单演方位。

步骤 4：每个子字典 D_k 都视为一个分类器，获得三个子字典级联构成的级联字典，$k=$ 1、2 或 3。

(4)分类识别：根据生成的子字典利用最小化 L1 范数计算稀疏系数，基于系数能量最大和重构误差最小的分类机制进行目标分类识别。具体步骤如下。

步骤 1：求解欠定线性方程 $\chi_A=D_1\alpha^A$ 和 $\chi_\varphi=D_2\alpha^\varphi$，找到最优系数解：

$$\min_{\alpha^A}\|\alpha^A\|_1 \text{ s.t. } \|\chi_A-D_1\alpha^A\|_2<\varepsilon \tag{5-81}$$

$$\min_{\alpha^\varphi}\|\alpha^\varphi\|_1 \text{ s.t. } \|\chi_\varphi-D_2\alpha^\varphi\|_2<\varepsilon \tag{5-82}$$

式中，χ_A 为待识别样本的单演幅度，χ_φ 为待识别样本的单演相位，α^A 为 χ_A 在子字典 D_1 上的稀疏系数，α^φ 为 χ_φ 在子字典 D_2 上的稀疏系数，ε 为最小误差；D_1 为单演幅度 A 的子字典，D_2 为单演相位 φ 的子字典。

步骤 2：假设共有 C 类训练样本，第 k 类样本总数为 n_k，计算针对单演幅度 A 的 C 类系数的能量和 identity(A)，以及针对单演相位 φ 的 C 类系数的能量和 identity(φ)，根据系数能量最大机制确定所属类别 k，计算方法如下：

$$\text{identity}(A)=\underset{k}{\operatorname{argmax}}(\text{sum}(\alpha_{k,i}^A)),i=1,2,\cdots,n_k \tag{5-83}$$

$$\text{identity}(\varphi)=\underset{k}{\operatorname{argmax}}(\text{sum}(\alpha_{k,i}^\varphi)),i=1,2,\cdots,n_k \tag{5-84}$$

式中，$\alpha_{k,i}^{A}$ 为待识别样本的单演幅度 χ_A 在子字典 D_1 上第 k 类所有原子对应的稀疏系数，$\alpha_{k,i}^{\varphi}$ 为待识别样本的单演相位 χ_φ 在子字典 D_2 上第 k 类所有原子对应的稀疏系数；

若 identity(A)=identity(φ)，输出待识别图像样本所属类别为 identity$(I)=k$，确定识别结果；否则转步骤 3 确定识别结果。

步骤 3：求解欠定线性方程 $\chi_\theta=D_3\alpha^\theta$，找到最优系数解：

$$\min_{\alpha^\theta}\|\alpha^\theta\|_1 \text{ s.t. } \|\chi_\theta-D_3\alpha^\theta\|_2<\varepsilon \tag{5-85}$$

式中，χ_θ 为待识别样本的单演方位，D_3 为单演方位 θ 的子字典，α^θ 为 χ_θ 在子字典 D_3 上的稀疏系数。

计算针对单演方位 θ 的 C 类系数能量和 identity(θ)，根据系数能量最大机制确定所属类别 k：

$$\text{identity}(\theta)=\arg\max_k(\text{sum}(\alpha_{k,i}^{\theta})),i=1,2,\cdots,n_k \tag{5-86}$$

式中，$\alpha_{k,i}^{\theta}$ 为待识别样本的单演方位 χ_θ 在子字典 D_3 上第 k 类所有原子对应的稀疏系数。

若 identity(θ)=identity(A)，输出测试图像所属类别为 identity$(I)=k$，分类结束；若 identity(θ)=identity(φ)，输出测试图像所属类别为 identity$(I)=k$，分类结束；否则转步骤 4。

步骤 4：根据重构误差最小机制确定测试样本的所属类别 k：

$$\varepsilon^A=\|\chi_A-D_1\alpha^A\| \tag{5-87}$$

$$\varepsilon^\varphi=\|\chi_\varphi-D_2\alpha^\varphi\| \tag{5-88}$$

$$\varepsilon^\theta=\|\chi_\theta-D_3\alpha^\theta\| \tag{5-89}$$

$$\text{identity}(I)=\arg\min_k\varepsilon^i,i=A,\varphi,\theta \tag{5-90}$$

式中，ε^A 为待识别样本的单演幅度 χ_A 的重构误差，ε^φ 为待识别样本的单演相位 χ_φ 的重构误差，ε^θ 为待识别样本的单演方位 χ_θ 的重构误差。

5.5.3 实验结果与性能分析

为了全面分析所提出的 SAR 图像目标识别方法的性能，本节进行了一系列实验来评估所提出的识别方法的识别性能，同时对本节所提出的方法与其他识别方法的性能进行了深入的比较分析。

1. 实验数据介绍

同前两节一样，本节实验所用的数据来自 MSTAR 数据库，包括 5 类 SAR 样本图像，分别为 BRDM2、2S1、T72、SLICY 和 ZSU234。图像分辨率是 0.3m×0.3m，方位角范围是 0°～360°。本实验样本数据集见表 5-9。

表 5-9　本实验样本数据集　　单位：个

目标类型	训练样本	测试样本
BRDM2	298	274
2S1	299	274
T72	232	196
SLICY	299	288
ZSU234	299	274

图 5-23 所示为 MSTAR 数据库中五类待识别的样本图像。其中，图 5-23(a)所示为待识别的 SAR 图像，图 5-23(b)所示为对应的光学图像。

(a) SAR图像

(b) 光学图像

图 5-23　五类待识别样本图像(从左至右依次为 BRDM2、2S1、T72、SLICY 和 ZSU234)

2. 实验结果与性能分析

首先对 MSTAR 数据库中的样本图像进行预处理，将图像中心包含目标的 54 像素×54 像素大小的区域分割出来作为训练样本。对每一类训练样本进行 EMACH 训练得到 30 个模板图像，共 150 个样本图像，如图 5-24 所示。

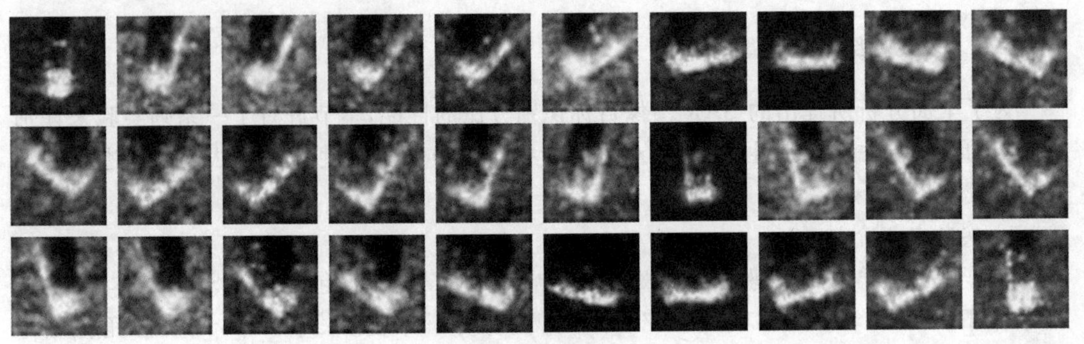
(a) BRDM2模板

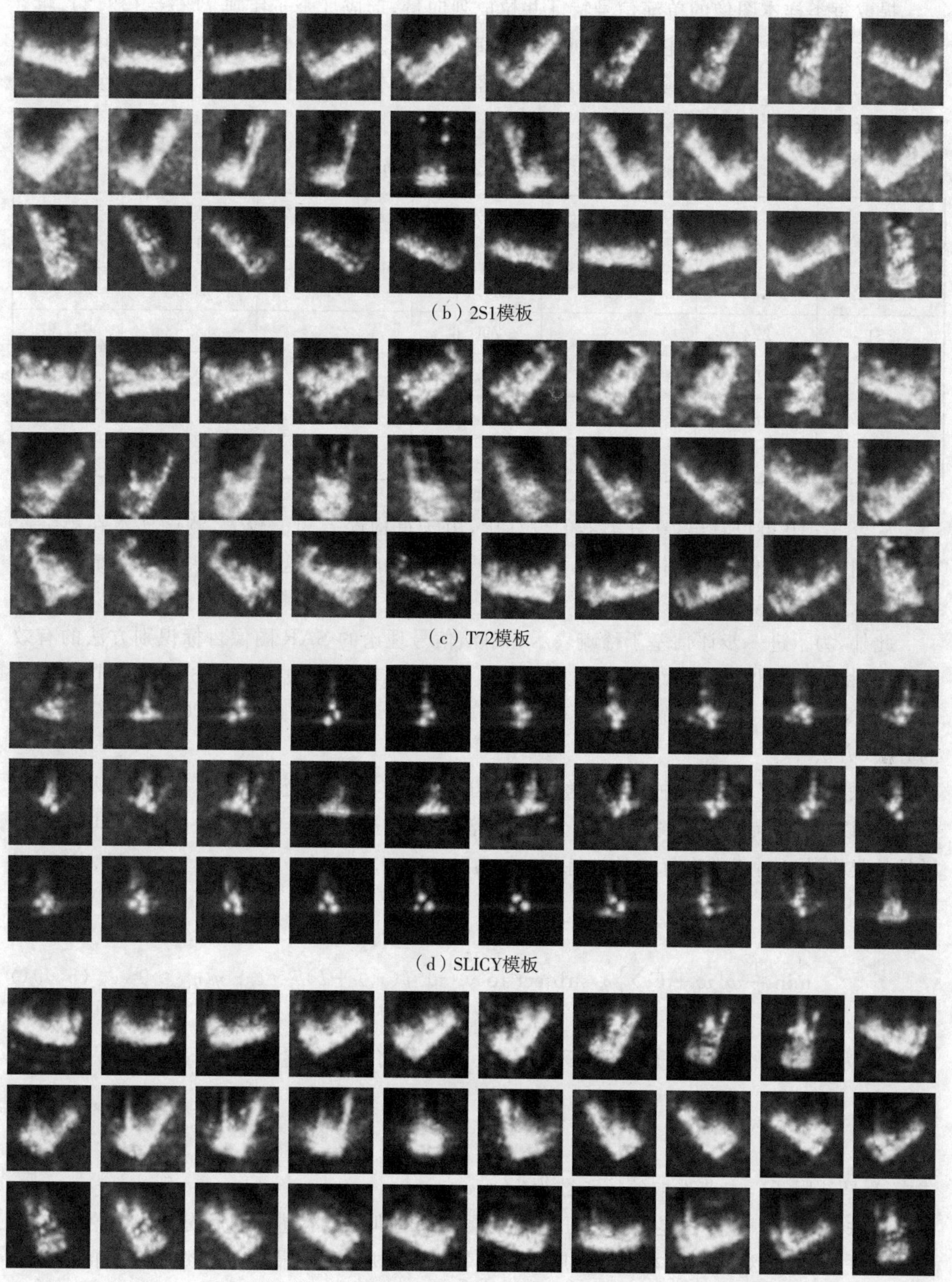

（b）2S1模板

（c）T72模板

（d）SLICY模板

（e）ZSU234模板

图 5－24　训练样本模板图像

提取每类样本图像的单演信号特征并拉成列向量，形成 3 个子字典 $D_i(i=1,2,3)$，将 3 个子字典连接起来，形成如图 5-22 所示的级联分类器。对于测试样本，选择图像中心包含目标的大小 45×45 的区域实现分割，提取分割图像样本的单演信号特征，应用本节所提分类方法进行分类识别，识别率如表 5-10 所示。

表 5-10　各类样本的目标的识别率

样本类型	样本总数/个	一次分类正确样本数/个	一次分类识别率/%	投票分类正确样本数/个	投票分类识别率/%	识别率/%
BRDM2	274	252	91.97	11	4.01	95.98
2S1	274	218	79.56	42	15.33	94.89
T72	196	165	84.18	20	10.20	94.38
SLICY	288	278	96.53	5	1.73	98.26
ZSU234	274	250	91.24	10	3.65	94.89

从表 5-10 可以看出，在分类器的设计中，由于重构误差阈值较大，测试样本在第一次分类识别时约有 10%的样本被遗漏。但由于投票机制的存在，这部分缺失样本在最终投票时已被正确分类识别。

此外，为了进一步评估基于稀疏表示和单演信号理论的 SAR 图像目标识别方法的有效性，本节将它与其他四个传统的分类方法进行了比较。四种方法分别是 SVM 识别方法（方法 1）、KNN 方法（方法 2）、由图像像素生成字典的方法（方法 3）、由 G2DPCA 特征生成字典的方法（方法 4）。

方法 1 中，SVM 是一种小样本学习分类方法，具有较强的泛化能力。通过引入核函数映射，可以很容易地实现非线性处理。假设单演信号特征为 $x=\{x_1,x_2,\cdots,x_M\}$，其中 M 是样品的类别数。对于带有标签的训练集 (x_i,y_i)，$i=1,2,\cdots,M$，$y_i\in\{1,-1\}$，SVM 解决以下优化问题：

$$\min_{w,b,\eta}\frac{1}{2}w^{\mathrm{T}}w+C\sum_{i=1}^{K}\eta_i \text{ subject to } y_i(w^{\mathrm{T}}f(x_i)+b)\geqslant 1-\eta_i\ \eta_i\geqslant 0 \tag{5-91}$$

式中，C 为误差项的惩罚因子。通常采用 RBF 核函数将训练向量映射到高维空间。

$$K(x_k,x_g)=\varphi(x_k)^T\varphi(x_g)=\exp(-\gamma\parallel x_k-x_g\parallel^2)>0 \tag{5-92}$$

式中，γ 是核因子。本节选取的核函数为 $k(u,v)=\exp(-\gamma\parallel u-v\parallel)$，$\gamma=5$。

方法 2 中，KNN 方法是根据特征空间中最接近的训练样本进行目标分类的一种简单有效的方法。KNN 对训练样本中测试序列的近邻进行排序，利用最近邻的类标签来预测测试样本的类别。

对于带有标签的训练集 (x_i,y_i)，$y_i\in\{1,-1\}$，欧氏距离常被用作距离度量，用来度量两个向量之间的相似度。

$$d^2(x_i, x_j) = \| x_i - x_j \|^2 = \sum_{k=1}^{d} (x_{ik} - x_{jk})^2 \tag{5-93}$$

式中,参数 k 为测试数据集中与给定观测值最接近的训练观测集中的邻居数,该参数的变化将影响每个二分类器的准确性。本节实验中选定 $k=5$。

方法 3 中,采用图像的像素直接生成字典。

方法 4 中,采用训练样本的 G2DPCA 特征直接生成字典。

对于每个样本数据集,本节方法和其余四种方法的实验结果如图 5-25 所示,平均识别准确率和识别时间如图 5-26 和图 5-27 所示。

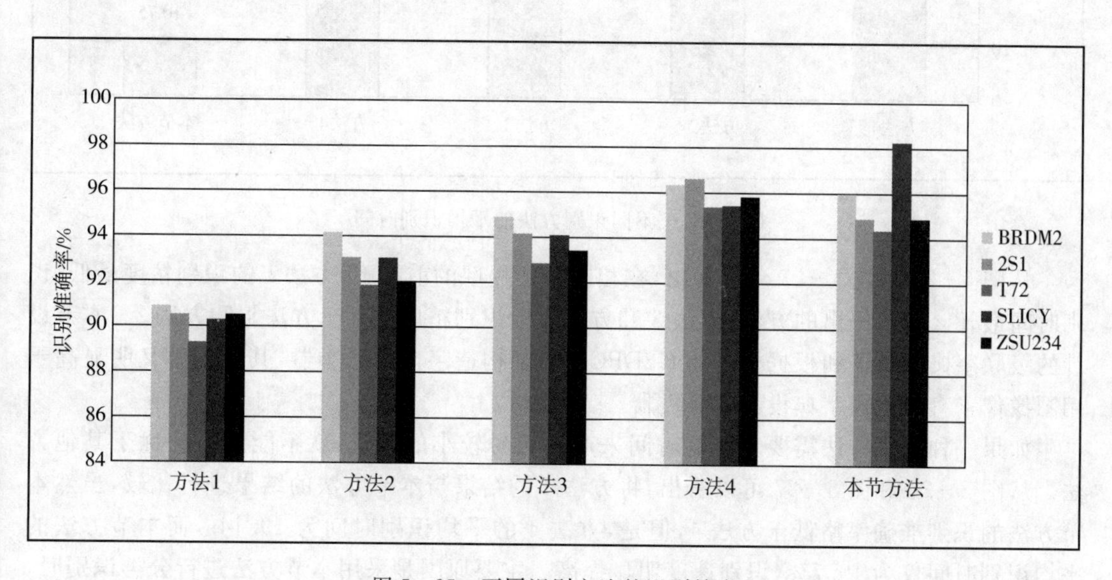

图 5-25 不同识别方法的识别精度

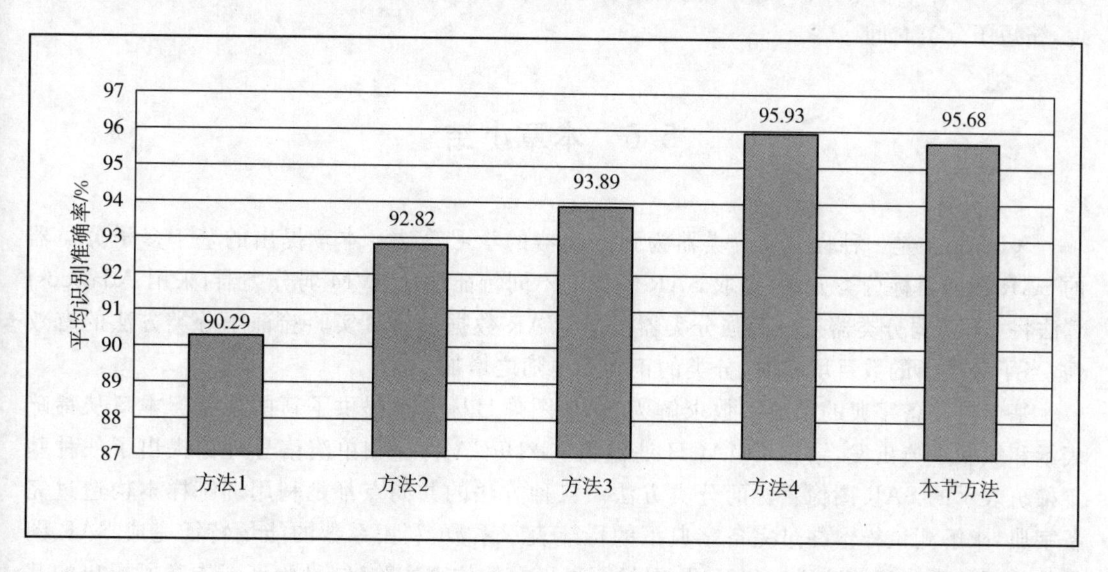

图 5-26 不同识别方法的平均识别精度

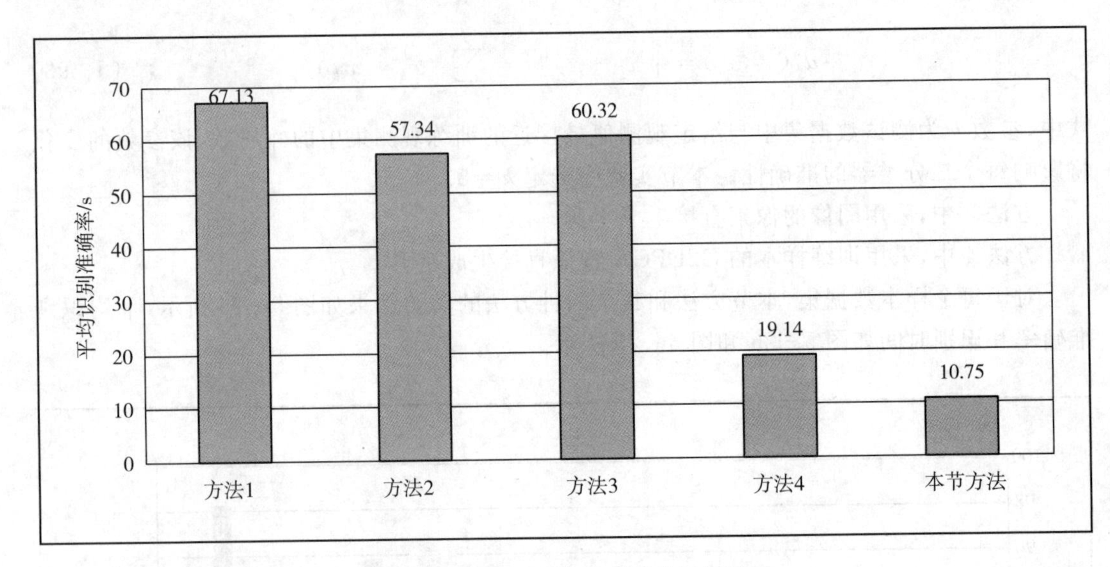

图 5-27　不同识别方法的平均识别时间

从图 5-25 到图 5-27 可以看出，在相同特征提取的前提下，方法 1 的识别精度最低，识别时间最长。本节提出的方法、方法 3 和方法 4 的识别精度均高于方法 1 和方法 2。本节设计的级联字典分类器和根据样本的 G2DPCA 特征构造字典的分类器，其识别率又明显高于用图像像素直接生成字典设计的分类器。

如果一种识别方法需要大量的时间来产生相对较小的改进，就不能认为它优于其他方法。从图 5-26 和图 5-27 可以看出，将方法 4 的结果与本节方法的结果进行比较，虽然本节方法的识别准确率略低于方法 4，但是，方法 4 的平均识别时间为 19.14s，而本节方法的平均识别时间仅为 10.75s，识别速度明显提高。主要原因是采用本节方法进行分类识别时，大约 86％的样本在第一次识别时就被正确分类，而不需要通过其他字典，明显提高了识别速度，缩短了分类时间。

5.6　本章小结

AdaBoost 是一种提升弱分类器为强分类器的学习算法。本章提出的基于多子分类器的 SAR 图像目标分类方法，提取 SAR 图像的不同特征设计 SVM 弱分类器，采用 AdaBoost 算法将 SVM 弱分类器提升为强分类器。MSTAR 数据的仿真实验验证了分类方法的有效性，当子分类器的数目增多时，分类的正确率也随之增加。

基于过完备字典的稀疏系数求解为 SAR 图像目标分类提供了新的思路。本章从稀疏表示和级联字典出发，结合 EMACH 滤波器、G2DPCA 特征和单演信号理论提出了三种基于稀疏表示的 SAR 图像目标的分类方法。三种方法的共同点都是利用训练样本构造过完备字典，求解测试样本在过完备字典下的稀疏表示系数，利用系数的能量特征完成 SAR 图像的目标分类。MSTAR 实测 SAR 图像军事目标的仿真实验，结果验证了本章所提出的基于稀疏表示的 SAR 图像分类方法的有效性。

参考文献

[1] WANG H,PI Y,LIU G,et al. Applications of ICA for the enhancement and classification of polarimetric SAR images[J]. International journal of remote sensing,2008,29(6):1649－1663.

[2] HE C, ZHUO T, OU D, et al. Nonlinear compressed sensing-based LDA topic model for polarimetric SAR image classification[J]. IEEE journal of selected topics in applied earth observations and remote sensing,2014,7(3):972－982.

[3] PAULSON C, WU D. Feature phenomenology and feature extraction of civilian vehicles from SAR images[J]. Proceedings of SPIE-The international society for optical engineering,2011,211:2394－2402.

[4] CHEN C T,CHEN K S,LEE J S. The use of fully polarimetric information for the fuzzy neural classification of SAR images[J]. IEEE transactions on geoscience and remote Sensing,2003,41(9):2089－2100.

[5] MAI X, ZHANG H, JIA X, et al. Faster R-CNN with classifier fusion for automatic detection of small fruits[J]. IEEE transactions on automation science and engineering,2020,PP(99):1－15.

[6] MOHANA P R, VENKATESAN P. An efficient image segmentation and classification of lung lesions in PET and CT image fusion using DTWT incorporated SVM[J]. Microprocessors and microsystems,2021:103958.

[7] RIZWAN-UL-HASSAN, LI C, LIU Y. Online dynamic security assessment of wind integrated power system using SDAE with SVM ensemble boosting learner[J]. International journal of electrical power and energy systems,2021,125:106429.

[8] FREUND Y, SCHAPIRE R E. A decision-theoretic generalization of on-line learning and an application to boosting-scienceDirect[J]. Journal of computer and system sciences,1997,55(1):119－139.

[9] XIAO J,ZHANG J,ZHU M,et al. Fast adaBoost-based face detection system on a dynamically coarse grain reconfigurable architecture[J]. Ieice transactions on information and systems,2012,95(2):392－402.

[10] SHASTRI S, KOUR P, KUMAR S, et al. GBoost: a novel grading-AdaBoost ensemble approach for automatic identification of erythemato-squamous disease[J]. International journal of information technology,2021,13(3):959－971.

[11] SINGH K,MALHOTRA J. Cloud based ensemble machine learning approach for smart detection of epileptic seizures using higher order spectral analysis[J]. Physical and engineering sciences in medicine,2021:1－12.

[12] ESREBAN A C, NOELIA G R, MATIAS G, et al. Bankruptcy forecasting: an empirical comparison of AdaBoost and neural networks[J]. Decision support systems,2008,45(1):110－122.

[13] BARO X, ESCALERA S, VITRIA J, et al. Traffic sign recognition using evolutionary Adaboost detection and forest-ECOC classification[J]. IEEE transactions on intelligent transportation systems,2009,10(1):113−126.

[14] JIAN Y, DVID Z. Two-dimensional PCA: a new approach to appearance-based face representation and recognition. [J]. IEEE transactions on pattern analysis and machine intelligence,2004,26(1):131−136.

[15] PEI J, HUANG Y, HUO W, et al. SAR imagery feature extraction using 2DPCA-based two-dimensional neighborhood virtual points discriminant embedding[J]. IEEE journal of selected topics in applied earth observations and remote sensing,2017,9(6):2206−2214.

[16] COTTER S F. Sparse representation for accurate classification of corrupted and occluded facial expressions[C]. IEEE international conference on acoustics speech & signal processing. IEEE,2010.

[17] ZHANG C, ZHANG Y, LIN Z, et al. An efficiently 3D face recognizing method using range image and sparse representation[C]. International conference on computational intelligence & software engineering. IEEE,2010.

[18] SHAFIE B M, MOALLEM P, SABAHI M F. An optimal decision fusion using sparse representation-based classifiers on monogenic-signal dictionaries for SAR ATR [J]. Electronics letters,2020,56(12):619−621.

[19] KARINE A, TOUMI A, KHENCHAF A, et al. Multivariate copula statistical model and weighted sparse classification for radar image target recognition[J]. Computers and electrical engineering,2020,84:1−14.

[20] SADJADI F A, MAHALANOBIS A. Target-adaptive polarimetric synthetic aperture radar target discrimination using maximum average correlation height filters [J]. Applied optics,2006,45(13):3063−3070.

[21] REHMAN S, BILAL A, JAVED Y, et al. Logarithmically pre-processed EMACH filter for enhanced performance in target recognition[J]. Arabian journal for science and engineering,2013,38(11):3005−3017.

[22] UNSER M, SAGE D, VILLE D. Multiresolution monogenic signal analysis using the riesz-laplace wavelet transform [J]. IEEE transactions on image processing. 2009,18(11):2042−2058.

[23] ALESSANDRINI M, BASARAB A, LIEBGOTT H, et al. Myocardial motion estimation from medical images using the monogenic signal[J]. IEEE transactions on image processing,2013,22(3):1084−1095.

[24] DONG G, KUANG G. SAR target recognition via sparse representation of monogenic signal on grassmann manifolds[J]. IEEE journal of selected topics in applied earth observations and remote sensing,2016,9(3):1308−1319.

[25] FELSBERG M, SOMMER G. The monogenic scale-space: a unifying approach to phase-based image processing in scale space [J]. Journal of mathematical imaging and vision. 2004,21(1):5−26.

第 6 章　异源图像配准与融合

卫星遥感是人类观察、分析和描述地球环境的有效手段。随着遥感技术的发展，SAR 系统、红外热像仪和光学相机等各种类型的新型传感器不断涌现，为同一地区的对地观测提供了多种数据源。为了更好地对地物进行描述和分析，利用多传感器对同一地物进行多分辨率、多光谱的成像并进行综合处理，已经成为当前遥感图像处理的热点。

SAR 系统具有高分辨率、全天时、全天候、强透射等特点，所成 SAR 图像能够详细、准确地描绘地形地貌，反映地表信息，但是 SAR 图像容易受其自身相干斑噪声的影响，可读性较差，信息处理较困难，同时 SAR 系统受环境影响较大，成像参数的轻微波动或周围环境的少许变化都会引起 SAR 图像特征的很大改变。

红外热像仪利用红外探测器和光学成像物镜接收被测目标的红外辐射能量，将能量分布图形反映到红外探测器的光敏元件上，从而获得红外热像图，这种热像图与物体表面的热分布场相对应。通俗地讲，红外热像仪就是将物体发出的不可见红外能量转变为可见的热图像。热图像上面的不同颜色代表被测物体的不同温度，无论阴雨、浓雾、晴阴、白天和夜晚均可以得到清晰的监测成像结果。红外图像由于传感器的灵敏度较高，成像波段偏向于红外，在光线较暗的条件下，所成图像纹理、边缘等特征比较明显，可以揭露高温伪装的目标。但是红外探测器容易受到大气热辐射、作用距离和噪声等因素的影响，所成红外图像具有均匀性差、动态范围小、对比度低、分辨率低、背景噪声干扰大等缺点。

光学遥感成像利用记录图像信息的光学传感器来实现成像。光学传感器按照仪器的类型通常可以分为三类：成像相机、光谱仪和辐射计。由于光学图像成像设备具有质量小、尺寸小、能耗低、信号稳定可靠等优点，所成的光学图像信息丰富，可以实现对合作目标与非合作目标的检测。同时光学图像符合人眼的视觉特性，易于人工判读。和红外图像和 SAR 图像相比，光学图像更能反映地面目标、场景的物理化学信息和光谱轮廓。但是光学系统容易受成像时间、云层遮挡及天气的影响而无法全天时和全天候工作。此外，光学图像受光学传感器的敏感程度、成像原理、曝光时间和感光波段等条件的限制，在图像获取或传输的过程中也经常会受到噪声污染。当光线较暗的时候，所成光学图像信噪比较低，不能很好分辨出图像的细节信息。

图 6-1 所示为灾害发生时某一地区同一场景的光学影像和 SAR 影像。从图 6-1 中可以看到，当灾害发生时，由于光学传感器受天气影响，所成光学影像受到云层和树木的遮挡，无法及时提供场景目标的准确信息。而全天时、全天候的 SAR 系统则能穿透地表云层，准确地获取灾害发生时的实时数据，所成 SAR 影像恰好弥补光学影像受天气影响大的缺点。若需要对灾害发生时的场景目标进行准确的解译，则可以将光学影像和 SAR 影像有机结合起来，即图像融合。

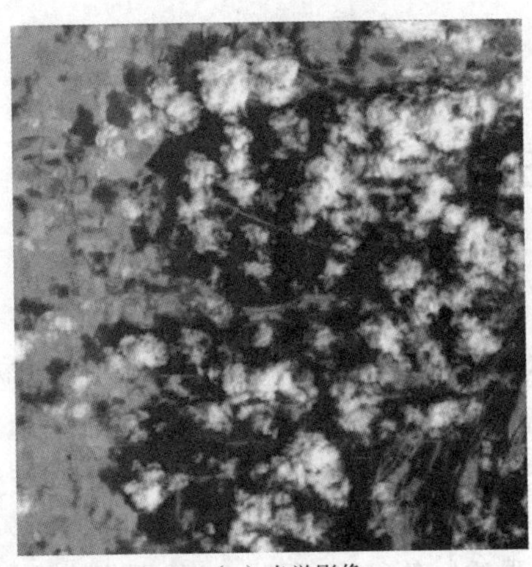

（a）光学影像

（b）SAR影像

图 6－1　灾害发生时某一地区同一场景的光学影像和 SAR 影像

图 6－2 所示为某一地区同一场景的红外影像和光学影像。从图 6－2 中同样可以看到，由于是在夜晚拍摄，受光线不足的影响，光学影像中黑暗处的人物和汽车等目标成像不清晰，而受到光照的广告牌、路灯基座等细节信息则较为清晰。对应的红外影像由于可以将物体发出的不可见红外能量转变为可见的热图像，所以场景中清晰地出现具有热辐射的目标，如人物、红绿灯和车辆轮胎等，而广告牌、窗口等细节信息则缺失。若是我们想对图像进行准确的解译，可以将可见光学影像携带的场景信息和红外影像携带的热源信息融合起来进行分析得到融合图像。由于融合图像可以兼具光学影像和红外影像的显著特征，因此可以提供更多的目标与背景信息。

（a）红外影像

（b）光学影像

图 6－2　某一地区同一场景的红外影像和光学影像

随着现代成像技术的发展，多种成像方式的协作已经得到越来越广泛的应用，图像融合的方法正是为适应多传感器图像数据的协同处理而发展起来的一门技术。它覆盖了军事应用、遥感成像、医学影像、公共安全、工业控制、交通监管等诸多方面。图像融合是多传感器信息融合的重要分支，它对同一目标或场景的图像进行适当处理和信息综合，保留源图像中的重要特征，产生一幅新的图像，使之更加适合人眼感知或计算机的后续处理，如图像分割、目标识别等。由于每种传感器都是为了适应某些特定的环境和使用范围设计的，具有不同特征或不同视点的多源传感器获取的图像之间既存在冗余性又存在互补性，通过对图像进行融合，能够扩大传感范围，提高系统的可靠性，提高图像的空间分辨率和清晰度，提高平面测图精度、分类精度与可靠性，增强解译和动态检测能力，有效提高遥感图像信息的利用效率。例如利用无人机搭载多源传感器进行观测，得到同一目标或场景的多源图像，并对图像进行配准和融合处理，可以获取对目标和场景更为精确、全面、可靠的图像信息描述，提高系统的可靠性和图像信息的利用效率。

图 6-3 所示为无人机成像处理系统的示意图，机上搭载了光学相机和红外热像仪传感器两种成像设备。

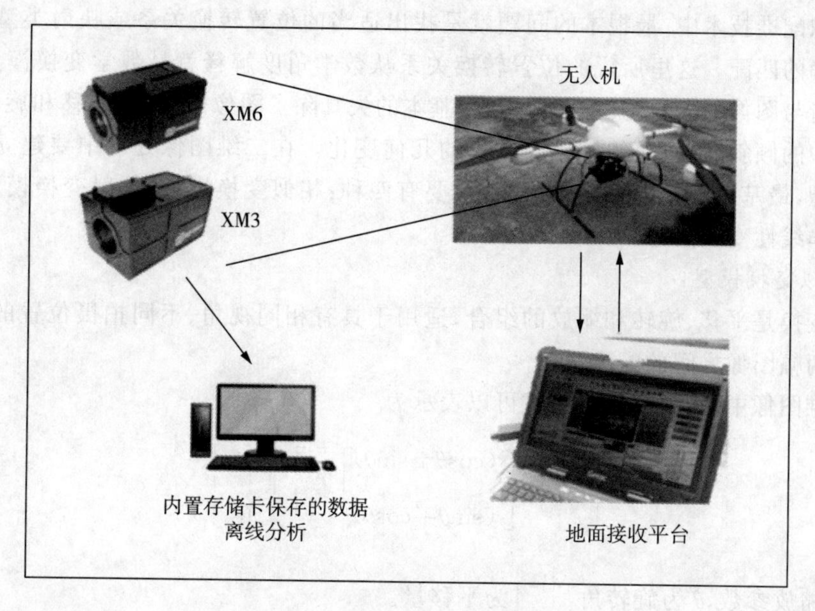

图 6-3　无人机载成像处理系统

6.1　图像配准基本知识

图像配准(Image Registration)技术作为一种通用的基础性研究技术，是指根据相似性度量准则得到图像间的坐标变换参数，对不同传感器(成像设备)、不同时间或不同条件(天候、照度、摄像位置和角度等)下获取的同一场景的两幅图像或多幅图像进行匹配、叠加、变换到同一坐标下的过程。目前，图像配准技术已经被广泛地应用于遥感数据分析、计算机视觉、图像处理等领域。

配准可以定义为两幅图像在坐标上和灰度上的变换，即对于图像 I_1 和 I_2，将 I_1 中某一点 (x,y) 映射到 I_2 中的新位置 (x',y')，用数学表达式可以描述为

$$I_2(x',y')=f(I_1(x,y)) \tag{6-1}$$

式中，f 为二维空间变换，将变换后的像素点插值重采样。确定变换函数 f 的过程就是图像

配准的过程。

从逻辑思维分析的角度看，实现图像配准的基本条件就是待配准区域之间存在相同的部分，如参考图像和待配准图像中都存在的高楼、操场等“物体”，而配准就是要找到这个相同“物体”在参考图像和待配准图像中的位置变换关系。在一般的图像配准处理方法中，只需要研究待配准“物体”坐标的转换，至于灰度层面的变化可以在图像的预处理部分得到校正。因此图像配准的过程实际上就是确定参考图像和待配准图像之间的位置转换关系和求解变换参数。

6.1.1 图像配准数学模型

在图像配准技术中，最根本的问题就是找出适当的位置转换关系或映射类型将两幅图像进行正确的匹配。这里所说的位置转换关系从数学角度解释就是数学变换模型，该数学模型的构造与图像的失真特性有关。图像基本的失真除了图像的缩放、平移和旋转，还包括图像畸变中的倾斜、纵横比的变化等复杂的几何变化。在二维图像处理中要建立对应的坐标变换模型，最基本、最常用的变换模型主要有四种：相似变换模型、仿射变换模型、投影变换模型和非线性变换模型。

1. 相似变换模型

相似变换是平移、旋转和缩放的组合，适用于具有相同视角、不同拍摄位置的同一传感器所成的两幅图像之间的配准。

在二维图像中，相似变换的公式可以表示为

$$\begin{bmatrix} x' \\ y' \end{bmatrix} = \begin{bmatrix} s(\cos\theta \pm \sin\theta) \\ s(\sin\theta \mp \cos\theta) \end{bmatrix} \begin{bmatrix} x \\ y \end{bmatrix} + \begin{bmatrix} c_x \\ c_y \end{bmatrix} \tag{6-2}$$

式中，s 为缩放参数，θ 为旋转角，$\begin{bmatrix} c_x \\ c_y \end{bmatrix}$ 为平移量。

相似变换能够将相互平行的直线映射成平行直线，将相互垂直的直线映射成垂直直线，主要包含四个参数。

当缩放参数 $s=1$ 时，这种变换模型也称为刚体模型，即

$$\begin{bmatrix} x' \\ y' \end{bmatrix} = \begin{bmatrix} \cos\theta \pm \sin\theta \\ \sin\theta \mp \cos\theta \end{bmatrix} \begin{bmatrix} x \\ y \end{bmatrix} + \begin{bmatrix} c_x \\ c_y \end{bmatrix} \tag{6-3}$$

2. 仿射变换模型

仿射变换模型除了考虑两幅图像之间的平移、旋转和缩放，还同时考虑到图像畸变中的倾斜、纵横比的变化等复杂的几何变化，是图像配准中最常用的一种变换类型，适用于成像平台平坦且离场景很远的两幅图像之间的配准。

在二维图像中，仿射变换的公式可以表示为

$$\begin{bmatrix} x' \\ y' \end{bmatrix} = \begin{bmatrix} a_{11} & a_{12} \\ a_{21} & a_{22} \end{bmatrix} \begin{bmatrix} x \\ y \end{bmatrix} + \begin{bmatrix} c_x \\ c_y \end{bmatrix} \tag{6-4}$$

式中，$\begin{bmatrix} a_{11} & a_{12} \\ a_{21} & a_{22} \end{bmatrix}$为实矩阵，$\begin{bmatrix} c_x \\ c_y \end{bmatrix}$为平移量。

仿射变换过程可以分为线性变换和平移变换两个部分，可以保证将平行直线依旧映射成平行直线，但不能保证垂直性。

3. 投影变换模型

投影变换是将一幅图像中投影点的坐标变换为另一幅图像中投影点的坐标的过程，适用于成像平台距离场景较近、从不同视点获取的平坦场景的两幅图像之间的配准。投影变换可以通过高维线性变换矩阵来描述。

在二维图像中，投影变换的公式可以表示为

$$\begin{cases} x' = \dfrac{a_{11}x + a_{21}y + a_{31}}{a_{13}x + a_{23}y + a_{33}} \\ y' = \dfrac{a_{12}x + a_{22}y + a_{32}}{a_{13}x + a_{23}y + a_{33}} \end{cases} \tag{6-5}$$

式中，a_{11}、a_{21}、a_{31}、a_{12}、a_{22}、a_{32}、a_{13}、a_{23}、a_{33}为模型参数，一般取 $a_{33}=1$。

投影变换能保证配准图像中的直线变换到参考图像中仍然是直线，但是不能保证直线之间的平行性和垂直性。

4. 非线性变换模型

如果待配准图像中的直线变换到参考图像中变为曲线，则称这种变换为非线性变换。在二维图像中，非线性变换公式可以表示为

$$(x', y') = F(x, y) \tag{6-6}$$

式中，F 为待配准图像变换到参考图像的某一种数学表达形式，其中多项式非线性表达，可以写作：

$$\begin{cases} x' = \sum\limits_{i=0}^{m-1}\sum\limits_{j=0}^{n-1} a_{ij}x^i y^j \\ y' = \sum\limits_{i=0}^{m-1}\sum\limits_{j=0}^{n-1} b_{ij}x^i y^j \end{cases} \tag{6-7}$$

非线性变换通常应用于全局发生畸变，或者整体接近线性变换而局部发生畸变的图像配准问题中。为了保证计算速度，实际应用中的多项式变换模型一般采用三次以下，其中一次多项式模型是仿射变换模型。

6.1.2　图像插值重采样

重采样是指根据一类像元的信息内插出另一类像元信息的过程。在遥感中，重采样是从高分辨率遥感影像中提取出低分辨率影像的过程。图像配准中，采用的变换模型往往使不同的像元坐标在进行配准、纠正和投影等几何变换后，原本的像元中心位置发生一些变化，其在输入栅格中的位置所在的行列号不一定是整数，因此需要根据每个像元在输入栅格

中的位置，对输入栅格按一定规律进行重采样操作，即进行每个栅格值的重新计算，建立新的栅格矩阵，这就要求配准之后进行影像重采样。在不同分辨率的栅格及影像数据之间运算时，也需要用到重采样，通常采取将栅格大小统一为一个指定的分辨率，每个像元的位置、相同区域像元的数目也将发生变化。插值重采样运算主要通过插值算子与图像的卷积估计像素点的位置。

遥感图像的几何校正实际上就是图像重采样的过程，首先需要找到一种数学关系，建立起图像校正前的坐标(X,Y)与校正后坐标(u,v)的关系，然后重采样得到校正后影像的灰度值。目前常用的插值重采样方法包括：最近邻插值法、拉格朗日多项式插值法、牛顿多项式插值法、样条插值法、截断 sinc 插值法等等。

1. 最近邻插值法

最近邻插值法是直接把目标像素点最靠近的整数值点作为其估计位置，通过在邻域内选择最相近的点来实现插值。用数学关系式表示为

$$I'(x,y)=I([x],[y]) \tag{6-8}$$

式中，$[\cdot]$为向下取整运算。

最近邻插值法思路简单、易于实现、运算速度快，并且不会改变原始影像的栅格值，但是得到的插值图像最大会产生半个像元大小的位移，计算不够精确。

2. 拉格朗日多项式插值法

在数值分析中，拉格朗日多项式插值法(Lagrange Interpolation)是以法国 18 世纪数学家约瑟夫·拉格朗日命名的一种多项式插值方法。许多实际问题中都用函数表示某种内在联系或规律，而不少函数都只能通过实验和观测了解。对实践中的某个物理量进行观测，在若干个不同的地方得到相应的观测值，拉格朗日插值法可以找到一个多项式，其恰好在各个观测的点取到观测到的值，这样的多项式称为拉格朗日(插值)多项式。

从数学上来说，拉格朗日多项式插值法可以给出一个恰好穿过二维平面上若干个已知点的多项式函数。

首先构造一组基函数，如下所示：

$$\begin{aligned} f_i(x)&=\prod_{k-1}\frac{(x-x_j)}{(x_i-x_j)} \\ &=\frac{(x-x_0)(x-x_1)\cdots(x-x_{i+1})\cdots(x-x_{k-1})}{(x_i-x_0)(x_i-x_1)\cdots(x_i-x_{i+1})\cdots(x_i-x_{k-1})} \end{aligned} \tag{6-9}$$

式中，$i=0,1,\cdots,n$，$f_i(x)$ 为 $k-1$ 次多项式，满足

$$f_i(x_j)=\begin{cases}0, j\neq i \\ 1, j=i\end{cases} \tag{6-10}$$

拉格朗日多项式的数学表达式可以表示为

$$y_{k-1}(x)=\prod_{i=0}^{k-1}y_i\prod_{k-1}\frac{(x-x_j)}{(x_i-x_j)}=\prod_{i=0}^{k-1}y_i f_i(x)$$

$$=y(x_0)f_0(x)+y(x_1)f_1(x)+\cdots+y(x_{k-1})f_{k-1}(x) \tag{6-11}$$

由式(6-9)～式(6-11)可以分析出，利用 $y(x_0),y(x_1),\cdots,y(x_{k-1})$ 等 k 个采样点的函数值，可以估计出 $y(x)$。拉格朗日多项式插值法本质上是通过多项式的变换估计目标像素点的位置。多项式的变换可以将邻域内的点的位置和灰度信息拟合成一种对应关系，以这种曲线来近似地估计出所求目标像素点的灰度值。由于插值是一个多项式，是无限可微的，所以拉格朗日可以克服线性插值的大部分问题。但是，拉格朗日多项式插值法也有缺点：一是计算成本昂贵，二是随着插值次数的增加，边界会伴随出现 Runge 现象，即在两端处波动极大，产生明显的振荡。

3. 牛顿多项式插值法

牛顿多项式(Newton Polynomial)是数值分析中一种用于插值的多项式，它以英国数学家和物理学家牛顿命名。牛顿多项式插值的思想和拉格朗日多项式插值一样，但是它克服了拉格朗日多项式插值的缺陷。它的一个显著优势就是每当增加一个插值节点，只要在原牛顿多项式插值公式中增加一项就可以形成高一次的插值公式。此外，如果在实际应用中遇到等距分布的插值节点，牛顿多项式插值公式还能得到进一步的简化，从而得到等距节点的插值公式，这样为缩短实际运算时间做出了很大的贡献。

给定包含 $k+1$ 个数据点的集合 $(x_0,y_0),(x_1,y_1),\cdots,(x_k,y_k)$。如果对于 $\forall i,j\in\{0,1,\cdots,k\}$，$i\neq j$，满足 $x_i\neq x_j$，应用牛顿插值公式所得到的牛顿插值多项式可以表示为

$$N(x)=\sum_{j=0}^{k}a_j n_j(x) \tag{6-12}$$

式中，$n_j(x)$为插值基函数，其数学表达式为

$$n_j(x)=\prod_{i=0}^{j-1}(x-x_i) \tag{6-13}$$

式中，$j>0$，并且 $n_0(x)\equiv 1$。

式(6-12)中的系数 $a_j=[y_0,y_1,\cdots,y_j]$，表示差商。

设有函数 $f(x)$，$x_0,x_1,x_2,\cdots$为一系列互不相等的点，则 $f(x)$关于点 x_i 的 0 阶差商为 $f[x_i]$，$f(x)$关于点 $x_i,x_j(i\neq j)$的 1 阶差商记为 $f[x_i,x_j]$，其数学表达式为

$$f[x_i,x_j]=\frac{f(x_i)-f(x_j)}{x_i-x_j} \tag{6-14}$$

2 阶差商是 1 阶差商的差商：

$$f[x_i,x_j,x_k]=\frac{f[x_i,x_j]-f[x_j,x_k]}{x_i-x_k} \tag{6-15}$$

3 阶差商是 2 阶差商的差商：

$$f[x_i,x_j,x_k,x_l]=\frac{f[x_i,x_j,x_k]-f[x_j,x_k,x_l]}{x_i-x_l} \tag{6-16}$$

依次类推，高阶差商是两个低一阶差商的差商，差商表见表 6-1。

表 6-1 差商表

点	0 阶差商	1 阶差商	2 阶差商	3 阶差商	……	$k-1$ 阶差商
x_0	$f[x_0]$				……	
x_1	$f[x_1]$	$f[x_0,x_1]$			……	
x_2	$f[x_2]$	$f[x_1,x_2]$	$f[x_0,x_1,x_2]$		……	
x_3	$f[x_3]$	$f[x_2,x_3]$	$f[x_1,x_2,x_3]$	$f[x_0,x_1,x_2,x_3]$	……	
⋮	⋮	⋮	⋮		⋮	
x_k	$f[x_k]$	$f[x_{k-1},x_k]$	$f[x_{k-2},x_{k-1},x_k]$	$f[x_{k-3},x_{k-2},x_{k-1},x_k]$	……	$f[x_0,\cdots,x_k]$

牛顿多项式插值和拉格朗日多项式插值相比，由于具有继承性，只需要在原来的多项式基础上增加数据点，所以计算量要小得多，但是牛顿多项式插值同样存在 Runge 现象。牛顿多项式插值和拉格朗日多项式插值法都没有考虑导数，所以不能模拟出被插值函数的形态。

4. 样条插值法

许多工程技术中提出的计算问题对插值函数的光滑性有较高要求，如飞机的机翼外形，内燃机的进、排气门的凸轮曲线，都要求曲线具有较高的光滑程度，即曲线不仅要连续，而且要有连续的曲率，这就导致了样条插值的产生。

样条插值将插值区间分割成一段一段小区间分段插值，保证分段内部节点连续可导。样条插值的数学表达式可以表示为

$$y(x)=k_n(x)+\sum_{i=1}^{N}a_i\,(x-x_i)_+^n,\ -\infty<x<+\infty \tag{6-17}$$

式中，$k_n(x)$ 为一元 n 次多项式，$x_1,x_2,\cdots,x_N$ 为样条的分段节点，m_+^n 为 m 的 n 次截断幂，其满足以下关系式：

$$m_+=\begin{cases}m, m\geqslant 0\\ 0, m<0\end{cases} \tag{6-18}$$

$1,x,\cdots,x^n,(x-1)_+^n,\cdots,(x-x_N)_+^n$ 组成插值空间的线性基函数。目前，样条插值法中研究较多的主要有 B 样条插值法、二次样条插值、三次样条插值法等。

设 $y=f(x)$ 在点 $x_0,x_1,x_2,\cdots x_n$ 的值为 $y_0,y_1,y_2,\cdots,y_n$，若函数满足下列条件：①$S(x_i)=f(x_i)=y_i,i=0,1,2,\cdots,n$；② 在每个子区间$[x_i,x_{i+1}]$$(i=0,1,2,\cdots,n-1)$ 上，$S(x)$ 是三次多项式；③$S(x)$ 在$[a,b]$ 上二阶连续可微，

则称 $S(x)$ 为函数 $f(x)$ 的三次样条插值函数。$S(x)$ 除了满足 $S(x_i)=f(x_i)$ 基本插值条件，还应该具有如下形式：

$$S(x)=\begin{cases}S_0(x), & x\in[x_0,x_1]\\ S_1(x), & x\in[x_1,x_2]\\ \cdots\cdots & \\ S_{n-1}(x), & x\in[x_{n-1},x_n]\end{cases}\quad S_i(x)\in C^3([x_i,x_{i+1}]) \tag{6-19}$$

并且满足条件：

$$\begin{cases} S_{i-1}(x)=S_i(x) \\ S'_{i-1}(x)=S'_i(x) \\ S''_{i-1}(x)=S''_i(x) \end{cases} \tag{6-20}$$

分段三次样条插值由于考虑了节点的一阶导数和二阶导数，所以得到的结果相比Hermite插值更加精确。

5. 截断sinc插值

根据奈奎斯特采样定理，对于带限信号 $f(t)$，如果采样频率 f_s 大于信号带宽的两倍，那么该信号可以用一系列离散点的值来确定。

sinc插值就是所谓的Whittaker-Shannon插值算法，即用sinc基函数来逼近任意函数。用公式可以表示为

$$f(t)=\sum_{n=1}^{\infty} f\left(\frac{n}{f_s}\right) \operatorname{sinc}\left[\pi f_s\left(t-\frac{n}{f_s}\right)\right] \tag{6-21}$$

sinc插值要对无穷项进行求和才能达到预期的效果，但是它在实际的应用中是行不通的，通常对求和项进行8项以内的截断处理。

6.1.3 常用的图像配准方法

图像配准中应用较多的配准方法主要有互信息(Mutual Information，MI)法、交叉累积剩余熵(Cross Cumulative Residual Entropy，CCRE)法和尺度不变特征变换(Scale Invariant Feature Transform，SIFT)算法。

1. 互信息法

互信息法是信息论的基本概念，用来描述两个随机变量之间的统计相关性，在图像配准中主要用来描述一幅影像包含另一幅影像的信息的总量。根据这一性质可知，当互信息达到最大值时，两幅影像处于正确的配准位置。互信息法最初被应用于多模态医学影像配准，由于它能够较好地抵抗影像间的灰度差异，目前已经被广泛应用于异源遥感影像的配准。

两幅影像A与B之间的互信息可以定义如下：

$$MI(\mathrm{A},\mathrm{B})=H(\mathrm{A})+H(\mathrm{B})-H(\mathrm{AB}) \tag{6-22}$$

式中，$H(\mathrm{A})$ 和 $H(\mathrm{B})$ 分别为影像A和B的熵，$H(\mathrm{AB})$ 表示影像A和B的联合熵。它们的定义如下：

$$H(\mathrm{A})=-\sum_{a} p_{\mathrm{A}}(a)\log p_{\mathrm{A}}(a) \tag{6-23}$$

$$H(\mathrm{B})=-\sum_{b} p_{\mathrm{B}}(b)\log p_{\mathrm{B}}(b) \tag{6-24}$$

$$H(\mathrm{AB})=-\sum_{a,b} p_{\mathrm{A,B}}(a,b)\log p_{\mathrm{A,B}}(a,b) \tag{6-25}$$

式中，$p_{\mathrm{A}}(a)$ 和 $p_{\mathrm{B}}(b)$ 是边缘概率分布，$p_{\mathrm{A,B}}(a,b)$ 是其联合概率分布。

概率分布可以通过影像间的联合灰度直方图 $h(a,b)$ 计算：

$$p_{\mathrm{A}}(a)=\sum_{b} p_{\mathrm{A,B}}(a,b) \tag{6-26}$$

$$p_{\mathrm{B}}(b)=\sum_{a} p_{\mathrm{A,B}}(a,b) \tag{6-27}$$

$$p_{\mathrm{A,B}}(a,b)=h(a,b)\Big/\sum_{a,b} h(a,b) \tag{6-28}$$

2. 交叉累积剩余熵法

交叉累积剩余熵与互信息类似，只是采用的概率分布密度是生存函数的概率分布范围函数。由于交叉累积剩余熵法的分布函数是对概率密度的积分，因此更具普遍性。

假设 $X=(X_1,X_2,\cdots,X_m)$ 是 $\mathbf{R}^m$ 的一个随机变量，$|X|=(|X_1|,|X_2|,\cdots,|X_m|)$，$|X|>x$ 代表 $|X_i|>x_i$。$\forall x_i \geqslant 0, i=1,2,\cdots,m$，随机变量 $|X|$ 的多元生存函数为

$$F_{|X|}(x)=P(|X|>x)=P(|X_1|>x_1,|X_2|>x_2,\cdots,|X_m|>x_m) \tag{6-29}$$

式中，$x\in\mathbf{R}_+^m=\{x\in\mathbf{R}: x=(x_1,x_2,\cdots,x_m), x_i\geqslant 0, i=1,2,\cdots,m\}$。

累积熵的定义如下：

$$\varepsilon(X)=-\int_{\mathbf{R}_+^m} F_{|X|}(x)\ln F_{|X|}(x)\,\mathrm{d}x \tag{6-30}$$

假设两个随机变量 X 和 Y，其条件累积剩余熵的定义为

$$\varepsilon(X/Y)=-\int_{\mathbf{R}_+^m} P(|X|>x/Y)\log P(|X|>x/Y)\,\mathrm{d}x \tag{6-31}$$

两者的交叉累积剩余熵表示为

$$C(X,Y)=\varepsilon(X)-E(\varepsilon(X/Y)) \tag{6-32}$$

3. 尺度不变特征变换算法

SIFT 是一种基于尺度空间的，对图像缩放、旋转具有不变性的图像局部特征描述算子。

SIFT 算法的特征如下。

(1) 图像的局部特征，对旋转、尺度缩放、亮度变化保持不变，对视角变化、仿射变换、噪声也能保持一定程度的稳定性。

(2) 独特性好，信息量丰富，适用于海量特征库进行快速、准确的匹配。

(3) 多量性，即使是很少的几个物体也可以产生大量的 SIFT 特征。

(4) 高速性，经过优化的 SIFT 算法甚至可以满足实时性的需求。

(4) 扩招性，可以很方便地与其他特征向量进行联合。

SIFT 算法一经提出，就吸引了大批研究学者的关注，他们提出了与之相关的一系列改进算法。目前，SIFT 算法已经被广泛应用于分类识别、目标检测、图像拼接、图像配准、图像融合等领域。

SIFT算法是目前特征匹配研究领域的热点，其匹配能力较强，可以处理图像间发生平移、旋转、仿射变换的匹配，对任意角度拍摄的图像也具备较稳定的特征匹配能力。SIFT算法主要包括特征检测和特征描述与匹配，具体步骤包括建立尺度空间、确定关键点位置和方向、生成特征向量、特征点匹配。

(1) 建立尺度空间

建立尺度空间的生成目的是模拟图像数据的多尺度特征。Koenderink利用扩散方程描述建立高斯差分(Difference of Gaussian，DoG)尺度空间的滤波过程，证明高斯核是实现尺度变换的唯一变换核。其主要思想是利用高斯核对原始图像进行尺度变换，获得图像多尺度下的尺度空间表示序列，对这些序列进行尺度空间特征提取。

二维高斯核的定义如下：

$$G(x,y,\sigma)=\frac{1}{2\pi\sigma^2}e^{-(x^2+y^2)/2\sigma^2} \tag{6-33}$$

式中，σ为方差，呈正态高斯分布。

二维图像$I(x,y)$在不同尺度下的尺度空间表示记为$L(x,y,\sigma)$，它由图像$I(x,y)$与二维高斯核$G(x,y,\sigma)$进行卷积得到：

$$L(x,y,\sigma)=G(x,y,\sigma)*I(x,y) \tag{6-34}$$

式中，$*$为卷积，L为尺度空间，(x,y)为图像I上的点，σ为尺度因子。

在高斯金字塔的基础上，高斯差分金字塔由高斯金字塔中相邻两尺度空间的差构成，从数学上来讲，即相邻两尺度空间函数的差。高斯差分金字塔的计算公式为

$$D(x,y,\sigma)=L(x,y,k\sigma)-L(x,y,\sigma) \tag{6-35}$$

(2) 确定关键点位置

建立高斯差分金字塔后，高斯差分尺度空间中的中间层的每个像素需要和自身所在层的8个相邻像素，以及它上下两层中间对应位置各9个像素总共26个像元做比较，得到局部极值，如图6-4所示。

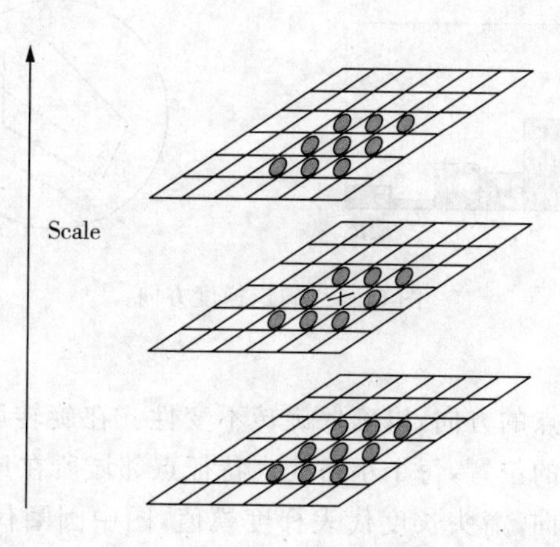

图6-4 尺度空间极值检测

对局部极值点进行三维二次函数拟合可以精确确定特征点的位置和尺度。尺度空间函数 $D(x,y,\sigma)$ 在局部极值点处的泰勒级数展开式为

$$D(x,y,\sigma)=D(x_0,y_0,\sigma)+\frac{\partial D}{\partial X}X+\frac{1}{2}X^{\mathrm{T}}\frac{\partial^2 D}{\partial X^2}X \tag{6-36}$$

式中,D 和它的偏导数可由点 (x_0,y_0,σ) 得到,$X=(x,y,\sigma)^{\mathrm{T}}$ 为该点的偏移量。

式(6-36)中的一阶和二阶导数都是通过附近区域的差分近似求出的。对式(6-36)求导令其为 0,可以精确地计算出极值位置 X_{m}:

$$X_{\mathrm{m}}=\frac{\partial^2 D^{-1}}{\partial X^2}\frac{\partial D}{\partial X} \tag{6-37}$$

同时去除低对比度和不稳定的边缘响应点。

3) 确定关键点方向

利用特征点邻域像素的梯度方向分布特性为每个特征点指定方向参数,使算子具备旋转不变性。

$$m(x,y)=\sqrt{(L(x+1,y)-L(x-1,y))^2+(L(x,y+1)-L(x,y-1))^2} \tag{6-38}$$

$$\theta(x,y)=\arctan\frac{L(x,y+1)-L(x,y-1)}{L(x+1,y)-L(x-1,y)} \tag{6-39}$$

式中,$m(x,y)$ 和 $\theta(x,y)$ 分别为点 (x,y) 处的梯度值和方向。

在实际的计算过程中,通常在以特征点为中心的邻域窗口内进行采样,并采用梯度方向直方图统计领域像素的梯度方向。梯度直方图的范围是 0°～360°,其中每 10°为一个柱,共 36 个柱。梯度方向直方图的峰值代表了该特征点处邻域梯度的主方向,即作为该特征点的方向。在梯度直方图中,如果存在另一个和主峰值 80%能量相当的峰值,则将该方向认定为特征点的辅方向。一个特征点可能会被指定具有多个方向,以增强匹配的鲁棒性。图 6-5 所示为采用 7 个柱时使用梯度直方图为关键点确定主方向的示例。

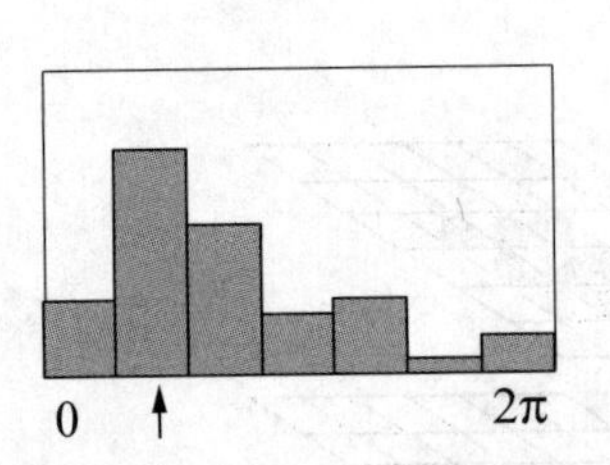

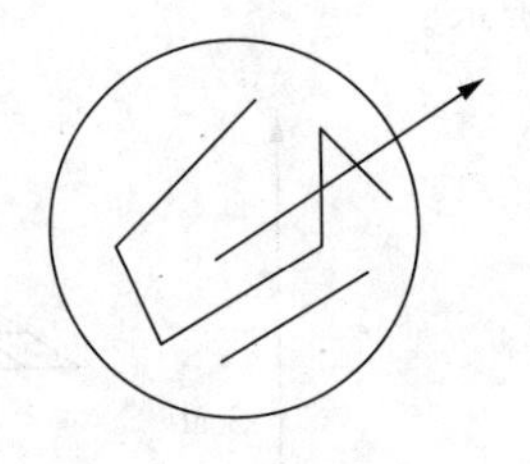

图 6-5 确定梯度方向

4)生成特征向量

将坐标轴旋转为特征点的方向,以确保旋转不变性。在旋转后的区域内,图 6-6(a)中的中央黑点为当前特征点的位置,每个小格代表特征点邻域所在尺度空间的一个像素,箭头方向代表该像素的梯度方向,箭头长度代表梯度模值,图中圆圈代表高斯加权的范围(越靠近特征点的像素,梯度方向信息贡献越大)。然后在每 4×4 的图像块上计算 8 个方向的梯度方向直方图,绘制每个梯度方向的累加值,形成一个种子点,如图 6-6(b)所示。图 6-6

中一个特征点由2×2共4个种子点组成，每个种子点有8个方向的向量信息，可以产生2×2×8共32个数据，形成32维的SIFT特征向量，即特征点描述器，所需图像数据块为8×8。这种邻域方向性信息联合的思想增强了算法抗噪声的能力，同时对于含有定位误差的特征匹配也提供了较好的容错性。

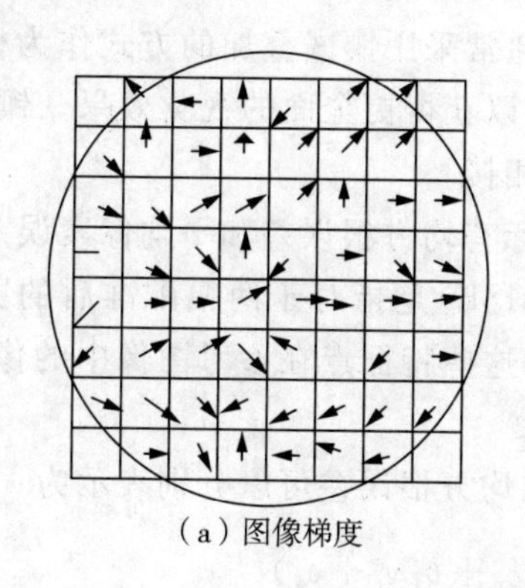

(a) 图像梯度

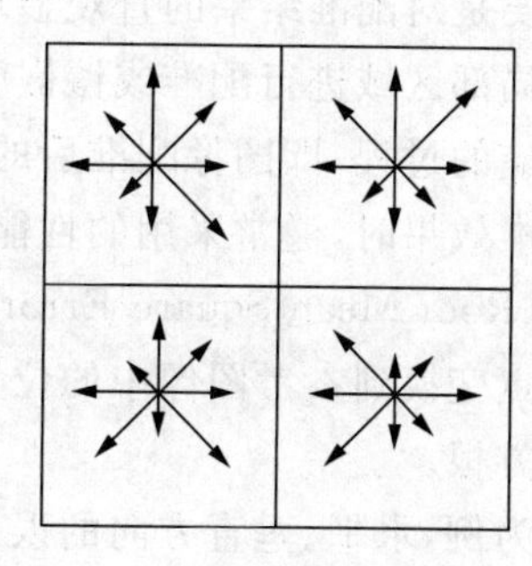

(b) 特征点描述器

图6-6　图像梯度和特征点描述器

在实际计算过程中，为了增强匹配的稳健性，一般对每个特征点使用4×4共16个种子点来描述。每个种子点有8个方向的向量信息，一个特征点就可以产生16×8=128个数据，形成128维的SIFT特征向量，所需的图像数据块为16×16=256。此时，SIFT特征向量已经去除了尺度变化、旋转等几何变形因素的影响，再将其进行归一化，就可以进一步减少光照变化的影响。

5)特征点匹配

在图像配准中，由于探测器获取的图像存在视觉不匹配及特征不一致，从粗匹配到精配准会出现很多的误匹配，因此需要剔除误匹配。剔除误匹配需要用到的关键就是相似性度量。高精度的配准往往需要选取合适的相似性度量准则。在剔除误匹配的过程中，主要剔除部分在度量准则下偏差最大的点，再将余下的点进行图像变换参数的计算，这个过程一直到满足所剩点的度量结果落在预先设定的可接受误差范围内为止。

通过相似性度量的方法可以解决图像灰度不一致或特征不一致的问题。两幅图像间的相似性度量可以采用欧氏距离(Euclidean Distance, ED)来表示。二维图像两个点(x_1, y_1)和(x_2, y_2)之间的欧氏距离用公式可以表示为

$$ED=\sqrt{(x_1-x_2)^2+(y_1-y_2)^2} \tag{6-40}$$

当获取SIFT特征向量后，采用穷尽搜索来查找每个特征点的两个近似最近邻特征点。在这两个特征点中，如果最近的距离除以次近的距离小于某个阈值，则接收这一对匹配点。最近邻特征点是指用不变的特征点描述符进行运算的与样本点具有最短欧氏距离的特征点，次近邻特征点是指具有比最近邻距离稍长的欧氏距离的特征点。通过最近邻与次近邻比值进行特征点的匹配可以取得很好的效果。

现有的度量准则除了常用的欧氏距离，还有均方误差、香农互信息、Tsallis熵等相似性测度方法。

6.1.4 图像配准评价准则

对于两幅图像的配准，评价的标准主要是配准精度和配准时间，前者更为重要。对于配准后的图像精度，通常有主观评价和客观评价两种方式。

主观评价主要是对配准结果的直观显现，通常采用镶嵌叠加的方式作为标准，即对所拍摄的遥感图像的局部区域进行配准或镶嵌叠加以获得更全面的视觉效果。镶嵌显示的过程就是坐标空间对应的过程，即图像配准后的块相接。

客观评价配准效果时，通常采用的性能指标有均方根误差和平均像素误差。

均方根误差(Root Mean Square Error，RMSE)是指对于两幅配准后的图像，待配准图像中的多个特征点变换到参考图像中的位置和这些特征点在参考图像中的像素点位置之间的偏差的均值平方根。

以仿射变换为例，水平、垂直方向的误差和均方根误差可以分别表示为

$$\Delta x_i = x'_i - (a_1 x_i + b_1 y_i + c_1) \tag{6-41}$$

$$\Delta y_i = y'_i - (a_2 x_i + b_2 y_i + c_2) \tag{6-42}$$

$$\mathrm{RMSE} = \sqrt{\sum_{i=1}^{N} (\Delta x_i^2 + \Delta y_i^2) / N} \tag{6-43}$$

式中，a_1，b_1，c_1，a_2，b_2 和 c_2 为仿射模型变换参数，(x'_i, y'_i) 为 (x_i, y_i) 对应控制点坐标，N 为所取控制点的对数。

平均像素误差可以表示为

$$\overline{R}_{\mathrm{pix}} = \frac{1}{N} \sum_{k=1}^{N} (P_{\mathrm{ref}} - P_{\mathrm{inp}} g \boldsymbol{T}) \tag{6-44}$$

式中，$\boldsymbol{T}$ 为影像模型矩阵，P 为像素值。

6.2 基于个体最优选取约束的 SAR 图像与光学图像配准

在 SAR 图像和光学图像配准的过程中，如果直接提取 SAR 图像与光学图像的特征点，SAR 图像中固有的相干斑噪声可能会增加虚假特征点或减少真实特征点，从而影响到同名特征点的配准质量。针对 SAR 图像与光学图像的配准问题，本节提出一种基于个体最优选取约束的 SAR 图像和光学图像精配准算法。该算法通过个体邻域结构信息对其迁移运动的约束判断和选择个体，从而实现配准精度和效率的提高。

基于个体最优选取约束的 SAR 图像与光学图像配准算法的配准实现过程如图 6-7 所示。在人工粗匹配得到一组初始参数之后进入精配准流程。

(1)采用小波变换的方法把光学图像分解为高频细节分量和低频近似分量，在低频分量中利用 Harris 角点检测算子并提取特征点。

(2)将特征点进行像素迁移到 SAR 图像中构造相似性度量准则，通过个体最优选取约

束的量子粒子群优化算法在 SAR 图像中进行配准参数的优化搜索。

(3)根据搜索得到的最优配准参数进行图像之间的仿射变换，经过插值重采样，最终完成 SAR 图像与光学图像之间的精配准。

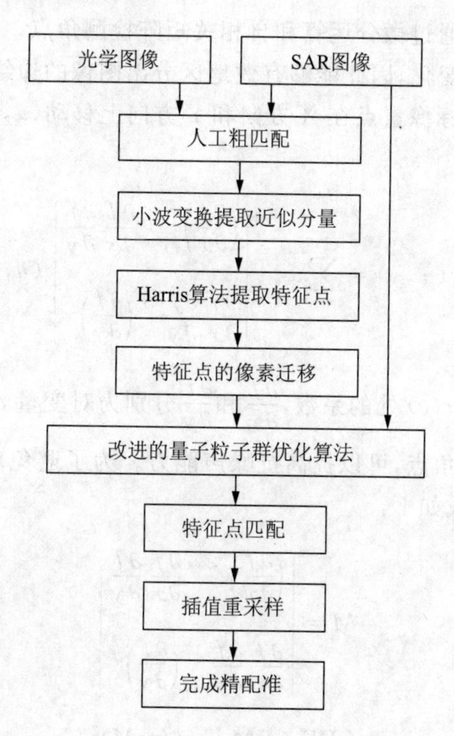

图 6-7　基于个体最优选取约束的 SAR 图像与光学图像配准算法的配准实现过程

6.2.1　基于小波变换多尺度分析的 Harris 角点检测算法

考虑到大型战术目标的光学遥感图像往往会因为很多微小目标及噪声的干扰影响到目标特征提取的质量，对图像进行小波变换的多尺度分析能够将目标的低频分量和高频分量分离。图像的低频分量能够反映大型目标轮廓、边缘等结构的图像信息，噪声及微小目标等图像信息则保存在高频分量中。本节引用小波变换的多尺度分析法对光学图像的微小目标及噪声进行抑制，同时更好地反映出大型战术目标的结构信息，为后续的特征提取及图像配准提供可靠的数据。

小波变换克服了短时傅里叶变换在单分辨率上的缺陷，具有多尺度分析的特点。小波是满足 $\int_{-\infty}^{\infty}\psi(t)\mathrm{d}t=0$ 的函数通过平移和伸缩而产生的一族函数 $\psi_{a,b}(t)$，如式(6-45)所示：

$$\psi_{a,b}(t)=|a|^{-\frac{1}{2}}\psi\left(\frac{t-b}{a}\right) \tag{6-45}$$

在图像处理中通常采用二维离散小波变换将图像分解为高频分量和低频分量。二维离散小波变换的小波基具有水平、垂直及对角四个方向，在图像处理中能够反映出不同人工目标的不同特性。

Harris 角点检测算子是 Harris 和 Stephens 在 1988 年提出的一种基于信号的点特征提取算子。目前 Harris 角点检测算子已经被广泛应用于人脸识别、特征提取、图像配准、目标分类检测等领域。

Harris 角点检测算子通过微分运算和自相关矩阵检测角点。微分算子能反映像素点在特定方向上的灰度强度的变化，因此能够有效地区分出图像的边缘和角点。记像素点(x,y)的灰度为$f(x,y)$，假设目标像素点在X方向和Y方向上移动(u,v)距离后灰度的变化可表示为

$$E_{u,v}(x,y)=\sum_{u,v}w_{u,v}\begin{bmatrix}\left(\dfrac{\partial f}{\partial x}\right)^2 & \dfrac{\partial f}{\partial x}\dfrac{\partial f}{\partial y}\\ \dfrac{\partial f}{\partial x}\dfrac{\partial f}{\partial y} & \left(\dfrac{\partial f}{\partial y}\right)^2\end{bmatrix}(u,v)^{\mathrm{T}} \tag{6-46}$$

式中，$w_{u,v}$为高斯窗口在(u,v)处的系数，$\dfrac{\partial f}{\partial x}$和$\dfrac{\partial f}{\partial y}$分别为对变量$x$和$y$的灰度函数。对图像进行高斯平滑滤波后提取角点，可以提高抗噪声能力。为了避免对自相关矩阵$\boldsymbol{M}$进行特征值分解，定义角点响应函数如下：

$$M=\begin{bmatrix}\left(\dfrac{\partial f}{\partial x}\right)^2 & \dfrac{\partial f}{\partial x}\dfrac{\partial f}{\partial y}\\ \dfrac{\partial f}{\partial x}\dfrac{\partial f}{\partial y} & \left(\dfrac{\partial f}{\partial y}\right)^2\end{bmatrix} \tag{6-47}$$

$$\mathrm{CRF}=|\boldsymbol{M}|-k(\mathrm{tr}\boldsymbol{M})^2$$

式中，$G(\sigma)$表示标准差为σ的高斯函数，$|\boldsymbol{M}|=\lambda_1\cdot\lambda_2$，$\mathrm{tr}\boldsymbol{M}=\lambda_1+\lambda_2$，$k$为常量，通常取$0.04\sim0.06$，$\lambda_1$和$\lambda_2$分别为矩阵$\boldsymbol{M}$的两个特征值。当$\lambda_1$和$\lambda_2$都很大时，说明自相关函数$M$存在一个峰值，那么$E$沿任何方向变化都会很强烈。当 CRF 大于某一个阈值时候，可以认为该点为角点。

Harris 角点检测算子是一种经典而有效的点特征提取算子。虽然 Harris 角点检测算子存在角点质量和数量过度依赖阈值的选取及高斯平滑函数的窗口大小不易控制等局限性，但是这些缺点并不影响它的应用，这是因为 Harris 角点检测算子的优点很突出，主要包括以下三点。

(1)计算简单，Harris 角点检测算子中只涉及灰度的一阶微分。

(2)提取的点特征均匀而且合理，Harris 角点检测算子对每一个像素点都计算变化量，然后在一个合适的领域内选取最优点。

(3)Harris 角点检测算子对旋转因子具有不变性。

对于整个 SAR 图像与光学图像配准的过程，需要在特征点的检测环节节约运算时间，提高运算效率。如果在特征点检测部分占用较长时间，那么不仅会影响整个流程的实时性，而且过于精确的特征点检测并不能在配准精度上有很大的提升。本节的配准方法对特征角提取的精确度要求不高，可以存在较多的虚假角点，只需要满足大型目标的角点尽量少漏检点并且算法的运行效率高的要求即可。

本节在研究 Harris 角点检测算法时,主要针对以下三种定义类型的角点。

(1)灰度梯度的局部最大值所对应的像素点。

(2)图像边缘方向变化不连续的像素点。

(3)两条线或多条直线的交点。

6.2.2 基于个体最优选取约束的配准参数优化搜索

6.2.2.1 粒子群优化算法

粒子群优化(Particle Swarm Optimization,PSO)算法,又称粒子群算法、微粒群算法等,它是一种通过模拟鸟群觅食行为而发展起来的基于群体协作的随机搜索算法。假设自然界中,一群鸟在随机搜索食物。如果在某个区域里只有一块食物,所有的鸟都不知道食物在哪里,但是它们知道当前的位置离食物还有多远,那么找到食物的最优策略就是搜寻离食物最近的鸟的周围区域。粒子群算法就是从这种模型中得到启示并将其用于解决优化实际问题。粒子群算法中,每个优化问题的解都是搜索空间中的一只鸟,我们称之为"粒子"。所有的粒子都有一个由被优化的函数决定的适应值,每个粒子还有一个速度决定其飞翔的方向和距离。然后粒子们就追随当前的最优粒子在解空间中搜索。粒子群算法与遗传算法类似,都从随机解出发,通过迭代搜索最优解。相比遗传算法,粒子群算法没有"交叉"和"变异"操作,因而算法规则简单,实现容易,具有收敛速度更快的优势。

在实际应用中,粒子群算法存在全局寻优能力较差、容易产生早熟收敛等不足。在此基础上,Sun 等人从量子力学的角度出发,提出了一种新的粒子进化模型,并根据这种模型提出了量子粒子群优化(Quantum Particle Swarm Optimization,QPSO)算法。QPSO 算法由于参数少,随机性较小,可以在整个可行的区域内进行粒子的搜索,其全局搜索的能力远远优于标准的粒子群算法,因此吸引了无数科研工作者的兴趣,并被成功地应用于图像分割、图像增强、图像配准和图像融合。

本节采用 QPSO 算法实现 SAR 与光学图像的配准。首先进行像素迁移,该过程具体为:从光学图像中检测出来的特征角点构成坐标点集,并按照参数模型变换到 SAR 图像中,其对应的坐标点集为目的点集。图 6-8 中,从图 6-8(a)到(b)为普通的旋转和缩放迁移,从图 6-8(a)到(c)为比较复杂的非线性迁移。

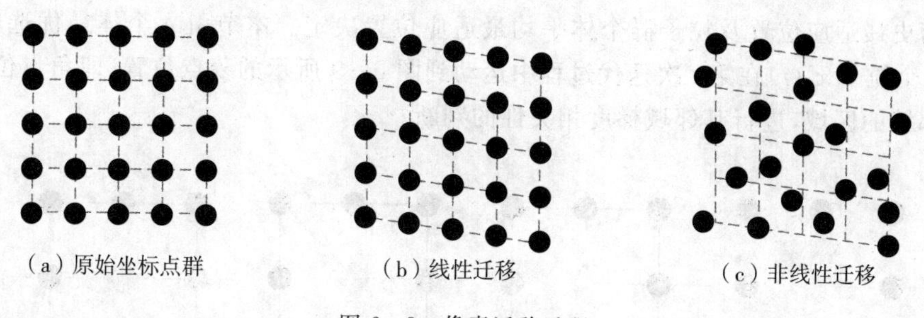

图 6-8 像素迁移过程

在量子空间,粒子的速度和位置是不能同时确定的,通过波函数描述粒子的状态,并通过求解薛定谔方程得到粒子在空间某一点出现的概率密度函数,然后利用蒙特卡洛方法得到粒子的位置方程

$$x(t+1)=x_{\mathrm{op}}(t)+\frac{L(t)}{2}\ln\left(\frac{1}{u}\right) \tag{6-48}$$

式中，t 为迭代次数，u 为[0,1]上均匀变化的随机量，$x(t+1)$ 为第 i 个粒子在第 $t+1$ 次迭代时的更新位置，$x_{\mathrm{op}}(t)$ 记为

$$x_{\mathrm{op}}(t)=\varphi x_i(t)+(1-\varphi)x_g(t) \tag{6-49}$$

式中，φ 为[0,1]上均匀变化的随机量，$x_i(t)=(x_{i1},x_{i2},\cdots,x_{id})$ 为第 i 个粒子当前的历史最适应位置，$i=1,2,\cdots,N$（N 为迭代粒子的总数，d 为搜索域的维度，即参数个数），$x_g(t)$ 为第 t 次迭代时整个种群的历史最适应位置，$x_{\mathrm{op}}(t)$ 为 $x_i(t)$ 和 $x_g(t)$ 之间的一个随机位置，$L(t)$ 由下式确定：

$$L(t)=2\alpha\,|\,x_a(t)-x(t)\,| \tag{6-50}$$

$$x_a(t)=\frac{1}{N}\sum_{i=1}^{N}x_i(t) \tag{6-51}$$

$$\alpha=\alpha_1-(\alpha_1-\alpha_2)\frac{T-t}{T} \tag{6-52}$$

式中，α 为惯性权重，对 QPSO 的收敛起重要作用，同时是关键的控制参数，α_1 为其初始值，α_2 为其最终值，$x_a(t)$ 为第 t 次迭代时粒子群中所有粒子的自身平均最适应位置，T 为定义的最大迭代次数。

本节中的相似性度量准则采用特征点梯度的平方和(Gradient Sum of Squares，SSG)衡量。SSG 的计算公式如下：

$$\mathrm{SSG}=\sum_{S_2\in I_1}|\,\nabla I_1(F(S_2))\,|^2 \tag{6-53}$$

式中，S_2 为 I_2 中的特征点群，$F(\cdot)$ 为特征点群迁移变换模型的参数矢量，$\nabla I_1(\cdot)$ 为 I_1 中的梯度模值。粒子经过像素迁移后在 0、45°、90°及 135°四个方向求取梯度模值，将计算得到的 SSG 作为配准参数的其中一维保存在粒子的运动轨迹中。

6.2.2.2 个体最优选取约束

考虑到粒子群在优化搜索的过程中，粒子位置的更新过程由粒子群个体最适应位置、粒子自身历史最适应位置及粒子群个体平均最适应位置决定。本节引入个体最优选取约束，假设第 i 个粒子 $x_i(t)$ 在第 t 次迭代过程中运动到图 6-9 所示的菱点位置(即角点位置)，选取其八邻域的区域，进行其邻域梯度相关性的判断。

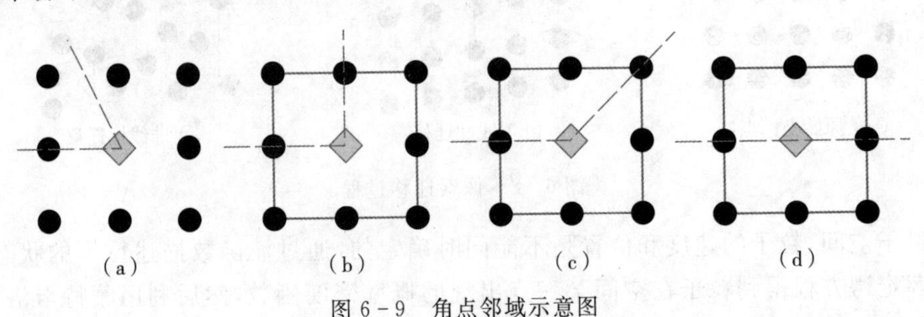

图 6-9 角点邻域示意图

由图 6-9 可知，处于角点位置的粒子在其领域内满足粒子的 SSG 为最大值，而邻域内处于边界位置的像素点的 SSG 值应该满足：

$$\max_{u,v}|g(x,y)-g(x-u,y-v)|^2 \leqslant \varepsilon \tag{6-54}$$

式中，$g(x,y)$ 为中心粒子的灰度 SSG，$g(x-u,y-v)$ 为邻域内其他点的 SSG，ε 为常量，通过实测数据实验仿真，这里取中心粒子灰度 SSG 的 0.1 倍，η 为常量，取中心粒子灰度 SSG 的 0.5 倍；对于邻域内处于平坦位置的粒子，其灰度 SSG 应该满足：

$$\min_{u,v}|g(x,y)-g(x-u,y-v)|^2 \geqslant \eta \tag{6-55}$$

个体最优选取约束通过粒子运动过程中邻域提供的结构信息对灰度 SSG 中突出的变换位置进行择优选取，剔除噪声对应的高 SSG 点对配准效果的影响。对于中心像素点来说，不仅利用了其邻域内像素点的 SSG 值对其进行约束，还利用了边界区域和平坦区域的差异对其进行约束。由图 6-9 可以看出，邻域内位于梯度平坦区域的像素点的数量在统计上占其邻域总像素点个数的 2/3，而位于边界点附近的像素点占 1/3。如果中心像素点及其邻域内的像素点同时满足以上两个约束条件，就是一次成功的粒子运动，反之则不成功。

个体最优选取约束方法的步骤具体如下。

步骤 1：利用小波变换对光学图像 I_1 进行多频率的分解，得到低频近似分量 f_L。

步骤 2：对低频分量 f_L 采用 Harris 算子检测，提取出特征点群 S_1。

步骤 3：利用粗匹配的变换参数，将特征点群 S_1 通过变换参数迁移到 SAR 图像 I_2 中，在 I_2 中的对应位置上，根据式(6-53)求取 SSG 值。

步骤 4：根据式(6-48)～式(6-52)计算迭代运动之后粒子群 S_1 的更新位置，在此过程中记录粒子群个体最适应位置、粒子自身历史最适应位置及粒子群个体平均最适应位置，将个体历史最适应位置记录在变换参数的其中一维中。

步骤 5：计算粒子群在新位置上的 SSG，根据式(6-54)和式(6-55)进行个体最优选取约束的判断，优者继续迭代，劣者则被淘汰。

步骤 6：如果 $t<T$，则返回步骤 4，如果 $t=T$，则转步骤 7。

步骤 7：根据得到的最优变换参数，对 I_1 进行仿射变换，经过插值重采样的过程，完成精配准。

6.2.3　实验与分析

为了验证该方法的可行性，我们采用某机场的 SAR 图像和光学图像进行配准实验。图 6-10(a)为 SAR 原始图像，大小为 2504×1458，图 6-10(b)为光学原始图像，大小为 692×492。实验选取光学图像为待配准图像，SAR 图像为参考图像。

对光学图像采用 Haar 小波基进行 1 层小波分解，小波分解后的各分量系数图像大小为 347×247，如图 6-11 所示。其中图 6-11(a)所示为光学图像的低频分量，图 6-11(b)所示为光学图像的高频水平分量，图 6-11(c)所示为光学图像的高频垂直分量，图 6-11(d)所示为光学图像的高频对角分量。

（a）SAR原始图像

（b）光学原始图像

图 6－10　SAR 与光学原始图像

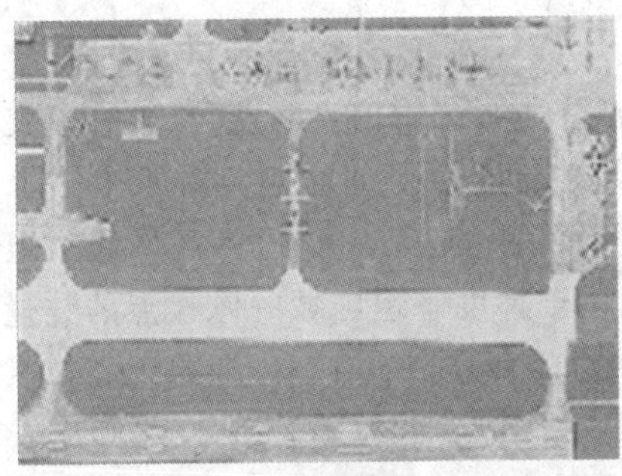

（a）低频分量

（b）高频水平分量

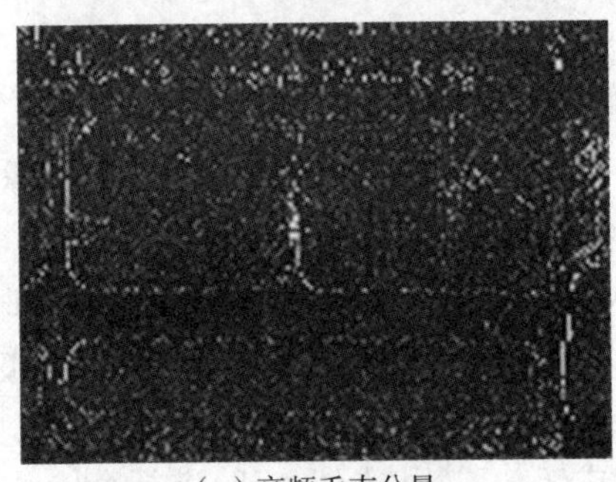

（c）高频垂直分量

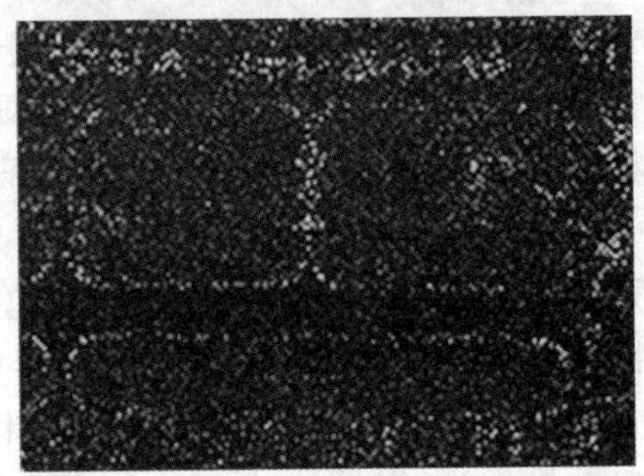

（d）高频对角分量

图 6－11　光学图像小波分解图

对光学图像小波分解后的低频分量和光学原始图像，分别采取 Harris 角点检测算子提取 Harris 特征点，提取结果如图 6－12 所示。

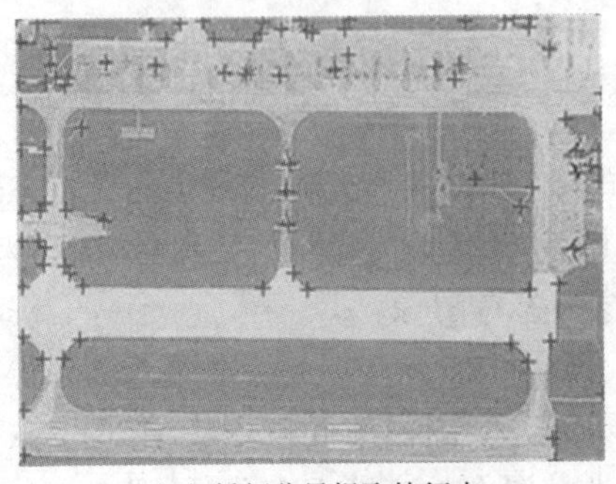

（a）低频分量提取特征点

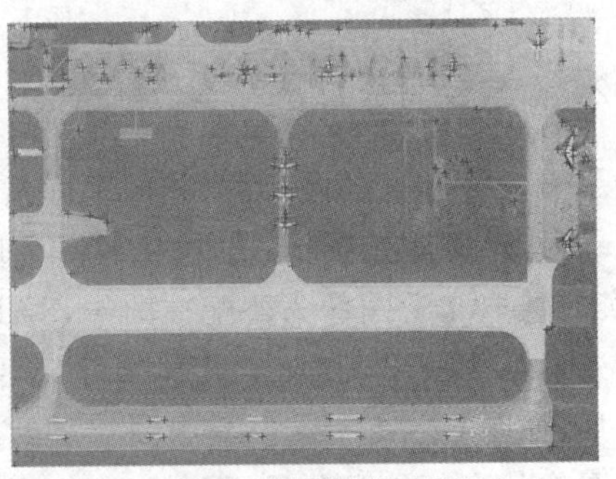

（b）光学原始图像提取特征点

图 6－12　小波域 Harris 特征点提取

从图 6－12 可以看出，光学图像小波分解后的低频分量利用 Harris 角点检测算子检测出的角点分布比较均匀，没有出现大量虚假角点过度集中的情况。但是，光学原始图像的 Harris 角点检测算子检测出特征点的情况要差得多，尤其在图像左侧的跑道上，只检测出少量的角点，同时对于图像顶部的跑道和右侧的跑道上的飞机等信息，检测出相当多的虚假角点。局部放大部分的角点提取结果如图 6－13 所示。

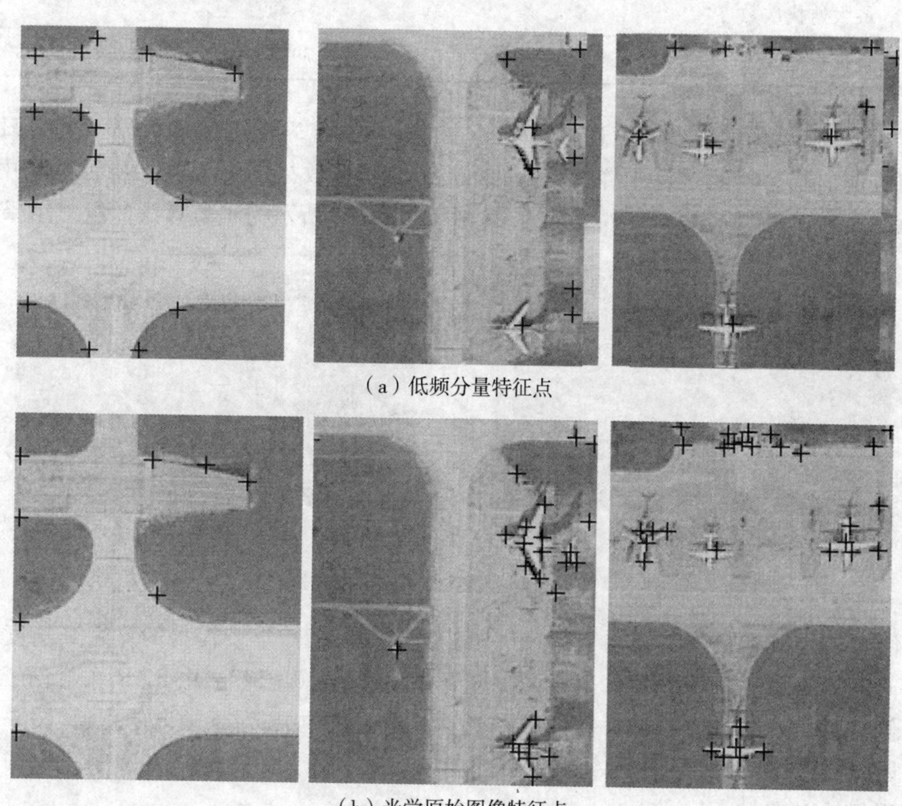

（a）低频分量特征点

（b）光学原始图像特征点

图 6－13　局部放大部分的角点提取结果

比较光学原始图像与小波分解后特征点提取结果，可以看出在低频分量中进行特征点的提取能够有效地提高正确角点的提取准确率，同时能够降低虚假角点的提取率。除了人眼主观观察角点提取效果，表 6－2 也可以客观反映出基于小波变换的 Harris 角点检测的高效性，其中真实角点数要比光学原始图像的多近 30%，同时虚假角点数要比光学原始图像提取的减少近 65%。

表 6－2　特征点提取结果

提取对象	角点总数	真实角点数	虚假角点数
光学原始图像	153	35	118
低频分量	86	45	41

选取个体 5×5 邻域作为约束范围，在个体最优选取约束的 QPSO 算法下随机进行 10

次优化迭代，得到最优解，见表 6－3。

表 6－3 最优配准参数

粒子数	虚假角点数
光学原始图像	86
最大迭代次数	500
最优配准参数	(2.0402，−0.0354，271.7998，0.0424，2.4406，759.0633)

光学图像在最优配准参数下迁移到 SAR 图像上，并且光学图像采用分段 3 次 Hermite 插值多项式插值方法，经过重采样完成配准，最终的配准效果如图 6－14 所示。其中图 6－14(a)所示为传统的 QPSO 算法配准结果图，图 6－14(b)所示为本节算法的配准结果图。

(a) QPSO算法

(b) 本节算法

图 6－14 光学图像和 SAR 图像配准结果

从图 6－14 最终光学图像和 SAR 图像配准的结果来看，本节提出的算法其精度要优于传统的 QPSO 算法的配准精度。对于图像左侧的跑道，图 6－14(a)中 SAR 图像偏于光学图像的右侧，而图 6－14(b)中 SAR 图像则在光学图像的正中央；对于横向的跑道，图 6－14(a)中光学图像在 SAR 图像中偏上一点，直线没有很好地对准，而图 6－14(b)中跑道的横向直线能够很好地对准。

因此，本节提出的方法在 SAR/光学图像精配准中得到了很好的视觉效果。尽管两种探测器对同一目标在不同时刻所成的图像之间存在部分结构的差异，但是利用本节提出的方法能够很好地抑制这种差异提取的特征点对图像之间配准的影响。被误提取的相干斑噪声“特征点”在个体最优选取约束的选择下，也被很好地抑制，而真实的特征点则在迭代的过程中不断地接近同名特征点，最终得到最优配准参数。

最后进行配准精度评价，在光学图像和 SAR 图像的共同特征区域，选择 10 对均匀分布的明显角点作为检查点，采用配准点位误差和 RMSE 衡量配准精度。RMSE 的计算公式如下：

$$\mathrm{RMSE}=\left(\sum_{i=1}^{n}\left[(p_1x_i+p_2y_i+p_3-X_i)^2+(p_4x_i+p_5y_i+p_6-Y_i)^2\right]/n\right)^{\frac{1}{2}} \tag{6-56}$$

式中，$p=(p_1,p_2,p_3,p_4,p_5,p_6)$ 为最适应的配准参数，(X_i,Y_i) 为人工选取的真实对应点。配准点位误差(绝对值)见表 6－4，RMSE 见表 6－5。

表6-4　配准点位误差

点号	光学图像坐标	SAR图像坐标	X方向配准误差	Y方向配准误差
1	(428,8)	(−1,145,797)	0.3367	0.397
2	(476,8)	(−1,243,799)	0.3143	0.437
3	(−298,294)	(−8,691,490)	0.8277	0.284
4	(−282,330)	(−8,351,577)	0.8905	0.516
5	(−300,346)	(−8,711,617)	1.0641	0.353
6	(100,8)	(−475,783)	0.8231	0.457
7	(−302,604)	(−8,662,247)	0.9875	0.474
8	(−358,628)	(−9,802,308)	0.4427	0.462
9	(−380,602)	(−10,262,245)	0.2721	0.905
10	(−488,632)	(−12,452,323)	0.6567	0.755

表6-5　配准RMSE

算法	RMSE	时间/s
QPSO算法	2.2808	16.701
本文算法	0.8963	14.758

从实验结果可以看到：基于小波变换的Harris特征点提取，在保持图像结构特征完整性的基础上，过滤高频细节分量，有效地降低微小目标对大型战略目标的影响，提高特征点提取的准确率，具有较强的鲁棒性。考虑到人工选择校准点其本身就存在1～2个像素的选点误差，因此本节提出的基于个体最优选取约束的SAR图像与光学图像配准算法能达到1个像素甚至是亚像素的配准精度。

采用粒子个体最优选取约束的配准算法的优点有以下四点。

(1)抑制粒子在运动过程中进入SAR图像的噪声点这样的局部极大值位置。

(2)加快粒子运动的收敛速度，提高粒子运动的稳定性。

(3)在原有的粒子与种群约束关系的基础上增加粒子与运动环境的约束关系，增强粒子运动的准确性。

(4)相比相干斑抑制算法对整幅SAR图像处理，该约束只需要针对少数运动中的特征点，大大提高了配准算法的运行效率。

6.3　图像融合基础知识

6.3.1　图像融合层次

图像的融合一般从低到高分为像素级融合、特征级融合和决策级融合三个层次。下面做一个简单的介绍。

1. 像素级图像融合

像素级图像融合的基本过程是：首先对源图像进行必要的预处理（如图像去噪等），然后直接对源图像的像素信息进行综合分析处理而达到融合的目的。该融合方法对多源图像中目标和背景等信息直接进行融合处理，能够保持尽可能多的现场数据，提供尽可能多的细节信息。像素级图像融合算法简单，但是在对像素进行融合时需要处理大量的数据，对设备的要求比较高。

图 6-15 所示为像素级图像融合的基本结构图。

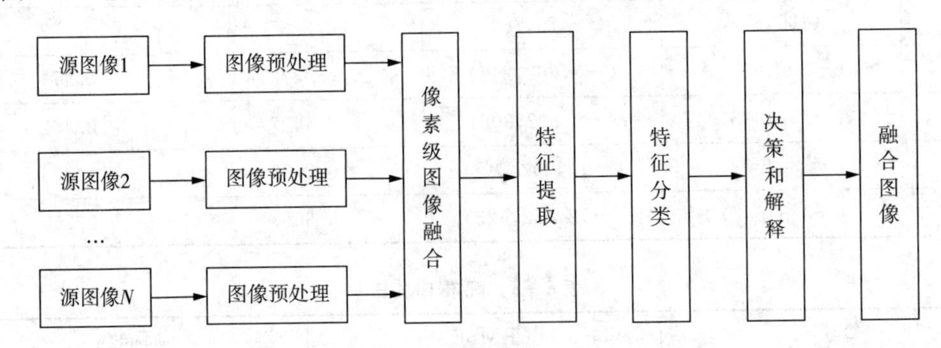

图 6-15 像素级图像融合的基本结构图

2. 特征级图像融合

特征级图像融合的基本过程是：首先对源图像进行必要的预处理（如图像去噪等），然后提取源图像的特征信息，对特征信息进行综合分析处理而达到融合的目的。特征级图像融合方法对多源图像中目标的特征信息进行融合处理，可以压缩信息达到实时处理，但同时该种方法也可能会丢失部分信息。

图 6-16 所示为特征级图像融合的基本结构图。

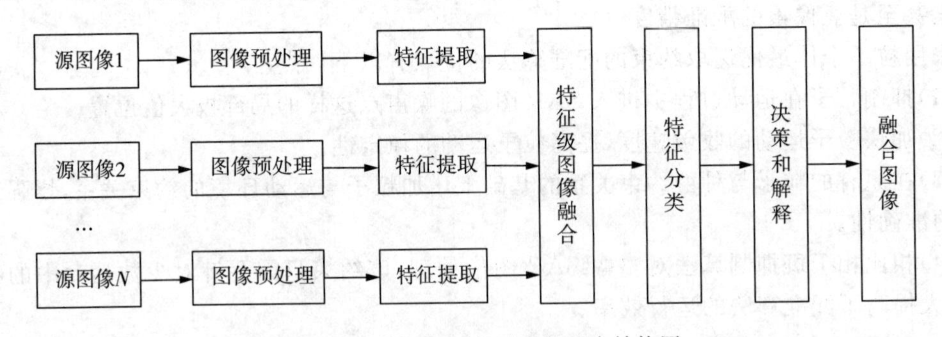

图 6-16 特征级图像融合的基本结构图

3. 决策级图像融合

决策级图像融合的基本过程是：首先对源图像进行必要的预处理（如图像去噪等），然后对源图像进行特征提取和特征分类，根据一定的融合准则对分类后的图像特征信息进行综合分析处理而达到融合的目的。决策级图像融合方法实时性较好、容错能力也较高，是最高级别的图像融合。但由于该方法需要大量的决策系统，所以融合的代价最大、同时损失的信息也最多。

图 6-17 所示为决策级图像融合的基本结构图。

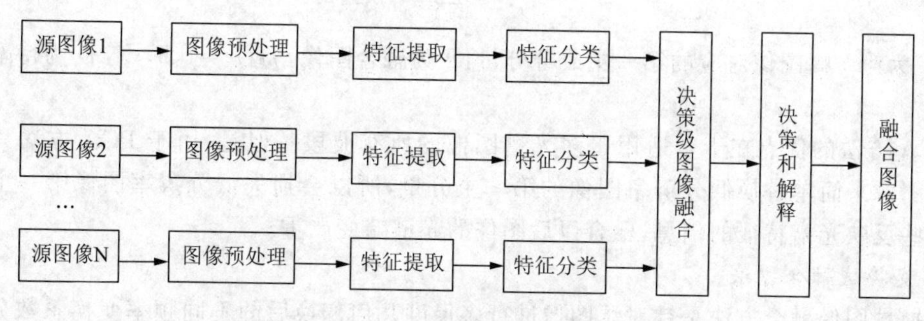

图 6-17　决策级图像融合的基本结构图

6.3.2　图像融合方法

像素级图像融合方法应用最为广泛，常用的融合方法主要有空间域融合方法、变换域融合方法、基于低秩矩阵的融合方法和仿生融合方法。

1. 空间域融合方法

空间域融合方法直接对图像的像素进行简单的处理，常用的算法包括加权平均法和 PCA 方法等。

1)加权平均法

加权平均法是对多幅图像中对应位置的像素点进行加权处理。加权平均法的计算公式可以表示为

$$F(i,j)=\sum_{k=1}^{n}\alpha_k f_k(i,j) \tag{6-57}$$

式中，α_k 为第 k 幅图像对应的权值，且 $\sum_{k=1}^{n}\alpha_k=1$，F 为融合图像，$f_k(k=1,2,\cdots,n)$ 为待融合的源图像。

权值的选择一般有两种简单的方法：对比度最大法和加权平均法。其中，对比度最大法是指从多幅源图像中选择同一位置对比度最大的像素点作为融合图像的像素点，能较好地满足人的视觉系统对融合图像对比度高的需求，但是这种方法往往会带来较强的噪声。如果两幅图像比较相似，那么可以采用平均值融合。加权平均法的优点是概念简单，计算量小，适合于实时处理，但是融合后的图像带有较强的噪声，特别是当待融合的两幅图像的灰度差异较大时，往往会出现明显的拼接现象，视觉效果较差。

2)PCA 方法

PCA 方法在数学上称为 K－L 变换，是在统计特征的基础上进行的一种多维正交线性变换，所以 PCA 方法实际上也是一种图像变换方法。它主要是将图像表示成 3 个主成分分量的形式，各主成分分量彼此之间互不相关。由于第一主分量包含了图像的主要信息，所以在图像融合时主要采用第一主成分分量进行融合。

PCA 方法的计算公式如下：

$$F(i,j)=\sum_{k=1}^{n}\frac{\lambda_k}{\sum_{k=1}^{n}\lambda_k}f_k(i,j) \tag{6-58}$$

式中，λ_k 为第 k 幅图像对应的第一主成分分量，F 为融合图像，$f_k(k=1,2,\cdots,n)$ 为待融合的源图像。

PCA 方法的优点在于它适用于多光谱图像的所有波段。但是，由于 PCA 方法只用高分辨率图像来简单替换低分辨率图像的第一主分量，所以会损失低分辨率图像第一主分量中的一些反映光谱特征的信息，融合以后图像的光谱畸变严重。

2. 变换域融合方法

变换域图像融合方法是针对源图像进行多尺度几何变换后的不同频率变换系数分别进行处理的融合方法。常用的多尺度几何变换包括 Curvelet 变换、小波变换、Contourlet 变换、NSCT 等。

基于变换域的图像融合方法一般包含以下三个步骤。

(1)对源图像进行多尺度几何变换(如 Curvelet 变换、小波变换、Contourlet 变换、NSCT 等)，得到不同频率的子带系数。

(2)对变换后各个频率的子带系数按一定的规则进行融合。

(3)对融合后的不同频率子带系数进行多尺度逆变换得到融合图像。

基于变换域的图像融合方法的具体流程如图 6-18 所示。

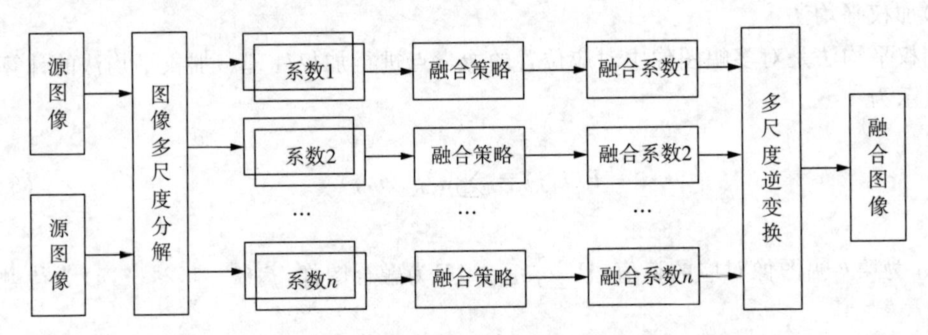

图 6-18 基于变换域的图像融合流程

对于图像融合，影响融合质量的关键技术是融合策略的选择。对于多尺度分解后的不同频率分量系数，根据系数特点可以选择相同的融合策略，也可以选择不同的融合策略。

假设 I_1 和 I_2 分别代表待融合的两幅源图像，$H_1^N(x,y)$ 和 $H_2^N(x,y)$ 代表两幅源图像经过多尺度频率分解后的高频分量系数，$L_1^N(x,y)$ 和 $L_2^N(x,y)$ 代表低频分量系数，N 为变换域分解的层数，$H_F^N(x,y)$、$L_F^N(x,y)$ 分别对应融合后的高频分量系数和低频分量系数。比较常用的几种经典低频分量和高频分量的融合策略如下。

1) 低频分量的融合策略

(1) 低频分量选大融合策略，即直接选取数值较大的低频分量作为融合图像的低频分量，用公式可以表示为

$$L_F^N(x,y)=\max\{L_1^N(x,y),L_2^N(x,y)\} \tag{6-59}$$

(2) 低频分量选小融合策略，即直接选取数值较小的低频分量作为融合图像的低频分量，用公式可以表示为

$$L_F^N(x,y)=\min\{L_1^N(x,y),L_2^N(x,y)\} \tag{6-60}$$

(3) 加权平均融合策略，即给两幅图像的低频分量分配不同的权值，加权融合后作为融合图像的低频分量，用公式可以表示为

$$L_F^N(x,y)=\alpha L_1^N(x,y)+\beta L_2^N(x,y) \tag{6-61}$$

式中，α，β 为加权系数，且 $\alpha+\beta=1$。

在上述三种融合策略中，低频分量选大(选小)融合策略，只是简单地选择源图像中最大(最小)的像素，适用场合非常有限。加权平均融合策略由于参与融合的图像提供了冗余信息，所以可提高检测的可靠性，应用领域较广。

2) 高频分量的融合策略

(1) 基于模极大值的融合策略，即直接取模最大的高频分量作为融合图像的高频分量，用公式可以表示为

$$H_F^N(x,y)=\begin{cases}H_1^N(x,y), & |H_1^N(x,y)|>|H_2^N(x,y)| \\ H_2^N(x,y), & \text{其他}\end{cases} \tag{6-62}$$

(2) 区域能量加权融合策略，即给两幅图像局部区域内的高频分量分配不同的权值，加权融合后作为融合图像的高频分量，用公式可以表示为

$$E_1^N(x,y)=\sum_{x'\in l}\sum_{y'\in p}w(x',y')[H_1^N(x+x',y+y')] \tag{6-63}$$

式中，(x,y) 为目标像素点，$w(x',y')$ 为加权系数，l 和 p 为局部区域的大小。

$$H_F^N(x,y)=\begin{cases}H_1^N(x,y), & |E_1^N(x,y)|>|E_2^N(x,y)| \\ H_2^N(x,y), & \text{其他}\end{cases} \tag{6-64}$$

(3) 区域方差融合策略，即对两幅图像高频分量局部区域内的方差进行比较，并以此为依据确定融合图像的高频分量。

对两幅图像的高频分量，分别以 (x,y) 为中心，计算邻域的方差，记作 var1 和 var2，计算下式：

$$\text{corvar}=\frac{2\times \text{var1}\times \text{var2}}{\text{var1}^2+\text{var2}^2} \tag{6-65}$$

如果 $\text{corvar}\geqslant \text{factor}(0.5<\text{factor}<1)$，则

$$H_F^N(x,y)=\alpha H_1^N(x,y)+\beta H_2^N(x,y) \tag{6-66}$$

式中，α，β 为加权系数，且 $\alpha+\beta=1$。

反之，则

$$H_F^N(x,y)=\begin{cases}H_1^N(x,y), & \text{var1}\geqslant \text{var2} \\ H_2^N(x,y), & \text{var1}<\text{var2}\end{cases} \tag{6-67}$$

3. 基于低秩矩阵的融合方法

低秩表示是一种低秩矩阵恢复模型，它是一个数据矩阵，可以表示为低秩分量和稀疏分量的叠加。基于低秩矩阵的融合方法采用加权核范数最小化方法，结合图像自相似性来实现多聚焦图像融合。低秩表示能够突出图像的全局结构信息，但是局部结构保存和细节提取能力较差。

基于低秩矩阵的融合方法的主要步骤如下。

步骤1：对源图像分块，并通过块匹配搜索源图像的非局部相似块。

步骤2：将这些相似块堆叠成一组，对每个参考块都进行上述操作，形成一个块组矩阵。

步骤3：然后由图像自相似性获得源图像的共享相似块，并对共享相似块中的块组进行奇异值分解，通过奇异值取大进行图像融合。

步骤4：进行低秩矩阵的恢复算法得到最优解，将矩阵按照堆叠顺序进行复位，从而得到最终的融合图像。

Zhang等人通过探索光谱波段的多重流形结构和HRHS数据的低秩结构，提出了一种新的基于群谱嵌入(GSE)的LRHS和HRMS图像融合方法，该算法具有较好的鲁棒性。聂仁灿等人结合自适应双通道脉冲发放皮层与低秩矩阵理论提出一种有效的红外与可见光图像融合算法：将低秩表达与调频显著性算法相结合对红外源图像进行显著区域检测，从而将源图像中的显著区域与背景区域分离；对所得的两个区域分别进行融合，为了最大程度保留显著特征，选取绝对值最大的融合规则对显著区域进行融合；通过NSST逆变换获得融合的背景，将融合的显著区域与背景区域进行叠加获得最终的融合图像。冯立洋提出了一种基于线性光谱分解和局部低秩性质的高光谱和多光谱图像融合算法：通过引入光谱图像局部低秩的性质局部化多光谱图像和高光谱图像，得到成对的多光谱图像块和高光谱图像块，在多光谱图像局部块中对多光谱图像中的空间信息进行有效提取；在高光谱图像块中引入最小单纯性体积正则项对高光谱图像中的光谱信息进行有效提取；采用交替迭代的思路，交替提取空间信息和光谱信息直到算法收敛。

4. 仿生融合方法

自然界的群体为了生存，通常具有难以想象的智慧，如蚂蚁觅食、鱼群迁移、蜂群采花酿蜜等。这些机制带动了新的信息处理手段的突破，从而创造了更多的信息处理方法，包括蚁群算法、鱼群算法、蜂群算法和深度学习等理论。仿生融合方法区别于传统的设计理念，通过观察、学习、模仿生物体与环境的交互行为的仿生学方法复制和再创造生物的形态、功能及控制机制实现图像的融合。如，王宇庆等人利用蛇类能够感知红外输入信号，并且能够通过复杂的神经系统处理得到融合的可见光图像和红外图像，从而得到所感知目标的重要特征，以蛇类的红外感知器和融合器的视觉成像机制为主要研究目标，对其生物学机制及相关的神经元活动进行了阐述，侧重于工程计算数学模型的建立和硬件实现。吕胜等人借鉴拟态章鱼的多拟态过程，寻找多拟态过程与图像融合过程之间的对应关系，提出一种红外光强与偏振图像多类拟态变元组合融合方法。王茂森等人从仿生学中蝙蝠眼睛依旧存在的角度考虑，设计了一种基于FPGA和DSP的声呐图像传感融合系统。该系统采用FPGA发射声呐信号与采集回波，并将预处理的回波数据传给DSP做进一步处理，采用CCD摄像头仿蝙蝠的眼睛采集图像数据，最后将采集到的声纳数据与图像数据在DSP中进行进一步算法处理，最终输出人耳能够识别的信号。该系统可以借助于人脑参与分析识别，对前方探测物做出规避动作。

仿生融合方法运算量大，运行时间长的特点一度限制了它的实时应用。但是，随着分布式计算和大数据时代的来临，仿生融合方法必将得到更多研究学者的重视，得到更为广泛的应用。

6.3.3　融合效果评价指标

图像融合的目的是改善源图像质量、充分利用源图像的互补信息、增加融合图像的信息量，为后续目标的检测、分类等决策提供有效的信息。图像融合的效果评价是综合衡量图像融合质量好坏的依据，有主观评价和客观评价两种方法。

1. 主观评价

主观评价可以分为相对评价和绝对评价两种。相对评价是观察者对融合图像和参考图像比对进行评价；绝对评价是观察者按自己的经验或根据给定的评价标准对融合图像做出自己的判断。国际上通用的是 5 分制的主观评价方法，见表 6－6。

表 6－6　图像融合主观评价尺度评分表

分值	质量尺度	妨碍尺度
5 分	非常好	丝毫看不出图像质量的变化
4 分	好	能看出图像质量变化但不妨碍观看
3 分	一般	能清楚地看出图像质量变化，对观看稍有妨碍
2 分	差	对观看有妨碍
1 分	非常差	对观看有非常严重的妨碍

从表 6－6 可看出，主观评价方法主要由人的视觉观察来区分融合结果的好坏，简单直观，快捷方便，在某些特定的应用中是可行的。但是由于人眼的分辨力有限，而且常常带有主观性、片面性、可重复性差等缺点，当观测的条件改变时，评定的结果也可能会产生差异，所以，在实际的应用中往往需要与客观的定量评价标准结合起来进行综合的评价，即在主观评价的基础上引入客观评价。

2. 客观评价

与视觉主观判断不同，客观评价指标更能体现融合图像中的信息量，对图像融合方法和融合规则做出更定量、更客观的性能评价。客观评价指标很多，下面给出几种融合效果客观评价指标：信息熵（Information Entropy，IE）、标准差（Standard Deviation，STD）、平均梯度（Average Gradient，AG）、互信息（Mutual Information，MI）、交叉熵（Cross Entropy，CE）、空间频率（Spatial Frequency，SF）、$Q^{AB/F}$ 度量、结构相似度（Structural Similarity Index，SSIM）和图像质量评价因子等。

1）IE

熵是衡量图像信息丰富程度的一个重要指标，IE 代表融合图像包含平均信息量的多少。IE 的定义为

$$\mathrm{IE} = -\sum_{N} p_i \log_2 p_i \tag{6-68}$$

式中，p_i 为灰度值为 i 的分布概率，N 为全图像素数。

IE 越大，说明融合图像包含的信息量越多，效果越好。

2）STD

STD 可以衡量图像信息的丰富程度，反映图像相对平均灰度的离散情况，即评价图像对比度的差异。STD 的定义为

$$\mathrm{STD}=\sqrt{\frac{\sum_{i=1}^{n}(x_i-\bar{x})^2}{n-1}} \tag{6-69}$$

式中，$\bar{x}$ 为图像像素的平均值，x_i 为图像的像素值。

STD 越大，融合图像的灰度分布越分散，对比度越大，可利用的信息越多，融合效果越好。

3）AG

AG 反映图像对微小细节反差表达的能力，可以用来评价图像的清晰程度和纹理特征。AG 的定义为

$$\mathrm{AG}=\frac{1}{(M-1)(N-1)}\sum_{i=1}^{M-1}\sum_{j=1}^{N-1}\sqrt{\frac{\left(\frac{\partial f(x_i,y_i)}{\partial x_i}\right)^2+\left(\frac{\partial f(x_i,y_i)}{\partial y_i}\right)^2}{2}} \tag{6-70}$$

式中，$f(x,y)$ 为图像函数，M,N 分别为图像的行数和列数。

AG 越大，融合图像细节纹理越清晰，融合的效果和质量越好。

4）MI

MI 表征融合图像从源图像中提取信息的多少。两幅源图像 A、B 和融合图像 F 间的 MI 的定义为

$$\mathrm{MI}=\mathrm{MI}_{\mathrm{AF}}+\mathrm{MI}_{\mathrm{BF}} \tag{6-71}$$

式中，

$$\mathrm{MI}_{\mathrm{AF}}=\sum_{i=0}^{L-1}\sum_{k=0}^{L-1}P_{\mathrm{AF}}(i,k)\log\frac{P_{\mathrm{AF}}(i,k)}{P_{\mathrm{A}}(i)P_{\mathrm{F}}(k)} \tag{6-72}$$

$$\mathrm{MI}_{\mathrm{BF}}=\sum_{j=0}^{L-1}\sum_{k=0}^{L-1}P_{\mathrm{BF}}(j,k)\log\frac{P_{\mathrm{BF}}(j,k)}{P_{\mathrm{B}}(j)P_{\mathrm{F}}(k)} \tag{6-73}$$

式中，$P_{\mathrm{A}}(i)$ 和 $P_{\mathrm{B}}(j)$ 分别为源图像 A 和 B 的边缘概率密度，$P_{\mathrm{F}}(k)$ 为融合图像 F 的概率密度。$P_{\mathrm{AF}}(i,k)$ 和 $P_{\mathrm{BF}}(j,k)$ 分别是源图像 A、B 和融合图像 F 之间的联合概率密度，可以由图像的直方图得到。

MI 越大，说明融合图像包含源图像的信息越多，融合效果越好。

5）CE

CE 又称相对熵，主要用来度量两幅图像间的差异，可以弥补信息熵的不足。交叉熵 CE 的定义为

$$CE_{ZF} = \sum_{i=0}^{L-1} P_Z(i) \log_2 \frac{P_Z(i)}{P_F(i)} \tag{6-74}$$

式中，$P_Z(i)$ 为源图像的灰度级分布概率，$P_F(i)$ 为融合图像的灰度级分布概率。

源图像 A、B 和融合图像 F 间的 CE 定义为

$$CE = CE_{AF} + CE_{BF} \tag{6-75}$$

$$CE_{AF} = \sum_{i=0}^{L-1} P_A(i) \log_2 \frac{P_A(i)}{P_F(i)} \tag{6-76}$$

$$CE_{BF} = \sum_{i=0}^{L-1} P_B(i) \log_2 \frac{P_B(i)}{P_F(i)} \tag{6-77}$$

融合图像 F 和两幅源图像 A、B 间的差异也可以用平均交叉熵（MCE）和均方根交叉熵（RCE）表示，定义为

$$MCE = \frac{CE_{AF} + CE_{BF}}{2} \tag{6-78}$$

$$RCE = \sqrt{\frac{CE_{AF}^2 + CE_{BF}^2}{2}} \tag{6-79}$$

MCE 和 RCE 越小，融合图像与源图像间的差异越小，两幅图像越接近，融合质量和效果就越好。

6) SF

SF 作为衡量图像清晰度的指标，可以直观地反映出融合图像对微小细节反差的描述能力。SF 的定义为

$$SF = \sqrt{R_F^2 + C_F^2} \tag{6-80}$$

式中，R_F 和 C_F 分别为行频和列频，定义如下：

$$R_F = \sqrt{\frac{1}{mn} \sum_{i=1}^{m} \sum_{j=2}^{n} [f(i,j) - f(i,j-1)]^2} \tag{6-81}$$

$$C_F = \sqrt{\frac{1}{mn} \sum_{i=2}^{m} \sum_{j=1}^{n} [f(i,j) - f(i-1,j)]^2} \tag{6-82}$$

式中，$f(i,j)$ 为 (i,j) 处的灰度值，图像的大小为 $m \times n$。

SF 越大，图像的层次越多，融合图像越清晰。

7) $Q^{AB/F}$ 度量

$Q^{AB/F}$ 是一种基于梯度的质量评价指标，用来衡量源图像与融合图像之间的边缘强度信息。采用 Sobel 边缘检测算子计算源图像 A、B 和融合图像 F 中边缘的强度信息 $g(m,n)$ 与方向信息 $\alpha(m,n)$，其定义为

$$g_A(m,n) = \sqrt{S_A^x(m,n)^2 + S_A^y(m,n)^2} \tag{6-83}$$

$$\alpha_{\mathrm{A}}(m,n)=\operatorname{artan}\left[\frac{S_{\mathrm{A}}^{y}(m,n)}{S_{\mathrm{A}}^{x}(m,n)}\right] \tag{6-84}$$

式中，$S_{\mathrm{A}}^{x}(m,n)$ 和 $S_{\mathrm{A}}^{y}(m,n)$ 分别为垂直 Sobel 模板以像素点 (m,n) 为中心与源图像 A 卷积的输出。源图像 A 与融合图像 F 的相关强度信息和相关方向信息表示如下：

$$(G_{m,n}^{\mathrm{AF}},A_{m,n}^{\mathrm{AF}})=\left[\left(\frac{g_{\mathrm{F}}(m,n)}{g_{\mathrm{A}}(m,n)}\right)^{M},1-\frac{\left|\alpha_{\mathrm{A}}(m,n)-\alpha_{\mathrm{F}}(m,n)\right|}{\pi/2}\right] \tag{6-85}$$

式中：

$$M=\begin{cases}1,g_{\mathrm{A}}(m,n)>g_{\mathrm{F}}(m,n)\\-1,\text{其他}\end{cases} \tag{6-86}$$

边缘信息保留的定义如下：

$$Q_{m,n}^{AF}=\Gamma_{\mathrm{g}}\Gamma_{\alpha}\left[1+\mathrm{e}^{K_{\mathrm{g}}(G_{m,n}^{\mathrm{AF}}-\sigma_{\mathrm{g}})}\right]^{-1}\left[1+\mathrm{e}^{K_{\alpha}(A_{m,n}^{\mathrm{AF}}-\sigma_{\alpha})}\right]^{-1} \tag{6-87}$$

式中，常数 Γ_{g}、K_{g}、σ_{g} 和 Γ_{α}、K_{α}、σ_{α} 是决定 sigmoid() 函数形状的参量。那么，$Q^{\mathrm{AB/F}}$ 的定义为

$$Q^{\mathrm{AB/F}}=\frac{\sum_{\forall m,n}(Q_{m,n}^{\mathrm{AF}}w_{m,n}^{\mathrm{A}}+Q_{m,n}^{\mathrm{BF}}w_{m,n}^{\mathrm{B}})}{\sum_{\forall m,n}(w_{m,n}^{\mathrm{A}}+w_{m,n}^{\mathrm{B}})} \tag{6-88}$$

式中，$w_{m,n}^{\mathrm{A}}=[g_{\mathrm{A}}(m,n)]^{\mathrm{L}}$，$w_{m,n}^{\mathrm{B}}=[g_{\mathrm{B}}(m,n)]^{\mathrm{L}}$，L 为常数。

$Q^{\mathrm{AB/F}}$ 利用 Sobel 边缘检测衡量有多少边缘信息从源图像转移到了融合图像。$Q^{\mathrm{AB/F}}$ 值越大，融合图像从源图像获得的边缘信息越丰富，融合效果越好。

8）SSIM

SSIM 是用来衡量两幅图像结构相似度的一个指标。SSIM 的定义为

$$\mathrm{SSIM}_{\mathrm{ABF}}=\frac{1}{2}(\mathrm{SSIM}_{\mathrm{AF}}+\mathrm{SSIM}_{\mathrm{BF}}) \tag{6-89}$$

式中，$\mathrm{SSIM}_{\mathrm{AF}}$ 与 $\mathrm{SSIM}_{\mathrm{BF}}$ 分别为源图像 A、B 与融合图像 F 的结构相似度。

$$\mathrm{SSIM}_{\mathrm{AF}}=\frac{(2\mu_{\mathrm{A}}\mu_{\mathrm{F}}+C_{1})(2\sigma_{\mathrm{AF}}+C_{2})}{(\mu_{\mathrm{A}}^{2}+\mu_{\mathrm{F}}^{2}+C_{1})(\sigma_{\mathrm{A}}^{2}+\sigma_{\mathrm{F}}^{2}+C_{2})} \tag{6-90}$$

$$\mathrm{SSIM}_{\mathrm{BF}}=\frac{(2\mu_{\mathrm{B}}\mu_{\mathrm{F}}+C_{1})(2\sigma_{\mathrm{BF}}+C_{2})}{(\mu_{\mathrm{B}}^{2}+\mu_{\mathrm{F}}^{2}+C_{1})(\sigma_{\mathrm{B}}^{2}+\sigma_{\mathrm{F}}^{2}+C_{2})} \tag{6-91}$$

式中，μ_{A}、μ_{B}、μ_{F} 分别为源图像 A 和 B 与融合图像 F 的均值，σ_{A}^{2}、σ_{B}^{2}、σ_{F}^{2} 分别为源图像 A 和 B 与融合图像 F 的方差，σ_{AF} 和 σ_{BF} 分别代表源图像 A 和 B 与融合图像 F 的联合方差。

SSIM 越大，融合图像与源图像的结构越相似，融合图像质量越好。

9）图像质量评价因子

基于结构相似度理论，Piella 提出了三种图像质量评价指标：图像融合质量评价因子 Q、加权融合质量评价因子 Q_{W} 和边缘结构融合质量评价因子 Q_{E}。

图像融合质量评价因子 Q 的运算过程：利用滑动窗口对源图像和融合图像分块，计算每

个子块的 SS。评价因子 Q 的定义为

$$Q(\mathrm{A},\mathrm{B},\mathrm{F})=\frac{1}{|W|}\sum_{\omega\in W}(\lambda_{\mathrm{A}}(\omega)SS(A,F|\omega)+\lambda_{\mathrm{B}}(\omega)\mathrm{SS}(\mathrm{B},\mathrm{F}|\omega)) \tag{6-92}$$

$$\lambda_{\mathrm{A}}(\omega)=\frac{s(\mathrm{A}|\omega)}{s(\mathrm{A}|\omega)+s(\mathrm{B}|\omega)} \tag{6-93}$$

$$\lambda_{\mathrm{B}}(\omega)=\frac{s(\mathrm{B}|\omega)}{s(\mathrm{B}|\omega)+s(\mathrm{A}|\omega)} \tag{6-94}$$

式中，ω 为窗口，W 为所有窗口的族，$|W|$ 为 W 的基数，$SS(\mathrm{A},\mathrm{F}|\omega)$ 和 $SS(\mathrm{B},\mathrm{F}|\omega)$ 为融合图像 F 与源图像 A、B 在窗口中子块的 SS，$\lambda_{\mathrm{A}}(\omega)$ 和 $\lambda_{\mathrm{B}}(\omega)$ 表示局部区域窗口权重值，$S(\mathrm{A}|\omega)$ 和 $S(\mathrm{B}|\omega)$ 表示图像显著性，如方差、对比度、信息熵等。

由于每个子块的重要程度和差异性不同，Piella 又提出一种加权融合质量评价因子 Q_W，其定义如下：

$$Q_W(\mathrm{A},\mathrm{B},\mathrm{F})=\sum_{\omega\in W}c(\omega)(\lambda_{\mathrm{A}}(\omega)SS(\mathrm{A},\mathrm{F}|\omega)+\lambda_{\mathrm{B}}(\omega)\mathrm{SS}(\mathrm{B},\mathrm{F}|\omega)) \tag{6-95}$$

式中，$c(\omega)$ 为窗口的整体显著性。

$$c(\omega)=\left(C(\omega)/\sum_{\omega'\in W}C(\omega')\right),C(\omega)=\max(s(\mathrm{A}|\omega),s(\mathrm{B}|\omega)) \tag{6-96}$$

考虑到人类视觉系统对图像的边缘信息最为敏感，如果对源图像和融合图像进行边缘检测得到边缘图像 X'、Y' 和 Z'，进而再求边缘图像的加权融合质量评价因子 Q_W，可以得到边缘结构融合质量评价因子 Q_E：

$$Q_E(\mathrm{A},\mathrm{B},\mathrm{F})=Q_W(\mathrm{A},\mathrm{B},\mathrm{F})^{1-d}\cdot Q_W(\mathrm{A}',\mathrm{B}',\mathrm{F}')^{d} \tag{6-97}$$

在以上九种评价方法中，IE、STD、AG 和 SF 四个性能指标表现的是融合图像，即单幅图像的统计性能，MI、CE、$Q^{AB/F}$、SSIM 和图像质量评价因子五个性能指标表现的是融合图像和源图像之间的关系统计性能。图像融合目的不同，采用的评价标准也应该有所不同。如果以提高信息量为融合目的，可以从 MI、STD 和 CE 等指标来评价。如果以提高图像清晰度为融合目的，可以从 AG 和 SF 等指标来评价。

6.4　基于自适应权值的 Curvelet 域 SAR 图像与红外图像融合

6.4.1　隶属度函数

在经典集合里，特征的选取仅仅局限在“绝对属于”和“绝对不属于”两种情况。模糊集理论中则认为特征的选取可以跨越这两种情况，也就是存在“非绝对”的概念，即将特征的取值范围从只包含两个集合成员 {0,1} 扩大为包含 [0,1] 区间的连续值。模糊集理论中，把集合内的特征选取函数定义为隶属度函数，用它来描述与特征相对应的隶属关系。

假设集合 $X=\{x_1,x_2,\cdots,x_n\}$，经典集合论认为，子集 A 可通过 $h_A(x):X\rightarrow\{0,1\}$映射函数表示，即

$$h_A=\begin{cases}0, x\in A\\1, x\notin A\end{cases}\tag{6-98}$$

[0,1]区间映射关系描述为

$$h_{A'}(x):X\rightarrow[0,1], x\rightarrow h_{A'}(x)\tag{6-99}$$

式中，$h_{A'}(x)$为集合成员 x 相对于 A'的隶属度，隶属度代表 X 中集合成员属于 A'的程度。$h_{A'}(x)$为 A'的隶属度函数，当 $h_{A'}(x)$越接近 1 时，集合成员 x 隶属于集合 A'的程度就越高，反之则越低。

一般情况下，隶属度函数的确定主要取决于经验的选择或实验中的条件，以满足实际应用的需求。下面介绍三种常用的隶属度函数。

(1)高斯函数

$$h(x)=\exp\left[-\left(\frac{x-c}{\beta}\right)^2\right]\tag{6-100}$$

(2)戒上型函数

$$h(x)=\begin{cases}1 & x\leqslant c\\\dfrac{1}{[1+a(x-c)]^b}, & x>c\end{cases}\tag{6-101}$$

(3)戒下型函数

$$h(x)=\begin{cases}0 & x<c\\\dfrac{1}{1+[a(x-c)]^b}, & x\geqslant c\end{cases}\tag{6-102}$$

6.4.2 Curvelet 变换

Curvelet 变换是在 Ridgelet 变换的基础上提出来的多尺度几何变换分析方法，历经两代。第一代 Curvelet 变换实际上是一种特殊的子带滤波和多尺度 Rigdelet 变换组合的产物，由于变换过程中复杂的数字实现限制了它的应用，逐渐被第二代 Curvelet 变换所取代。第二代 Curvelet 变换由于算法简单、冗余度低、运算速度快、实现方便得到了广泛应用。在二维图像的处理和应用中，第二代 Curvelet 变换采用“楔形基”来逼近二阶连续可微的奇异点，具有各向异性，用少量 Curvelet 变换系数可以精确表示图像的重要特征。

Curvelet 变换有两种不同的实现算法：USFFT 算法和 Wrapping 算法。

1)USFFT 算法

(1)对 $f[t_1,t_2]\in L^2(R^2)$做二维 FFT，得到 Fourier 采样序列 $F[n_1,n_2]$，其中 n_1 和 n_2 的取值区间为$\left[-\frac{n}{2},\frac{n}{2}\right)$。

(2)对频域中不同尺度和方向的参数(j,l)，对$F[n_1,n_2]$进行插值得到$F[n_1,n_2-n_1\tan\theta_1]$，其中$(n_1,n_2)\in P_j$。

(3)将插值数据$F[n_1,n_2-n_1\tan\theta_1]$与拟合窗口$\widetilde{U}_j$(width=length^2)相乘：

$$F_{j,l}[n_1,n_2]=F[n_1,n_2-n_1\tan\theta_1]\widetilde{U}_j(n_1,n_2) \tag{6-103}$$

(4)对序列$F_{j,l}[n_1,n_2]$进行二维FFT逆变换，即得到Curvelet系数$C^D(j,l,k)$。

2)Wrapping算法

(1)对$f[t_1,t_2]\in L^2(R^2)$做二维FFT，得到Fourier采样序列$F[n_1,n_2]$，其中n_1和n_2的取值区间为$\left[-\frac{n}{2},\frac{n}{2}\right)$。

(2)对频域中不同尺度和方向参数(j,l)，对$F[n_1,n_2]$进行插值得到$F[n_1,n_2-n_1\tan\theta_1]$，其中$(n_1,n_2)\in P_j$。

(3)将插值数据$F[n_1,n_2-n_1\tan\theta_1]$与拟合窗口$\widetilde{U}_j$(width=length^2)相乘。

(4)围绕原点Wrap局部化F：

$$\widetilde{F}_{j,l}[n_1,n_2]=W(\widetilde{U}_{j,l}F)[n_1,n_2] \tag{6-104}$$

(5)对序列$\widetilde{F}_{j,l}[n_1,n_2]$进行二维FFT逆变换，即得到Curvelet系数$C^D(j,l,k)$。

6.4.3 基于自适应权值的Curvelet域SAR图像与红外图像融合方法

由于SAR图像与红外图像对于场景的描述具有明显的差异，如果在对两者进行融合时简单地选取SAR图像或红外图像的目标像素点，都可能会造成目标信息的丢失。因此，本节通过定义模糊隶属度函数，将两幅源图像中对应的点进行非均匀的加权处理，既能够有效突出源图像的各自信息，又能够抑制源图像中对目标表示较为弱化的信息。在本节的融合方法中，定义为隶属度越接近于0的点属于SAR图像的概率越大，隶属度越接近于1的点属于红外图像的概率越大。

SAR图像与红外图像经Curvelet分解后形成的低频分量和高频分量包含了源图像的不同频率信息。源图像的近似信息包含在图像的低频分量里，因此低频分量的融合效果好坏对于SAR图像与红外图像的融合至关重要。对于低频分量，采取自适应权值的融合策略融合低频分量。高频分量包含了图像的边缘等细节信息。对于高频分量，采用梯度绝大值取大的原则融合高频分量。

1. 基于自适应权值的低频分量融合

对于源图像Curvelet分解后的低频分量L_{A_1}和L_{A_2}，首先计算梯度平方和，然后选取正态分布类型的高斯统计模型，计算模糊隶属度的权值，选取目标像素点的邻域，计算邻域内像素均值和均方值，作为控制参数：

$$\overline{S}(x,y)=\frac{1}{n*n}\sum_{p=-n/2}^{p=n/2}\sum_{q=-n/2}^{q=n/2}S(x+p,y+q) \tag{6-105}$$

$$\sigma(x,y)=\sqrt{\frac{1}{n*n}\sum_{p=-n/2}^{p=n/2}\sum_{q=-n/2}^{q=n/2}[S(x+p,y+q)-\overline{S}]^2} \tag{6-106}$$

式中，$S(x,y)$ 是目标点的灰度梯度平方和，$\overline{S}(x,y)$ 是目标点邻域内的灰度梯度平方和均值，$\sigma(x,y)$ 是邻域内的均方值，n 是邻域大小，一般选取 $n=3$ 或 $n=5$。根据上述的统计分析对隶属度做出判断和输出，即

$$h(x,y)=\exp\left[-\left(\frac{x-\overline{S}(x,y)}{\sigma(x,y)}\right)^2\right] \tag{6-107}$$

$$w_1(x,y)=\frac{h_1(x,y)}{h_1(x,y)+h_2(x,y)} \tag{6-108}$$

$$w_2(x,y)=\frac{h_2(x,y)}{h_1(x,y)+h_2(x,y)} \tag{6-109}$$

低频分量的融合系数可以计算如下：

$$L_F=w_1(x,y)L_{A_1}+w_2(x,y)L_{A_2} \tag{6-110}$$

2. 基于梯度绝对值取大的高频分量融合

对于高频分量 H_{A_1} 和 H_{A_2}，沿水平和垂直方向采用 Sobel 算子滤波，得到梯度矩阵 $\boldsymbol{H}_{A_1,l}$，$\boldsymbol{H}_{A_2,l}$，$\boldsymbol{H}_{A_1,h}$ 和 $\boldsymbol{H}_{A_2,h}$，其中 l 和 h 分别表示水平分量和垂直分量，m 和 n 表示水平方向和垂直方向的点坐标，有：

$$H'_{A_1}(m,n)=\sqrt{|H_{A_1,l}(m,n)|^2+|H_{A_1,h}(m,n)|^2} \tag{6-111}$$

$$H'_{A_2}(m,n)=\sqrt{|H_{A_2,l}(m,n)|^2+|H_{A_2,h}(m,n)|^2} \tag{6-112}$$

由于梯度矩阵中相应元素的绝对值越大，对应点的边界越明显，所以高频分量的融合系数按式(6-113) 进行计算：

$$\begin{cases} H_F=H_{A_1}(m,n),H'_{A_1}(m,n)\geqslant H'_{A_2}(m,n) \\ H_F=H_{A_2}(m,n),\text{其他} \end{cases} \tag{6-113}$$

基于自适应权值的 Curvelet 域 SAR 图像与红外图像融合方法的框架如图 6-19 所示。

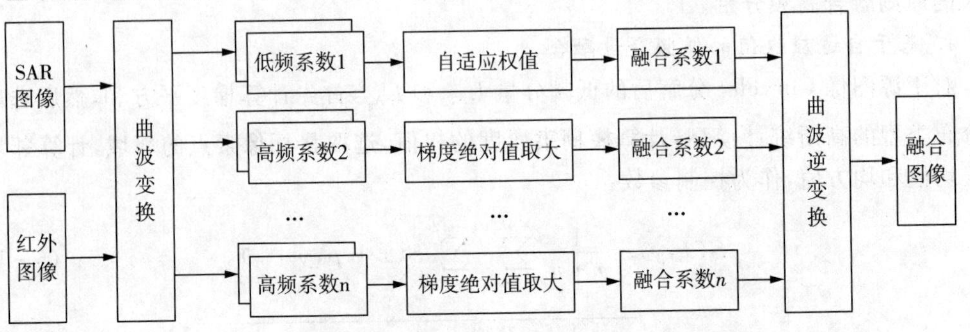

图 6-19　自适应权值的 Curvelet 域 SAR 图像与红外图像融合方法的框架

基于自适应权值的Curvelet域SAR图像与红外图像的融合方法步骤描述如下。

步骤1:Curvelet分解。分别对源图像进行Curvelet变换得到低频分量和高频分量,分解层数和每个子带的分解方向数视具体情况而定。

步骤2:低频分量融合。对于低频分量L_{A_1}和L_{A_2},采用自适应权值融合策略确定低频融合系数L_F。

步骤3:高频分量融合。对于高频分量H_{A_1}和H_{A_2},采用梯度绝大值取大融合策略确定高频分量融合系数H_F。

步骤4:Curvelet重构。融合低频系数L_F和高频系数H_F,进行Curvelet逆变换,得到的图像即为融合图像。

6.4.4 实验结果与性能分析

下面通过一组SAR图像与红外图像的融合实验验证本节方法的性能,并将其同加权平均融合的Curvelet域融合方法(低频分量采用加权平均融合策略,高频分量采用梯度绝对值取大融合策略)进行比较。实测SAR图像大小为256×256,SAR图像和红外图像如图6-20(a)和(b)所示;融合效果如图6-20(c)和(d)所示。

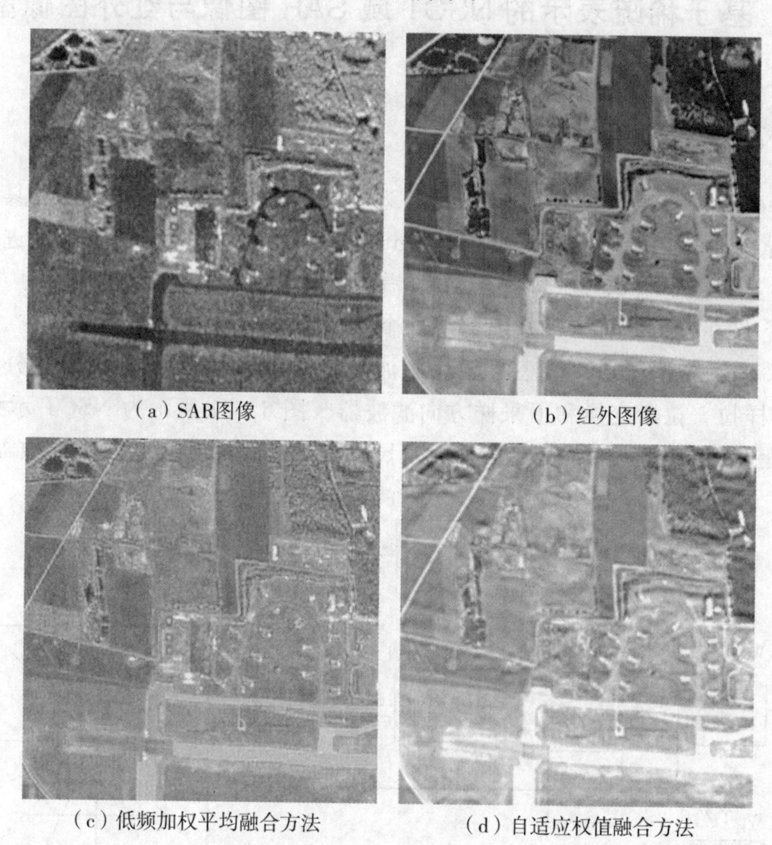

(a) SAR图像　(b) 红外图像

(c) 低频加权平均融合方法　(d) 自适应权值融合方法

图6-20　融合实验效果图

从图6-20可以看出,与加权平均融合方法相比,本节所提出的融合方法不仅保留了源图像中目标的细节信息,而且通过纹理信息的增强使目标变得更加容易分辨,源图像中央部分的目标亮度、对比度也得到有效的提升。

除了主观视觉评价，表 6-7 所示的 IE、STD、CE 和 SF 四个性能评价指标可以客观反映融合效果。对比表 6-7 中的数据可以看出，在相同的高频分量融合方法下，采用自适应权值融合方法融合低频分量比采用加权平均策略融合低频分量获得了更好的客观融合评价性能。

综上所述，本节所提出的基于自适应权值的 Curvelet 域 SAR 图像与红外图像融合方法可以获得较好的融合效果。

表 6-7 融合评价性能指标对比

方法类型	IE	STD	CE	SF
加权平均融合方法	7.18	34.43	0.048	18.35
自适应权值融合方法	7.73	36.41	0.065	19.67

6.5 基于稀疏表示的 NSCT 域 SAR 图像与红外图像融合

6.5.1 NSCT

Contourlet 变换相比小波变换，具有更好刻画高维信息的能力，适宜处理具有超平面线奇异和面奇异特性的二维图像，但是由于 Contourlet 变换过程中对图像信号进行的是下采样操作，并不具有平移不变性，容易导致频谱混叠，变换后图像容易出现伪吉布斯现象。Cunha 等人提出的 NSCT 可以很好地解决这个问题。

NSCT 采用类似 *àa trous* 算法的平稳小波变换和非下采样方向滤波器分别代替原来 CT 中的下采样拉普拉斯变换和下采样方向滤波器。图 6-21 所示为 NSCT 示意图。图 6-21(a)所示为三层 NSCT 分解框图，图 6-21(b)所示为非下采样理想方向滤波器频域划分。

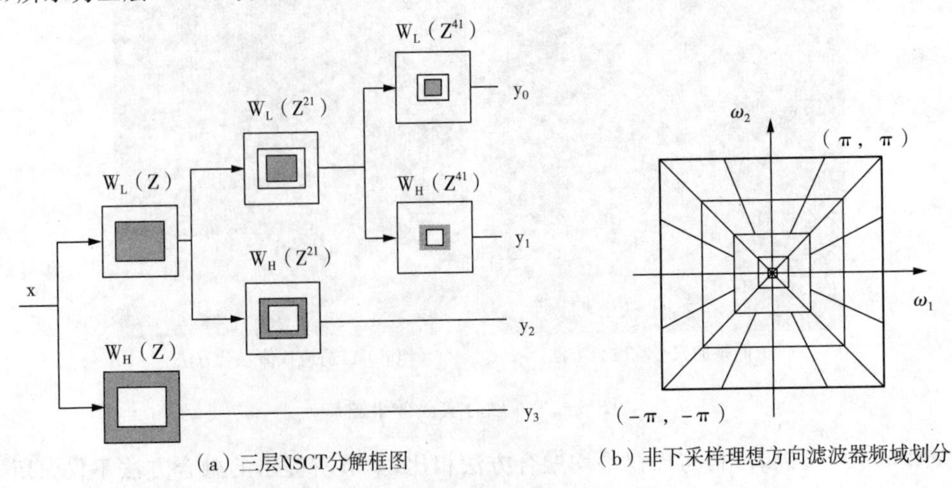

(a) 三层NSCT分解框图　　(b) 非下采样理想方向滤波器频域划分

图 6-21 NSCT 示意图

图6-22所示为NSCT方向滤波器组。NSCT通过滤波后在低通子带进行迭代，从而完成图像的多尺度和多方向的分解。

对$N\times N$维图像进行g级NSCT，可以得到一个$N\times N$维低频子带和2^g个$N\times N$维高频子带。由于低频子带是原始图像在不同尺度下的逼近信号，所以并不具备稀疏的条件。SAR图像和红外图像在NSCT域的高频子带系数分布边缘轮廓表现为高尖峰和重拖尾的近似高斯分布，说明NSCT在对SAR图像及红外图像中的高维奇异性信息表示时系数是稀疏的，大多数系数接近于零，因此可以只对高频子带进行压缩采样。

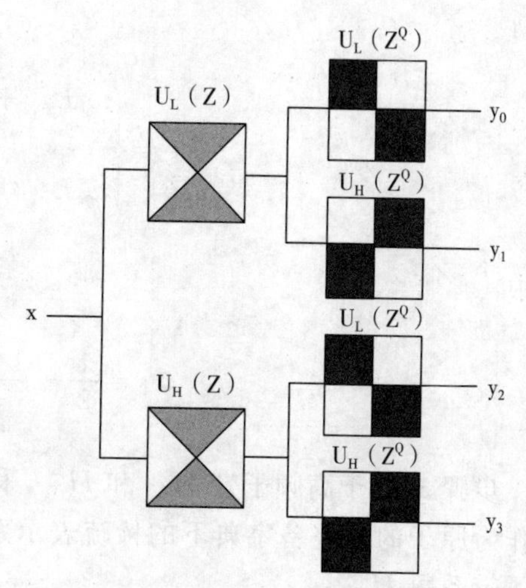

图6-22 NSCT方向滤波器组

6.5.2 基于稀疏表示的NSCT域SAR图像与红外图像融合方法

本节针对图像NSCT后高频系数具有稀疏性的特点，提出一种基于稀疏表示的NSCT域SAR图像与红外图像融合方法。算法的步骤具体描述如下。

步骤1：对两幅源图像A_1和A_2分别进行NSCT，得到低频子带和若干个高频子带，分解的层数和每个子带的分解方向数视具体情况而定。

步骤2：对于低频子带L_{A_1}和L_{A_2}，采用区域能量融合方法按以下步骤融合。

(1) 分别计算SAR图像和红外图像相应区域内的能量，记为EL_{A_1}和EL_{A_2}。区域能量定义为

$$\mathrm{EL}_{A_1}(x,y)=\sum_{x'\in l}\sum_{y'\in p}W(x',y')[L_{A_1}(x+x',y+y')] \tag{6-114}$$

$$\mathrm{EL}_{A_2}(x,y)=\sum_{x'\in l}\sum_{y'\in p}W(x',y')[L_{A_2}(x+x',y+y')] \tag{6-115}$$

式中，$W(x',y')$为加权系数，l和p为局部区域的大小。

(2) 计算对应区域的匹配度：

$$\mathrm{MAB}=\frac{2\sum_{x'\in l}\sum_{y'\in p}W(x',y')L_{A_1}(x+x',y+y')L_{A_2}(x+x',y+y')}{EL_{A_1}+EL_{A_2}} \tag{6-116}$$

(3) 定义一个匹配度阈值$\alpha(0.5<\alpha<1)$。

(4) 根据匹配度选择融合系数：如果$\mathrm{MAB}<\alpha$，则

$$L_F=\begin{cases}L_{A_1}, & EL_{A_1}\geqslant EL_{A_2}\\ L_{A_2}, & EL_{A_1}<EL_{A_2}\end{cases} \tag{6-117}$$

否则

$$L_{\mathrm{F}}=\begin{cases}w_1 L_{\mathrm{A}_1}+w_2 L_{\mathrm{A}_2}, EL_{\mathrm{A}_1}\geqslant EL_{\mathrm{A}_2}\\ w_2 L_{\mathrm{A}_1}+w_1 L_{\mathrm{A}_2}, EL_{\mathrm{A}_1}< EL_{\mathrm{A}_2}\end{cases} \tag{6-118}$$

式中：

$$w_1=\frac{1}{2}-\frac{1-\mathrm{MAB}}{2}, w_2=1-w_1$$

步骤 3：对于高频子带 H_{A_1} 和 H_{A_2}，采用改进的正交匹配追踪算法求解其在 NSCT 基函数作为原子的过完备字典下的稀疏表示系数，取对应原子位置的较大系数作为融合后的高频子带系数 H_{F}。

步骤 4：融合低频子带系数 L_{F} 和高频子带系数 H_{F}，并进行 NSCT 逆变换，所得图像即融合图像。

基于稀疏表示的 NSCT 域 SAR 图像与红外图像融合方法的框架如图 6-23 所示。

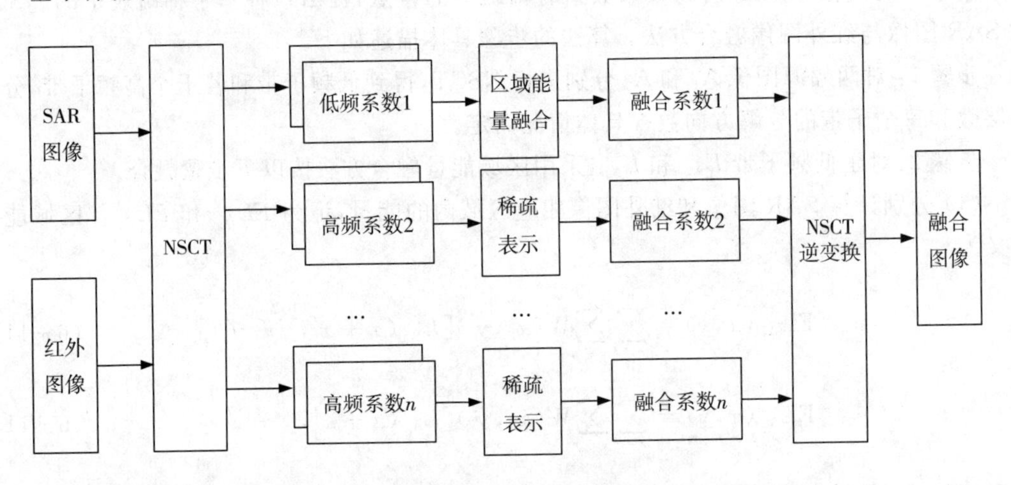

图 6-23　基于稀疏表示的 NSCT 域 SAR 图像与红外图像融合方法的框架

6.5.3　实验结果与性能分析

为了评价本节所提出的融合方法的性能，本实验选取来自比利时皇家军事学院的撒哈拉项目中同一场景的 SAR 图像和红外图像，如图 6-24(a)和(b)所示。实验比较了本节融合方法和其他融合方法（包括 Wavelet-SP 方法，Contourlet-SP 方法和 Shearlet-SP 方法）的融合性能。实验结果如图 6-24(c)～(f)所示。

从视觉的角度看，本节方法能更好地平滑同质区域，更好地保护图像的边缘特征和点目标。Wavelet-SP 方法引入了一定量的噪声，目标有一定程度的模糊。Shearlet-SP 方法和本节方法有同样较好的视觉性能，但是它比较耗时。

（a）SAR图像　（b）红外图像

（c）Wavelet-SP方法　（d）Contourlet-SP方法

（e）Shearlet-SP方法　（f）本节方法

图 6-24　融合实验效果图

除了视觉直观对比，本实验计算了 IE、MI、AG 三种性能评价指标对图像融合质量进行评价。本节方法与其他方法的融合评价性能指标对比见表 6-8。

表 6-8 融合评价性能指标对比

融合方法	IE	MI	AG
Wavelet-SP 方法	4.879	1.152	3.152
Contourlet-SP 方法	4.758	1.190	3.142
Shearlet-SP 方法	4.795	1.304	3.201
本节方法	4.872	1.417	3.215

从表 6-8 可以看出，本节方法只 IE 值略低于 Wavelet-SP 方法，但是其他性能指标优于其他融合方法。虽然 Wavelet-SP 方法能获取较大的信息熵，但同时噪声的增加非常明显。因此和其他融合方法相比，本节方法在客观性能指标方面更具优越性，说明采用本节方法的融合效果更好。

6.6 基于单演特征的自适应异源图像融合

6.6.1 算法描述

在基于多尺度变换工具的融合算法框架下，多尺度变换工具的选择是一个方面，融合规则的选择是另一个重要方面。在异源图像融合中，源图像中存在大量的互补和冗余信息，需要对冗余和互补信息分别进行分离和融合。基于相似性质量和显著性度量的图像融合算法非常适合于多源图像融合，融合的关键在于得到图像的多尺度分解系数后进行相似性度量。根据相似性度量区分冗余信息和互补信息，将多尺度分解系数划分为不同的区域，然后制定相应的显著性度量，在不同的区域制定不同的融合策略。

在传统的基于复变换的方法中，大多只采用幅度信息来定义加权权值或显著性度量，而忽略了相位信息。但是，图像的相位信息包含了图像大量的空间结构特征，相应地考虑相位信息的融合算法可以获得更好的空间一致性。本节采用基于单演特征的自适应融合策略，即采用能量匹配相似性度量表征信号能量的单演幅度特征，采用复系数结构相似性度量描述信号结构信息的单演相位特征和描述信号几何信息的单演方位特征，实现自适应的异源图像融合策略。融合后的图像较好地保留了图像的边缘等纹理信息，使融合后的图像在效果上体现出更丰富的内容。

基于单演特征的自适应图像融合方法的实现过程主要包括以下三部分。

(1)噪声抑制：利用 Contourlet 变换对源图像进行分解，得到不同频率的子带。对低频子带采用自蛇扩散进行滤波，对高频子带采用稀疏模型进行滤波。

(2)特征提取：利用单演信号理论提取源图像的单演幅度特征、单演相位特征和单演方位特征。

(3)特征融合：采用能量匹配相似性度量将单演幅度系数划分为不同类型的区域，包含冗余信息的区域采用加权平均策略进行融合，包含互补信息的区域采用模值取大策略进行融合；采用复系数结构相似性度量将单演相位系数和单演方位系数划分为不同类型的区域，相关性较差的区域采用窗口能量模值取大的融合策略进行融合，相位信息差异很大的区域采用幅相结合的显著性度量的模值取大策略进行融合，幅值与相位同时具有较高相似性的区域采用幅相结合的显著性度量的加权平均策略进行融合。

对融合系数进行反变换，得到融合图像。基于单演特征的自适应异源图像融合算法的实现过程如图 6－25 所示，其中特征融合的策略如图 6－26 所示。

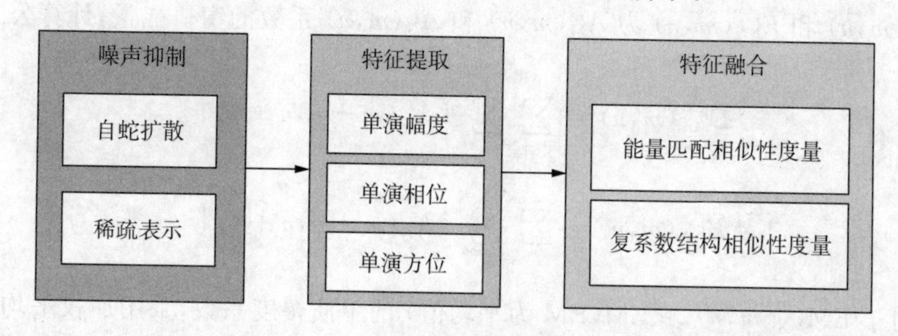

图 6－25　基于单演特征的自适应异源图像融合算法的实现过程

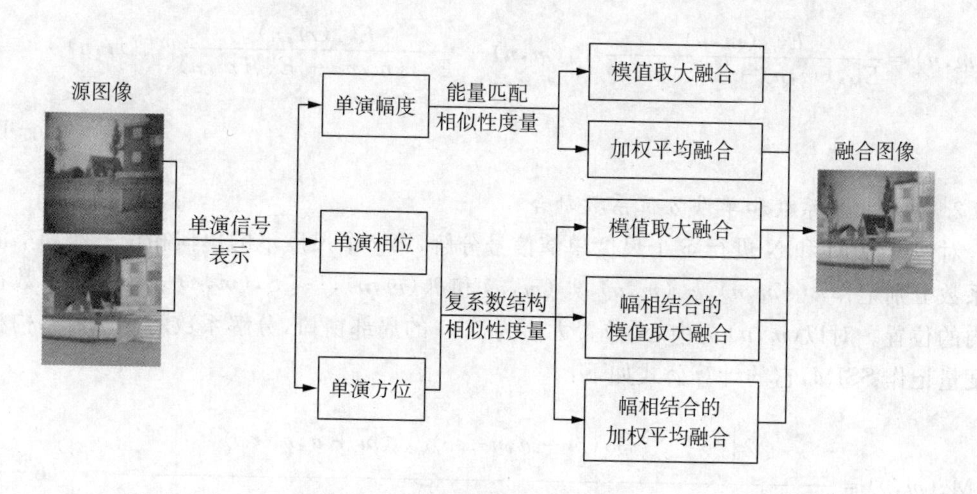

图 6－26　特征融合的策略

1. 单演幅度系数融合

对源图像 M 和 N 进行 S 个尺度单演信号分解，第 j 个尺度下的单演幅度系数分别记作 $A_{\mathrm{M}}^{j}(m,n)$ 和 $A_{\mathrm{N}}^{j}(m,n)$，$j \leqslant S$，(m,n) 表示分解系数在子带内的位置。对以 (m,n) 为中心、位置大小为 5×5 的局部窗口，单演幅度分解系数的能量匹配相似性度量记作 EM，它的计算公式如下：

$$\mathrm{EM}_{\mathrm{MN}}^{j}(m,n)=\frac{2\sum_{u=-2}^{2}\sum_{v=-2}^{2}\left|A_{\mathrm{M}}^{j}(m+u,n+v)\right|\left|A_{\mathrm{N}}^{j}(m+u,n+v)\right|}{\sum_{u=-2}^{2}\sum_{v=-2}^{2}\left|A_{\mathrm{M}}^{j}(m+u,n+v)\right|^{2}+\sum_{u=-2}^{2}\sum_{v=-2}^{2}\left|A_{\mathrm{N}}^{j}(m+u,n+v)\right|^{2}} \tag{6-119}$$

式中，$|\cdot|$为复系数的模值。

(1) 对于 $EM_{MN}^{j}(m,n) < EM$（EM 为平均值）的单演幅度系数，采用模值取大策略进行融合，融合系数计算公式如下：

$$A_{F}^{j}(m,n)=\begin{cases}A_{M}^{j}(m,n), E_{MA}^{j}(m,n) \geqslant E_{NA}^{j}(m,n) \\ A_{N}^{j}(m,n), E_{MA}^{j}(m,n) < E_{NA}^{j}(m,n)\end{cases} \tag{6-120}$$

式中，$E_{MA}^{j}(m,n)$ 和 $E_{NA}^{j}(m,n)$ 为 $A_{M}^{j}(m,n)$ 和 $A_{N}^{j}(m,n)$ 系数的窗口能量，计算公式如下：

$$E_{MA}^{j}(m,n)=\sum_{u=-2}^{2}\sum_{v=-2}^{2}\left|A_{M}^{j}(m+u,n+v)\right|^{2} \tag{6-121}$$

$$E_{NA}^{j}(m,n)=\sum_{u=-2}^{2}\sum_{v=-2}^{2}\left|A_{N}^{j}(m+u,n+v)\right|^{2} \tag{6-122}$$

(2) 对于 $EM_{MN}^{j}(m,n) \geqslant EM$（EM 为平均值）的单演幅度系数，采用加权平均策略进行融合，融合系数计算公式如下：

$$A_{F}^{j}(m,n)=\frac{E_{MA}^{j}(m,n)}{E_{MA}^{j}(m,n)+E_{NA}^{j}(m,n)}A_{M}^{j}(m,n)+\frac{E_{NA}^{j}(m,n)}{E_{MA}^{j}(m,n)+E_{NA}^{j}(m,n)}A_{N}^{j}(m,n) \tag{6-123}$$

2. 单演相位系数和单演方位系数融合

对源图像 M 和 N 进行 S 个尺度单演信号分解，第 j 个尺度下的单演相位系数和单演方位系数分别记作 $\varphi_{M}^{j}(m,n)$、$\varphi_{N}^{j}(m,n)$、$\theta_{M}^{j}(m,n)$ 和 $\theta_{N}^{j}(m,n)$，$j \leqslant S$，(m,n) 表示分解系数在子带内的位置。对以(m,n)为中心、位置大小为5×5的局部窗口，分解系数的复系数结构相似性度量记作 SSIM，它的计算公式如下：

$$\mathrm{SSIM}_{\varphi}^{j}(m,n)=\frac{2\left|\sum_{u=-2}^{2}\sum_{v=-2}^{2}\varphi_{M}^{j}(m+u,n+v)\varphi_{N}^{j}(m+u,n+v)^{*}\right|}{\sum_{u=-2}^{2}\sum_{v=-2}^{2}\left|\varphi_{M}^{j}(m+u,n+v)\right|^{2}+\sum_{u=-2}^{2}\sum_{v=-2}^{2}\left|\varphi_{N}^{j}(m+u,n+v)\right|^{2}} \tag{6-124}$$

$$\mathrm{SSIM}_{\theta}^{j}(m,n)=\frac{2\left|\sum_{u=-2}^{2}\sum_{v=-2}^{2}\theta_{M}^{j}(m+u,n+v)\theta_{N}^{j}(m+u,n+v)^{*}\right|}{\sum_{u=-2}^{2}\sum_{v=-2}^{2}\left|\theta_{M}^{j}(m+u,n+v)\right|^{2}+\sum_{u=-2}^{2}\sum_{v=-2}^{2}\left|\theta_{N}^{j}(m+u,n+v)\right|^{2}} \tag{6-125}$$

式中，$*$ 为复系数的复共轭。

构建图像 M 和 N 的单演相位和单演方位的结构相似性度量的下阈值 $T_{l\varphi}(S)$、$T_{l\theta}(S)$ 和上阈值 $T_{h\varphi}(S)$、$T_{h\theta}(S)$：

$$T_{l\varphi}(S)=\mu_{\varphi}(S)+2\sigma_{\varphi}(S) \tag{6-126}$$

$$T_{l\theta}(S)=\mu_\theta(S)+2\sigma_\theta(S) \tag{6-127}$$

$$T_{h\varphi}(S)=\mu_\varphi(S)-2\sigma_\varphi(S) \tag{6-128}$$

$$T_{h\theta}(S)=\mu_\theta(S)-2\sigma_\theta(S) \tag{6-129}$$

式中，$\mu_\varphi(S)$ 和 $\sigma_\varphi(S)$ 分别为 SSIM_φ^j 的平均值和标准差，$\mu_\theta(S)$ 和 $\sigma_\theta(S)$ 分别为 SSIM_θ^j 的平均值和标准差。

(1) 对于 $T_{l\varphi}(S)<\mathrm{SSIM}_\varphi^j(m,n)<T_{h\varphi}(S)$ 的单演相位系数和 $T_{l\theta}(S)<\mathrm{SSIM}_\theta^j(m,n)<T_{h\theta}(S)$ 的单演方位系数，采用局部窗口能量模值取大策略进行融合。融合系数的计算公式如下：

$$\varphi_F^j(m,n)=\begin{cases}\varphi_M^j(m,n), E_{M\varphi}^j(m,n)\geqslant E_{N\varphi}^j(m,n)\\ \varphi_N^j(m,n), E_{M\varphi}^j(m,n)<E_{N\varphi}^j(m,n)\end{cases} \tag{6-130}$$

$$\theta_F^j(m,n)=\begin{cases}\theta_M^j(m,n), E_{M\theta}^j(m,n)\geqslant E_{N\theta}^j(m,n)\\ \theta_N^j(m,n), E_{M\theta}^j(m,n)<E_{N\theta}^j(m,n)\end{cases} \tag{6-131}$$

式中，$E_{M\varphi}^j(m,n)$ 和 $E_{N\varphi}^j(m,n)$ 分别表示 $\varphi_M^j(m,n)$ 和 $\varphi_N^j(m,n)$ 系数的窗口能量，$E_{M\theta}^j(m,n)$ 和 $E_{N\theta}^j(m,n)$ 分别为 $\theta_M^j(m,n)$ 和 $\theta_N^j(m,n)$ 系数的窗口能量，计算公式如下：

$$E_{M\varphi}^j(m,n)=\sum_{u=-2}^{2}\sum_{v=-2}^{2}\left|\varphi_M^j(m+u,n+v)\right|^2 \tag{6-132}$$

$$E_{N\varphi}^j(m,n)=\sum_{u=-2}^{2}\sum_{v=-2}^{2}\left|\varphi_N^j(m+u,n+v)\right|^2 \tag{6-133}$$

$$E_{M\theta}^j(m,n)=\sum_{u=-2}^{2}\sum_{v=-2}^{2}\left|\theta_M^j(m+u,n+v)\right|^2 \tag{6-134}$$

$$E_{N\theta}^j(m,n)=\sum_{u=-2}^{2}\sum_{v=-2}^{2}\left|\theta_N^j(m+u,n+v)\right|^2 \tag{6-135}$$

(2) 对于 $\mathrm{SSIM}_\varphi^j(m,n)\leqslant T_{l\varphi}(S)$ 的单演相位系数和 $\mathrm{SSIM}_\theta^j(m,n)\leqslant T_{l\theta}(S)$ 的单演方位系数，采用幅相结合的显著性度量的模值取大策略进行融合。融合系数的计算公式如下：

$$\varphi_F^j(m,n)=\begin{cases}\varphi_M^j(m,n), \left|V_{M\varphi}^j(m,n)\right|\geqslant\left|V_{N\varphi}^j(m,n)\right|\\ \varphi_N^j(m,n), \left|V_{M\varphi}^j(m,n)\right|<\left|V_{N\varphi}^j(m,n)\right|\end{cases} \tag{6-136}$$

$$\theta_{\mathrm{F}}^{j}(m,n)=\begin{cases}\theta_{\mathrm{M}}^{j}(m,n), |V_{\mathrm{M}\theta}^{j}(m,n)| \geqslant |V_{\mathrm{N}\theta}^{j}(m,n)| \\ \theta_{\mathrm{N}}^{j}(m,n), |V_{\mathrm{M}\theta}^{j}(m,n)| < |V_{\mathrm{N}\theta}^{j}(m,n)|\end{cases} \tag{6-137}$$

式中,$V_{\mathrm{M}\varphi}^{j}(m,n)$ 和 $V_{\mathrm{N}\varphi}^{j}(m,n)$ 分别为 $\varphi_{\mathrm{M}}^{j}(m,n)$ 和 $\varphi_{\mathrm{N}}^{j}(m,n)$ 系数的幅相显著性度量,$V_{\mathrm{M}\theta}^{j}(m,n)$ 和 $V_{\mathrm{N}\theta}^{j}(m,n)$ 分别为 $\theta_{\mathrm{M}}^{j}(m,n)$ 和 $\theta_{\mathrm{N}}^{j}(m,n)$ 系数的幅相显著性度量,计算公式如下:

$$V_{\mathrm{M}\varphi}^{j}(m,n)=\sum_{u=-2}^{2}\sum_{v=-2}^{2}|\varphi_{\mathrm{M}}^{j}(m+u,n+v)|\{\cos[\alpha_{\mathrm{M}\varphi}^{j}(m+u,n+v)-\bar{\alpha}_{\mathrm{M}\varphi}^{j}(m+u,n+v)]\} \tag{6-138}$$

$$V_{\mathrm{N}\varphi}^{j}(m,n)=\sum_{u=-2}^{2}\sum_{v=-2}^{2}|\varphi_{\mathrm{N}}^{j}(m+u,n+v)|\{\cos[\alpha_{\mathrm{N}\varphi}^{j}(m+u,n+v)-\bar{\alpha}_{\mathrm{N}\varphi}^{j}(m+u,n+v)]\} \tag{6-139}$$

$$V_{\mathrm{M}\theta}^{j}(m,n)=\sum_{u=-2}^{2}\sum_{v=-2}^{2}|\theta_{\mathrm{M}}^{j}(m+u,n+v)|\{\cos[\alpha_{\mathrm{M}\theta}^{j}(m+u,n+v)-\bar{\alpha}_{\mathrm{M}\theta}^{j}(m+u,n+v)]\} \tag{6-140}$$

$$V_{\mathrm{N}\theta}^{j}(m,n)=\sum_{u=-2}^{2}\sum_{v=-2}^{2}|\theta_{\mathrm{N}}^{j}(m+u,n+v)|\{\cos[\alpha_{\mathrm{N}\theta}^{j}(m+u,n+v)-\bar{\alpha}_{\mathrm{N}\theta}^{j}(m+u,n+v)]\} \tag{6-141}$$

式中,α 为相位角。

(3) 对于 $\mathrm{SSIM}_{\varphi}^{j}(m,n) \geqslant T_{\mathrm{h}\varphi}(S)$ 的单演相位系数和 $\mathrm{SSIM}_{\theta}^{j}(m,n) \geqslant T_{\mathrm{h}\theta}(S)$ 的单演方位系数,采用幅相结合的显著性度量的加权平均策略进行融合。融合系数的计算公式如下:

$$\varphi_{\mathrm{F}}^{j}(m,n)=\frac{V_{\mathrm{M}\varphi}^{j}(m,n)}{V_{\mathrm{M}\varphi}^{j}(m,n)+V_{\mathrm{N}\varphi}^{j}(m,n)}\varphi_{\mathrm{M}}^{j}(m,n)+\frac{V_{\mathrm{N}\varphi}^{j}(m,n)}{V_{\mathrm{M}\varphi}^{j}(m,n)+V_{\mathrm{N}\varphi}^{j}(m,n)}\varphi_{\mathrm{N}}^{j}(m,n) \tag{6-142}$$

$$\theta_{\mathrm{F}}^{j}(m,n)=\frac{V_{\mathrm{M}\theta}^{j}(m,n)}{V_{\mathrm{M}\theta}^{j}(m,n)+V_{\mathrm{N}\theta}^{j}(m,n)}\theta_{\mathrm{M}}^{j}(m,n)+\frac{V_{\mathrm{N}\theta}^{j}(m,n)}{V_{\mathrm{M}\theta}^{j}(m,n)+V_{\mathrm{N}\theta}^{j}(m,n)}\theta_{\mathrm{N}}^{j}(m,n) \tag{6-143}$$

6.6.2 实验结果与性能分析

为了评价基于单演特征的自适应异源图像融合方法的性能,本节进行了四组实验,对融合的性能进行完整的分析。我们将本节方法的实验结果与其他融合方法的实验结果进行了比较,包括像素平均法(方法 1)、小波变换模值取大法(方法 2)、小波变换模值平均法(方法 3)、单演特征模值取大法(方法 4)和单演特征模值平均法(方法 5)。实验环境是 MATLAB－2012b 64bit,Windows 10 professional 64bit,lntel Core i7 处理器(8M Cache,

3.90GHz)，内存 16GB。

1. 可见光图像和红外图像融合

前两组实验用于测试可见光图像和红外图像的融合。第一组测试图像如图 6-27(a)和(b)所示，实验结果如图 6-27(c)～(h)所示。第二组测试图像如图 6-28(a)和(b)所示，实验结果如图 6-28(c)～(h)所示。

根据两组实验的融合结果，可以看到所有融合方法都可以做到在提取目标信息的同时，保留源图像的主要信息和特征。但是单从视觉效果来看，采用本节方法得到的融合图像能更好地光滑均匀区域，更好地保护图像的边缘特征和点目标。它不仅保留了源图像中目标的细节信息，而且通过增强纹理信息使目标更容易区分[见融合实验结果图 6-27(h)和图 6-28(h)中矩形框所示的图像目标]。其他融合方法由于融合规则简单，得到的融合图像视觉效果较差，对比度较低。小波变换后的目标细节没有很好地注入融合图像中[见图 6-27(c)、图 6-27(d)和图 6-28(c)中矩形框内的目标信息]。因此，本节方法在目标信息、丰富的背景信息和视觉对比度等各方面都提供了最佳的视觉效果，既有突出的红外目标，又有清晰的可见光背景细节，适合于可见光图像和红外图像的融合。

(a) 可见光图像

(b) 红外图像

(c) 方法1

(d) 方法2

（e）方法3

（f）方法4

（g）方法5

（h）本节方法

图 6 - 27　实验结果 1(可见光图像与红外图像融合)

（a）可见光图像

（b）红外图像

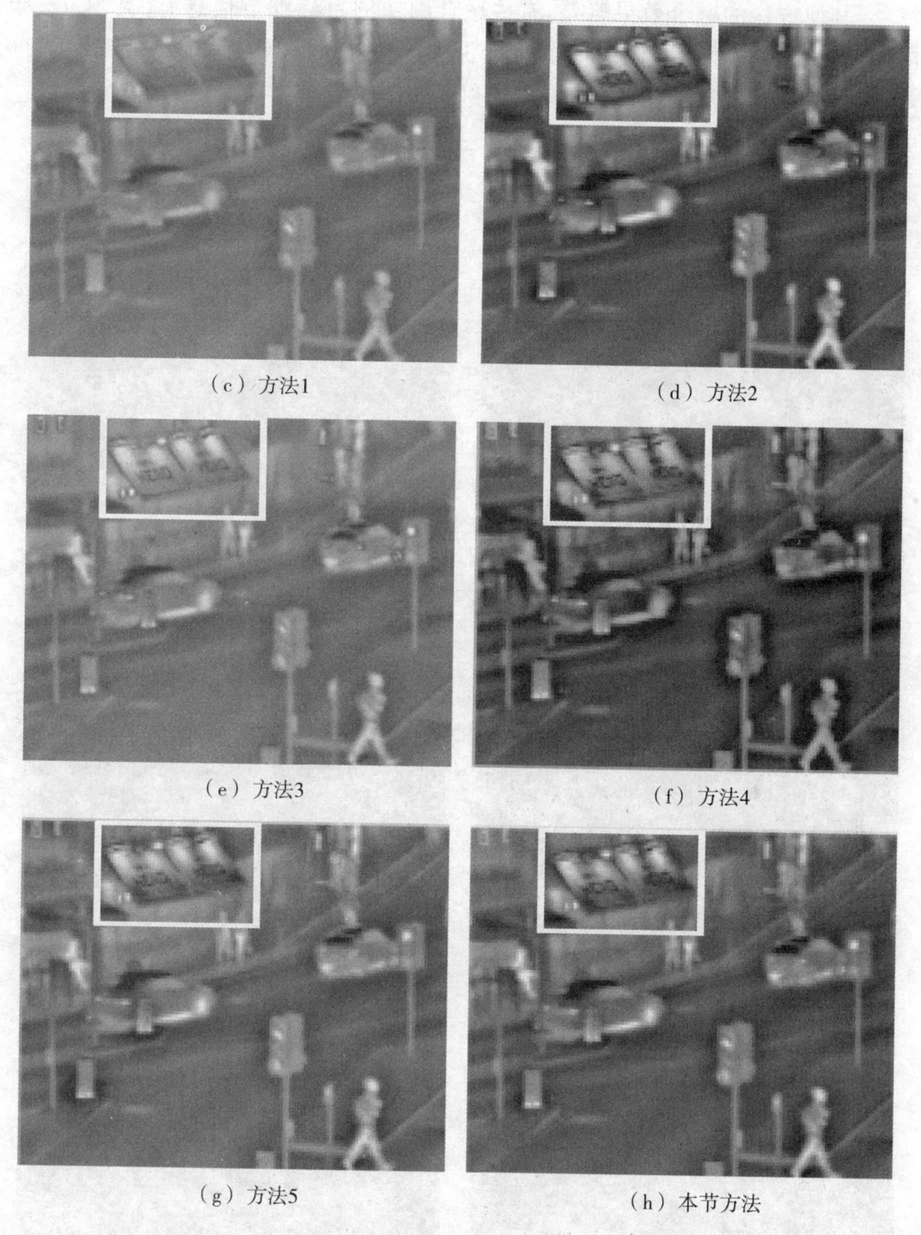
(c) 方法1
(d) 方法2
(e) 方法3
(f) 方法4
(g) 方法5
(h) 本节方法

图 6-28 实验结果 2(可见光图像与红外图像融合)

2. SAR 图像和红外图像融合

后两组实验用于测试 SAR 图像和红外图像融合。这两组图像均来源于比利时皇家军事学院的项目,其中第三组测试图像如图 6-29(a)和(b)所示,实验结果如图 6-29(c)～(h)所示。第四组测试图像如图 6-30(a)和(b)所示,实验结果如图 6-30(c)～(h)所示。

根据融合结果,我们可以得到相同的结论:所有融合方法都能在保留源图像主要信息和特征的同时提取目标信息。但是从视觉效果看,依旧是本节提出的融合方法对目标的特征信息描述更清晰、边缘的细节信息保持最好[见图 6-29(h)和图 6-30(h)中矩形框所示的图像目标]。其他方法的融合效果略差，有些融合图像的目标细节信息差[见图 6-29(c)中矩形框内的信息]，有些融合图像出现了目标丢失[见图 6-30(c)～(e)中被破坏的街道]。因此，本节提出的融合方法适用于 SAR 图像和红外图像的融合。

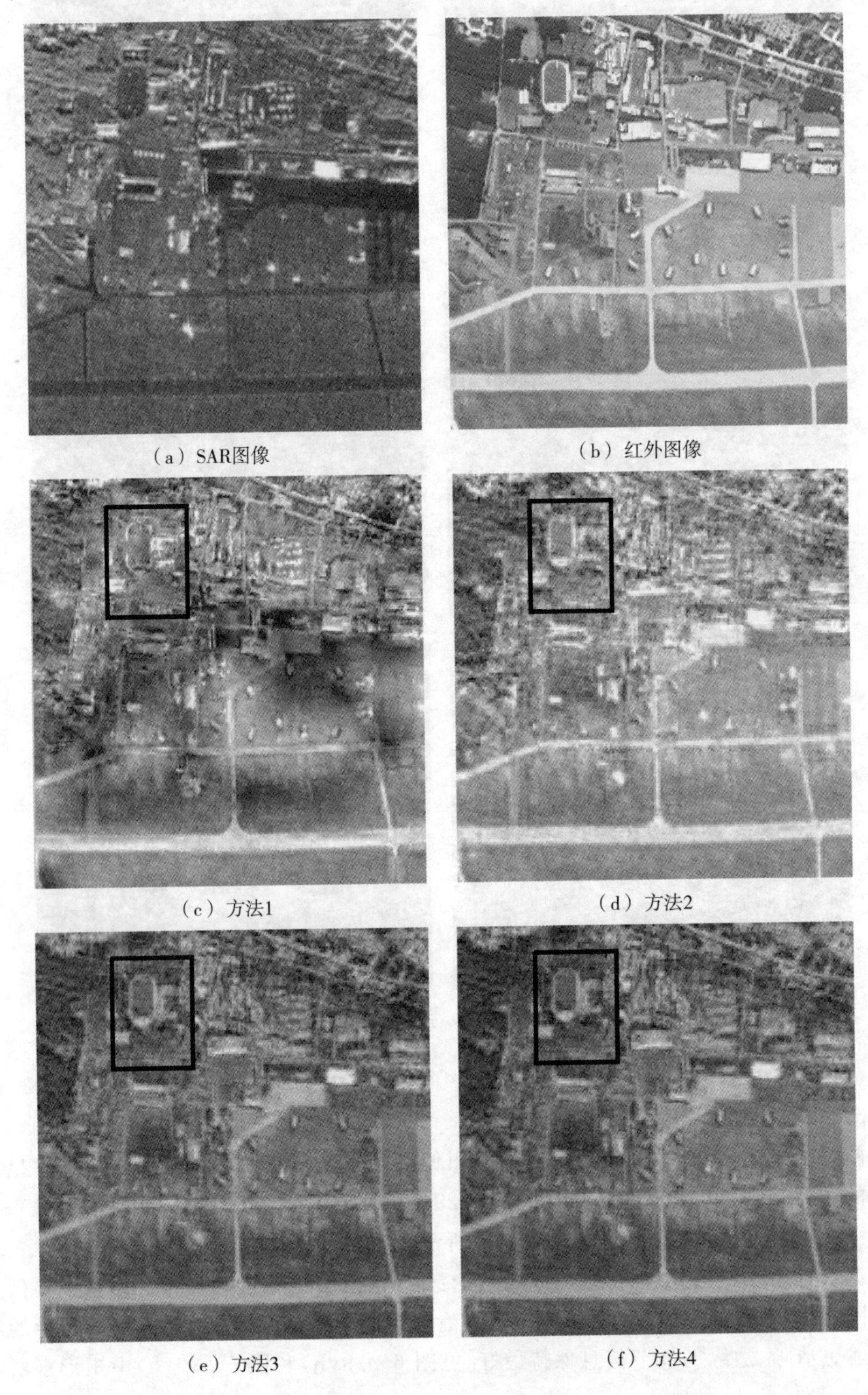
(a) SAR图像　(b) 红外图像
(c) 方法1　(d) 方法2
(e) 方法3　(f) 方法4

（g）方法5

（h）本节方法

图 6－29　实验结果 1(SAR 图像与红外图像融合)

（a）SAR图像

（b）红外图像

（c）方法1

（d）方法2

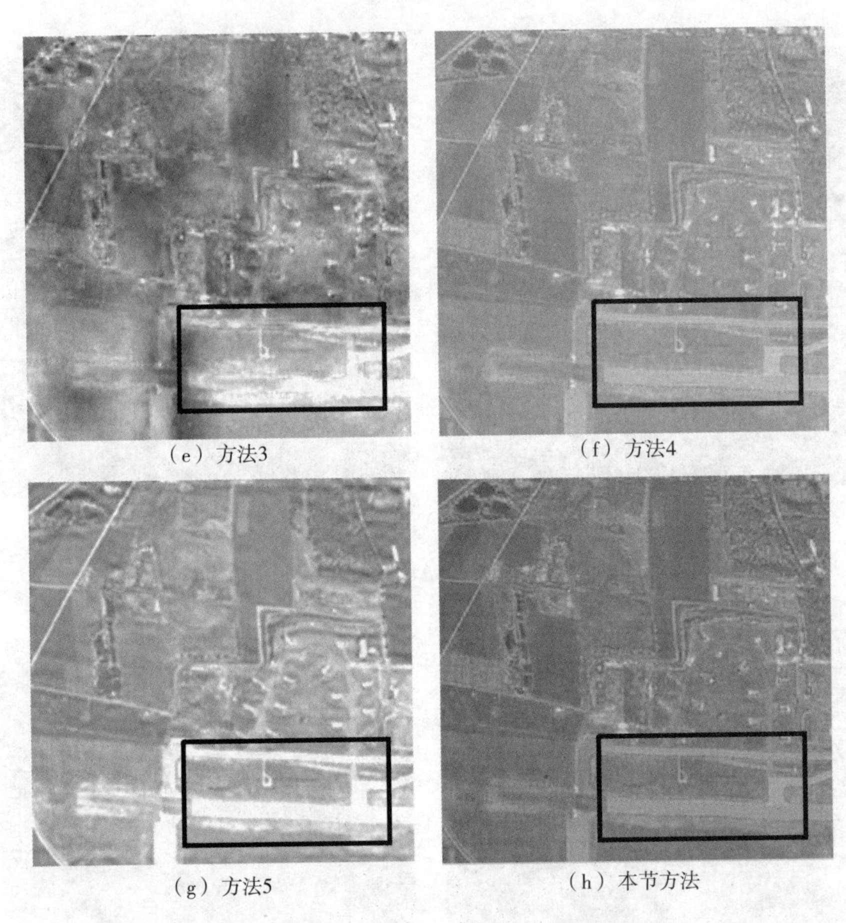

图 6-30 实验结果 2(SAR 图像与红外图像融合)

除视觉对比外,本节还采用 IE、MI、AG 和 $Q^{AB|F}$因子四种评价指标对融合结果进行了客观定量评价。在一定程度上,IE 反映了图像信息的多少,MI 反映了融合图像的信息提取能力,AG 反映了图像的清晰度,$Q^{AB|F}$反映了图像边缘保持的能力。对于融合图像来说,IE、MI、AG 和 $Q^{AB|F}$数值越大,融合效果越好。

采用不同融合方法对测试图像融合的定量结果见表 6-9 和表 6-10。为了更直观地比较不同融合方法的融合性能,对 SAR 图像和红外图像融合的评价性能指标对比柱状图如图 6-31 和图 6-32 所示。

表 6-9 采用不同融合方法对可见光图像和红外图像融合的定量结果

测试图像	融合方法	IE	MI	AG	$Q^{AB\|F}$
第一组图像	方法 1	4.254	2.342	3.742	0.573
	方法 2	5.387	3.351	3.894	0.601
	方法 3	5.893	3.947	4.372	0.612
	方法 4	6.367	4.034	5.387	0.524
	方法 5	6.972	3.988	6.047	0.648
	本节方法	6.988	4.395	6.148	0.698

（续表）

测试图像	融合方法	IE	MI	AG	$Q^{AB\|F}$
第二组图像	方法1	4.158	2.135	5.698	0.271
	方法2	5.326	2.321	5.802	0.292
	方法3	6.175	3.379	5.982	0.314
	方法4	6.359	3.101	5.714	0.325
	方法5	6.771	3.424	5.913	0.399
	本节方法	6.781	3.817	6.108	0.421

表6-10 采用不同融合方法对SAR图像和红外图像融合的定量结果

测试图像	融合方法	IE	MI	AG	$Q^{AB\|F}$
第三组图像	方法1	4.321	1.977	2.988	0.425
	方法2	4.966	1.968	3.014	0.536
	方法3	5.347	2.197	3.259	0.578
	方法4	5.891	2.389	3.547	0.601
	方法5	6.131	2.512	3.733	0.698
	本节方法	6.124	2.584	3.998	0.722
第四组图像	方法1	5.021	1.963	3.983	0.426
	方法2	5.348	1.980	4.571	0.587
	方法3	5.968	2.401	4.862	0.657
	方法4	6.017	2.436	4.902	0.698
	方法5	6.335	2.867	4.978	0.701
	本节方法	6.321	2.987	5.502	0.731

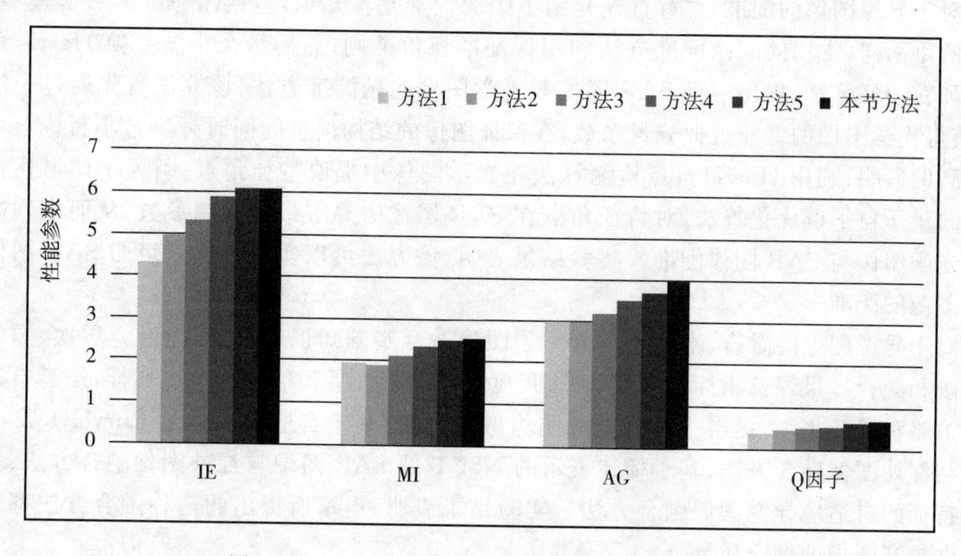

图6-31 评价性能指标对比柱状图（第三组实验）

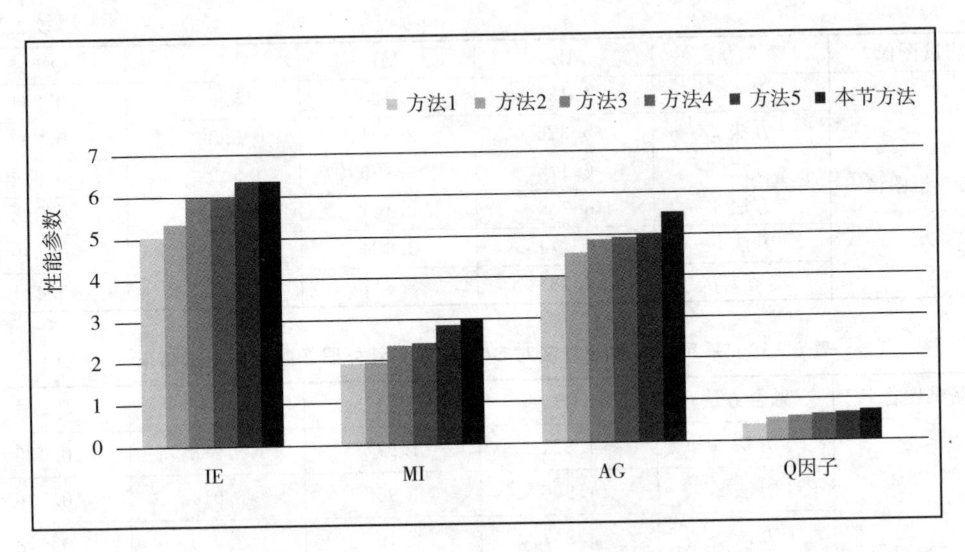

图 6-32　评价性能指标对比柱状图(第四组实验)

从表 6-9、表 6-10、图 6-31 和图 6-32 可以看出,在所有采用本节方法进行图像融合的性能参数中,只有 IE 值略低于方法 5 的 IE 值,其余的性能参数都比其他对比方法高,这与视觉效果也是一致的。这表明,采用本节方法得到的融合图像能够提供更详细的信息、更高的图像清晰度和更强的边缘保持能力。

6.7　本章小结

本章主要研究了异源图像的配准和融合。

对于异源图像的配准,本章首先介绍了图像配准基本知识,包括图像配准数学模型、图像插值重采样、常用的图像配准方法和图像配准评价准则;然后结合小波变换 Harris 角点检测和粒子群算法,提出一种 SAR 图像和光学图像的精配准方法:该算法首先通过小波分解,获得光学图像的低频近似分量系数,在保证图像的结构信息的同时减少微小目标对特征点检测的影响;利用 Harris 角点检测算法在光学图像中提取特征角点;引入个体最优选取约束的量子粒子群优化算法,对特征角点在 SAR 图像中寻求最优控制参数,从而实现高精度的光学图像与 SAR 图像配准。实验结果表明,该方法可以实现亚像素级的 SAR 图像和光学图像的配准。

对于异源图像的融合,本章首先介绍了图像融合基础知识,包括图像融合层次、图像融合方法和融合效果评价指标;然后基于多尺度几何分析工具和信号的单演特征,结合自适应权值策略和稀疏表示,提出一系列异源图像融合方法:基于自适应权值的 Curvelet 域 SAR 图像与红外图像融合方法、基于稀疏表示的 NSCT 域 SAR 图像与红外图像融合方法、基于单演特征的自适应异源图像融合方法。实验结果表明,本章所提出的三种融合方法都能够有效地提高图像的融合质量。

参考文献

[1] 朱宪伟．基于结构特征的异源图像配准技术研究[D]. 长沙：国防科技大学，2009.

[2] 眭海刚，徐川，刘俊怡．基于特征的光学与SAR遥感图像配准[M]. 北京：科学技术出版社，2017.

[3] 曹成．基于多尺度分析的SAR图像配准融合[D]. 南京：南京航空航天大学，2014.

[4] JIANG N，WANG L. Quantum image scaling using nearest neighbor interpolation [J]. Quantum information processing，2015，14(5)：1559－1571.

[5] RUIKAR S D，DHARMPAL D，DOYE. Image denoising using tri nonlinear and nearest neighbor interpolation with wavelet transform [J]. International journal of information technology and computer science，2012，4(9)：36－44.

[6] ASADUZZAMAN M，ROY L C，MIAH M M. Analysis and application of quadratic B-spline interpolation for boundary value problems[J]. Global journal of science frontier research，2020：11－21.

[7] DUAN Q，DJIDJELI K，PRICE W G，et al. Weighted rational cubic spline interpolation and its application[J]. Journal of computational and applied mathematics，2000，117(2)：121－135.

[8] CORNELIS N，GOOL L V. Fast scale invariant feature detection and matching on programmable graphics hardware[C]. IEEE international conference on technologies for practical robot applications. IEEE，2009.

[9] LU X，ZHANG S，SU H，et al. Mutual information-based multimodal image registration using a novel joint histogram estimation[J]. Computerized medical imaging and graphics，2008，32(3)：202－209.

[10] BLENDOWSKI M，HANSEN L，HEINRICH M P. Weakly-supervised learning of multi-modal features for regularised iterative descent in 3D image registration[J]. Medical image analysis，2021，67：101822.

[11] GROSSIORD E，RISSER L，KANOUN S，et al. Learning optimal shape representations for multi-modal image registration [C]. 2020 IEEE 17th international symposium on biomedical imaging(ISBI). IEEE，2020.

[12] A Q Y，A D N，A Y J，et al. Universal SAR and optical image registration via a novel SIFT framework based on nonlinear diffusion and a polar spatial-frequency descriptor [J]. ISPRS journal of photogrammetry and remote sensing，2021，171：1－17.

[13] PENNEY G P，BLACKALL J M，HAMADY M S，et al. Registration of freehand 3D ultrasound and magnetic resonance liver images[J]. Medical image analysis，2004，8(1)：81－91.

[14] LIU C，HUANG X，ZHU Z，et al. Automatic extraction of built-up area from ZY3 multi-view satellite imagery：Analysis of 45 global cities[J]. Remote sensing of environment，2019，226：51－73.

[15] NEHASHREE M R，PALLAVI R S，MOHANA. Simulation and performance

analysis of feature extraction and matching algorithms for image processing applications [C]. 2019 international conference on intelligent sustainable systems(ICISS). IEEE,2019.

[16] SHREEDARSHAN K, SELVI S S. Crowd recognition system based on optical flow along with SVM classifier [J]. International journal of electrical and computer engineering,2019,9(4):2451.

[17] SUN J, XU W, FENG B. Adaptive parameter control for quantum-behaved particle swarm optimization on individual level [C]. IEEE international conference on systems. IEEE,2006.

[18] HUI L, ZHIJUN Z. 3D multi-modality medical image registration based on quantum-behaved particle swarm optimization algorithm[C]. International symposium on distributed computing & applications for business engineering & science. IEEE,2015.

[19] JIA JIE S. Image Registration with a modified quantum-behaved particle swarm optimization [C]. Computer science and network technology (ICCSNT), 2012 2nd international conference on. IEEE,2012.

[20] LUO X, WU X, ZHANG Z C. Image fusion of the feature level based on quantum-behaved particle swarm optimization algorithm [J]. Journal of algorithms and computational technology,2013,7(1):101—112.

[21] ZHANG J, FENG X, SONG B, et al. Multi-focus image fusion using quality assessment of spatial domain and genetic algorithm[C]. Conference on human system interactions. IEEE,2008.

[22] ZHANG L, JI L, JIANG H, et al. Multi-modal image fusion algorithm based on variable parameter fractional difference enhancement[J]. Journal of imaging science and technology,2020,64(6):1—12.

[23] LI B, PENG H, LUO X, et al. Medical image fusion method based on coupled neural P systems in nonsubsampled shearlet transform domain[J]. International journal of neural systems,2020.

[24] SAKAI T, KIMURA D, YOSHIDA T, et al. Hybrid method for multi-exposure image fusion based on weighted mean and sparse representation[C]. 2015 23rd european signal processing conference(EUSIPCO). IEEE,2015.

[25] JALILI J, RABBANI H, DEHNAVI A M, et al. Forming optimal projection images from intra retinal layers using curvelet based image fusion method[J]. Journal of medical signals and sensors,2020,10:76—85.

[26] HE G, XING S, HE X, et al. Image fusion method based on simultaneous sparse representation with non-subsampled contourlet transform[J]. IET computer vision,2019,13(2):240—248.

[27] ZHANG K, WANG M, YANG S. Multispectral and hyperspectral image fusion based on group spectral embedding and low-rank factorization[J]. IEEE transactions on geoscience and remote sensing,2017,55(3):1363—1371.

第7章 总结与展望

7.1 本书工作总结

SAR系统因其全天候、全天时、强穿透性的成像特点而广泛应用于生态环境、地质灾害监测、城市规划和军事侦察等领域。但在成像过程中受诸多因素的影响，所成SAR图像存在复杂的相干斑噪声、图像模糊退化等问题。探求有效的SAR图像处理方法已经成为SAR图像在各个领域应用的前提和关键。

图像的稀疏表示是图像处理领域当前研究的热点问题。本书针对稀疏表示在SAR图像压缩、SAR图像相干斑抑制、SAR图像目标分类、异源图像的配准与融合中的应用展开研究，具有重要的理论意义和实际应用价值。

本书的主要工作总结如下。

(1)改进的盲稀疏度信号自适应正交匹配追踪算法：该算法结合ROMP算法和BAOMP算法的优点，通过非线性下降的自适应阈值快速选择原子，自动调节候选集原子的个数，以便每一次迭代时更加精确地估计真正的支撑集，利用正则化过程实现原子的二次筛选，最终实现了盲稀疏度信号的精确重构。实验结果表明，该算法对盲稀疏度信号具有较高的重构精度和稀疏求解速度。

(2)基于稀疏表示的小波域SAR图像压缩方法：该方法利用SAR图像小波变换后的低频子带系数和高频子带系数构造过完备字典，基于改进的正交匹配追踪算法求解稀疏表示系数，用少量的稀疏系数完成SAR图像的压缩。SAR图像的压缩与重构实验结果表明，该方法能在压缩SAR图像的同时实现相干斑抑制。

(3)基于自蛇扩散和稀疏表示的Contourlet域SAR图像相干斑抑制方法：该方法对SAR图像Contourlet变换分解后的低频子带采用自蛇扩散处理，并将滤波处理后的系数作为SAR图像低频子带在Contourlet域的局部均值估计；利用稀疏优化模型，通过改进的正交匹配追踪算法求解高频子带的稀疏系数，通过重构滤波后的所有子带系数，实现SAR图像的相干斑抑制。实验结果表明，该算法能较好地抑制SAR图像的相干斑噪声，同时最大限度地保留图像的边缘信息。

(4)基于曲波分析的非局部相干斑噪声抑制方法：该方法在细尺度分量上采用基于核的非局部滤波，通过邻域间的欧氏距离衡量非局部信息与目标点之间的相对关系，并采用权值函数计算出非局部区域对目标像素的贡献值；在粗尺度上采用阈值分析的噪声抑制方法。该方法通过在不同尺度上采用不同的噪声抑制算法，既能提高抑制相干斑的效果，又可以较好地保留其边缘信息，相比传统的小波变换滤波和统计类 Lee 滤波有更好的相干斑噪声抑制效果。

(5)基于 K-OLS 算法的 SAR 图像相干斑抑制方法：该方法利用 SAR 图像固有的稀疏结构信息，通过迭代优化的方式得到超完备字典，利用超完备字典对 SAR 图像数据进行稀疏表示，运用乘性噪声模型进行参数估计和阈值设定，通过正则化方法实现 SAR 图像的相干斑噪声抑制。该方法在 SAR 图像的相干斑抑制和纹理保持方面均有一定的优势。

(6)基于稀疏优化模型的 SAR 图像相干斑抑制方法：该方法针对 SAR 图像内在的结构信息，通过构建稀疏优化模型实现 SAR 图像各细节特征在多个超完备字典下的表示；运用正则化方法重建 SAR 图像的低频分量，利用小波、剪切波所具有的点奇异性、线奇异性捕捉 SAR 图像的细节特征；通过融合方式获得 SAR 图像场景分辨单元，实现了 SAR 图像的相干斑抑制。该方法具有良好的边缘锐化效果，在高频点奇异和线奇异特征等多个方面优于 Lee 滤波算法、IACDF 算法等。

(7)基于多子分类器 AdaBoost 算法的 SAR 图像目标分类方法：该方法首先提取训练样本的 2D-LDA 特征和 G2DPCA 特征，采用传统的 SVM 方法训练弱分类器，采用 AdaBoost. M2 将弱分类器提升为强分类器来完成 SAR 图像的目标分类。基于 MSTAR 的军事目标实验结果表明，该方法在识别精度上优于采用单一子分类器的 AdaBoost 算法。

(8)基于 EMACH 滤波器和稀疏表示的 SAR 图像目标分类方法：该方法利用 EMACH 滤波器训练 SAR 图像的模板，提取模板的 G2DPCA 特征构造过完备字典，利用改进的正交匹配追踪算法求解测试样本的 G2DPCA 特征在过完备字典下的稀疏表示系数，根据系数的能量特征判断未知目标的类别。基于 MSTAR 的军事目标实验结果表明，该算法在保证 SAR 图像目标识别率的同时明显提高了分类速度。

(9)基于稀疏表示和级联字典的 SAR 图像目标分类方法：该方法提取已知的同类别训练样本的特征信息，构建能更好反映样本特征的多类别子字典，求解待分类样本在每一子字典下的稀疏表示系数，并依据重构误差最小化原则来判定待分样本的类别。基于 MSTAR 的军事目标实验结果表明，这种级联结构设计的分类器能在保障分类正确率的同时，有效降低分类时间。

(10)基于单演信号和稀疏表示的 SAR 图像目标分类方法：该方法首先采用最大扩展平均相关高度滤波器对样本图像进行模板训练；其次提取模板图像的单演特征，即表征信号能量的单演幅度、表征信号结构信息的单演相位和表征信号几何信息的单演方位三部分特征信息，由这三种具有互补性质的特征构造子字典，每个子字典即一个分类器，将多个子字典级联；最后基于稀疏表示系数能量最大和重构误差最小的分类机制实现 SAR 图像目标分类。基于 MSTAR 的军事目标实验结果表明，该方法在分类精度和分类时间上具有一定的优势。

(11)基于稀疏特征的 SAR 图像与光学图像配准方法：该方法首先通过小波分解，获得光学图像的低频近似分量系数，在保证图像的结构信息的同时减少微小目标对特征点检测的影响；然后利用 Harris 角点检测算法在光学图像中提取特征角点，引入个体最优选取约束的量子粒子群优化算法，对特征角点在 SAR 图像中寻求最优控制参数，从而实现高精度的光学与 SAR 图像配准。实验结果表明，该方法在光学图像和 SAR 图像的配准中，可以达到亚像素级的配准精度。

(12)基于自适应权值的Curvelet域SAR图像与红外图像融合方法:该方法首先对源图像进行Curvelet变换,变换形成不同频率的子带系数;然后引入模糊理论的分析思想,对源图像Curvelet变换后的不同频率的子带系数采用不同的权值进行处理;最后通过自适应加权的策略对子带系数进行Curvelet逆变换,实现SAR图像与红外图像融合。实验结果表明,该方法真实可靠,能够有效提高SAR图像与红外图像的融合质量。

(13)基于稀疏表示的NSCT域SAR图像与红外图像融合方法:该方法首先对源图像进行NSCT变换,形成不同频率的子带系数;然后采用区域能量融合策略融合低频子带系数,构造过完备字典,求解不同高频子带在字典下的稀疏系数,采用能量最大原则选取稀疏系数并重构高频子带系数;最后通过NSCT逆变换将不同频率子带的系数融合,实现SAR图像与红外图像的融合。实验结果表明,该融合方法在视觉效果和客观指标评价方面都行之有效。

(14)基于单演特征的自适应图像融合方法:该方法首先利用单演信号理论提取源图像的单演幅度特征、单演相位特征和单演方位特征;然后采用能量匹配相似性度量将单演幅度系数划分为不同类型的区域,包含冗余信息的区域采用加权平均策略进行融合;包含互补信息的区域采用模值取大策略进行融合;采用复系数结构相似性度量将单演相位系数和单演方位系数划分为不同类型的区域,相关性较差的区域采用窗口能量模值取大的融合策略进行融合,相位信息差异很大的区域采用幅相结合的显著性度量的模值取大策略进行融合,幅值与相位同时具有较高相似性的区域采用幅相结合的显著性度量的加权平均策略进行融合,最后对融合系数进行反变换,得到融合以后的图像。实验结果表明,利用该方法得到的融合图像能够提供更详细的信息、更高的图像清晰度和更强的边缘保持能力。

7.2 后续工作展望

本书对稀疏表示求解算法、基于稀疏特征的SAR图像压缩方法、SAR图像相干斑抑制方法、SAR图像目标分类方法以及异源图像的配准与融合方法进行了研究,并提出了相应的改进方案。但是作者水平所限,研究不够深入,后续还有许多问题需要进一步深入的研究。

1. 自适应超完备字典学习的研究

本书对过完备字典的设计和构造进行了简单研究,还有许多需要进一步研究的问题。其一,大规模字典学习:随着大数据时代的来临,对数据处理的速度要求越来越高,如何在保证训练字典性能的情况下,加速大规模字典的学习问题是目前亟待解决的一个难题。其二,任务驱动字典学习:传统的字典学习大多是数据驱动字典学习,即利用数据的结构特性进行学习,如何根据具体任务驱动字典学习是未来研究的热点之一。其三,字典学习收敛性分析:字典学习问题本身是一个非凸优化问题,虽然有国内外学者提出大量算法求解该问题,但是涉及算法的收敛性分析却很少。作为后续的工作,本书作者拟对以上问题进行更加深入的研究。

2. 稀疏表示系数求解问题的研究

信号稀疏表示系数的求解是一个较为复杂的问题，已有的稀疏求解算法都是在保证信号高质量重构的前提下，尽可能地降低算法的复杂度，但是目前没有任何一类算法达到理想的状态，因此改进这些算法或寻找新的稀疏表示系数的求解算法是稀疏表示的重要研究内容。

3. SAR 图像与红外图像融合问题的研究

尽管本书对稀疏表示框架下的 SAR 图像与红外图像融合问题进行了研究，但是本书只是进行了尝试性的探讨，依旧有许多问题需要进一步研究，如何建立一套行之有效的图像融合性能评价体系，提出创新的融合策略，依旧是一个任重而道远的工作。作为后续工作，本书作者拟对上述问题进行更为深入地研究。

图书在版编目(CIP)数据

基于稀疏特征的SAR图像处理与应用/季秀霞,张弓著.—合肥:合肥工业大学出版社,2022.5

ISBN 978-7-5650-5139-5

Ⅰ.①基… Ⅱ.①季…②张… Ⅲ.①遥感图像—数字图像处理 Ⅳ.①TP751.1

中国版本图书馆CIP数据核字(2022)第088548号

基于稀疏特征的SAR图像处理与应用

季秀霞 张 弓 著

责任编辑 张择瑞 童晨晨
出版发行 合肥工业大学出版社
地　　址 (230009)合肥市屯溪路193号
网　　址 www.hfutpress.com.cn
电　　话 理工图书出版中心:0551-62903204
市场营销与储运管理中心:0551-62903198
开　　本 787毫米×1092毫米 1/16
印　　张 15.75
字　　数 380千字
版　　次 2022年5月第1版
印　　次 2022年5月第1次印刷
印　　刷 安徽昶颉包装印务有限责任公司
书　　号 ISBN 978-7-5650-5139-5
定　　价 56.00元